Daniel Michelis | Thomas Schildhauer [Hrsg.]

Social Media Handbuch

Theorien, Methoden, Modelle und Praxis

2. aktualisierte und erweiterte Auflage

 Nomos

Layout Umschlag: Tanja Michelis

Kontakt:
Prof. Dr. Daniel Michelis
daniel.michelis@gmail.com

Die Deutsche Nationalbibliothek verzeichnet diese Publikation in
der Deutschen Nationalbibliografie; detaillierte bibliografische
Daten sind im Internet über http://dnb.d-nb.de abrufbar.

ISBN 978-3-8329-7121-2

Vorwort zur 2. Auflage

Es scheint noch gar nicht lange her, da hatten wir das Vorwort für die erste Auflage des Social Media Handbuchs geschrieben. Das war im August 2010 und vieles deutete darauf hin, dass sich die Diskussion über Möglichkeiten und Auswirkungen der sozialen Medien langsam aber sicher abkühlen würde. Wie wir in den vergangenen eineinhalb Jahren beobachten konnten, war dies nicht der Fall. Die Entwicklung der sozialen Medien schreitet in vielen Bereichen von Wirtschaft und Gesellschaft weiterhin rasant voran. Kaum ein Unternehmen oder eine Organisation, kaum ein Verband oder ein Verein, der sich heute nicht die Frage stellt: Wie nutze ich die sozialen Medien, um mit meinen Kunden, Mitgliedern, Partnern oder Wählern zu kommunizieren? Welche Prozesse müssen angepasst werden, da sich das Kommunikationsverhalten und die Erwartungen der Beteiligten verändert haben? Welche Ziele lassen sich in den sozialen Medien verfolgen und wie lässt sich der Erfolg dort messen? Und nicht zuletzt, wie lassen sich persönliche Daten und die Privatsphäre des Einzelnen schützen? Das Thema Social Media hat sich seit dem Erscheinen der ersten Auflage keineswegs abgekühlt. Es ist weiterhin höchstaktuell und immer mehr Erfolgsbeispiele schaffen Orientierung bei der Entwicklung eigener Maßnahmen.

Seit Erscheinen der ersten Auflage ist das Social Media Handbuch zum Standardwerk in vielen Bibliotheken geworden, wo es Studierenden den Einstieg in die wissenschaftliche Auseinandersetzung mit dem Thema erleichtert. Gleichzeitig haben uns viele Zuschriften von Lesern aus der Praxis erreicht, denen die Theorien, Methoden und Modelle des Handbuchs eine praktische Hilfe für den Umgang mit den sozialen Medien war.

Eine Vielzahl von Rezensionen hat das Social Media Handbuch gelobt – und teilweise auch kritisiert. Über das Lob haben wir uns gefreut und die Kritik sehr ernst genommen. Der Aufbau wurde angepasst, die Einleitung verändert, Kapitel überarbeitet und das Stichwortverzeichnis ausgebaut. Darüber hinaus wurden neue Kapitel in den Theorie- und den Praxisteil aufgenommen, um aktuelle Entwicklungen zu berücksichtigen.

Die grundsätzliche Ausrichtung des Handbuchs hat sich hingegen nicht geändert. Auch die zweite Auflage betrachtet das Geschehen aus einer übergeordneten Perspektive. Die Inhalte orientieren sich weiterhin nicht an einzelnen Phänomenen, sondern an anhaltenden Trends und grundsätzlichen Zusammenhängen. Das Social Media Handbuch bleibt eine Bestandsaufnahme bewährter Theorien, Methoden und Modelle, mit denen sich langfristige Entwicklungen rund um die sozialen Medien des Internets erklären lassen. Es hat sich bei vielen Lesern als methodischer Baukasten für die Entwicklung eigener Antworten, Lösungen und Strategien bewährt und soll weiterhin dabei helfen, aktuelle Herausforderungen in der Praxis erfolgreich zu meistern.

Berlin im Januar 2012   Daniel Michelis und Thomas Schildhauer

Vorwort aus der 1. Auflage

Die Idee für dieses Handbuch ist in unseren Vorlesungen und Seminaren an der Universität St. Gallen, der Hochschule Anhalt und der Universität der Künste Berlin entstanden, in denen Studierende Theorien, Methoden und Modelle zu den sozialen Medien im Internet bearbeitet, präsentiert und die Bezüge der einzelnen Autoren untereinander aufgezeigt haben. Bereits nach den ersten Referaten ließ sich der hohe Erklärungswert erkennen, den die einzelnen Ansätze für das Verständnis aktueller Entwicklungen haben. Diese Erfahrung konnten wir darüber hinaus im Rahmen von Forschungsprojekten am Institute of Electronic Business machen.

Die rasante Entwicklung der sozialen Medien macht es nahezu unmöglich, einen Überblick zu behalten. Fast täglich erreichen uns Studienergebnisse, die auf die Relevanz neuer Anwendungen hinweisen, die Notwendigkeit suggerieren, so schnell wie möglich selber aktiv zu werden und die Chancen, die sich bieten, für die eigenen Zwecke auszuschöpfen. In der gleichen Häufigkeit erfahren wir von neuen Diensten, Communitys oder Portalen, die wiederum neue Möglichkeiten bieten – und natürlich auch Risiken mit sich bringen. Kurzum, die Fülle an neuen Entwicklungen, die tagtäglich auf uns niederprasselt, ist kaum mehr zu beherrschen. Ein nachhaltiger Ansatz, der uns als Forschern bleibt, besteht darin einen Schritt zurück zu treten und das Geschehen von einer übergeordneten Perspektive zu betrachten. Wir dürfen uns nicht an einzelnen Phänomenen orientieren, sondern müssen die allgemeinen Trends und grundsätzlichen Zusammenhänge suchen. Nicht die neuen Technologien sollten im Vordergrund stehen sondern das, was diese Technologien leisten können. Erst wenn wir nicht mehr auf die tagesaktuelle Informationen blicken, sondern uns von den langfristigen Entwicklungen leiten lassen, die sich bereits seit geraumer Zeit abzeichnen, zeigt sich eine erstaunliche Kontinuität.

Das vorliegende Handbuch folgt diesem Weg. Es ist daher keine Anleitung für die Nutzung einzelner Anwendungen sondern in erster Linie eine Bestandsaufnahme ausgewählter, bewährter Theorien, Modelle und Methoden, mit denen sich die langfristige Entwicklung rund um die sozialen Medien des Internets erklären lassen. Als Inspiration – aber vor allem auch als methodischer Baukasten für die Entwicklung eigener Antworten, Lösungen und Strategien – sollen sie dem Leser dabei helfen, aktuelle Herausforderungen erfolgreich zu meistern

Unser Dank gilt allen voran den Wissenschaftlern, Studierenden und Praktikern, die eigene Kapitel in dieses Buch eingebracht haben. Besonderer Dank gilt Stefanie Funke, die uns bei der Organisation der Autoren und der Erstellung des Manuskripts tatkräftig unterstützt hat.

Berlin im August 2010   Daniel Michelis und Thomas Schildhauer

Inhaltsverzeichnis

Abbildungsverzeichnis

Tabellenverzeichnis

Einleitung

von Daniel Michelis und Thomas Schildhauer

Die Kapitel dieses Social MediaHandbuchs fassen theoretische und methodische Ansätze zusammen, die sich nicht an einzelnen Phänomenen oder Technologien orientieren, sondern an den grundlegenden Mechanismen der voranschreitenden Digitalisierung. Mit diesen Ansätzen wurde in den vergangenen Jahren eine Reihe sehr hilfreicher Lösungsansätze veröffentlicht, für deren Lektüre in der alltäglichen Praxis oftmals kaum Zeit bleibt. Das Social Media Handbuch fasst ausgewählte Theorien, Methoden und Modelle kritisch zusammen, zeigt Erweiterungsmöglichkeiten auf und macht die bislang teilweise nur in englischer Sprache verfügbaren Bücher einem erweiterten Leserkreis zugänglich. Es stellt der Praxis damit eine Sammlung von Grundlagen zur Verfügung und erleichtert den Einstieg in das Themenfeld. Das Handbuch beinhaltet eine umfangreiche Basis zum Verständnis der sozialen Medien und ihren Auswirkungen auf Wirtschaft und Gesellschaft.

Die Inhalte sind in drei Teile gegliedert. Zum Einstieg in das Themenfeld wird im ersten Teil ein Drei-Ebenen-Modell sozialer Medien beschrieben und ein kompaktes Strategiemodell skizziert.

Im zweiten Teil werden die Werke führender Autoren zusammengefasst, ausgewählte Bücher in Form von Zusammenfassungen und Rezensionen dargestellt sowie Theorien, Methoden und Modelle beschrieben, die als Leitfaden für die Lösung von Praxisproblemen dienen sollen. Inhaltlich startet dieser Teil mit dem Themenfeld Neue Medien und den neuen Formen der Kommunikation. Darauf aufbauend werden soziale Phänomene betrachtet, die mit neuen Kommunikationsformen in den sozialen Medien einhergehen. Abschließend werden Ansätze für die Entwicklung von Strategien und Geschäftsmodellen vorgestellt.

Der dritte Teil ist der Praxis gewidmet. Hier werden die vorgestellten Theorien, Methoden und Modelle praxisnah reflektiert. Ausgewählte Praxisfälle zeigen, wie die Inhalte des Theorieteils zur Lösung realer Probleme angewandt werden können. Es werden einerseits Praxisfälle beschrieben, bei denen die Ansätze des Theorieteils zur Lösung realer Problem beigetragen haben und andererseits Fallbeispiele aufgeführt, die mithilfe der Theorieansätze im Nachhinein analysiert wurden.

Teil 1
Einführung

Kapitel 1 Social Media Modell

von Daniel Michelis

Die Entwicklung von Social Media vollzieht sich auf drei Ebenen: Die individuelle Ebene ist der Ausgangspunkt für all das, was allgemein als Social Media bezeichnet wird, die technologische Ebene die Grundlage für die tatsächlichen, sichtbaren Ausprägungen und die verfügbaren Anwendungen. Die sozio-ökonomische Ebene umfasst alle direkten und indirekten Auswirkungen auf gesellschaftliche und wirtschaftliche Strukturen.

Modell

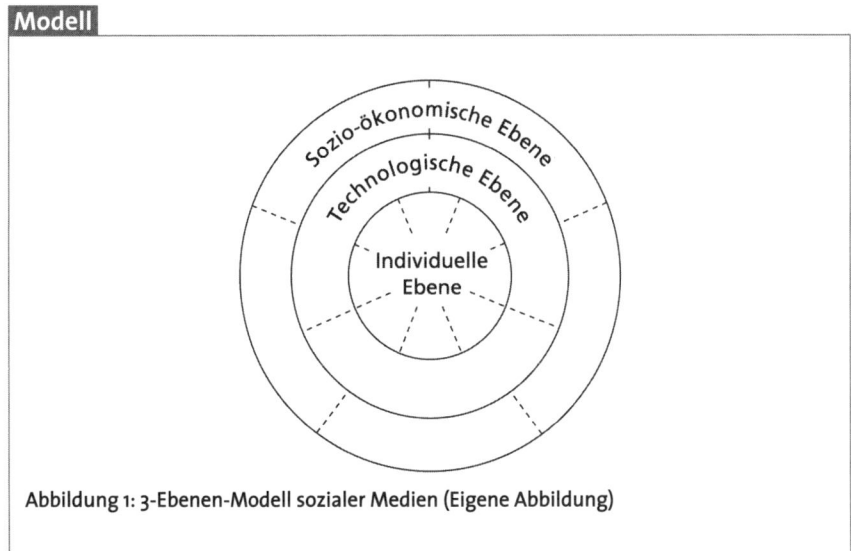

Abbildung 1: 3-Ebenen-Modell sozialer Medien (Eigene Abbildung)

Die in Abbildung 1 dargestellten drei Ebenen sollen hier in erster Linie dazu dienen, den Begriff Social Media einzugrenzen und ein Verständnis für seine Verwendungsbereiche zu schaffen. In der folgenden Beschreibung des Social Media Modells werden zu diesem Zweck die begrifflich relevanten Aspekte hervorgehoben, wobei die Schreibweise „Social Media" und „Soziale Medien" bedeutungsgleich verwendet wird.

Individuelle Ebene

Allen Aktivitäten, die sich in den sozialen Medien beobachten lassen, liegt ein individueller Beitrag zugrunde. Da dieser Beitrag sehr stark variiert, werden Individuen ihrem Aktivitätsgrad entsprechend mit unterschiedlichen Charakteren verglichen. Sogenannte *Vermittler* zeichnen sich beispielsweise durch eine überdurchschnittlich große Zahl an Verbindungen aus, mit denen sie im regelmäßigen Austausch stehen.

Kenner hingegen teilen ihr spezifisches Wissen mit anderen Nutzern. Sie beantworten beispielsweise Fachfragen in Foren, veröffentlichen eigene Artikel oder kommentieren und bewerten.[1]

Modell

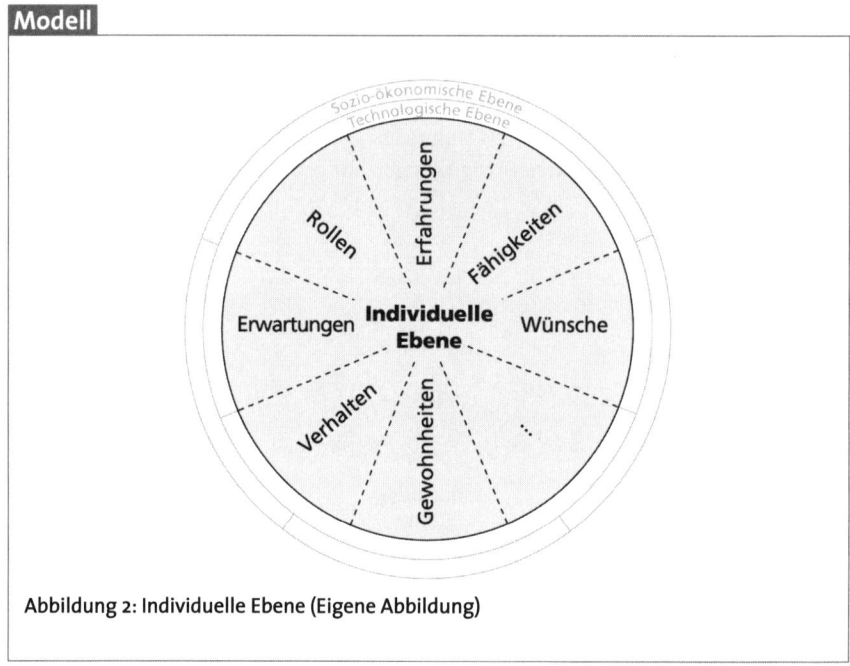

Abbildung 2: Individuelle Ebene (Eigene Abbildung)

Eine einfache Charakterisierung von Individuen stammt von Nielsen, der die in Abbildung 3 dargestellten Nutzergruppen unterscheidet: Aktive, reaktive und passive Nutzer.[2]

In der Regel zählt nur ein Prozent der Nutzer zum aktivsten Segment, das eigene Inhalte in den sozialen Medien erstellt. Neun Prozent der Nutzer erstellen nur selten Inhalte, sie reagieren eher auf Inhalte der Aktiven, indem sie etwa kommentieren und bewerten. Neunzig Prozent der Nutzer verhalten sich nach Nielsen passiv, das heißt sie beschränken sich auf das Konsumieren verfügbarer Inhalte.

---

1 Vgl. Bernoff, J., Schadler, T. (2010) in Verbindung mit Gladwell, M. (2000) und siehe hierzu auch Kapitel 19 und 5.
2 Vgl. Nielsen, J. (2006).

Modell

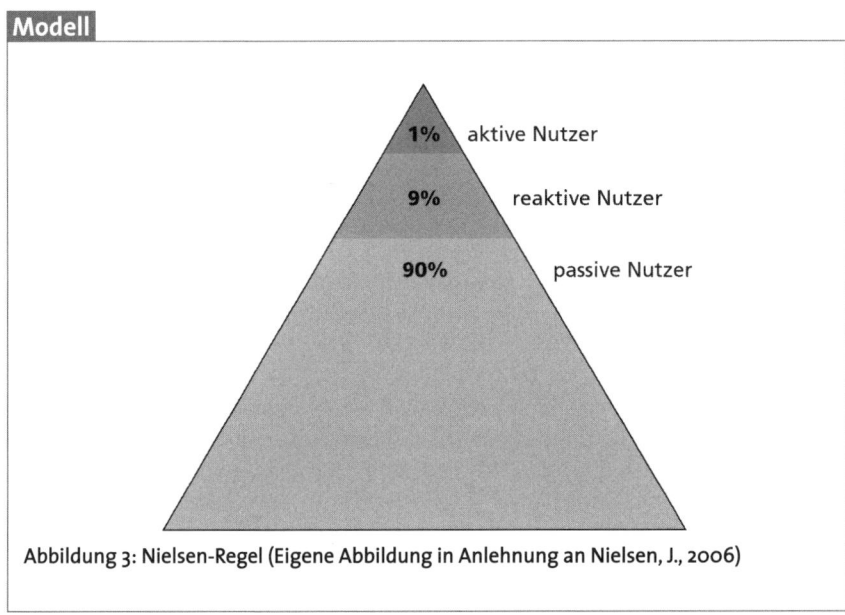

Abbildung 3: Nielsen-Regel (Eigene Abbildung in Anlehnung an Nielsen, J., 2006)

Eine differenziertere Unterteilung von Individuen anhand ihrer Nutzungsintensität wird im Rahmen der Strategieentwicklung im folgenden Kapitel beschrieben.[3]

Die Nutzer sozialer Medien gestalten ihre Umgebung nicht nur aktiv sondern sie wechseln spontan zwischen verschiedenen passiven und aktiven Verhaltensweisen. Eine starre Unterteilung in verschiedene Aktivitätsprofile sowie die Gruppierung von Individuen in homogene Aktivitätssegmente kann also nur dazu dienen, die unübersichtliche Dynamik der sozialen Medien greifbar zu machen und weniger dazu, ein klares Bild der tatsächlichen Verhaltensweisen zu zeichnen. Die unterschiedlichen Ansätze weisen jedoch auf einen für die begriffliche Abgrenzung wesentlichen Aspekt hin, dass nämlich die sozialen Medien auf der individuellen Beteiligung der Nutzer basieren.[4]

Begriffe

Auf individueller Ebene bezeichnet der Begriff Social Media die Beteiligung von Nutzern an der Gestaltung von Internetangeboten. Das Ausmaß dieser Beteiligung variiert stark, es reicht von der einfachen Bewertung vorhandener Inhalte bis hin zur vollständigen Erstellung eigener Internetseiten.

---

3 Vgl. Li, C., Bernoff, J. (2008).
4 Vgl. Münker, S. (2009).

21

Individuen können heute durch die Freiheit, jederzeit eigene Inhalte zu produzieren und zu veröffentlichen und damit eine sehr große Zahl an potentiellen Empfängern zu erreichen, immer mehr Funktionen traditioneller Organisationen übernehmen. Sie werden ihr eigenes Medienunternehmen[5] oder beteiligen sich als Prosumenten[6] oder Co-Innovatoren[7] sogar an der Wertschöpfung von Unternehmen.

Das Verhalten des Individuums, seine Rollen, Wünsche, Erfahrungen, seine Fähigkeiten und Gewohnheiten sowie die Veränderung dieser individuellen Dispositionen sind die wesentlichen Determinanten dessen, was in den sozialen Medien technologisch möglich ist. Nicht die Technologie determiniert die spätere Nutzung, sondern die Bereitschaft des Individuums, diese zur Erfüllung der eigenen Ziele zu nutzen.

Technologische Ebene

Abbildung 4 zeigt die technologische Ebene, die es Nutzern über dynamische Webseiten und offene Schnittstellen ermöglicht, eigene Inhalte in den sozialen Medien bereit zu stellen.

Modell

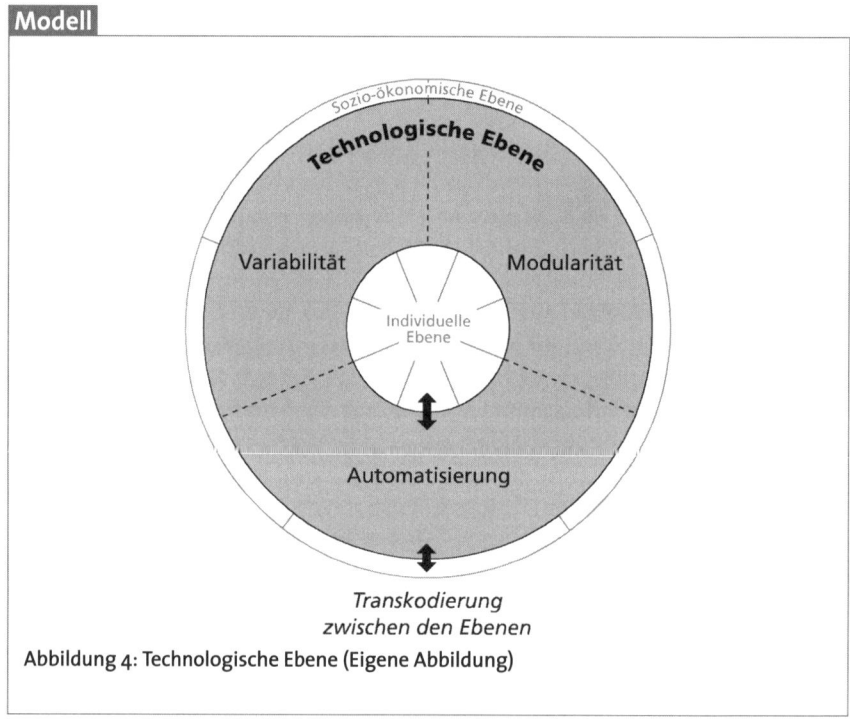

Abbildung 4: Technologische Ebene (Eigene Abbildung)

---

5 Vgl. Shirky, C. (2008).
6 Vgl. Howe, J. (2006).
7 Vgl. Tapscott, D., Williams, A.D. (2007).

Unzählige Technologien laden ihre Nutzer dazu ein, aus vorhandenen digitalen Bausteinen eigene Seiten zu erstellen oder bestehende Seiten mit eigenen Inhalten zu ergänzen. Diese modularen Bausteine, die variabel zusammengesetzt werden können, sind die Basis für Kommunikation, Interaktion und Partizipation in den sozialen Medien. Allerdings erscheint die verbreitete Bezeichnung der sozialen Medien als Technologie oder technologische Anwendungen überholt. Ebenso wenig wie der Fernseher oder das Radio als Technologie bezeichnet werden, obwohl beide zweifelsohne Technologien sind, haben sich auch die sozialen Medien derart etabliert, dass sie von den Nutzern kaum noch als Technologie an sich wahrgenommen werden. Sie basieren zwar weiterhin auf einem technologischen Fundament, werden jedoch eher als Medium wie Fernsehen oder Radio wahrgenommen.[8] Dieser Perspektive werden auch die zentralen Prinzipien der technologischen Ebene gerecht, die als Modularität, Variabilität und Automatisierung bezeichnet werden.[9]

Modularität

Websites, digitale Filme oder andere Medienobjekte setzen sich immer aus bereits vorhandenen Modulen wie etwa Pixeln, Tönen oder Formen zusammen. Modularität ist die Grundlage für die Leichtigkeit, mit der Anwendungen und Inhalte der sozialen Medien miteinander verbunden und neu kombiniert werden können.

Automatisierung

Die Fülle an Anwendungen und deren Verknüpfung untereinander basiert auf einem sehr hohen Maß an Automatisierung, ohne die viele Inhalte und Anwendungen in den sozialen Medien nicht denkbar wären.

Variabilität

Das Prinzip Variabilität ist die Grundlage dafür, dass sich die inhaltlichen und funktionalen Module der sozialen Medien variabel miteinander verknüpfen und damit für jeden Nutzer individualisieren lassen.

Begriffe

Auf technologischer Ebene bezeichnet der Begriff Social Media beschreibbare Internetangebote, die aus inhaltlichen und technischen Modulen zusammengesetzt sind. Über offene Schnittstellen können diese Module automatisch ausgetauscht und variabel zu neuen Angeboten kombiniert werden.

Die technologische Ebene steht in wechselseitigem Austausch mit der individuellen und der sozio-ökonomischen Ebene, wobei jede Ebene Konzepte und Praktiken der jeweils anderen übernimmt.[10] Durch Entwicklungen auf der technologischen Ebene

---

8   Vgl. Münker, S. (2009).
9   Vgl. Manovich, L. (2001).
10 Vgl. Manovich, L. (2001).

haben sich viele Nutzer neue Formen der Kommunikation und neue Verhaltensweisen gewöhnt. Diese neuen Gewohnheiten auf der individuellen Ebene wiederum führen zu teilweise sehr klaren Erwartungen an die Weiterentwicklung der technologischen Ebene. Die gegenwärtige Beschaffenheit und die zukünftige Entwicklung der sozialen Technologien hängen also nicht nur von der technologischen Machbarkeit, sondern vor allem auch von sozialen Gewohnheiten und Erwartungen ab.

Die technologische Ebene ist die Grundlage dafür, dass Individuen sich in den sozialen Medien miteinander verbinden können. Sie ermöglicht neue Formen von Kommunikation und Austausch und ist damit das Fundament für die sozio-ökonomische Bedeutung von Social Media.

Sozio-ökonomische Ebene

Die Freiheit des Nutzers, sich der vielfältigen Angebote der sozialen Medien zu bedienen und sich in diesen Gehör zu verschaffen, hat weitreichende Auswirkungen auf die sozio-ökonomische Ebene. Sie verändert nicht nur soziale sondern eben auch ökonomische Strukturen, Kommunikationsformen und Verhaltensweisen. Sozio-ökonomische Auswirkungen entstehen vor allem aufgrund dessen, dass die vielen Anwendungen der sozialen Medien von einer sehr großen Zahl von Individuen gemeinsam genutzt werden. Dadurch, dass die Nutzer vor allem auf Inhalte anderer Nutzer zurückgreifen, lässt sich die klassische Differenz „Hier sind die Medien, dort die Menschen" nicht mehr beobachten, weil die Medien erst dadurch entstehen, dass die Menschen sich beteiligen.[11]

Was mit Blick auf die sozialen Medien bereits Realität geworden ist, scheint sich in immer größer werdenden Teilen der Wirtschaft ebenfalls abzuzeichnen: Die Grenzen der Unternehmen verschwimmen. Auch hier fällt die klare Trennung in Anbieter und Nachfrager, in Produzent und Konsument, aber auch eine Trennung in Mitarbeiter und Kunde zunehmend schwerer.[12]

Begriffe

> Auf sozio-ökonomischer Ebene bezeichnet der Begriff Social Media die auf einem neuen Informations- und Kommunikationsverhalten basierenden Beziehungen zwischen unterschiedlichsten Akteuren in Wirtschaft und Gesellschaft. Grundlage für dieses neue Verhalten ist der uneingeschränkte Zugang zu sozialen Technologien, der zur Auflösung traditioneller Macht- und Hierarchiestrukturen führt.

Auf der sozio-ökonomischen Ebene, die in Abbildung 5 dargestellt ist, haben die sozialen Medien zu einer Vielzahl von Entwicklungen geführt, die sich in fünf übergeordnete Trends zusammen fassen lassen: authentische Kommunikationsformen,

---

11 Vgl. Münker, S. (2009).
12 Vgl. Tapscott, D., Williams, A.D. (2007).

symmetrische Beziehungen zwischen Anbieter und Nachfrager, selbstorganisierte Gruppenaktivitäten, emergente Märkte und nichtmarktliche Formen der Produktion.

Modell

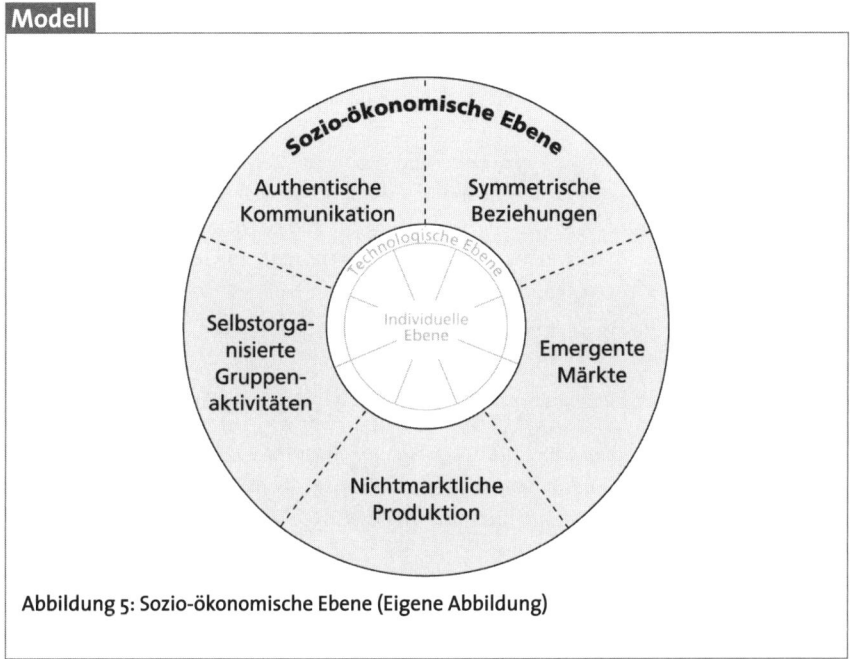

Abbildung 5: Sozio-ökonomische Ebene (Eigene Abbildung)

Authentische Kommunikationsformen

Die Nutzer der sozialen Medien führen engagierte, ehrliche und offene Gespräche miteinander. Sie tauschen sich mit Gleichgesinnten über Themen jeder Art aus und berücksichtigen die Meinungen und Ratschläge anderer bei eigenen Entscheidungen. Unternehmen ist es bislang nur vereinzelt gelungen, an diesen Gesprächen teilzunehmen. Sie müssen noch immer lernen, mit derselben authentischen Stimme zu sprechen, in der die Gespräche auf diesen neuen Märkten stattfinden.[13] Die „polierte" Sprache der Marketing- und Kommunikationsabteilungen findet immer weniger Gehör und wird als unehrlich wahrgenommen. Um als Gesprächspartner akzeptiert zu werden, müssen Unternehmen sich offen und ehrlich zeigen und bereit sein, nicht mehr nur zu senden, sondern auch aktiv zuzuhören. Wenn das, was ihnen gegenüber geäußert wird, eine Verhaltensänderung erfordert, heißt das, sie müssen auch zu Konsequenzen bereit sein.[14] Für Unternehmen bietet sich hieraus nicht nur die Chance, zu verstehen, welche Themen innerhalb der Zielgruppe mit welcher Tonalität diskutiert werden, sondern auch die Möglichkeit, eigene Diskussionsbeiträge zu liefern.

---

13 Vgl. Levine et al. (2000).
14 Vgl. Scoble, R., Israel, S. (2006).

Durch die sozialen Medien haben Unternehmen die Kontrolle darüber verloren, wer, wann, was über ihre Angebote äußert. An die Stelle einer kontrollierten Einwegekommunikation ist ein dezentral-interaktives Modell getreten, das der Dynamik aller Beteiligten unterliegt. Offenheit und Authentizität des Unternehmens und seiner Mitarbeiter scheint die einzige Chance, an diesen Gesprächen langfristig teilzunehmen.[15] Das notwendige Maß an Offenheit und Flexibilität erfordert in den meisten Unternehmen und ihren internen Kulturen einen deutlichen Paradigmenwechsel. Eingeübte Verhaltens- und Kommunikationsweisen, die sich in der Vergangenheit als erfolgreich herausgestellt haben, sind nur mit großem Aufwand abzulegen. Im Gegensatz zu den allgegenwärtigen Komm-wie-Du-bist-Gesprächen in Blogs, sozialen Netzwerken oder bei Twitter, fällt es Unternehmen sehr schwer, sich spontan an Gesprächen dieser Art zu beteiligen. Dabei bringt der direkte Zugang zu den Kunden und Mitarbeitern, der nicht von herkömmlichen Gatekeepern kontrolliert wird, große Chancen mit sich, ungefilterte Botschaften zu verbreiten.[16]

Praxistipp

Bevor Anbieter aktiv werden, sollten sie sich ein Bild davon machen, wie sich ihre Zielgruppe in den sozialen Medien verhält, über welche Marken und Produkte sie sich austauscht und nicht zuletzt, wie über die eigenen Angebote gesprochen wird.

Symmetrische Beziehungen zwischen Anbieter und Nachfrager

Einzelpersonen, die sich im Internet zusammenschließen und sich über wirtschaftliche Belange austauschen, haben gegenüber den Unternehmen eine deutlich stärkere Position eingenommen. Ihr Verhältnis zu Unternehmen hat sich dabei insbesondere mit Blick auf die verfügbare Information geändert. In Zeiten vor dem Einzug des Internet gaben Unternehmen nur sorgfältig ausgewählte Informationen weiter, die dem Verkauf ihrer Produkte zuträglich waren. Kritische Informationen oder solche, die für das Unternehmen schädlich sein könnten, wurden in der Regel geheim gehalten. In den sozialen Medien haben Unternehmen die Kontrolle über Kunden verloren, die sich miteinander vernetzt haben und Informationen uneingeschränkt untereinander austauschen. Noch immer verhalten sich viele Unternehmen jedoch nach dem gelernten Muster. Sie kommunizieren nicht authentisch und ehrlich und geben relevante Informationen häufig nicht preis. Die Vernetzung der Kunden führt dort jedoch zu einer starken Gegenkraft, die anstelle von zuvor asymmetrischen Beziehungen heute symmetrische Teilhabe fordert. Ein zunehmender Anteil von Unternehmen ist dabei, die Chancen, die sich durch neue Formen der Beziehung zu ihren Kunden ergeben, zu entdecken und ihre Potentiale auszuloten. Um dabei erfolgreich zu sein, müssen sie die Bereitschaft mitbringen, ihre Kunden als gleichberechtigte Partner zu behandeln. Wenn sie dies versuchen, werden sie merken, dass sie in den vernetzten Märkten sehr

---

15 Vgl. Gladwell, M. (2000).
16 Vgl. Scoble, R., Israel, S. (2006).

willkommen sind. Die vielen Gruppen und Individuen in den sozialen Medien wollen mit Unternehmen sprechen und sie sind auch bereit, sich aktiv an den Aktivitäten des Unternehmens zu beteiligen.[17] So gibt es mittlerweile eine ganze Reihe von erfolgreichen Praxisfällen, bei denen Konsumenten konkrete und in zunehmendem Maße auch komplexe Aufgaben übernommen haben. Das Internet hat auf diese Weise nicht nur dazu beigetragen, dass Unternehmen die Grenzen untereinander öffnen, sondern eben auch die Grenzen zu ihren Kunden, die nicht länger als passive Werteempfänger betrachtet werden, sondern intensiv in Interaktion mit Unternehmen treten und sogar direkt an der unternehmerischen Wertschöpfung beteiligt werden.[18]

Kernsätze

Unternehmen können über das Internet nicht nur leichter mit ihren Kunden ins Gespräch kommen, sondern auch gemeinsam Probleme lösen und voneinander lernen. Durch das Gespräch mit den Kunden erfahren sie, wie das eigene Angebot verbessert oder neue Produkte entwickelt werden können.

Unternehmen sollten ihren Kunden ein höheres Maß an Vertrauen entgegen bringen und ihnen mehr Kontrolle über die Art und Weise überlassen, wie die angebotenen Leistungen genutzt werden können. Auch sollten die Nutzer mitbestimmen, welche Produktentwicklungen in Zukunft vorgenommen werden, da sie ihre eigenen Bedürfnisse am besten kennen. Unternehmen sollten ihre Kunden daher konkret auffordern, sich an der Entwicklung von Innovationen zu beteiligen und entsprechende Methoden entwickeln, um innovative Ideen innerhalb und außerhalb des Unternehmens systematisch zu erkennen, auszuwählen und nutzbar zu machen.[19]

Selbstorganisierte Gruppenaktivitäten

Die Aufgabe, Individuen in Gruppen zusammen zu bringen und diese Gruppen aufrecht zu erhalten, war bisher mit hohem Aufwand verbunden und wurde daher meist von hierarchischen Organisationen übernommen. Es gab in der Vergangenheit scheinbar kaum Alternativen, sodass große Gruppen meist nicht außerhalb hierarchischer Organisationen organisiert werden konnten. Mit dem Einzug sozialer Technologien hat sich diese Situation geändert. Die Organisation der Gruppenmitglieder lässt sich nun dezentral auf viele Schultern verteilen, sodass es in sozialen Medien heute sehr leicht fällt, sich mit anderen zusammen zu tun und gemeinsame Vorhaben zu realisieren. Die frei verfügbaren Technologien werden zu alltäglichen Werkzeugen, um gemeinsame Vorhaben zu planen und zu realisieren. Es ist heute damit nicht nur viel einfacher, Gruppen zu gründen und zu erhalten, es ist vor allem viel günstiger – zum Beispiel durch die Gründung einer Facebook-Gruppe.[20]

---

17 Vgl. Münker, S. (2009).
18 Vgl. Howe, J. (2006).
19 Vgl. Jarvis, J. (2009).
20 Vgl. Shirky, C. (2008).

Selbstorganisierte Gruppen liefern eine hochwertige Qualität, die bislang professionellen Unternehmen vorbehalten war. Sie ermöglichen darüber hinaus kollaboratives Arbeiten auch in Bereichen, in denen dies bislang aufgrund hoher Transaktionskosten nicht möglich war. Und dabei handelt es sich bei diesen Gruppierungen nicht mehr, wie vielleicht noch in den frühen Jahren des Internet, um einen Zusammenschluss von Menschen mit speziellen Interessen oder besonderen Fähigkeiten. Menschen in fast allen Bereichen von Wirtschaft und Gesellschaft haben damit begonnen, das Internet gemeinsam mit anderen aktiv zu nutzen und sie sind dabei, sich an die neuen Formen dieser Zusammenarbeit zu gewöhnen.

Emergente Märkte

Dadurch, dass immer mehr Akteure das Internet aktiv nutzen und sich an der Erstellung von Leistungen beteiligen, nimmt die Menge des verfügbaren Gesamtangebots zu. Gleichzeitig fallen durch den weltweiten Zugang zum Internet geografische Barrieren weg, sodass insgesamt auch die Nachfrage nach dem verfügbaren zunimmt und in der Folge neue Märkte entstehen.

Kernsätze

> Mit dem Zusammentreffen eines größeren Angebots und einer größeren Nachfrage nehmen vorhandene Märkte nicht nur an Volumen zu, es entstehen darüber hinaus gänzlich neue Märkte.

Das Entstehen neuer Märkte wird in der Theorie des *Long Tail* ausführlich beschrieben. Dadurch, dass die regionale Nachfragebegrenzung aufgehoben wird und Konsumenten Produkte über das Internet nahezu uneingeschränkt nachfragen können, wachsen bisher kaum erkennbare Nischenmärkte zu einer Größe heran, die bislang nur für Massenprodukte beobachtet werden konnte. Durch sinkende Stückkosten wiederum können Produkte gehandelt werden, deren Produktion bislang mit zu hohen Kosten verbunden war. Im Ergebnis werden Produkte, Märkte und auch Kunden, die zuvor unrentabel waren, durch den Online-Vertrieb rentabel.[21]

Um diese neuen Märkte zu erreichen, sollten Unternehmen ihren Kunden in die sozialen Medien folgen. Sie sollten nicht mehr einfach nur danach streben, die Aufmerksamkeit ihrer Kunden zu gewinnen, um diese zu den eigenen Angeboten zu locken. Vielmehr sollten sie das Gespräch genau dort suchen, wo sich ihre Kunden bereits aufhalten. Sie sollten aus technologischer und konzeptioneller Sicht offene Schnittstellen schaffen, über die ihre Angebote dort platziert werden können, wo eine entsprechende Nachfrage bereits beobachtet werden kann. Diese Platzierung kann entweder vom Unternehmen selbst, durch andere oder sogar automatisch geschehen.[22]

---

21 Vgl. Anderson, C. (2007) oder Kapitel 16 in diesem Buch.
22 Vgl. Jarvis, J. (2009) oder Kapitel 14 in diesem Buch.

Mit dem Einzug der sozialen Medien ist ein neuer Marktplatz für bereits vorhandene Produkte und auch völlig neue Produkte entstanden. Die verfügbaren Technologien werden dabei für Kommunikation und Vertrieb genutzt, aber eben auch als Werkzeug für die gemeinschaftliche Produktion neuer Angebote.[23]

Nicht-marktliche Produktion

In Ergänzung zur Beteiligung externer Akteure an der Wertschöpfung von Unternehmen zeichnet sich eine neue Form der Leistungserstellung ab, die sich außerhalb professioneller Routinen und hierarchischer Strukturen vollzieht. Ohne eine monetäre Gegenleistung oder eine andere Form der extrinsischen Belohnung zu erhalten, beteiligt sich eine Vielzahl von Individuen nahezu gleichberechtigt an der Produktion einer gemeinsamen, kollektiven Leistung. Das nachwievor prominenteste Beispiel ist die Online-Enzyklopädie Wikipedia, doch es mehren sich alternative Erfolgsmodelle, die im Zusammenhang mit Begriffen wie User Generated Content oder Peer Production beschrieben werden. Diese unterschiedlichen Begrifflichkeiten beschreiben denselben Trend:

Kernsätze

> Ohne eine monetäre oder in anderer Form klar definierte Gegenleistung schließen sich Individuen über die sozialen Medien als kollaborativ produzierende Akteure zusammen, um als Gruppe gemeinsam eine Leistung zu erstellen.

Mit Blick auf nichtmarktliche Produktion haben die sozialen Medien zu einer Demokratisierung von Produktions- und Vertriebsmitteln geführt. Durch den freien Zugang zu Produktionsmitteln hat die Zahl der Produzierenden deutlich zugenommen, die sich den bekannten marktlichen Bereichen zuordnen lassen. Darüber hinaus hat die freie Verfügbarkeit der notwendigen Mittel und Werkzeuge aber eben auch dazu geführt, dass Leistungen von Personen oder Gruppen produziert werden, die sich traditionellen Bereichen nicht mehr zuordnen lassen. Analog verhält es sich mit Blick auf die Demokratisierung von Vertriebsmitteln. Auch Aufgaben und Leistungen des Vertriebs werden zunehmend von externen Akteuren übernommen, die sich weder als Amateur noch als Profi beschreiben lassen. Nicht-marktliche Produktion findet zwischen diesen beiden klassischen Rollen statt.[24]

Fazit

Dieses einleitende Kapitel hat die Entwicklungen von Social Media in ein einfaches Drei-Ebenen-Modell überführt, das vor dem Hintergrund der sehr hohen der hohen Dynamik der sozialen Medien die Orientierung erleichtern soll. Im nächsten Schritt wird nun ein strategisches Vorgehensmodell skizziert, in dem konkrete Anweisungen

---

23 Vgl. Tapscott, D., Williams, A.D. (2007) oder Kapitel 12 in diesem Buch.
24 Vgl. Anderson, C. (2007).

zusammengefasst werden, die in den darauf folgenden Kapiteln dieses Handbuchs beschrieben werden.

Literatur

Bernoff, J., Schadler, T. (2010), Empowered: unleash your employees, energize your customers, and transform your business, Boston

Anderson, C. (2007), The Long Tail – Der Lange Schwanz: Nischenprodukte statt Massenmarkt, Hanser Wirtschaft

Gladwell, M. (2002), Tipping Point: Wie kleine Dinge Großes bewirken können, München, Wilhelm Goldmann Verlag

Howe, J. (2008), Crowdsourcing. Why the Power of the Crowd is Driving the Future of Business, New York: Crown Business

Jarvis, J. (2009), Was würde Google tun? Wie man von den Erfolgsstrategien des Internet-Giganten profitiert, Heyne Verlag

Levine, R., Locke, C., Searls, D., Weinberger, D. (2000), Das Cluetrain Manifest. 95 Thesen für die neue Unternehmenskultur im digitalen Zeitalter, Econ Verlag München

Li, C., Bernoff, J. (2008), Groundswell: Winning in a World Transformed by Social Technologies, Harvard Business Press, Boston, Massachusetts

Manovich, L. (2001), The Language of New Media, MIT Press, Cambridge, Mass.

Münker, S. (2009), Emergenz digitaler Öffentlichkeiten: Die Sozialen Medien im Web 2.0, Suhrkamp

Nielsen, J. (2006), Participation Inequality: Encouraging More Users to Contribute, Alertbox, October 9, 2006, URL: http://www.useit.com/alertbox/participation_inequality.html

Scoble, R., Israel, S. (2006), Naked Conversations, John Wiley & Sons

Shirky, C. (2008), Here Comes Everybody. The Power of Organizing Without Organization. Penguin Books, New York

Surowiecki, J. (2005), The Wisdom of Crowds, London

Tapscott, D., Williams, A.D. (2007), Wikinomics, Die Revolution im Netz, Hanser Verlag, München

Kapitel 2 Strategischer Leitfaden

von Daniel Michelis

Das Social Media Handbuch orientiert sich an langfristigen Trends und anhaltenden Entwicklungen. Nicht die neuen Technologien stehen dabei im Vordergrund, sondern das, was Menschen mit diesen Technologien leisten können. Dieser Orientierung folgt auch das Strategiemodell, das in diesem Kapitel beschrieben wird.

Modell

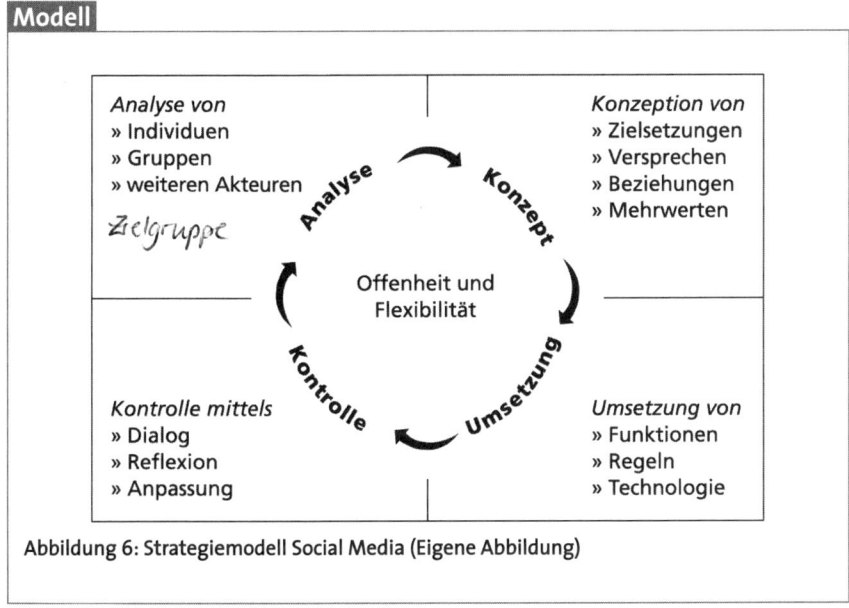

Abbildung 6: Strategiemodell Social Media (Eigene Abbildung)

Grundsätzlich sollte auch der strategische Einsatz der sozialen Medien nicht von verfügbaren Technologien oder Anwendungen geleitet werden. Zu aller erst sollte sich jedes Unternehmen ein ausführliches Bild seiner eigenen Zielgruppe machen. Ist die Zielgruppe überhaupt in den sozialen Medien anzutreffen und wenn ja, was genau tut sie dort? Erst auf Basis einer ausführlichen Zielgruppenanalyse lässt sich sagen, ob der Einsatz sozialer Medien überhaupt sinnvoll ist oder nicht. Führt die Analyse zu einem positiven Ergebnis, sollte als nächstes definiert werden, welche Ziele in den sozialen Medien erreicht werden sollen. In der Praxis wird häufig direkt mit der Auswahl von Technologien begonnen, ohne Zielgruppe und Zielsetzungen im Vorfeld berücksichtigt zu haben. Eine langfristige Gültigkeit strategischer Entscheidungen hängt bei einem solchen Vorgehen immer auch von der Entwicklung der ausgewählten Technologie ab. Das folgende Strategiemodell geht einen anderen Weg. Um strategische Maßnahmen weitestgehend unabhängig von technologischen Entwicklungen umsetzen zu können, erfolgt die Auswahl der Technologie erst im vorletzten Schritt. Anschließend erfordert die Dynamik der sozialen Medien eine kontinuierliche Kontrolle der umgesetzten Maßnahmen und bei Bedarf eine flexible Anpassung an die Wünsche und Bedürfnisse der Zielgruppe.

Die vier Schritte der Strategieentwicklung, die idealtypisch aufeinander folgen, sind in Abbildung 6 dargestellt. Die einzelnen Schritte, sollten regelmäßig durchlaufen werden, um mögliche Veränderungen frühzeitig zu erkennen und darauf reagieren zu können. Der zeitliche Abstand der Durchläufe muss situationsbedingt entschieden werden.

Offenheit und Flexibilität als Grundvoraussetzung

Grundsätzlich erwarten die Nutzer sozialer Medien von Unternehmen und Organisationen, die sich im Internet engagieren, ein hohes Maß an Offenheit und Authentizität. Vor dem Schritt in die sozialen Medien sollte also die Bereitschaft stehen, sich den Gesprächen mit zumeist unbekannten Nutzern gegenüber zu öffnen. Um authentisch zu kommunizieren, müssen Mitarbeiter darüber hinaus die Fähigkeit erlernen, selbst in der Sprache der sozialen Medien zu sprechen.[1] Tabelle 1 fasst vor diesem Hintergrund vier grundsätzliche Regeln für die Nutzung sozialer Medien zusammen:[2]

Offenheit	Anbieter sollten aufgeschlossen das Gespräch in den sozialen Medien suchen und sich dabei nicht an fertigen Antworten oder geplanten Vorgehen festhalten.
Anpassung	Sie sollten ihr Verhalten und alle Maßnahmen in den sozialen Medien an die Gepflogenheiten der Zielgruppen anpassen.
Reflexion	Wenn die ersten Gespräche erfolgreich begonnen wurden, sollte kontinuierlich analysiert werden, wie die Gesprächspartner reagieren und die eigenen Aktivitäten wahrgenommen werden.
Flexibilität	Stimmen die bisherigen Annahmen nicht mit den tatsächlichen Erfahrungen überein oder sind die Voraussetzungen für die ursprünglichen Pläne nicht mehr gegeben, sollte flexibel auf die neue Situation reagiert und Veränderungen zugelassen werden.

Tabelle 1: Regeln für die Nutzung sozialer Medien

Mit der Forderung nach Offenheit und Authentizität beginnt die Strategieentwicklung mit einer klaren Orientierung an der Zielgruppe und an möglichen Beziehungen, die Unternehmen zu diesen Zielgruppen eingehen. Tabelle 2 zeigt drei Faktoren, die für eine erfolgreiche Entwicklung dieser Beziehungen verantwortlich sind: ein glaubhaftes Versprechen, eine wirkungsvolle Technologie und eine nachhaltige Übereinkunft mit den Nutzern.

---

1 Vgl. Levine et al. (2000).
2 Vgl. Tapscott, D., Williams, A.D. (2007).

Glaubhaftes Versprechen	Ein Versprechen, dem ausreichend viele Nutzer folgen, ist eine Grundvoraussetzung für den Einsatz sozialer Medien. Ein glaubhaftes Versprechen kann Neugier wecken und die Bereitschaft zur Teilnahme schaffen.
Wirkungsvolle Technologie	Wurde das Versprechen von potentiellen Nutzern angenommen, entscheidet die eingesetzte Technologie, wie die Beteiligten sich untereinander austauschen und sich dem Versprechen gemeinsam nähern können.
Nachhaltige Übereinkunft	Nachdem die Entscheidung für die Technologie gefallen ist, muss gemeinsam mit den potentiellen oder bereits aktiven Nutzern ausgehandelt werden, wie das Versprechen im Zusammenspiel aller Beteiligen gemeinsam erfüllt werden kann.

Tabelle 2: Erfolgsfaktoren in den sozialen Medien (In Anlehnung an Shirky, 2008)

Schon der erste Erfolgsfaktor macht deutlich, dass die Ausgangssituation komplexer ist, als die Formulierung einer einseitigen Zielsetzung. Es geht darum, ein glaubhaftes Versprechen zu formulieren, das in der Regel in einem gemeinschaftlichen Prozess ausgehandelt wird. Auf Basis des ausgehandelten Versprechens, entscheidet die eingesetzte Technologie, wie sich alle Akteure dem Versprechen nähern können. Abschließend muss gemeinsam mit den Nutzern ausgehandelt werden, wie das zuvor getroffene Versprechen von allen beteiligten Akteuren gemeinsam erfüllt werden kann. Diese Ergänzung zieht den großen Unterschied zur traditionellen Beziehung zwischen Anbieter und Nachfrager in Betracht, nämlich dass die Nutzer sozialer Medien sehr selbstbewusst fordern, wie bestimmte Anwendungen gestaltet sein sollten.[3]

Schritt 1: Analyse

Im ersten Schritt der Strategieentwicklung liegt der Schwerpunkt, wie eingangs beschrieben wurde, auf der Analyse der eigenen Zielgruppe. Insbesondere wird untersucht, wie Individuen und Gruppen, die angesprochen werden sollen, sich gegenwärtig in den sozialen Medien verhalten. Der Blick auf das gegenwärtige Verhalten ist deshalb wichtig, da davon ausgegangen wird, dass nur ein solches Verhalten in der Zukunft von der Zielgruppe erwartet werden kann, das bereits in der Vergangenheit beobachtet werden konnte.

Analyse von Individuen

Für die Analyse von individuellen Nutzern hat sich die Bildung soziotechnografischer Profile, die eine Aussage über das Nutzungsverhalten in den sozialen Medien ermöglichen, als geeignet erwiesen.[4] Anhand ihrer persönlichen Aktivität lassen sich diese Profile auf einer sinnbildlichen Leiter gruppieren und in sechs Segmente einteilen. Am oberen Ende der Leiter befindet sich die Gruppe der aktivsten Nutzer, die als Kreative

---

3 Vgl. Shirky, C. (2008).
4 Vgl. Li, C., Bernoff, J. (2008).

bezeichnet werden. Auf der Sprosse darunter befindet sich die Gruppe der Kritiker, die beispielsweise Produkte bewerten oder sich an Online-Foren beteiligen. Bei der dritten Gruppe handelt es sich um sogenannte Sammler und die letzte aktive Gruppe bilden Mitmacher, die eigene Profile und Freundschaften in sozialen Netzwerken pflegen und diese Netzwerke regelmäßig besuchen. Auf der vorletzten Sprosse befinden sich die passiven Zuschauer und auf der letzten Sprosse die Gruppe der Inaktiven.[5]

Die Kenntnis der individuellen Nutzeraktivitäten in den sozialen Medien ist eine wesentliche Voraussetzung für den späteren Erfolg eigener Maßnahmen. Sind die Mitglieder der eigenen Zielgruppe sehr aktiv, lassen sie sich beispielsweise mit deutlich höherer Wahrscheinlichkeit für eigene Maßnahmen in den sozialen Medien gewinnen, als passive Mitglieder. In der Regel wird es nicht gelingen, das soziotechnografische Profil der Zielgruppe durch den Einsatz sozialer Medien zu verändern. Es gilt vielmehr umgekehrt, dass sich jede Strategie am Verhalten und dem Aktivitätsmuster der betroffenen Individuen orientieren sollte, um von der Zielgruppe akzeptiert zu werden.

Bei der Analyse von Individuen sollte nicht nur die eigentliche Zielgruppe untersucht werden, an die sich ein Anbieter wenden möchte. Es sollte auch innerhalb der eigenen Organisation danach gesucht werden, welchen Personen eine Affinität zu den sozialen Medien haben und diese privat oder beruflich bereits nutzen. Mitarbeiter, die bereits viel Erfahrung und Geschick im Umgang mit den sozialen Medien haben, sollten in die Strategieentwicklung integriert und gegebenenfalls an der operativen Umsetzung beteiligt werden.[6]

Analyse von Gruppen

Zusätzlich zur Analyse von Individuen sollten auch bereits bestehende Gruppierungen berücksichtig werden. Die Analyse von Gruppen lässt nicht nur erkennen, welche relevanten Aktivitäten in den sozialen Medien bereits durchgeführt werden sondern sie ermöglicht es darüber hinaus, die Kommunikationsverläufe innerhalb der Gruppe zu erkennen und darauf zu reagieren. Beispielsweise sollten Personen, die als Themenführer Inhalte oder den Verlauf der Kommunikation besonders stark beeinflussen, bei der Entwicklung eigener Maßnahmen berücksichtigt und im besten Fall in die Strategieentwicklung integriert werden.

Für die Kategorisierung von Gruppenaktivitäten kann zwischen dem vergleichsweise einfachen Austauschen von Botschaften und Inhalten, bereits komplexeren Unterhaltungen sowie dem gemeinschaftlichen Produzieren von Inhalten unterschieden werden. Im Rahmen von Unterhaltungen müssen sich die Gruppenmitglieder lediglich an Kommunikations- und Verhaltensregeln halten. Bei der Zusammenarbeit innerhalb der Gruppe teilen sie sich darüber hinaus ein gemeinsames Ziel, weshalb sie ihr Verhalten miteinander synchronisieren müssen. Den höchsten Schwierigkeitsgrad zeigen

---

5 Eine ausführliche Darstellung der soziotechnografischen Segmentierung erfolgt in Kapitel 18 in diesem Buch.
6 Vgl. Bernoff, J., Schadler, T. (2010) oder Kapitel 19 in diesem Buch.

kollektive Handlungen, bei denen sich eine Gruppe über das Internet zusammen schließt und gemeinsame Aktionen durchführt.[7]

Modell

		Individuelles Verhalten: passiv	Individuelles Verhalten: aktiv
Kollaboratives Verhalten	aktiv	Gruppenaktivitäten werden von einzelnen Individuen konsumiert. *Rollen:* Zuschauer, Beobachter, Leser, Sammler	Individuum nimmt an Aktivität der Gruppe teil. *Rollen:* Kritiker, Mitmacher, Prosument, Co-Innovator, Co-Autor
Kollaboratives Verhalten	passiv		Individuelle Aktivitäten werden von der Gruppe konsumiert. *Rollen:* Individuum als "Medienunternehmer", Kreativer

Abbildung 8: Kategorisierung von Gruppenaktivitäten
(Eigene Abbildung in Anlehnung an Shirky, 2008)

Analyse weiterer Akteure

In vielen Fällen hat es sich gezeigt, dass weitere Akteure bei der Analyse berücksichtigt werden sollten. Zu diesen Akteuren können verschiedene Anspruchsgruppen gehören, die von neuen Formen der Kommunikation betroffen sein könnten. Insbesondere sollten Aktivitäten konkurrierender Anbieter in den sozialen Medien analysiert werden. Während dabei einerseits ein genereller Eindruck von der Situation in der Branche gewonnen und der Umgang der Konkurrenz mit Individuen und Gruppen beobachtet werden kann, hilft die Analyse konkurrierender Angebote dabei, die eigene Strategie zu optimieren. Fragen die dabei im Vordergrund stehen, lauten etwa wie folgt: Welche Social Media Aktivitäten lassen sich bei der Konkurrenz beobachten? Welche Aktivitäten waren in der Vergangenheit besonders erfolgreich? Welche Akteure beteiligen sich? Und nicht zuletzt, welche Angebote gibt es noch nicht und mit welchem Angebot kann ein Mehrwert erzielt werden?

7 Vgl. Li, C., Bernoff, J. (2008).

Schritt 2: Konzeption

Im zweiten Schritt werden zunächst die angestrebten Beziehungen zu den Mitgliedern der Zielgruppe definiert. Es geht dabei insbesondere um die Frage, welche Rollen Mitglieder der Zielgruppe übernehmen sollen. Ist ein passives Verhalten ausreichend, oder soll eine aktive Partizipation angeregt werden? Stehen einzelne Akteure im Mittelpunkt oder das kollektive Verhalten von mehreren?

Zielsetzungen

Auf Basis der angestrebten Beziehungen werden die eigenen Zielsetzungen formuliert, die mit der Nutzung der sozialen Medien erreicht werden sollen. Als konkreter Leitfaden lassen sich die generischen Zielsetzungen in Tabelle 3 unterscheiden, die hierarchisch aufeinander aufbauen.[8] Bei der Definition der Social Media Ziele sollten einerseits die bisherigen Unternehmens- oder Organisationsziele berücksichtigt werden und andererseits das soziotechnografische Profil der Zielgruppe.

Zielsetzung	Inhalt
Zuhören	Analyse der Aktivitäten der Zielgruppe Welche Themen werden innerhalb der Zielgruppe diskutiert, welche Meinungen herrschen vor? Werden von Mitgliedern der Zielgruppe eigene Beiträge erstellt oder ausschließlich vorhandene Inhalte kommentiert oder bewertet? Gibt es einzelne Personen, die im Kommunikationsverlauf eine besondere Rolle einnehmen beziehungsweise wiederholt Themen und Inhalte vorgeben?
Mitteilen	Verbreitung von Nachrichten Sind die wesentlichen Zielgruppen-Aktivitäten bekannt, können die eigenen Beiträge an relevante Themen und die jeweilige Tonalität angepasst werden. Da jeder Empfänger in den sozialen Medien potenziell auch ein Sender ist, kann jede Verbreitung von Nachrichten auf diese Art zu einem offenen Gespräch werden.
Anregen	Anregen von Multiplikatoren Zusätzlich zur eigenen Kommunikation über die sozialen Medien können Multiplikatoren dazu angeregt werden, die Verbreitung von Nachrichten aktiv zu unterstützen. Personen, die über ein großes Netzwerk verfügen, können die Nachricht in ihre Netzwerke tragen und dort Diskussionen anregen. Dies gilt nicht nur für reine Botschaften sondern beispielsweise auch für die Aktivierung zu bestimmten Aktionen oder Verhalten.

---

8 Vgl. Li, C., Bernoff, J.(2008), S. 68 f.

Unterstützen	Gegenseitige Unterstützung ermöglichen In der Regel teilen Personen innerhalb einer definierten Zielgruppe ähnliche Interessen und Wünsche, aber auch Fragen und Probleme. Anbieter, die es ihrer Zielgruppe ermöglichen, ihre Fragen untereinander zu klären und Probleme gemeinsam zu lösen, können viel Aufwand sparen und gleichzeitig die Qualität der Antworten und Lösungen steigern.
Beteiligen	Beteiligung der Zielgruppe Besonders aktive Personen können dazu aufgefordert werden, eigene Beiträge zu leisten, die in die Aktivitäten des Anbieters integriert werden. Sie können beispielsweise Ideen für neue Angebote entwickeln oder anderweitig bei der Erstellung oder der Kommunikation von Angeboten unterstützen.

Tabelle 3: Generische Unternehmensziele (siehe auch Kapitel 18)

Die in Tabelle 3 aufgeführten Zielsetzungen geben eine erste Orientierung, sie lassen aber einen entscheidenden Aspekt der sozialen Medien außer vor: Die Art der Beziehung und die erreichbaren Ziele lassen sich nicht vom Anbieter alleine festlegen, sondern sie in wesentlichen Teilen von der Bereitschaft der Zielgruppe ab und von ihren Erwartungen und Gewohnheiten.

Versprechen

In Ergänzung zu einer konkreten Zielsetzung sollte ein glaubhaftes Versprechen an die Zielgruppe formuliert werden. Warum sollte jemand einer neuen Gruppe beitreten oder einen aktiven Beitrag leisten? Schließlich geht es in den sozialen Medien eben weniger darum, etwas zu verkaufen, das für diejenigen hergestellt wird, denen das Versprechen gilt, sondern vielmehr darum, dass diejenigen, denen etwas versprochen wird, sich selbst an der Herstellung beteiligen.[9] Das glaubhafte Versprechen ist das Fundament für die spätere Kooperation zwischen dem Unternehmen und der Zielgruppe – und es ist häufig auch die Grundlage dafür, dass die Zielgruppe sich überhaupt am entsprechenden Angebot beteiligt.[10]

Beziehung

In der Konzeptionsphase sollte eine strategische Entscheidung darüber getroffen werden, welche Beziehungen langfristig mit den beteiligten Personen eingegangen werden soll. Wie eingangs gezeigt wurde, zeichnen sich die sozialen Medien dadurch aus, dass Anbieter nicht nur einfach Nachrichten senden, die von der Zielgruppe passiv empfangen werden, sondern in einer interaktiven Beziehung zueinander stehen. Auch in der Konzeptionsphase sollte nicht die Auswahl der Technologien im Vordergrund stehen, sondern die Frage, welche Beziehungen diese Technologien ermöglichen. Soll

---

9   Vgl. hierzu auch Münker, S. (2009).
10 Vgl. Shirky, C. (2008).

sich die Zielgruppe beispielsweise als Diskussionspartner in die Entwicklung neuer Ideen einbringen oder eigene Inhalte produzieren? Soll ein persönliches Netzwerk aufgebaut werden, in dem sich Mitglieder der Zielgruppe untereinander austauschen? Soll das eigene Angebot von anderen bewertet oder kommentiert werden? Technologisch ist eine Vielzahl unterschiedlicher Beziehungen möglich, nicht jede Beziehung mag jedoch gewünscht sein. Aus diesem Grund sollte bereits in der Konzeption einer Social Media Strategie festgelegt werden, welche Formen der Beziehung zu den Mitgliedern der Zielgruppe gewünscht ist – und welche nicht.

Mehrwert

Abschließend sollte in der Konzeption auch der Mehrwert bestimmt werden, der sich auf Seiten des Nutzers ergibt. Dieser Mehrwert, der vielfältige Ausprägungen haben kann und regelmäßig aktualisiert werden sollte, gilt als essentieller Erfolgsfaktor in den sozialen Medien.[11]

Schritt 3: Umsetzung

Im Anschluss an Analyse und Konzeption folgt im dritten Schritt die konkrete Umsetzung.[12] Ausgangssituation der Umsetzung ist die Definition von Funktionen, die in den sozialen Medien ermöglicht werden sollen.

Zunächst wird jedoch als Entscheidungshilfe die Orientierung an zwei zentralen Fragestellungen vorgeschlagen: Wird eine große oder eine kleine Gruppe angestrebt? Soll die Gruppe nur für kurze Zeit zusammen kommen oder dauerhaft existieren? Aus der Zusammenführung von Größe und Dauer der angestrebten Gruppe lässt sich das in Abbildung 9 dargestellte Rahmenwerk ableiten, das eine Orientierung bei der Analyse der technologischen Anforderungen gibt.

---

11 Siehe auch Kapitel 20 in diesem Buch.

12 Wie einleitend bereits erwähnt wurde, kann zwischen Konzeption und Umsetzung auch eine Planung erfolgen beziehungsweise die Planung lässt sich bereits im Rahmen der Konzeption berücksichtigen. Eine wesentliche Aussage dieses Handbuchs ist jedoch, dass herkömmliche Herangehensweisen, bei denen ein Anbieter fertige Leistungen bereitstellt, von einem partizipatorischen Ansatz abgelöst wird. In anderen Worten: Auch die Planung sollte nicht ohne diejenigen geschehen, für die geplant wird. Stattdessen lässt sich ein Angebot in den sozialen Medien durch die geringen Kosten direkt umsetzen und dann durch Interaktion mit den Teilnehmern iterativ weiterentwickelt werden. Vgl. Shirky, C. (2008) und Li, C., Bernoff, J. (2008).

Modell

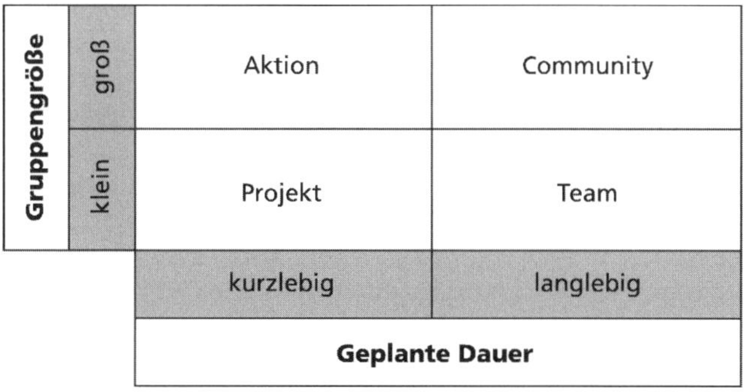

Gruppengröße	groß	Aktion	Community
	klein	Projekt	Team
		kurzlebig	langlebig
		Geplante Dauer	

Abbildung 9: Gruppengröße und -dauer als Orientierung für die Technologieauswahl (Eigene Abbildung)

Vor der Auswahl von Technologie sollte entschieden werden, ob der Einsatz für eine kurze oder lange Dauer geplant ist. Es ist wichtig, dass diese Grundsatzentscheidung vor dem Einsatz der Technologie getroffen wird, um Sinn und Zweck auch kommunizieren zu können. Es bietet sich durchaus an, die ersten Schritte in die sozialen Medien für einen vorab beschränkten Zeitraum zu planen. Durch die offene Ankündigung, dass man zunächst Erfahrungen sammeln und sich erst nach einer Testphase langfristig entscheiden möchte, kann man sich vor der Enttäuschung bewahren, dass man einen auf lange Dauer geplanten Einsatz nach einigen Monaten abbricht, wenn sich die eigenen Erwartungen nicht erfüllen. Erst nachdem in einer kürzeren Testphase erste Erfahrungen gesammelt wurden, sollte über einen langfristigen Einsatz entschieden werden. Doch auch für erfahrene Akteure bietet sich der befristete Einsatz an – etwa für temporäre Aktionen, die in den sozialen Medien begleitet werden sollen. Zusätzlich zur Entscheidung über die Dauer ist die Definition der geplanten Gruppengröße von Relevanz, um Interaktions- und Kommunikationsmöglichkeiten abschätzen zu können. Kleine Gruppen zeichnen sich dadurch aus, dass ihre Mitglieder über enge Interaktionen miteinander in Verbindung stehen. Der soziale Zusammenhalt ist daher stark ausgeprägt, sodass kleine Gruppen eine bessere Umgebung für authentische Gespräche sind. Daher ist es in diesen Gruppen einfacher, Gespräche gezielt zu einer klaren Fragestellung und zu einem konstruktiven Ziel zu führen. In großen Gruppen hingegen sind die Mitglieder nur spärlich miteinander verbunden. Sie bilden eine heterogene Ansammlung von Individuen, sodass sie eine größere Eigendynamik zeigen.[13]

---

13 Vgl. Shirky, C. (2008).

Funktionen

Auf Basis der definierten Zielsetzung und der gewünschten Beziehungen zu den Mitgliedern der Zielgruppe sollten konkrete Funktionen beschrieben werden, die anschließend technologisch umgesetzt werden sollen. Die Strategieentwicklung sollte sich auch hier möglichst unabhängig von den Möglichkeiten und Grenzen einzelner Technologien, Anwendungen oder Plattformen vollziehen. Die Technologien der sozialen Medien ändern sich zu schnell, um als Orientierung für strategische Entscheidungen dienen zu können. Die Orientierung an Funktionen, die exemplarisch in Tabelle 4 aufgeführt sind, ist unabhängiger und kann technologische Veränderungen überdauern.

Technologie

Im Anschluss an die Definition von Funktionen sollte die technologische Umsetzung beginnen. Die Gegenüberstellung von Funktionen und Technologien in Tabelle 4 zeigt beispielhaft, welche frei verfügbaren Social Media Technologien ausgewählte Funktionen ermöglichen. So kann von den gewünschten Funktionen eine Auswahl getroffen werden, welche Technologien zum Einsatz kommen beziehungsweise, welche technologischen Eigenentwicklungen erforderlich sind. [14]

Funktion	Technologie
Teilhabe ermöglichen	Zu der ersten Gruppe von Technologien gehören beispielsweise Weblogs, YouTube oder andere Anwendungen, die auf Inhalten basieren, die von den Nutzern selbst produziert werden.
Netzwerke aufbauen	Die zweite Gruppe von Technologien sind soziale Netzwerke wie Facebook, Xing oder LinkedIn. Durch die Verbindung des eigenen Profils mit einer potentiell großen Zahl von Mitgliedern, kann eine Vielzahl von neuen Beziehungen aufgebaut werden.
Zusammenarbeit organisieren	Im Gegensatz zu vielen Individual-Anwendungen gibt es eine Reihe von Technologien, die darauf abzielen, die kollaborative Arbeit zu organisieren. Zu diesen Technologien gehören Wikis oder spezielle kollaborative Anwendungen.
Diskussionen anregen	In die vierte Gruppe gehören Technologien, die Diskussionen in Foren oder in Form von Bewertungen und Kommentaren ermöglichen.
Inhalte verbreiten	In die fünfte Gruppe fallen Technologien, die dabei helfen, vorhandene Inhalte zu sortieren und zu verbreiten. Zu diesen Technologien gehören Anwendungen wie Twitter oder Mr. Wong.

Tabelle 4: Klassifizierung von Technologien (in Anlehnung an Li, Bernoff, 2008)

---

14 Vgl. Li, C., Bernoff, J. (2008).

Regeln

Nachdem Funktionen festgelegt und Technologien ausgewählt wurden, sollten allgemeine Regeln formuliert werden, die für alle Personen gelten, die in Zukunft an den geplanten Maßnahmen beteiligt sind. In der Praxis führt die Offenheit der sozialen Medien häufig zu der Sorge, wie mit den Beiträgen der Zielgruppe umgegangen werden soll. Insbesondere dann, wenn es zu unterschiedlichen Ansichten oder negativen Kommentaren kommt. Die folgenden Kapitel in diesem Handbuch geben wertvolle Hinweise, wie Anbieter in diesen Fällen reagieren können. Für die Strategieentwicklung ist es jedoch zunächst wichtig, das überhaupt Regeln formuliert werden, die die Erwartungen der Anbieter beinhalten und vorgeben, welches Verhalten gewünscht und welches unerwünscht oder sogar untersagt ist. Jeder Teilnehmer kann sich so vorher ein Bild davon machen, welches Verhalten erwartet wird und welche Sanktionen folgen, wenn diesen Erwartungen nicht entsprochen wird. Je konkreter dieser Regeln, desto einfacher fällt es nach der Umsetzung, auf regelwidriges Verhalten zu reagieren.

Schritt 4: Kontrolle

Im vierten Schritt erfolgt eine abschließende Kontrolle. An dieser Stelle zeigt sich deutlich, dass die vier Schritte in der Praxis nicht geregelt hintereinander ablaufen, sondern sich situationsbedingt überschneiden. Das in Abbildung 6 dargestellte Vorgehensmodell kann nur eine Orientierung für die notwendigen Schritte bei der Nutzung der sozialen Medien geben – es beschreibt keinesfalls ein statisches Vorgehen, das allen Einsatzvarianten gerecht wird. Jede Aktivität in den sozialen Medien wird Reaktionen auslösen, die eine mehr oder weniger erkennbare Rückkopplung zu den eigenen Plänen darstellen. Diese Rückmeldungen sollten während des gesamten Prozesses sorgfältig beobachtet werden, um die eigenen Pläne gegebenenfalls anzupassen.

Dialog

Um zu verstehen, wie die Zielgruppe reagiert und was sie über die eigenen Aktivitäten denkt, sollte ein kontinuierlicher Dialog geführt werden. Anbieter müssen – wie zu Beginn dieses Kapitels bereits dargelegt – dazu bereit sein, sich den Anliegen aller beteiligten Akteure gegenüber zu öffnen und vor allem zuzuhören.[15]

Reflexion

Bereits einfache Rückmeldungen wie Kommentare oder Bewertungen können wertvolle Informationen über Ideen, Meinungen oder Einstellungen der Zielgruppe offenbaren. Anbieter sollten diesen direkten Zugang zu ihren Anspruchsgruppen nicht nur dafür nutzen, Botschaften zu senden, sondern den Belangen ihrer Zielgruppe auch zuzuhören und ihr eigenes Verhalten zu reflektieren.[16] Anbieter sollten ihr gesamtes Verhalten an die Gepflogenheiten der Zielgruppen anpassen und diese bei der passiven und aktiven Teilnahme berücksichtigen. Nach der Aufnahme des Gesprächs sollte

---

15 Vgl. Levine et al. (2000).
16 Vgl. Scoble, R., Israel, S. (2006).

aufmerksam reflektiert werden, wie die Gesprächspartner reagieren und die eigenen Aktivitäten wahrnehmen.

Anpassung

Stimmt der wahrgenommene Zustand nicht mit der ursprünglichen Konzeption überein oder sind die Voraussetzungen für die ursprünglichen Pläne nicht gegeben, sollte das eigene Engagement beim nächsten Durchlaufen des Regelkreises angepasst werden.

Fazit

Die Kapitel der Einführung sollten einen ersten Überblick über Entwicklungen rund um die sozialen Medien geben. Im folgenden Theorieteil werden nun ausgewählte Theorien, Methoden und Modellen beschrieben. Das erste Themenfeld beschäftigt sich dabei mit neuen Medien und neuen Formen der Kommunikation, im zweiten Themenfeld werden soziale Phänomene und neue Beziehungsformen untersucht und im dritten Teil Antworten auf die unternehmerischen Herausforderungen beschrieben.

Literatur

Anderson, C. (2007), The Long Tail – Der Lange Schwanz: Nischenprodukte statt Massenmarkt, Hanser Wirtschaft

Gladwell, M. (2002), Tipping Point: Wie kleine Dinge Großes bewirken können, München, Wilhelm Goldmann Verlag

Howe, J. (2008), Crowdsourcing. Why the Power of the Crowd is Driving the Future of Business, New York: Crown Business

Jarvis, J. (2009), Was würde Google tun? Wie man von den Erfolgsstrategien des Internet-Giganten profitiert, Heyne Verlag

Levine, R., Locke, C., Searls, D., Weinberger, D. (2000), Das Cluetrain Manifest. 95 Thesen für die neue Unternehmenskultur im digitalen Zeitalter, Econ Verlag München

Li, C., Bernoff, J. (2008), Groundswell: Winning in a World Transformed by Social Technologies, Harvard Business Press, Boston, Massachusetts

Manovich, L. (2001), The Language of New Media, MIT Press, Cambridge, Mass.

Münker, S. (2009), Emergenz digitaler Öffentlichkeiten: Die Sozialen Medien im Web 2.0, Suhrkamp

Scoble, R., Israel, S. (2006), Naked Conversations, John Wiley & Sons

Shirky, C. (2008), Here Comes Everybody. The Power of Organizing Without Organization. Penguin Books, New York

Surowiecki, J. (2005), The Wisdom of Crowds, London

Tapscott, D., Williams, A.D. (2007), Wikinomics, Die Revolution im Netz, Hanser Verlag, München

Teil 2
Theorien, Methoden und Modelle

Kapitel 3 Die Sozialen Medien des Web 2.0

von Stefan Münker[1]

Unter „Web 2.0" versteht man den Trend, Internetauftritte so zu gestalten, dass ihre Erscheinungsweise *in einem wesentlichen* Sinn durch die Partizipation ihrer Nutzer (mit-)bestimmt wird. Der Grad der Partizipationsmöglichkeiten auf den entsprechenden Websites divergiert erheblich. In einigen Fällen heißt Partizipation nicht mehr als Kommentierung oder Bewertung: das prominenteste Beispiel ist der amerikanische Onlineshop Amazon, dessen Erfolg vor allem auf der Veredlung seiner Angebote durch von Nutzern verfasste Rezensionen, Erfahrungsberichte und Kauftipps beruht. Während der Partizipationsgrad hierbei allerdings darauf beschränkt bleibt, den vorhandenen Angeboten eigene Inhalte hinzufügen zu können, weiten andere Anbieter diese Möglichkeit in extenso aus – und so sind die radikalsten Beispiele des Web 2.0 Internetseiten, deren Inhalte nicht nur überwiegend, sondern *ausschließlich* nutzergeneriert sind: das prominenteste Beispiel hierfür (und für einiges andere, wie wir sehen werden, auch) ist die Online-Enzyklopädie Wikipedia und ihr Konzept, das gesamte Wissen der Menschheit von ihr selbst aufschreiben zu lassen und allen zur Verfügung zu stellen. Zwischen diesen Polen ist das Spektrum typischer Web 2.0-Angebote weit: es umfasst Video-, Foto- und Musikportale; Tauschbörsen (legale und illegale) für Waren und Informationen verschiedenster Art; große und kleine Online-Communities für die unterschiedlichsten Gruppen und Interessen; es umfasst die Textnetze der Blogosphäre und der Mikroblogger ebenso wie die Szene der wissensbasierten Wikis und der Nischenökonomie des Long Tail[2] und manches mehr. Dabei ist – das große Spektrum zeigt es an – der Schritt ins Web 2.0 weit mehr als die Verlagerung eines Buchversandes oder einer Enzyklopädie ins Internet (auch, wenn diese Verlagerung sowohl das Konzept der Buchversandes als auch die Idee der Enzyklopädie neu erfunden hat); der Schritt ins Web 2.0 bedeutet nicht weniger als eine radikale Neuerfindung des Internet.

Das Internet war, so sehr es auch vor allem gegenüber den Massenmedien der Moderne *immer schon* zu Recht als Medium für neue Formen interaktiver Kommunikation ausgezeichnet wurde, dennoch jahrelang selbst ein Medium, dessen hauptsächlicher Nutzen darin bestand, Informationen für einen beliebig großen Kreis von Interessenten auf eine allerdings grundsätzlich neue Art und Weise, nämlich zeit- und raumübergreifend, rezipierbar zu machen. Das Netz selbst blieb dabei lange Zeit eine bessere Litfasssäule: ein Medium der Verlautbarung und Veröffentlichung von Informationen, die von Anbietern an Interessenten weitergegeben wurden. Eine der entscheidenden (technischen) Voraussetzungen für die Entstehung des Web 2.0 ist die

---

1 Dieses Kapitel ist ein Auszug aus Stefan Münkers Buch „Emergenz digitaler Öffentlichkeiten: Die Sozialen Medien im Web 2.0", das 2009 in der edition unseld im Suhrkamp Verlag erschienen ist.
2 Siehe hierzu Kapitel 16 in diesem Buch.

Tatsache, dass das Web an einem bestimmten Punkt seiner Entwicklung – vor allem: durch die Dynamisierung der Webseiten (Stichwort: AJAX) und die Implementierung offener Schnittstellen (API) – plötzlich *beschreibbar* wurde! Diese Beschreibbarkeit hat das Internet von einem Medium der Vernetzung von Informationen zu einem Medium der spontanen Interaktion mit vernetzten Informationen gewandelt. Der Wandel aber ist ein grundsätzlicher: Aus dem Read-Only Netz der frühen Phase des Internet wurde nun, worauf Lawrence Lessig[3] nicht aufhört, hinzuweisen, ein Medium für eine erst in der Ausbildung befindliche Kultur des Schreibens *und* Lesens, eine Read/Write-Kultur.

Beispiel

> Ohne die Aufschaltung der Möglichkeit der Beschreibbarkeit wäre das Internet eine Litfass-säule geblieben. Jetzt ist es wie Lego: eine Vielzahl von Webangeboten lädt dazu ein, aus verschiedensten digitalen Bausteinen eigene Seiten zu konstruieren oder auf Seiten anderer eigene Elemente einzufügen.

Ohne die Beschreibbarkeit wären Weblogs nicht möglich; ohne Blogs wiederum und die Geschwindigkeit, in der innerhalb der Blogosphäre Informationen aufgenommen und weitergegeben werden, wären einige der neuen Formen digitaler Öffentlichkeiten kaum denkbar. Im Internet der Prä-Web 2.0 Ära waren Webseiten zumeist statische Flächen, die vorbeisurfende User mit Informationen versorgten, unmittelbare Interaktionen aber kaum, inhaltliche Partizipation gar nicht erlaubten. Wo Interaktionsmöglichkeiten angeboten wurden, waren sie ausgelagert – in E-Mail-Funktionen oder mehr oder weniger ins Angebot integrierte Foren, zum Beispiel, von wo sie aber kaum je auf das Angebot zurückwirken konnten. Auch wenn die Netzwerktechnik, die dem Internet zugrunde liegt, immer schon multidirektional war – im alten, im Web 1.0 waren die meisten Auftritte viel unidirektionaler, als sie sich gerierten. Und das bedeutet auch: Solange man das Web nur lesen konnte, waren sehr viele Angebote den analogen Massenmedien der Zeitungs- und Fernsehkultur verwandter, als man zunächst vermuten sollte. Das erklärt vielleicht ein wenig die Tatsache, dass sich die etablierten Massenmedien heute immer noch schwer damit tun, der Logik des Web 2.0 und seiner offenen Kultur folgend, angemessene Webauftritte zu realisieren – schließlich geht es hier nicht um die Frage der Präsentation einer Zeitung oder eines TV-Senders im Internet, sondern um Wege zur Neuerfindung ihrer jeweiligen medialen Identität, über die nachzudenken aber nicht gefordert war, solange Netzauftritte wesentlich Verlautbarungscharakter hatten.

---

3 Siehe zu Lawrence Lessig Kapitel 11 in diesem Buch.

Kernsätze

Im Web 2.0 dreht sich alles um Kommunikation, Interaktion und Partizipation; die Angebote mit den größten Wachstumszahlen sind soziale Netzwerke und offene Informations- und Unterhaltungsplattformen, die von vielen ihrer Nutzer bewusst als Alternativen zu den konventionellen Angeboten der traditionellen Massenmedien verstanden werden.

Zu den populärsten und weltweit derzeit erfolgreichsten Web 2.0 Auftritten gehören das Videoportal YouTube, die Online-Enzyklopädie Wikipedia und die Community-Seiten von Facebook. Alle drei Angebote beziehen ihre Inhalte ausschließlich von ihren Nutzern; und sowohl die Größe des jeweiligen Angebots als auch die Zahlen ihrer Nutzer sind ziemlich beeindruckend: YouTube konnte zu Beginn des Jahres 2009 einen neuen Rekord vermelden: alleine im Januar haben 100,6 Millionen Nutzer über 6 Milliarden Videos abgerufen; Facebook vermeldete im Juni 2010 die stolze Zahl von 500 Millionen aktiven Nutzern – damit haben nur noch China, Indien und Indonesien mehr Einwohner als Facebook User; Wikipedia hält nach eigenen Angaben im Juni 2010 über 15 Millionen Artikel in 261 Sprachen bereit: allein die deutsche Ausgabe bietet mit über 1.000.000 Artikeln dreimal so viele Lemmata wie der aktuelle Brockhaus. Solche Zahlen sind natürlich mit Vorsicht zu genießen – und das nicht nur, weil sie morgen schon überholt sind, sondern auch, weil die Nutzung des Netzes zumindest bislang noch gar nicht exakt erfasst wird. Dennoch aber, und nur deswegen habe ich überhaupt auf Zahlen zurückgegriffen, zeigt sich jenseits aller gebotenen Skepsis eines mit aller Deutlichkeit:

Kernsätze

Es handelt sich bei dem, was wir allgemein als Web 2.0 bezeichnen, nicht um ein irgendwie esoterisches Phänomen einer kleinen Klasse technophiler Computeravantgardisten oder netznischennutzender Jugendlicher. Das Schlagwort Web 2.0 steht vielmehr für eine mittlerweile weltweit und über die verschiedenen Generationen und Professionen verbreitete Nutzung bestimmter neuer, medialer Angebote im World Wide Web, deren große und immer noch wachsende Popularität dem Internet in den vergangenen Jahren einen letzten, wichtigen Wachstumsschub gegeben hat.

Den entscheidenden Antrieb dabei, das zeigt der Erfolg der vielen sozialen Netzwerke, von denen Facebook ja nur eines, wenn auch das derzeit erfolgreichste ist, hat nicht die Möglichkeit gegeben, sich online in Bild und Ton unterhalten zu lassen – sondern die Möglichkeit, online mit anderen zu interagieren. Und es sind die neuen Optionen sozialen Agierens viel mehr als die ebenfalls neuen und auch zweifellos attraktiven Formen des Online-Entertainments, die das einzigartige Faszinosum des gegenwärtigen Webs ausmachen.

Natürlich gibt es noch Differenzen in der Netznutzung. So beobachten wir deutliche generationelle Unterschiede im Gebrauch des Internet. Die Nutzer des Web 2.0 sind mehrheitlich jung (auch wenn die Zahl älterer Nutzer die einzige ist, die derzeit steigt). Wir sehen zugleich soziale Unterschiede ebenso wie regionale, und der vielfach befürchtete *digital divide* ist eine unbestreitbare Tatsache: Er trennt die Bevölkerung der Industrienationen entlang der harten Demarkationslinie von Bildung und Status ebenso, wie er ganze Regionen und Bevölkerungsteile in Afrika oder Asien derzeit noch aus der digitalen Ära ausgrenzt.

Kernsätze

Gleichwohl gilt, dass die Dynamik des Web 2.0 das digitale Netz mit seinen mittlerweile weltweit ungefähr 1,25 Milliarden Nutzern endgültig zu einem, ja zu dem Medium der Massen für das 21. Jahrhundert hat werden lassen.

Ein Massenmedium freilich ist das Internet und sind gerade die Web 2.0 Anwendungen im Netz damit nicht: das Internet nicht, weil es streng genommen gar kein eigenes Medium ist, sondern lediglich die technische Infrastruktur zur Generierung von Medien darstellt; Web 2.0 Anwendungen nicht, weil die ihnen charakteristische Interaktion und Partizipation der Nutzer mit keiner möglichen Definition der Medialität von Massenmedien vereinbar ist.

Der Begriff Web 2.0 hat seine Karriere vor gar nicht allzu langer Zeit, im Jahr 2004 begonnen. Im Oktober jenen Jahres fand in San Francisco die erste der seither jährlich organisierten Web 2.0 Konferenzen statt, veranstaltet unter anderem vom amerikanischen Verlag *O'Reilly Media*. Dessen Verleger Tim O'Reilly hat den Begriff zwar anerkanntermaßen nicht selbst geprägt – das waren je nach Quelle entweder im Dezember 2003 Eric Knorr, Chefredakteur der Zeitschrift *InfoWorld*, oder etwa um die gleiche Zeit Dale Dougherty *von O'Reilly Media* gemeinsam mit Craig Cline von *MediaLive* während eines Brainstormings zur Vorbereitung jener ersten Konferenz; Tim O'Reilly hat allerdings mit seinem Artikel „What is Web 2.0"[4] im September 2005 Begriff und Thema ein großes Medienecho verschafft. Und er hat in diesem Artikel einige der Eigenschaften des Web 2.0 auf bis heute gültige Weise zusammengefasst – zum Beispiel die Tatsache, dass die Entstehung des Web 2.0 sich einer Entwicklung verdankt, in der sich das Internet von einer statischen Angebotsstruktur zu einer dynamischen Plattform gewandelt hat; einer Plattform, die dem Nutzer nicht nur Inhalte präsentiert, sondern (durch Bereitstellung sogenannter Rich Internet Applications, kurz: RIA) auch Programme zur Verfügung stellt, mit denen sich eben unter anderem eigene Inhalte produzieren lassen. Google *Text* als (potentiell: kollaboratives) Schreibprogramm oder die Bildbearbeitungssoftware *Picasa* (ebenfalls von Goog-

---

4   Tim O'Reilly, „What is Web 2.0. Design Patterns and Business Modells for the Next Generation of Software",
    publiziert am 30.9.2005, nachzulesen auf O'Reillys Webseite unter http://www.oreillynet.com/pub/a/oreilly/
    tim/news/2005/09/30/what-is-web-20.html (zuletzt überprüft am 16.5.2009).

le) sind Beispiele für Anwendungen, die im Internet benutzt, über den Browser abgerufen und dann wie gewöhnliche Desktopsoftware bedient werden können. Die Pointe hierbei aber lautet eben: Das Netz wird von einer Angebotsfläche zu einer Anwendungsumgebung. Und das ist die Voraussetzung dafür, dass das Surfen über Bildschirmfenster eines Tages verschwindet – und das Netz sich auf Bereiche jenseits der Browser ausweiten kann.

Was O'Reilly nicht, einige kritische Stimmen seither allerdings sehr wohl kommentiert haben, ist die Tatsache, dass der Begriff Web 2.0 durch seine Bildung in Analogie zur Terminologie von Softwarenentwicklungen einen diskreten, präzise zu beschreibenden „Versionssprung"[5] innerhalb des Internet beziehungsweise des World Wide Web suggeriert.

Einen solchen Versionssprung hat es allerdings nie gegeben. Einen solchen Versionssprung kann es auch gar nicht geben – und das schon deswegen nicht, weil das World Wide Web ja keineswegs aus einer einzelnen Software besteht, die man isoliert weiterentwickeln könnte. Vielmehr stellen eine Vielzahl unterschiedlicher Programme und Techniken gemeinsam die Struktur des Netzes dar. Ja, es ist gerade eine der Ursachen für die Dynamik des Internet seit seinen frühesten Zeiten, dass an diesen vielen Programmen und Techniken von ebenso vielen Programmierern und Technikern auf der ganzen Welt in voneinander unabhängigen Prozessen geforscht und entwickelt wird. Das Internet verändert sich dabei kontinuierlich, nicht diskret. Abgesehen von der allerdings präzise rekonstruierbaren Abfolge von Erfindungen und Entwicklungen, die in der frühen Phase des ARPANET das spätere Internet erst haben entstehen lassen, können die Veränderungen am und im Netz nur schwer singulär benannt werden. Das letzte einzeln identifizierbare Großereignis, das zu einer allerdings ganz grundsätzlichen Neugestaltung des Internet geführt hat, war vor nunmehr auch schon zwanzig Jahren die Einführung des World Wide Web, das auf der Basis von Tim Berners-Lees Implementierung der Hypertext Markup Language (HTML) das Internet graphisch und damit erst für die Massen interessant gemacht hat. Seither wird die vorhandene Architektur des Netzes weiterentwickelt, nicht (zumindest bislang nicht) neu erfunden. Diskrete Entwicklungsschritte finden nicht statt; und deswegen kann es auch keine diskreten Versionssprünge geben. Die Softwarebasis im Web 2.0 besteht zu einem nicht unerheblichen Teil aus Programmen, die im Laufe der 90er Jahre bereits entwickelt wurden und damit schon eine ganze Weile zur Verfügung stehen – und bereits damals, wenn auch nicht so erfolgreich wie heute, benutzt wurden. Ja mehr noch: Weil einige der zentralen Eigenschaften des Web 2.0 (wie die Interaktivität oder die Offenheit der Angebote) das World Wide Web zumindest als technisches Potential immer schon auszeichnen, bezweifelt sein Erfinder Tim Berners-Lee, dass man den Begriff Web 2.0 überhaupt sinnvoll gebrauchen kann.

Da hat er Recht – und Unrecht zugleich.

---

5 Vgl. Jan Schmidt, „Öffentlichkeit im Web 2.0. Entstehung und Strukturprinzipien", in: Journalistik*Journal* 1/2007, S. 24–25, hier: S. 24.

Recht hat Berners-Lee, weil tatsächlich die Idee eines interaktiven und partizipatorischen Gebrauchs seiner als prinzipiell offen und jedem zugänglich gedachten Inhalte der Geschichte des Internet als Ideal nicht nur, darauf habe ich schon hingewiesen, immer schon eingeschrieben, sondern gewissermaßen bereits aus seiner Vorgeschichte als implizites Telos aufgegeben wurde. Vannevar Bushs epochaler Entwurf eines weltwissenspeichernden und jede Spur seiner Verwendung für künftige Nutzer erinnernden Apparates namens MEMEX, die er 1945 in seinem seinerzeit utopischen Aufsatz „As We May Think" entworfen hat, gehört ebenso zur Arche des Internet wie J.R. Lickliders innovative wie folgenreiche programmatische Umdeutung der ehemaligen Rechenmaschine Computer zum Kommunikationsgerät aus dem Jahr 1968 oder das visionäre Konzept der immer noch nicht implementierten Rekursivität von Verlinkung im 1963 bereits vorgestellten Hypertextkonzept von Ted Nelson (der bis heute verbittert die Realität gewordene Hypertextualität zum Beispiel im World Wide Web heftig kritisiert) – und die Liste ließe sich fortsetzten. Die Netzgemeinde hat diese visionären Entwürfe nie vergessen; sie hat sie allerdings oft verklärt. Wenn die früheste Phase des 1969 als ARPANET in Kalifornien gestarteten Internet, die siebziger Jahre, im Rückblick als Ära einer von sogenannten Grassroot-Bewegungen dominierten programmierenden Hippies erscheint, die den spielerischen Eintritt in die digitale Netzwelt als gemeinschaftliches Happening inszenierten, so spiegelt das eben nur einen kleinen, wenn auch interessanten, Aspekt der Nutzung des Netzes wieder – und charakterisiert keineswegs die Kultur der frühen Netznutzung als solche: Nicht alle beteiligten Forscher, Wissenschaftler und Programmierer waren Hippies; das seinerzeit nicht unwesentlich beteiligte US-Militär schon gar nicht. Die Hackerbewegung, die sich rund um das Massachusetts Institute of Technology (MIT) in jenen Jahren formierte, hat allerdings utopische Ideale gemeinschaftlicher Nutzung offener Inhalte proklamiert; der Mainstream der Anbieter oder Gestalter des Netzes hat sich darum aber wenig gekümmert. Das gleiche gilt für die Open Source-Bewegung, die als Umsetzung jener Ideale in den achtziger Jahren tatsächlich und wirkungsmächtig eine neue soziale Praxis der Softwareprogrammierung etabliert und dadurch das Social Web zweifellos mitgeprägt hat, aber doch auf einen bezogen auf die Gesamtheit der Internetnutzer relativ kleinen Kreis von Usern beschränkt blieb. Und es gilt auch für die spannenden, innovativen und wichtigen Aktionen, mit denen Künstler in den achtziger und neunziger Jahren das Netz subversiv und provokant zu nutzen begannen. Wer aber die zweifellos vorhandenen Ansätze einer auf Partizipation und Interaktion ausgerichteten sozialen Praxis des Netzgebrauchs in den ersten dreißig Jahren schon als Charakteristika der digitalen Netzkultur als solcher versteht, unterschlägt die Bedeutung zentralistischer und hierarchischer Steuerungen der Netzentwicklung – seitens der beteiligten Regierungen und ihren verschiedenen Institutionen ebenso wie seitens der beteiligten Unternehmen. Dadurch, das ist die Schattenseite des *Mythos*

Internet[6], nimmt die immer wieder aufscheinende Verklärung der Anfangsphasen des Internet allerdings geradezu ideologischen Charakter an.

Unrecht hat Tim Berners-Lee entsprechend, weil es eben keineswegs so ist, dass das Internet allgemein oder Berners-Lees Erfindung des World Wide Web immer schon durch die Eigenschaften ausgezeichnet wäre, die jetzt das Web 2.0 charakterisieren. Denn erst jetzt wird der partizipatorische Mediengebrauch *tatsächlich* Realität – und nur im Rahmen von Web 2.0-Anwendungen, die beileibe nicht das gesamte Internet darstellen, wird es zu einem Netz *gemeinschaftlich produzierender Akteure*. Die Konsequenzen, die sich daraus ergeben, sind allerdings paradigmatisch – und der Begriff „Web 2.0" ist als Chiffre für diese Veränderungen durchaus sinnvoll, auch wenn der Ursprung dieses neuen Internet sich bereits einige Zeit vor seiner Taufe abgezeichnet hat (und auch bemerkt wurde). Die technischen Details der Programmierung und Codierung von dynamisierten und personalisierbaren Webseiten sind zweifellos eine wichtige Voraussetzung für die Entstehung der neuen Netzkultur und der in ihr sich bildenden Formen digitaler Öffentlichkeit: Mit der Softwarearchitektur, die das Gefüge des heutigen Internet in seinen einzelnen Bausteinen bildet, ist das Internet technologisch erwachsen geworden. Der Ausbau breitbandiger Zugänge hat die Nutzung des Internet den gestiegenen Anforderungen entsprechend beschleunigt; die weltweit gesunkenen Telekommunikationskosten haben zudem für eine größere Menge von Menschen den Zugang zum Netz erleichtert.

Die technischen und operativen Möglichkeiten, die sich den Nutzern nun bieten, bilden allerdings, so wichtig sie sind, lediglich eine notwendige, keine hinreichende Bedingung für die Ausbildung der Welt der Sozialen Medien. Der entscheidende Punkt ist etwas anderes – es ist die Tatsache, dass sich im Spiel mit den offenen technischen Möglichkeiten Weisen ihres Gebrauchs als neue soziale Aktionsarten etabliert haben, die, alles andere als technisch determiniert, so nie hätten vorhergesagt werden können, und doch das mediale Erscheinungsbild der digitalen Netzkultur prägen. Der amerikanische Internetguru Howard Rheingold, der in den neunziger Jahren bereits einer der ersten war, der die Entstehung virtueller Gemeinschaften beschrieb (wenngleich auch auf eine Art und Weise, welche euphemistisch dem damaligen Trend zur Verklärung entsprach), hat den Wandel bereits vor der Ära des Web 2.0 erkannt, als er seinem Konzept der *Smart Mobs* im Jahre 2002 die prophetische These voranstellte:

> „Die ‚Killerapplikationen' der Mobilkommunikations- und Informationsindustrie von morgen werden nicht Hardwaregeräte oder Softwareprogramme sein, sondern soziale Praktiken. Die weitreichendsten Veränderungen werden [...] aus der Art von Beziehungen, Unternehmen, Gemeinschaften und Märkten entstehen, welche die Infrastruktur ermöglicht."[7]

---

6 Vgl. S. Münker/A.Roesler (Hg.), Mythos Internet. Frankfurt: Suhrkamp 1997.

7 So Rheingold in seinem Buch Smart Mobs. The Next Social Revolution, hier zitiert nach der deutschen Übersetzung eines zentralen Kapitels „Smart Mobs. Die Macht der mobilen Vielen"; in: Karin Bruns, Ramón Reichert (Hg.), Reader Neue Medien. Texte zur digitalen Kultur und Kommunikation. Bielefeld: transcript 22007, S. 359.

Wir haben mittlerweile eine ganze Reihe dieser Veränderungen beobachten dürfen; und wir finden Rheingolds Prognose dabei durchaus bestätigt: Die entscheidenden Impulse für die Entwicklungen der digitalen Netzkultur gehen nicht, zumindest nicht zuerst, von neuen technischen Spielzeugen aus (auch wenn eine der spannendsten Entwicklungen, der anstehende Ausbruch des Internet aus den Monitoren der Computer, ohne technische Fortschritte etwa im Bereich des Mobilfunks natürlich gar nicht möglich wäre). Die entscheidenden Impulse für den weiteren Ausbau der Netzwelt gehen von der Art und Weise aus, wie in sozialen Netzwerken, in der Blogosphäre, im rechtlichen Schattenreich der Peer-to-Peer Tauschbörsen oder im ökonomischen Bereich des user-orientierten Onlinebusiness, wie in Wikis, Games oder in den zahlreichen hier nicht genannten Anwendungen des Web 2.0 die Adaption der je verfügbaren vernetzten Techniken in eindrucksvoller Geschwindigkeit neue Ausdrucksformen der digitalen Medialität entstehen lassen – die wiederum die medialen Bausteine einer veränderten und sich weiter verändernden Sphäre digitaler Öffentlichkeit darstellen.

Yochai Benkler Jurist in Harvard und gemeinsam mit Lawrence Lessing der derzeit vielleicht einflussreichste Theoretiker der digitalen Netzkultur, zieht in seinem überaus lesenswerten Buch *The Wealth of Networks* daraus die entscheidende Konsequenz: „Die vernetzte *public sphere*", so schreibt Benkler, „ist nicht aus Werkzeugen gemacht, sondern aus sozialen Praktiken, welche durch diese Werkzeuge ermöglicht wurden"[8]. Entscheidend ist diese Konsequenz auch deswegen, weil sie einem zumindest in einigen Teilen der Kultur- und Medienwissenschaften immer noch verbreiteten Irrglauben vehement widerspricht – der einst ebenso provokanten wie wichtigen und in bestimmter, nämlich historischer, Hinsicht auch immer noch richtigen These, wonach die (technische) Materialität von Medien ihren Gebrauch determiniere und damit zumindest mittelbar auch die mit ihnen erzeugte Bedeutung. Die Historizität dieser These verdankt sich nun tatsächlich selbst einer technischen Entwicklung – der Tatsache nämlich, dass wir es im Umgang mit den digitalen Computern in ihrer ausgereiften Form mit einer (hochgradig materiellen) Technik zu tun haben, die jede Form von Medialität zu emulieren erlaubt: Digitale Medien determinieren ihren Gebrauch nicht; digitale Medien *entstehen* erst durch ihren Gebrauch!

Das lässt sich nirgends besser beobachten als bei den Sozialen Medien des Web 2.0 – die eben auch erst durch ihren Gebrauch, und zwar durch ihren *gemeinsamen* Gebrauch entstehen. Das Spezifische dieser Form der Medialität zeigt der Vergleich: Wir brauchen normalerweise niemand anderen, um einen Text zu schreiben oder zu lesen (natürlich: abgesehen von den ungezählten Vordenkern und abwesenden Ko-Autoren, die jeden Satz, den wir schreibend oder lesend denken, immer schon begleiten ...); aber versuchen Sie einmal, alleine zu telefonieren! Genauso ist es im Social Web:

---

8 Yochai Benkler, The Wealth of Networks. How Social Production Transforms Markets and Freedom. New Haven/London: Yale UP 2006, S. 219 (Alle Übersetzungen aus dem Englischen sind hier wie im Weiteren von mir; SM).

Beispiel

Natürlich können wir alleine die Weiten der Netzwelten durchstreifen; wir können aber soziale Netzwerke nur nutzen, weil andere das auch tun – versuchen Sie einmal, mit sich selbst zu twittern!

Was gerade *im* Netz geschieht, ist natürlich keineswegs nur *für* das Netz wichtig; die Auswirkungen reichen weit über das Internet und seine Nutzer hinaus. Denn tatsächlich müssen wir aufgrund der gegenwärtigen Entwicklungen der digitalen Netzkultur so manche vertraute Überzeugung revidieren und auf einige immer wiederkehrende Fragen neue Antworten finden. Und deswegen gilt auch: Der Begriff „Web 2.0" ist tatsächlich mehr als ein Schlagwort – er ist eine Chiffre für eine ebenso radikale wie unaufhaltsame Veränderung nicht nur unserer digitalen Medien, sondern unserer Welt.

Natürlich basiert auch das Web 2.0 nach wie vor auf der gleichen digitalen Netzwerktechnik wie das restliche Internet; seine spezifische Medialität aber lässt sich kaum mehr technisch, sondern in ihren wesentlichen Zügen nur noch sozial erklären. Wie im berühmten Schachautomaten des 18. Jahrhunderts ist die Schaltzentrale des Web 2.0 der Mensch, der es nutzt. Das gilt für die Medien im Web 2.0 insgesamt – und es gilt natürlich ebenso für die Öffentlichkeiten, die sich hier bilden: Die digitalen Öffentlichkeiten des Web 2.0 sind vor allem ein Effekt des gemeinsamen Gebrauchs vernetzter, digitaler Computertechniken; und kein schlichtes Resultat ihrer technischen Implementierung. Die Sozialen Medien des Web 2.0 sind komplexe Gebilde; die Entstehung der digitalen Öffentlichkeiten ist ein emergentes Phänomen – es gibt verschiedene Ursachen und vor allem noch mehr a priori unerwartete und unvorhersehbare Effekte. Emergenz aber bedeutet nicht Emanation: Man kann die meisten Phänomene und Effekte plausibel als Konsequenzen sozialer Interaktionen erklären (wenngleich natürlich im Wechselspiel mit technischen Innovationen).

Kernsätze

Die Sozialen Medien des digitalen Netzes sind immersiv – anders als die elektronischen Massenmedien: Sie sind als Nutzer Teil des Webs, wenn Sie sich seiner Sozialen Medien bedienen; Sie werden aber kein Teil des Radios oder des Fernsehens, wenn Sie einschalten oder der Zeitung, wenn Sie lesen.

Das hat Konsequenzen: Zeitung und Zeitschriften, Radio oder Fernsehen sind Medien der Öffentlichkeit in einem doppelten Sinne. Sie sind als Mittel zur Artikulation von Öffentlichkeit zugleich Mittel zur Herstellung einer von ihnen unterschiedenen und unabhängigen Öffentlichkeit: Der Öffentlichkeit der Leser, Hörer und Zuschauer, die im Diskurs über die gelesenen, gehörten oder gesehenen Informationen Meinungen ebenso austauschen wie bilden. Die Medien im Web 2.0 hingegen sind das Medium, in dem die digitale Öffentlichkeit sich bildet – und in dem sie (weitgehend) auch bleibt: Anders als die elektronische der Massenmedien hat die digitale Öffentlichkeit eben keine Leser, Hörer oder Zuschauer, die von ihr prinzipiell zu unterscheiden wären.

Kernsätze

> Die Differenz: Hier sind die Medien, dort die Menschen – diese Differenz lässt sich in einem medialen Umfeld, welches durch die Partizipation der Menschen erst entsteht, so einfach eben nicht mehr ziehen.

Im Web 2.0 wird die massenhaft verbreitete Nutzung gemeinschaftlich geteilter, interaktiver Medien zum historisch ersten Mal Wirklichkeit; die kollaborativen Projekte seiner Sozialen Medien realisieren eine Praxis der partizipatorischen Mediennutzung, die zumeist überraschend effizient und dabei fast immer demokratischer ist, als wir es von früheren Medien gewohnt waren. Das Web 2.0 hat nicht nur das Internet radikal verändert – es hat die digitale Medienrevolution, die einzig vergleichbar ist mit den großen Umwälzungen durch die Erfindung des Buchdrucks oder der Elektrifizierung, zu ihrem gegenwärtigen Höhepunkt geführt. Von hier können wir gegenwärtig überall im Internet die Emergenz digitaler Öffentlichkeiten beobachten – als Effekte jener spezifischen Praktiken des Umgangs mit Informationen, der Herstellung kultureller Güter und der Verbreitung von Wissen und Meinungen, die erst und nur die vernetzten Plattformen digitaler Medien ermöglichen konnten. Die Entstehung einer radikal anderen, utopischen Gegenwelt, wie sie die Netzidealisten der ersten Stunde erträumt hatten, sehen wir hier nirgendwo. Wir sehen aber, wie die digitalen Öffentlichkeiten heute bereits über das Netz hinaus zu wirken beginnen – in die Politik, die Wissenschaft, in Wirtschaft, Kunst und den Journalismus; und natürlich in unsere alltäglichen sozialen Beziehungen. Das ist kein Zufall – unsere Mediengesellschaft ist zugleich eine Netzwerkgesellschaft und lebt von vernetzten Medien. Und so treffen wir, hegelianisch gesprochen, in den Sozialen Netzmedien des Web 2.0 schlicht auf die zeitgemäße Erscheinung von Medien, die implizit immer schon sozial sind. Dabei steht der strukturelle Wandel, den die Entstehung digitaler Öffentlichkeiten als Effekt der medialen Vernetzung für unsere Gesellschaften bedeutet, erst am Anfang. Der Ausgang mag offen sein, die Richtung ist es nicht. So wie die Konturen der digitalen Öffentlichkeiten auf den vorangegangenen Seiten erst im Vergleich mit der massenmedial geprägten Öffentlichkeit des 20. Jahrhunderts scharf hervorgetreten sind, so wird der fortschreitende Strukturwandel der Öffentlichkeit weiterhin vom ebenso irreversiblen wie umfassenden Übergang vom analogen Zeitalter elektronischer (Massen-)Medien in die Ära des Digitalen und seiner Netzmedien bestimmt sein. Die Zukunft der Massenmedien selbst, ohne die unsere moderne Öffentlichkeit nicht wäre, was sie ist, wird davon abhängen, ob ihnen nach der technisch vollzogenen Digitalisierung auch die mediale Transformation von Massenmedien zu massenhaft genutzten Netzmedien gelingt.

Noch ist es nicht so weit. Noch sehen wir unterschiedliche Entwicklungen diesseits und jenseits der *digital frontier* – wenngleich die Grenze durchlässig geworden ist und hybride Medien und alternative Öffentlichkeiten entstanden sind, die eine gewisse Zeit lang Elemente der analogen und der digitalen Sphären verbinden werden. Bis die letzten analogen Medien gänzlich im Digitalen aufgegangen sein werden. Und natürlich wissen wir auch nicht, ob die gerade entstehenden sozialen und kulturellen Praktiken und der mit ihnen verbundene demokratischere Wandel der Öffentlichkeit sich als dauerhaft stabil erweisen wird: Die Geschichte wird aller Voraussicht nach auch den Computer überdauern, und die digitale Ära in einer mehr oder weniger fernen Zukunft ebenso ihr Ende nehmen wie derzeit die analoge.

Die nahe Zukunft allerdings wird wesentlich durch die Ausweitung der Möglichkeitshorizonte bestimmt sein, welche die Nutzer durch ihren Gebrauch der vernetzten Medien der digitalen Welt verwirklichen. Und eines ist sicher: Andere Öffentlichkeiten als digitale wird es dabei auf absehbare Zeit nicht mehr geben.

Kapitel 4 Die Sprache der Neuen Medien (Lev Manovich)

von Daniel Michelis

Die „Sprache der Neuen Medien" ist eine Art Bestandsaufnahme, mit der Lev Manovich versucht, die historische Entwicklung der digitalen Medien zu analysieren. Auf der Suche nach einer allgemeingültigen Logik untersucht Manovich anerkannte Konventionen, wiederkehrende Muster und die wesentlichen Erscheinungsformen der digitalen Medien.[1] Durch seinen generischen Ansatz lässt sich die Theorie auf Phänomene in unterschiedlichsten Bereichen der digitalen Kommunikation anwenden. Allgemein bezieht sich Manovich zwar auf Objekte der *Neuen* Medien, die wesentlichen Elemente seiner Theorie lassen sich aber auch auf die Entwicklung seiner sozialen Medien oder den Bereich der digitalen Produkte anwenden.[2]

Akteure

Lev Manovich ist Autor der Bücher „Software Takes Command", „Soft Cinema: Navigation the Database" sowie „Language of New Media", das in diesem Kapitel beschrieben wird. Er hat über 90 Artikel geschrieben, die in über 30 Ländern erschienen sind. Er ist Professor am Visual Arts Department der University of California in San Diego und Direktor der Software Studies Initiative am kalifornischen Institut für Telekommunikation und Informationstechnologie. Darüber hinaus ist er Gastprofessor am Godsmith College der University of London, an der De Montfort University in Großbritannien sowie am College of Fine Arts der University of New South Wales in Sydney. In den vergangenen zehn Jahren hat er weltweit über 300 Vorlesungen, Seminare und Workshop gegeben.

Manovichs Prinzipien neuer Medien bieten einen hilfreichen Rahmen, um vor allem auch Artefakte in den sozialen Medien des Web 2.0 systematisch zu analysieren und zu gestalten. Unter Anwendung seiner Theorie zugrunde liegenden Logik lassen sich interaktive Web-Auftritte ebenso entwickeln wie eine ausgewogene Zusammenführung von Inhalten aus Facebook, Twitter oder YouTube.

Das besondere an der Theorie von Manovich ist die Berücksichtigung der sozio-kulturellen Auswirkungen beziehungsweise der Wechselwirkungen zwischen den Nutzern sozialer Medien und der technologischen Entwicklung. Neue Technologien bringen nach Manovich nicht nur neue Möglichkeiten mit sich, sondern sie führen auch zu neuen Gewohnheiten und daraus resultierenden Erwartungen.

Sein Buch – in der englischen Originalversion *Language of New Media* – wurde zu Beginn des neuen 21. Jahrhunderts von vielen Seiten gelobt und als die bisher genaueste Definition der neuen digitalen Medien bezeichnet, die er in den „breitesten me-

---

1 Vgl. Manovich, L. (2001).
2 Vgl. Michelis, D. (2007).

diengeschichtlichen Zusammenhang seit Marshall McLuhan" einordnet.[3] Auch Baumgärtel von Telepolis ist voller Lob. So sei das Werk von Manovich:

> „[...]eine erste Gesamttheorie der digitalen Medien, in die man an vielen Stellen seine Zähne senken kann, um saftige Brocken zu extrahieren und sich und der eigenen Theoriebildung einzuverleiben. Dieses Buch ist ein toller Steinbruch, aus dem sich alle, die sich mit der Ästhetik der digitalen Medien beschäftigen, Bausteine und gute Ideen für weiterführende Gedankengänge holen können."[4]

Manovichs Beschreibung der neuen Medien lässt sich einer Gruppe von Forschern und Kritikern zuordnen, die sich dieser Aufgabe von unterschiedlichen Disziplinen her genähert haben, beginnend bei der Geschichte der technischen Kultur (Bolter), über Hypertext (Landow), Narration (Murray), Architektur (Mitchell), virtuelle Realität (Heim) bis zum Theater (Laurel).[5] Die Theorien dieser Autoren bilden eine Reihe allgemeiner Eigenschaften ab, die sich jedoch eher für partikulare als für ganzheitliche und generalisierte Analysen eignen. Notwendig sei daher die Isolierung der wesentlichen Merkmale der digitalen Medien, wobei der Versuch, allgemeine Eigenschaften aufzuzeigen, mit einem grundlegenden Dilemma verbunden sei: Wer den digitalen Medien Eigenschaften zuschreibe, die faktisch schon bei den alten Medien zu finden sind, riskiere, das Neue und die Differenz der Neuen Medien herunterzuspielen. Manovichs fünf Prinzipien digitaler Medienobjekte, die den Ausgangspunkt seiner Theorie bilden, sieht Warner als einen ersten gelungenen Ansatz für eine Lösung dieses Dilemmas.[6]

Fünf Prinzipien digitaler Medienobjekte

Zur generischen Beschreibung von Medienobjekten schlägt Manovich fünf Kriterien vor, die in Abbildung 10 dargestellt sind. Das erste Kriterium besagt, dass sich alle Objekte der digitalen Medien durch ihre numerische Repräsentation auszeichnen und daher algorithmisch manipuliert werden können. Sie sind im Sinne des zweiten Prinzips modular und meist in übergeordneten Objekten organisiert. Das dritte Prinzip ist die Automatisierung, die ihrerseits die Grundlage für das vierte Prinzip Variabilität bildet. Die gegenseitige Beeinflussung von menschlicher Kultur und Computertechnologie ist für Manovich das fünfte Prinzip, das er als Transkodierung bezeichnet.

Seine fünf Prinzipien hat Manovich als allgemeine Entwicklungstendenzen aller Medien beschrieben, die mit Blick auf die digitalen Medien besonders stark in den Vordergrund treten. Er verbindet in dieser Hinsicht die Eigenschaften der traditionellen mit denen der sozialen Medien des Web 2.0.

---

3 Vgl. Warner (2001), S. 1.
4 Baumgärtel (2002).
5 Vgl. Bolter, J. D. (1999), Landow, G. (1994), Laurel, B. (1993), Mitchell, W. J. (1996), Murray, J. (1998).
6 Vgl. Warner (2001), S. 1.

Modell

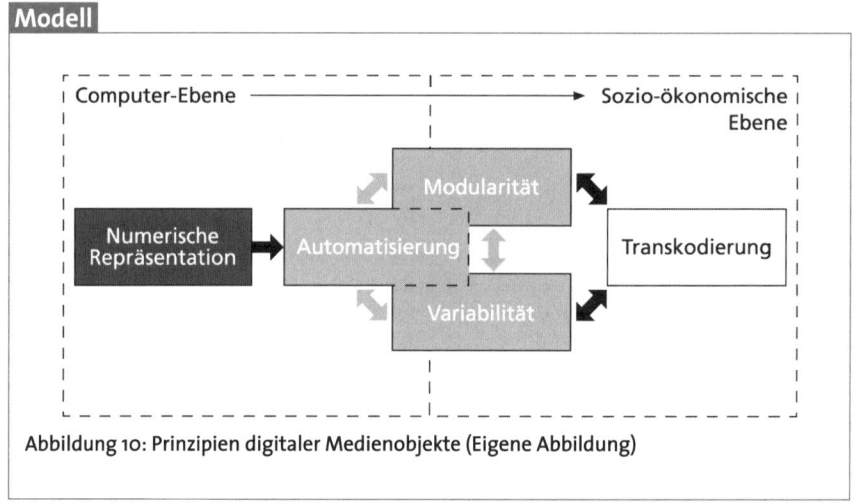

Abbildung 10: Prinzipien digitaler Medienobjekte (Eigene Abbildung)

Numerische Repräsentation

Das erste Prinzip, das im englischen Original als *Numerical Representation* bezeichnet wird, besagt, dass alle Medienobjekte als digitaler Code vorliegen. Diese Tatsache hat für Manovich zwei wesentliche Konsequenzen. Medienobjekte können formal-mathematisch beschrieben (ein Kreis als Kreisform) und mittels algorithmischer Manipulation verändert werden (alle Kreise eines Bildes können um 15 Prozent vergrößert werden). In anderen Worten, Medien sind programmierbar.[7] In der deutschen Übersetzung wurde das erste Prinzip Manovichs als *numerische Repräsentation* bezeichnet.[8] Durch die Wortwahl – der Begriff Repräsentation wird im Deutschen vor allem für gedankliche Abbildungen genutzt – wird bereits im ersten Prinzip die sozio-kulturelle Ausprägung seiner Theorie deutlich.[9]

Modularität

Das zweite Prinzip Modularität bezeichnet Manovich auch die „fraktale Struktur" digitaler Medien. Es besagt, dass Medienobjekte modular und oftmals in Form von übergeordneten Medienobjekten organisiert sein können. Diese übergeordneten Medienobjekte lassen sich ihrerseits wieder zu neuen Medienobjekten zusammenfassen. Vor diesem Hintergrund ergeben sich für Objekte neuer Medien eine Primär- und eine Sekundäridentität. Während sich die primäre Identität auf die ursprünglichen Elemente wie Farben, Formen oder Töne bezieht, bezeichnet die Sekundäridentität die modulare Zusammensetzung in übergeordneten Medienobjekten.

Das Modularitätsprinzip bezieht sich auf die Ebene der Inhalte und die Ebene der Software. Websites, digitale Filme oder andere Medienobjekte setzen sich aus einzel-

---

7 Vgl. Manovich, L. (2001), S. 27.
8 Vgl. Warner (2002), S. 1.
9 Vgl. ebenda, S. 15.

nen Modulen wie etwa Pixeln, Tönen, Formen oder Verhalten zusammen. Die Identität der einzelnen Module kann dabei erhalten oder durch deren Programmierbarkeit auch verändert werden.[10]

Mit der Entwicklung des Web 2.0, die in Kapitel 3 in diesen Buch ausführlich beschrieben wird, hat das Modularitätsprinzip seit der Veröffentlichung von Manovichs Theorie an Bedeutung gewonnen. Die Leichtigkeit, mit der Anbieter und Nutzer die Anwendungen und Inhalte der sozialen Medien ineinander verschachteln beziehungsweise miteinander verbinden können, zeigt, dass dieses zweite Prinzip von Manovich auch nach zehn Jahren nichts an Aktualität eingebüßt hat.

Anwendung

Hier zeigt sich auch die gestalterische Kraft von Manovichs Prinzipien: Unternehmen können beispielsweise komplexe Angebote nicht nur selbst modular neu zusammensetzen, sondern auch einzelne Module bereit stellen, die von ihren Kunden eigenständig zu neuen Angeboten weiter entwickelt werden können.

Beispiele finden sich mit Blick auf die „modulare" Verwendbarkeit des Kartenmaterials von Google Maps bis hin zu aufwendigen Crowdsourcing-Projekten, wie sie in Kapitel 10 beschrieben werden.

Automatisierung

Die Automatisierung einer Vielzahl von Operationen ist für Manovich eine Konsequenz numerischer Repräsentation und Modularität. Das Prinzip der Automatisierung gilt für die Produktion und Bearbeitung von Medienobjekten sowie für den Zugang und ihre Nutzung.

Der Ursprung der Automatisierung liegt in der Mechanisierung, das heißt in der physischen Stärkung menschlicher Arbeit. Das Prinzip Automatisierung lässt sich daher deutlich als Entwicklungstendenz beschreiben, wobei der Grad der Automatisierung in den sozialen Medien besonders hoch ist. Je nach Anwendungsbereich ist die Automatisierung unterschiedlich weit fortgeschritten. So lassen sich Texte im Vergleich zu Bildern über automatische Suchfunktionen relativ gut durchsuchen. Sie liegen im Gegensatz zu Bildern bereits mit einer strengen und allgemein anerkannten Grammatik vor. Das Prinzip Automatisierung hat damit einen direkten Einfluss auf die Gestaltungsmöglichkeiten der digitalen Medien. Da jedes Programm eine vorab definierte Auswahl von Operationen durchführen kann, ist es auf eben diese Auswahl beschränkt. In diesem Sinne folgt Manovich gewissermaßen dem Postulat McLuhans: The medium is the message.

Auch mit Blick auf das dritte Prinzip lässt sich eine anhaltende Bedeutung in den sozialen Medien erkennen. Zwar zeichnen sich deren Anwendungen durch die indi-

---

10 Vgl. Manovich, L. (2001), S. 30 ff.

viduelle Aktivität der Nutzer – deren Partizipation – aus, die Fülle an Anwendungen und deren Verknüpfung unter einander basiert jedoch auf einem sehr hohen Maß an Automatisierung. So müssen Benutzer von Facebook ihre eigenen Seiten beispielsweise nicht selbst gestalten. Sie geben ihre persönlichen Daten ein, woraufhin die Software die entsprechende Anzeige automatisch gestaltet. Nach Verknüpfung mit anderen Anwendungen oder bei Aktualisierungen des eigenen Profils beziehungsweise des Profils von Freunden, werden Informationen automatisch aktualisiert und an allen voreingestellten Orten angezeigt. Ohne diese Automatisierung wäre die Fülle an Inhalten und Anwendungen in den sozialen Medien nicht denkbar. Auch hier lassen sich Manovichs Prinzipien auf digitale Produkte übertragen. Nachdem die meisten Unternehmen ihre Prozesse bereits vor einigen Jahren automatisiert haben, lassen sich zunehmend auch automatisierte Produkte beobachten. Von klassischen Newslettern bis hin zu *Apps*, den mobilen Anwendungen von Apple, Nokia oder Google, können für eine Vielzahl von Angeboten automatische Funktionalitäten von den Nutzern beziehungsweise den Kunden personalisiert genutzt werden.

Variabilität

Wie bereits die Automatisierung resultiert auch das vierte Prinzip Variabilität auf numerischer Repräsentation und Modularität. Waren Objekte traditioneller Medien auf eine physisch fixierte Originalversion angewiesen, die bei Bedarf exakt reproduziert werden konnte, zeichnen sich Objekte der digitalen Medien durch ihre immaterielle Variabilität aus. Sie können in verschiedenen Versionen existieren und je nach Darstellungszweck angepasst werden. Variabilität ist die Voraussetzung für nutzerspezifische Parameter, sensitive Suchkriterien oder auch personalisierbare Interfaces.

Zu den Grundlagen der Variabilität gehört neben den ersten beiden Prinzipien numerische Repräsentation und Modularität der digitalen Medien die Mediendatenbank, die eine zentrale Rolle in Manovichs Theorie einnimmt. Die Datenbank ist für ihn ein Überbegriff für Sammlungen von Medienobjekten, auf die auf variable Art und Weise und in beliebiger Reihenfolge zugegriffen werden kann.

Variabilität ist auch die Grundlage für personalisierte Interfaces. Sowohl Anbieter als auch Nutzer von Web 2.0 Anwendungen können die inhaltlichen und funktionalen Parameter variabel individualisieren. Niedrige Transaktionskosten ermöglichen darüber hinaus auch die variable Gestaltung von Produkten. Ein prominentes Beispiel ist in diesem Zusammenhang das Unternehmen Spreadshirt, das es Kunden ermöglicht, eigene T-Shirts zu gestalten und entweder selbst zu bestellen oder die eigenen Kreationen anderen zum Kauf anzubieten. Erfolgreiche Beispiele gibt es auch über den Bereich der digitalen Produkte hinaus. So konnten Käufer des neuen FIAT 500 über einen eigens eingerichteten Online-Konfigurator ihr zukünftiges Fahrzeug individuell gestalten.

Transkodierung

Das fünfte und letzte Prinzip führt nach Manovich zur weitreichendsten Konsequenz der digitalen Medien. Es steht dabei weniger für die technische Übertragung eines Medienobjekts in ein anderes Format als vielmehr für den Transfer zwischen der Computerebene und der sozio-kulturellen Ebene.

Während die Computerebene die Welt der Computer und seine Arbeitsweise bezeichnet, wird die sozio-kulturelle Ebene durch kognitive Aktivität bestimmt. Beide Ebenen stehen in enger Verbindung und im gegenseitigen Austausch. Jede Ebene übernimmt dabei Konzepte und Praktiken der anderen. Die Computerebene der digitalen Medien wirkt sich demnach nicht nur auf die konkreten Medieninhalte sondern letztendlich auf die gesamte Kultur aus.[11]

Für die sozialen Medien bedeutet das Prinzip der Transkodierung, dass mit der Verfügbarkeit von sozialen Anwendungen viele Nutzer des Internet sich an neue Formen der Kommunikation gewöhnt haben. Insbesondere haben sie sich daran gewöhnt, dass sie sich selbst äußern und einer großen Zahl von „Freunden" mitteilen können. Von Unternehmen erwarten sie, dass sie ihre eigene Meinung nicht nur kundtun sondern diese auch anderen Nutzern zukommen lassen können. Sie haben Routine darin gewonnen, Beiträge zu kommentieren, zu bewerten und bei Gefallen weiter zu leiten. Sie erwarten das gelernte Kommunikationsverhalten auch von anderen. Möchte man daher neue Informationen beispielsweise über das eigene Angebot kommunizieren, scheint es sinnvoll, sich an die neuen Gewohnheiten der Empfänger anzupassen. Da diese sich daran gewöhnt haben, zunehmend als gleichberechtigte Kommunikationspartner wahr- und ernst genommen zu werden, sind sie für einseitige Kommunikationsversuche nicht mehr so empfänglich wie früher. Wie andere Kapitel in diesem Buch[12] ausführlich beschreiben, sollten Anbieter anstelle einer einseitigen Kommunikation einen gleichberechtigen Dialog mit ihren Zielgruppen führen.

Die Gesamtheit der Wechselwirkungen zwischen der Computerebene und der soziokulturellen Ebene, die Manovich mit dem Begriff Transkodierung zusammenfasst, ist der zentrale Ausgangspunkt für seine Theorie. Ausgewählte Auszüge werden im Folgenden dargestellt.

Cultural Interfaces

Für Manovich lassen sich mit Blick auf das Interface die Wechselwirkung zwischen Computer- und der sozio-kulturellen Ebene besonders deutlich beobachten. Noch bis vor einigen Jahren waren Computer reine Werkzeuge, mit denen Inhalte lediglich geschaffen, also produziert wurden. Zur anschließenden Distribution hingegen wurden die Inhalte den eigentlichen Medien zugeschnitten: Print, Film, Foto, Tonträger. Seit Ende der 1990er Jahre hat sich die Stellung des Computers in der Gesellschaft deutlich geändert. Er hat sich vom reinen Werkzeug zur universalen Medienmaschine

---

11 Vgl. Manovich, L. (2001), S. 45 ff.
12 Siehe Kapitel 4, 7 oder 14.

entwickelt, mit der Medieninhalte nicht mehr nur produziert sondern auch gespeichert, distribuiert und konsumiert werden können. Manovich geht an dieser Stelle noch einen Schritt weiter, wenn er anführt, dass sämtliche Kulturformen heutzutage auf dem Computer basieren. Selbst auf die Inhalte traditioneller Medien wird zunehmend über Mensch-Computer-Interfaces zugegriffen, die die Beschaffenheit der gesamten menschlichen Kultur zunehmend bestimmen werden. Die Gesellschaft ist dazu übergegangen, Medien und Kultur in zunehmendem Maße zu *interfacen*.[13]

Begriffe

Mit dem Begriff des Interface wird allgemein beschrieben, wie wir mit dem Computer interagieren. Neben der grafischen Anzeige auf dem Screen und die Navigation über Metaphern umfasst der Begriff aber auch Hardware wie Tastatur und Maus. Durch das Interface manifestiert sich die Art und Weise, wie wir auf die Daten des Computers zugreifen und sie manipulieren können.

The Screen and the User

Während die vielfältigen Funktionen des Computers durch moderne Computertechnologien ermöglicht wurden, werden sie erst durch eine sehr alte Technologie für den Nutzer zum Leben erweckt: den Screen. Erst durch die Betrachtung des Bildschirms entsteht beim User die Illusion, er würde sich in einem Buchladen befinden oder sich durch virtuelle Welten bewegen. Mit der globalen Vernetzung der Computer über das Internet werden jegliche Arten von Information über den Screen empfangen: Bilder, Filme, Tageszeitungen, Nachrichten von Freunden und Arbeitskollegen. Spätestens mit dieser Entwicklung ist unsere Gesellschaft zu einer *society of screen* geworden.

Im Gegensatz zum Computer, der erst in den vergangenen Jahrzehnten zum Allgemeingut geworden ist, wird der Screen bereits seit Jahrhunderten genutzt, um visuelle Informationen zu präsentieren – von der frühen Malerei bis zum Kino des zwanzigsten Jahrhunderts. In der Entwicklungsgeschichte des Screens unterscheidet Manovich drei wesentliche Phasen, die er als *classic screen*, *dynamic screen* und *real-time* screen bezeichnet.[14] Über alle drei Phasen hinweg lässt sich der Screen dadurch charakterisieren, dass er die Existenz eines anderen virtuellen Ortes, einer drei-dimensionalen Welt, in seinem Rahmen einschließt. Durch den Rahmen werden zwei völlig unterschiedliche Räume voneinander getrennt, die jedoch gleichzeitig parallel nebeneinander existieren. Die Phase des classic screens beginnt mit der Malerei auf Leinwänden und dauert bis heute an: Elemente des classic screens lassen sich auch mit Blick auf den modernen Computer finden. Als flache, rechteckige Oberfläche simuliert er eine spezielle Realität. Vor etwa hundert Jahren begann mit der Entwicklung bewegter Bilder die Phase des dynamic screen. Während er in seiner neuen Form einerseits alle Eigenschaften des classic screens beibehält, wird er um eine zentrale Funktion ergänzt: Der

---

13 Vgl. Manovich, L. (2001), S. 69 ff.
14 Vgl. hierzu auch Michelis, D. et al. (2005).

dynamic screen kann Bilder anzeigen, die sich mit dem Zeitverlauf verändern. Manovich bezeichnet den dynamic screen auch als Screen des Kinos, Fernsehens und Videos. Mit der Verbreitung des dynamic screens ändert sich das Verhältnis zwischen dem Screen und seinem Betrachter, eine neue Betrachtungsordnung setzt sich durch: Während die Bilder des dynamic screens eine möglichst vollständige Realität simulieren, identifiziert sich der Zuschauer mit den Bildern und gibt sich der Illusion passiv hin. In der neuen Betrachtungsordnung übernimmt der Screen hingegen die aktive Rolle, indem er möglichst viel von dem, was außerhalb seines Rahmens stattfindet, herausfiltert beziehungsweise ausblendet. In der dritten Phase, der Phase des real-time screens, die mit dem Einzug des Computerbildschirms einhergeht, kommt es zu einer grundlegenden Neuordnung des Verhältnisses zwischen Zuschauer und Screen. Mit dem Einzug des real-time screens tritt der Zuschauer aus seiner Passivität heraus; er wird zum aktiven User. Der Computer-Screen hingegen beschränkt sich nicht mehr auf die Abbildung eines einzelnen Bildes. Übereinander gelagerte Fenster mit einer ganzen Reihe unterschiedlicher Bilder werden zum elementaren Prinzip des real-time screens. Die Zusammenstellung der unterschiedlichen Inhalte, ihre Komposition übernimmt der User. Er konzentriert sich dabei nicht mehr auf ein einzelnes Bild, sondern steuert die Simulation auf dem Screen eigenständig und nimmt Teil an der Konstruktion seiner subjektiven Realität.[15]

Während aus dem passiven Zuschauer ein aktiver, reflektierender und zielstrebiger User geworden ist, existieren alle drei Formen des Screens noch immer neben einander. Jeder Screen simuliert dabei auf die ihm inhärente Weise seine spezifische Realität und ermöglicht eine festgelegte Bandbreite an Interaktionen.

Interaktivität und Narration

In Ergänzung zur Bedeutung des Screens und den Auswirkungen auf die Wahrnehmmung der angebotenen Inhalte sollen hier vor allem zwei weitere Aspekte von Manovichs Theorie behandelt werden: Narration und Interaktivität. Zur Simulation von Realität reicht die reine Visualisierung von Informationen nicht mehr aus: Multifunktionale Human-Computer-Interfaces lösen die Screen-Ära ab. Mit dem sukzessiven Verschwinden des Screens orientiert sich der Computer und sein Interface zunehmend am Verhalten seiner Nutzer. Die neue Formel lautet: Je weniger Interface, desto realer die Illusion. Indem Computer agieren, reagieren, wachsen, sich bewegen und sich im Laufe der Zeit entwickeln, denken und sogar fühlen, erzeugen sie ein komplexes Abbild einer neuen Meta-Realität.

---

15 Vgl. Manovich, L. (2001), S. 94 ff.

Beispiel

Der Nutzer betritt nach Manovich eine Master-Position, aus der er seine Realität selbst bestimmt. Er ist sich stets bewusst, dass Medien nur eine Illusion von Realität simulieren, dass etwa Fernsehwerbung nicht darauf abzielt, ein Abbild der Realität zu schaffen, sondern sich durch Übertreibung oder Ironie gar selbst in Frage stellt. Der Master-User weiß, dass Medien selten die (vollständige) Wahrheit berichten und bezieht dieses Bewusstsein in seine individuelle Realitätskonstruktion ein.[16]

Was Manovich als kognitives Multitasking bezeichnet, lässt sich an einem alltäglichen Beispiel verdeutlichen: Der Master-User oszilliert zwischen seiner Funktion als Zuschauer und Nutzer – er vergnügt sich eine Weile in der Welt der Illusionen und kehrt kurze Zeit später per Mausklick an den Arbeitsplatz zurück, etwa um Informationen im Internet zu suchen.

Das Streben nach weniger Interface ist also kein Streben nach weniger Kontrolle. Der Zuschauer hat sich emanzipiert. Als aktiver User wird er auch in intelligenten Umgebungen der Zukunft je nach Situation zwischen Rezeption und Aktion, zwischen Konsumieren und Produzieren entscheiden. Um erneut mit den Worten Manovichs zu sprechen:

Kernsätze

Multitasking wird als soziale und kognitive Norm große Bedeutung für die Interaktion zwischen Mensch und Computer mit sich bringen.

Eine etwas andere Veränderung, die im Zusammenhang mit der Entwicklung der sozialen Medien von großer Relevanz ist, sieht Manovich im Zusammenhang mit der narrativen Funktion der Medien: dem Erzählen von Geschichten. Die Narratologie als Lehre vom Geschichtenerzählen unterscheidet zwischen Narration und Beschreibung. Narration ist der Teil der Erzählung, der den Plot voranbringt, Beschreibung stoppt den Plot. Lag der Schwerpunkt der Medien in der Vergangenheit auf der Narration, verschieben die digitalen Medien den Fokus von Narration auf Beschreibung. Manovich sieht vor diesem Hintergrund großen Entwicklungsbedarf im Bereich der Informationsdarstellung und der Dramaturgie von Human-Computer-Interfaces.

Kernsätze

In den digitalen Medien gibt es zu viel Information und zu wenig Narration, um diese Information zusammenzuhalten.

---

16 Vgl. Manovich, L. (2001), S. 205 ff.

Da die Beschaffung von Informationen jedoch zu den Schlüsselfunktionen des Informationszeitalters zählt, ist die Entwicklung einer lebendigen Informationsästhetik eine notwendige Weiterentwicklung. In anderen Worten geht es darum, ein Gleichgewicht zwischen Narration und Beschreibung zu schaffen. Die Partizipation vieler Nutzer im Web 2.0 scheint das von Manovich aufgezeigte Problem zu entschärfen. Mit der zunehmenden Zahl aktiver Teilnehmer wird das World Wide Web immer lebendiger. Angebote, die diese Lebendigkeit der Nutzer integrieren und die geführten Dialoge anderen zugänglich machen, sind einer ausgeglichenen Balance von Narration und Information deutlich näher.

Fazit

Die Sprache der neuen Medien von Lev Manovich bietet auch mit Blick auf die sozialen Medien einen sehr hilfreichen Rahmen, Anwendungen und Inhalte des Web 2.0 zunächst zu verstehen – vor allem aber systematisch zu gestalten. Dies gilt vor allem für die grundlegenden Prinzipien, die auch als Prinzipien der sozialen Medien bezeichnet werden können. Das dies so ist, scheint vor allem dem generischen Ansatz Manovichs zu verdanken sein, der sich an den allgemeinen Grundlagen digitaler Medien und Kommunikation orientiert. Die in diesem Kapitel beschriebenen Kriterien *sozialer* Medien lassen sich als Baukasten oder Schablone, zumindest aber als Orientierung für die operative Arbeit verwenden. Die dargestellten Theorieauszüge haben einen weniger konkreten Anspruch. Sie können bei der Entwicklung neuer Inhalte jedoch inspirieren und vor allem den zukünftigen Nutzer in den Mittelpunkt stellen.

Literatur

Baumgärtel, Tilman (2002), Ein Steinbruch für gute Ideen, Online in Internet, URL: http://www.heise.de/tp/deutsch/inhalt/buch/11701/1.html [Stand 13.02.2005].

Bolter, J. D. (1999), Remediation: Understanding New Media, MIT Press, Cambridge, Mass.

Landow, G.P. (1994), Hyper/Text/Theory, Johns Hopkins University Press

Laurel, Brenda (1993), Computers as Theatre, Addison-Wesley

Manovich, L. (2001), The Language of New Media, MIT Press, Cambridge, Mass.

Michelis, D. (2007), Designing Digital Products, in: T. Schildhauer/C. Peppel (Hrsg.) Jahrbuch für digitale Kommunikation, 02, Berlin, S. 72–73

Michelis, D., Resatsch, F., Nicolai, T., Schildhauer, T. (2005), The Disappearance of the Screen. ICMB2005, Sydney

Mitchell, William J. (1996), City of Bits: Leben in der Stadt des 21. Jahrhunderts, Birkhäuser, Basel

Murray, Janet (1998), Hamlet on the Holodeck, MIT Press, Cambridge, Mass.

Warner, William B. (2001), Review Computable Culture and the Closure of the Media Paradigm: Lev Manovich's The Language of New Media, UCSB Review

Warner, William B. (2002), Zur Sprache der neuen Medien: Lev Manovich macht sich auf zur Überwindung des Medienparadigmas, übersetzt von Hartmann, Frank, Online in Internet, URL: http://www.heise.de/tp/deutsch/inhalt/buch/11378/1.html [Stand 13.02.2005].

Kapitel 5 Tipping Point (Malcolm Gladwell)

von Fabian Greskamp und Daniel Michelis

In seinem im Jahr 2000 erschienenen Buch „The Tipping Point – How Little Things Can Make a Big Difference"[1] hat sich Malcolm Gladwell ausgiebig mit den Grundlagen sozialer Epidemien auseinandergesetzt. Ziel dieses Kapitels ist es, die Idee des Tipping Points, die Prinzipien sozialer Epidemien sowie insbesondere die drei Regeln von Epidemien zusammenfassend zu beschreiben.

Tipping Point

Um die Theorie und Systematik des Tipping Point verstehen zu können, hat Gladwell seine Erläuterungen in eine Art *intellektuelle Abenteuergeschichte* verpackt.[2] Zur Veranschaulichung seiner Ausführungen und Hypothesen bedient er sich einer Reihe von psychologischen, soziologischen und medizinischen Studien und überträgt die teilweise komplexen Theorien und wissenschaftlichen Erkenntnisse auf einfache, alltägliche Beispiele aus dem Geschäftsleben, der Bildung, der Mode oder den Medien.

Akteure

> Malcolm Gladwell wurde 1963 in England geboren, wuchs in Kanada auf und lebt heute in New York City. 1984 hat er an der Universität von Toronto seinen Abschluss in Geschichte gemacht. Seine berufliche Karriere startete er beim *American Spectator*. Wenig später arbeitete er von 1987 bis 1996 bei der *Washington Post*. Er schrieb dort vor allem über Wirtschaft und Wissenschaft und wurde anschließend deren Bürochef in New York. Seit 1996 ist er Wissenschaftskolumnist beim *New Yorker*. Darüber hinaus ist Gladwell Autor von drei Büchern, „The Tipping Point: How Little Things Can Make a Big Difference" (2000), „Blink: The Power of Thinking Without Thinking" (2005) und „Outliers: The Story of Success" (2008).

Die Theorie des Tipping Point bezieht sich auf soziale Veränderungen, die zumeist sehr schnell und unerwartet eintreten. Gladwell bezeichnet diese Veränderungen als soziale Epidemien. Sein Buch geht vor allem der Frage nach, wie und wodurch diese soziale Epidemien oder Trends entstehen. Die Verbreitung von Trends, Ideen oder sozialen Verhaltensweisen vergleicht er dabei mit dem Verlauf einer Virusinfektion. Er führt dazu das Beispiel von Masern in einer Kindergartengruppe an. Es reicht aus, dass ein Kind das Virus in die Gruppe bringt, um innerhalb von ein paar Tagen die ganze Gruppe damit anzustecken. Nach ein oder zwei Wochen stirbt das Virus aus und keiner dieser Kinder wird jemals wieder Masern bekommen. Das ist das typische

---

1 Gladwell, M. (2000).
2 Vgl. Gladwell, M. (2010).

Verhalten einer Epidemie: Sie kann sehr schnell entstehen, aber auch genauso schnell wieder verschwinden.

Prinzipien sozialer Epidemien

Eine soziale Epidemie verläuft nach Gladwell nach denselben Prinzipien wie eine Masernepidemie.

Ansteckung

Im ersten Schritt kommt es immer zu einer *Ansteckung*. Die Art von Ansteckung hat jedoch nichts mit Viren zu tun, sondern meint eine Situation, eine Verhaltensweise oder eine Gefühlslage, die emotional ansteckend wirkt. Gladwell verdeutlicht die Ansteckung am simplen Vorgang des Gähnens.[3] Allein durch das Lesen des Wortes *Gähnen* oder durch das Beobachten, wie jemand in der Umgebung gähnt, kann es sehr schnell passieren, dass man selbst auch gähnen muss. Gähnen kann aber auch nur akustisch wahrgenommen werden und führt dazu, dass man gähnen muss, ohne jemanden gesehen zu haben, der gegähnt hat. Gähnen kann folglich sehr ansteckend sein.

Kleine Veränderungen haben große Auswirkungen

Das zweite Prinzip ist die Tatsache, dass *kleine Veränderungen große Auswirkungen* haben können. Gladwell hat auch an dieser Stelle ein einfaches Beispiel parat, um das Prinzip zu erläutern.[4] Man solle sich vorstellen, ein großes Blatt Papier fünfzig Mal zu falten und im Anschluss daran schätzen, wie dick das ursprüngliche Papier geworden ist. Die meisten Leute werden zu der Antwort kommen, es sei so dick wie ein Buch und einige Mutige werden schätzen, dass der Papierstapel die Größe eines Kühlschrankes angenommen haben wird. Tatsächlich wäre das gefaltete Papier jedoch so hoch wie die Entfernung von der Erde zur Sonne, da sich mit jedem Mal Falten die Stärke des gefalteten Papiers verdoppelt. Ähnlich verhält es sich bei der Ansteckung mit einem Virus. Zunächst sind nur Wenige mit dem Virus infiziert, doch wenn jeder dieser erkrankten Menschen einen weiteren ansteckt und diese auch wiederum dafür sorgen, dass das Virus weitergetragen wird, dauert es nicht lange, bis eine Epidemie daraus entstanden ist.

Veränderungen treten manchmal sehr schnell ein

Hinzu kommt das dritte Prinzip, das besagt, dass *Veränderungen manchmal sehr schnell eintreten*. Dieses Prinzip steht im Zentrum der Idee des Tipping Points, der sich mit folgendem Zitat am treffendsten beschreiben lässt:

---

3 Vgl. Gladwell, M. (2002), S. 16.
4 Vgl. Gladwell, M. (2002), S. 17.

Begriffe

"Der Tipping Point ist der Moment der kritischen Masse, die Schwelle, der Hitzegrad, bei dem Wasser zu kochen beginnt."[5]

An diesem Punkt tritt innerhalb kürzester Zeit eine große Veränderung ein.

Abbildung 11 zeigt vereinfacht den Verlauf einer sozialen Epidemie. Während eine Zeitlang nur Wenige vom Virus beziehungsweise von einem Trend oder einer Idee angesteckt worden sind, kommt es an einem bestimmten Punkt (Tipping Point = hier durch Punkt auf der Kurve gekennzeichnet) dazu, dass der Trend unaufhaltsam wird und innerhalb kürzester Zeit eine Massenansteckung hervorruft.

Modell

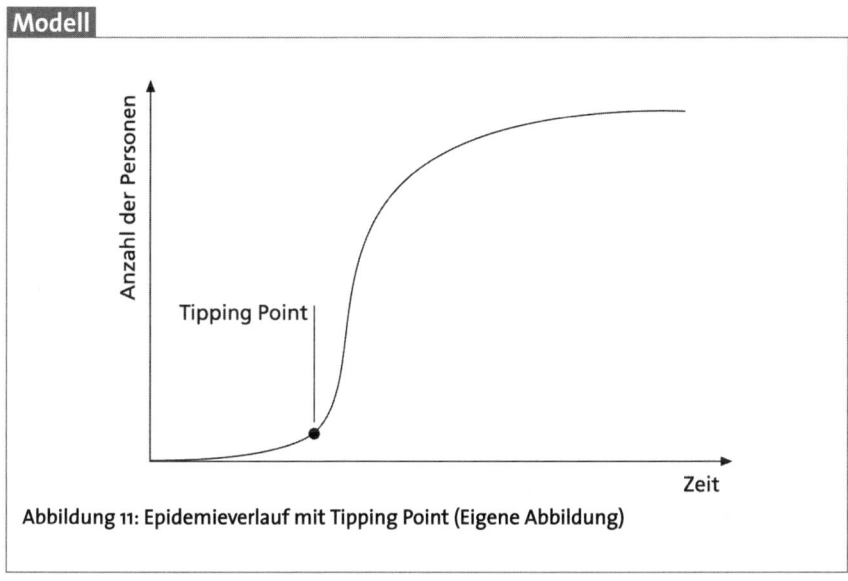

Abbildung 11: Epidemieverlauf mit Tipping Point (Eigene Abbildung)

Alle Epidemien haben einen Tipping Point. Um diesen Tipping Point zu erreichen und eine Epidemie zum Kippen zu bringen, müssen drei entscheidende Regeln von Epidemien beachtet werden, die im Folgenden beschrieben werden. Bei diesen drei Regeln handelt es sich nach Gladwell um das Gesetz der Wenigen, den Verankerungsfaktor und die Macht der Umstände. Gemeinsam bieten die drei Regeln eine Methode, Epi-

---

5 Gladwell, M (2002), S. 18.

demien sinnvoll zu erklären und liefern Hinweise darauf, wie man es schaffen kann, den Tipping Point gezielt zu erreichen.[6]

Die drei Regeln von Epidemien
Das Gesetz der Wenigen

Das Gesetz der Wenigen besagt, dass es nicht Tausende von Menschen mit dem Ziel, eine Idee oder einen Trend zu einer sozialen Epidemie anwachsen zu lassen, bedarf, um daraus tatsächlich eine Epidemie entstehen zu lassen. Es ist vielmehr so:

Kernsätze

> Große Veränderungen werden meist durch eine Handvoll Menschen ermöglicht, die besondere und seltene gesellschaftliche Fähigkeiten besitzen. Sie schaffen es, durch ihre Präsenz und ihr Verhalten andere Menschen auf bestimmte Dinge aufmerksam zu machen, sie von ihrer Meinung zu überzeugen und im besten Fall eine Mundpropaganda loszutreten – nach Gladwell die wichtigste Form der menschlichen Kommunikation.

Er unterteilt diese wenigen und besonderen Charaktere, die für die Entstehung und Verbreitung von Epidemien wichtig sind, in Vermittler, Kenner und Verkäufer.

Vermittler sind sehr gesellige Menschen und sie sind sozial gut vernetzt. Sie stellen die Verbindungen zwischen den Menschen her und erfahren meist als Erstes die interessantesten Neuigkeiten. Wenn es eine Information schafft, die Aufmerksamkeit eines Vermittlers zu erlangen, dauert es nicht lange, bis er sie innerhalb kürzester Zeit in alle Richtungen verbreitet und er somit zum Initiator einer, durch Mundpropaganda verursachten, Epidemie wird.[7] In seinem Buch erzählt Gladwell dazu von einer historischen, amerikanischen Legende, dem Mitternachtsritt des Paul Revere.[8] An einem Nachmittag im April 1775 erfuhr der Bostoner Silberschmied Paul Revere als einer der ersten von dem Gerücht, dass die Briten kurz davor standen, den lang erwarteten Vorstoß ins Landesinnere zu machen, um wichtige Führer der Kolonisten zu verhaften und um deren Waffen- und Munitionsarsenal zu erobern. Noch am selben Abend beschloss er, sein Pferd zu satteln und die Nachricht in Richtung Nordwesten bis nach Lexington zu übermitteln. Er verbreitete die Nachricht in jeder Stadt, die auf seiner Route lag und forderte zugleich auf, die Botschaft ebenfalls in alle Richtungen weiterzutragen. Da die Menschen dies taten, verbreitete sich die Nachricht wie ein Virus und die Briten trafen am nächsten Morgen zu ihrer großen Überraschung auf einen harten und organisierten Widerstand, dem sie sich geschlagen geben mussten. Paul Revere schaffte es, seine Nachricht innerhalb kürzester Zeit über eine sehr große Entfernung zu verbreiten und somit eine über das Wort entstandene Epidemie in Gang zu setzen. Zum Vergleich: Ein weiterer Mann namens William Dawes sollte dieselbe Nachricht in westlicher Richtung ebenfalls nach Lexington bringen und erreichte

---

6 Vgl. Gladwell, M. (2002), S. 40.
7 Vgl. Gladwell, M. (2009).
8 Vgl. Gladwell, M. (2002), S. 43 ff und Fischer, D. H. (1995).

nicht annähernd die gleiche Wirkung. Obwohl er genauso viele Kilometer zurücklegte und durch genauso viele Städte ritt, scheiterte der Versuch die Nachricht wirkungsvoll zu verbreiten. Der Grund dafür lag in seiner Persönlichkeit. Er war kein Vermittler wie Revere, denn außerhalb seiner Heimatstadt Boston, wusste er nicht an welche Türen er klopfen sollte, um die richtigen Empfänger für seine Nachricht zu erreichen. Revere hingegen wusste genau, an wen er sich wenden musste, wer die Schlüsselpersonen in der Stadt waren und wie er mit ihnen reden musste. Die meisten von ihnen kannte er und sie kannten und achteten ihn.[9]

Kenner sind genauso entscheidend wie Vermittler wenn es um soziale Epidemien geht. Gladwell bezeichnet Kenner als Datenbanken, da sie über ein überdurchschnittlich breites Wissen und über viele Informationen verfügen. Sie sind für die Inhalte der Botschaft zuständig, während Vermittler die Botschaft verbreiten. Kenner sind die Experten auf den verschiedensten Gebieten, mit dem Unterschied, dass sie es im Gegensatz zu „normalen" Experten lieben, ihr Wissen anderen Menschen mitzuteilen und ihnen damit zu helfen. Sie sind zwar nicht so gut vernetzt wie Vermittler, aber stehen Kenner in Verbindung mit einem Vermittler, können Geschehnisse und Informationen innerhalb kürzester Zeit weiträumig verbreitet werden.[10] Weil Kenner wissen, was Andere nicht wissen, und weil sie mit ihrem Wissen gerne Anderen helfen, vertraut man Kennern und folgt ihren Ratschlägen. Gladwell schreibt:

Beispiel

„Ein Vermittler sagt vielleicht zehn Freunden, wo in Los Angeles sie absteigen sollen, und fünf von ihnen würden dem Vorschlag vielleicht folgen. Ein Kenner dagegen sagt vielleicht fünf Freunden, in welches Hotel sie gehen sollen, und sie werden es alle tun, weil er das Hotel so nachdrücklich empfiehlt."[11]

Verkäufer sind sehr charismatische Menschen mit einer großen Portion Verhandlungsgeschick. Gladwell beschreibt Verkäufer als:

„eine Gruppe von Menschen, die die Fähigkeiten besitzen, uns zu überreden, wenn wir von dem was wir gehört haben, nicht überzeugt sind."[12]

Als geeignetes Beispiel für einen Verkäufer führt er einen Mann namens Tom Gau an, einen sehr erfolgreichen Berater für die Finanzplanung. Gladwells Einschätzung zufolge verkauft dieser Tom Gau zufällig Finanzplanung, denn wenn er wollte, könnte er absolut alles verkaufen. Das Ausmaß seiner Überzeugungskraft scheint weit über das hinauszugehen, was er sagt. Er schreibt weiter:

---

9   Vgl. Gladwell, M (2002), S. 72.
10 Vgl. Gladwell, M. (2009).
11 Gladwell, M. (2002), S. 83.
12 Gladwell, M. (2002), S. 85.

„Dieser Wesenszug bringt Leute, die ihm begegnen, dazu, mit ihm übereinstimmen zu wollen. Es ist Energie. Es ist Begeisterung. Es ist Charme. Es ist Liebenswürdigkeit."[13]

Verkäufer sind wahre Überredungskünstler, die ihre Gegenüber allein durch ihre Körpersprache und die Art und Weise, wie sie reden, in den Bann ziehen. Es kommt nicht immer darauf an, was sie sagen, sondern wie sie es sagen. Die Überredung nimmt nach Gladwell oft Wege, die wir nicht richtig erfassen. Gute Verkäufer schaffen es in einem Gespräch innerhalb kürzester Zeit Vertrauen und Nähe aufzubauen. Es fällt schwer, Verkäufern mit einer solch starken Persönlichkeit, zu widerstehen.

In Abbildung 12 werden die an einer sozialen Epidemie beteiligten Charaktere gegenübergestellt. Der Vermittler verbindet die Menschen miteinander. Der Kenner verbindet die Menschen dadurch, dass er sein Wissen mit ihnen teilt. Und der Verkäufer nutzt dieses Wissen, um andere von etwas zu überzeugen.

Modell

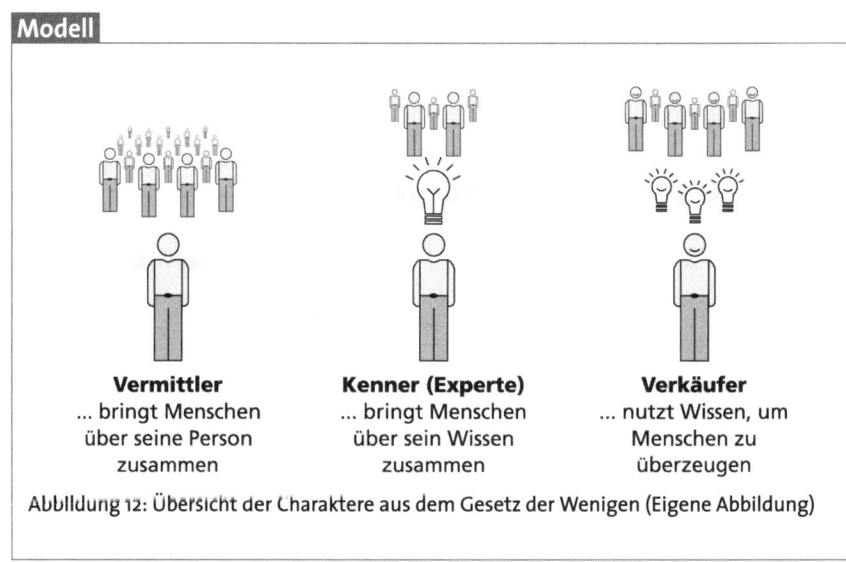

| **Vermittler** | **Kenner (Experte)** | **Verkäufer** |
| ... bringt Menschen über seine Person zusammen | ... bringt Menschen über sein Wissen zusammen | ... nutzt Wissen, um Menschen zu überzeugen |

Abbildung 12: Übersicht der Charaktere aus dem Gesetz der Wenigen (Eigene Abbildung)

Die typischen Eigenschaften von Vermittlern und Kennern lassen sich auch in den sozialen Medien beobachten. Analog zu Gladwell zeichnen sich Vermittler hier beispielsweise durch eine überdurchschnittlich große Zahl an Freunden oder anderen persönlichen Verbindungen aus, mit denen sie im regelmäßigen Austausch stehen. Auch der Charakter des Kenners scheint ein Gegenstück in den sozialen Medien zu haben. Auch hier teilen Kenner ihr spezifisches Wissen mit Anderen, in dem sie beispielsweise Fachfragen in Foren beantworten oder eigene Artikel veröffentlichen, oder vorhandene Beiträge kommentieren und bewerten.[14]

---

13 Gladwell, M. (2002), S. 88.
14 Vgl. Bernoff, J., Schadler, T. (2010).

Der Verankerungsfaktor

Die zweite Regel von Epidemien dreht sich um den Verankerungsfaktor. Während es bei dem Gesetz der Wenigen auf die Boten ankommt, die mit der Verbreitung einer Nachricht eine Epidemie auslösen, kommt es beim Verankerungsfaktor vielmehr auf den Inhalt der Botschaft an. Die spezifische Eigenschaft, die eine Botschaft nach Gladwell haben muss, um erfolgreich zu sein, ist ihre Fähigkeit, sich in den Empfängern zu verankern. Er schreibt dazu weiter:

> „Ist die Botschaft – oder das Essen oder der Film oder das Produkt – einprägsam, gewissermaßen »unvergesslich«? Ist sie so einprägsam, dass sie eine Veränderung bewirken, dass sie jemanden dazu bringen kann, etwas zu tun?"[15]

Gladwell umreißt zunächst einige Verankerungsmethoden aus der Werbung und des Direktmarketings, um zu zeigen wie Botschaften bei den Konsumenten verankert werden können. Im Detail erklärt er den Verankerungsfaktor an den Fernsehsendungen *Sesamstraße* und *Blue's Clues*.

Die Macher der *Sesamstraße* hatten sich vorgenommen, in der Altersgruppe der Drei- bis Fünfjährigen eine noch nie dagewesene Lernepidemie auszulösen, indem sie die Lese- und Lernfähigkeit der Kinder über das Fernsehen trainieren und sie auf diese Art und Weise mit Literatur „infizieren" wollten.[16] Die Sendung sollte so ansteckend sein, dass sie einen erzieherischen Tipping Point erreiche. Um diesen Anforderungen gerecht zu werden, wurden unter anderem Methoden der TV-Werbung oder Animationstechniken der Zeichentrickfilme übernommen und darüber hinaus bekannte Stars in die Sendung geholt. Nachweislich gelang es der Sesamstraße, die Gegenstand vieler akademischer Studien war, die Lese- und Lernfähigkeit ihrer Zuschauer zu erhöhen. Die Sendung war dazu in der Lage, vermittelte Lerninhalte und Botschaften bei den Zuschauern zu verankern. Eine Studie aus dem Jahr 1995[17] belegt sogar, dass selbst fünfzehn Jahre später noch zu erkennen war, ob jemand als vier- oder fünfjähriges Kind regelmäßig die Sesamstraße gesehen hatte oder nicht. Diejenigen, die damals die Sesamstraße gesehen hatten, waren auch jetzt noch besser in der Schule, als die, die nicht oder kaum die Sesamstraße gesehen hatten. Sie griffen in ihrer Freizeit auch häufiger zu Büchern und waren vor allem besser in Mathematik, Naturwissenschaften und Englisch.[18]

Bleibt zu klären, wie es den Schöpfern der Sesamstraße gelungen ist, ihre Botschaften so nachdrücklich und erfolgreich bei den Kindern zu verankern. Die einzelnen Folgen der Sesamstraße sind das Ergebnis aufwendiger und unzähliger Experimente, in denen das Fernsehverhalten von Kindern in diesem frühen Alter genau unter die Lupe genommen worden ist. Es stellte sich heraus, dass Kinder ganz anders fernsehen als Erwachsene. Für die Kinder sind viele Wiederholungen wichtiger als weitere neue Informationen oder Botschaften. Durch die vielen Wiederholungen können die Kinder

---

15 Gladwell, M. (2002), S. 112.
16 Vgl. Gladwell, M. (2010).
17 Vgl. Anderson, D. R. et al. (1995).
18 Es handelt sich hier um eine amerikanische Studie mit amerikanischen Schul- bzw. Highschoolkindern.

Dinge besser begreifen und von Mal zu Mal dazulernen. Während für Erwachsene die Wiederholung langweilig ist, erfahren Kinder das Geschehen mit jedem Zusehen anders.

Damit die Kinder nicht das Interesse verlieren, muss das, was sie sehen, in erster Linie aber einen Sinn ergeben. Die Produzenten der Sesamstraße fanden heraus, dass Kinder nicht hinsehen, wenn sie stimuliert werden, beziehungsweise nicht wegsehen, wenn sie gelangweilt sind, sondern dass sie hinsehen, wenn sie etwas verstehen und wegsehen, wenn sie verwirrt sind. In unzähligen Versuchen ließen sie Kinder ihre Sendungen ansehen und notierten exakt, wann die Kinder hinsahen und wann nicht. Sie wussten also, wenn die Kinder hinsehen, ist das, was sie sehen, interessant und lernbar. Wenn die Aufmerksamkeit der Kinder hingegen nicht so groß war, wie gewünscht, mussten Änderungen an der Folge vorgenommen werden, damit die Kinder wieder interessiert hinsahen. Es wurden darüber hinaus Tests gemacht, in denen die Augenbewegungen der Kinder aufgezeichnet wurden, um nachvollziehen zu können, ob sie auch tatsächlich auf das achteten, worauf sie achten sollten. Denn interessiertes Hinsehen bedeutete noch lange nicht, dass sie Lerninhalte begriffen. Mit vielen kleinen entscheidenden Änderungen in der Präsentation gelang es den Produzenten der Sesamstraße schließlich, die Show und deren Lerninhalte bei den Kindern so zu verankern, dass sie durch das Fernsehen ihre Lese- und Lernfähigkeiten verbessern konnten.[19]

Hinsichtlich der Verankerung und der Einprägsamkeit wurde die Sesamstraße aber noch von der Sendung *Blue´s Clues* übertroffen. Blue´s Clues ist im Gegensatz zur Sesamstraße einzig für Kinder konzipiert, während die Sesamstraße gleichzeitig auch die Erwachsenen ansprechen und unterhalten sollte. Daher ist Blue´s Clues um ein Vielfaches einfacher gehalten. Hier gibt es nur einen menschlichen Hauptdarsteller, einen zwanzigjährigen Teenager, der als Moderator fungiert. Eine flache, zweidimensionale Ausstrahlung, langsames Tempo und viele lange Pausen lassen die Sendung eher fad und langweilig erscheinen. Dennoch hat sie sich in punkto Sehbeteiligung und Einprägsamkeit an der Sesamstraße vorbeigeschoben.

Es gibt mehrere Gründe, warum dies so ist. Blue´s Clues versucht, eine halbstündige und zusammenhängende Geschichte anstelle von 40 Einzelsegmenten von jeweils maximal drei Minuten Länge zu vermitteln, wie es bei der Sesamstraße der Fall war. Es stellte sich heraus, dass Kinder durchaus längere Konzentrationsspannen besitzen als bisher angenommen und Geschichten viel lieber mögen, da sie die Dinge so besser ordnen und sich an sie besser erinnern können. Hinzu kommt, dass die Sesamstraße, wie schon erwähnt, sowohl Kinder als auch Erwachsene unterhalten sollte. Es wurden Wortspiele und Komik eingesetzt, die die Kinder noch nicht verstehen konnten.

Eine sehr entscheidende Besonderheit bei Blue´s Clues ist die Tatsache, dass die Sendung sehr stark auf eine Interaktion zwischen den Zuschauern und dem Moderator der Sendung abzielt. Die Show ist ganz bewusst danach aufgebaut, Kinder sowohl intellektuell aktiv als auch körperlich aktiv herauszufordern. Sie fordert quasi dazu

---

19 Vgl. Gladwell, M. (2002), S. 109 ff.

auf, mitzumachen und das kommt bei den Kindern besonders gut an. Während die Macher der Sesamstraße es als positiven Nebeneffekt betrachteten, nutzten die Produzenten von Blue´s Clues dies als entscheidenden Vorteil für ihre Sendung.[20]

Wie die Sesamstraße setzte auch Blue´s Clues auf das Element der Wiederholung. Allerdings auf eine ganz andere Art und Weise. Blue´s Clues strahlte ein und dieselbe Episode von Montag bis Freitag aus, bevor in der Woche darauf die nächste Episode gezeigt wurde. Was absurd klingt, hatte verblüffende Ergebnisse zur Folge. Die Aufmerksamkeit wuchs von Tag zu Tag und die Kinder lernten mit jeder Wiederholung mehr beziehungsweise wussten, was als nächstes passiert.

Sowohl die Produzenten der Sesamstraße als auch die Macher von Blue´s Clues mussten erst durch viele Experimente und Tests herausfinden, wie man das Instrument der Verankerung so perfekt einsetzt, dass sich die vermittelten Inhalte tatsächlich bei den Zuschauern verankern. Die wichtigste Erkenntnis war, dass kleine aber entscheidende Änderungen ausreichen, um das gewünschte Ergebnis oder die gewünschte Wirkung zu erzielen. Gladwell ist der Meinung, die Linie zwischen Ablehnung und Akzeptanz beziehungsweise zwischen einer Epidemie, die den Tipping Point erreicht, und einer, die ins Leere läuft, oft sehr viel feiner ist, als man denken würde.

> "Das Gesetz der Wenigen sagt, dass es ein paar ungewöhnliche Leute da draußen gibt, die eine Epidemie auslösen können. Man muss sie nur finden. Die Lehre der Verankerung ist dieselbe. Es gibt eine Methode, Informationen so zu verpacken, dass sie unwiderstehlich sind. Man muss sie nur finden."[21]

Kernsätze

> Ideen müssen sich einprägen und Menschen zum Handeln bringen, wenn sie in der Lage sein sollen, Epidemien auszulösen.

Die Macht der Umstände

Die Macht der Umstände spielt nach Gladwell eine entscheidende Rolle, wenn es darum geht, einen Trend in eine Massenbewegung umschlagen zu lassen. Zusätzlich zur Verbreitung und der Verankerung einer Botschaft hängt das Entstehen von sozialen Epidemien auch von den Bedingungen und Umständen der Zeit und des Ortes ihres Geschehens ab.

So lasse sich der Erfolg von Paul Revere nach Gladwell darauf zurück führen, dass er seine Botschaft nachts verbreitet hat:

> "Nachts sind die Leute zu Hause, im Bett, was sie viel erreichbarer macht als tagsüber, wenn sie auf den Feldern arbeiten oder irgendwo unterwegs sind. Und wenn uns jemand aufweckt, um uns etwas zu sagen, gehen wir automatisch davon aus, dass es eine dringende Nachricht sein muss."[22]

---

20 Vgl. Gladwell, M. (2002), S. 132 ff.
21 Gladwell, M. (2002), S. 154.
22 Gladwell, M. (2002), S. 164.

Menschen reagieren überaus empfindlich auf Veränderungen der Umstände. Dabei sind es meist unerwartete und sehr kleine Veränderungen, die soziale Epidemien auslösen. Um dies zu unterstreichen, führt Gladwell in seinem Buch ein sehr interessantes Beispiel an. New York hatte in den achtziger Jahren mit einer der schlimmsten Verbrechensepidemien seiner Geschichte zu kämpfen. Mehr als 2.000 Morde und 600.000 Schwerverbrechen wurden pro Jahr verzeichnet. In der U-Bahn herrschte Chaos. Verdreckte und von oben bis unten mit Graffiti beschmierte Züge, schlecht beleuchtete Bahnsteige, nicht funktionierende Heizungen und Klimaanlangen sowie Probleme mit der Verkehrssicherheit sind nur einige Beispiele. Die Fahrgastzahlen waren auf dem niedrigsten Stand der Geschichte des U-Bahn-Systems und das Schwarzfahren wurde in keiner Weise geahndet, da dies noch das geringste Problem zu sein schien. Doch plötzlich begann die Epidemie zu kippen, nachdem die Verbrechensrate im Jahre 1990 ihren Höhepunkt erreicht hatte. Die Zahlen für Verbrechen gingen ruckartig und drastisch auf weniger als die Hälfte zurück. Als Erklärung für dieses Phänomen nennt Gladwell die „Zerbrochene-Fenster-Theorie" der Kriminologen James Q. Wilson und George Kelling.[23] Die Theorie besagt, dass Kriminalität die unvermeidliche Folge von Unordnung sei.

> "Wenn ein Fenster zerbrochen ist und nicht repariert wird, werden die Leute in der Umgebung daraus schließen, dass sich niemand darum kümmert und niemand aufpasst. Bald werden weitere Fenster zerbrochen sein, und ein Gefühl der Anarchie wird von dem Gebäude auf die Straße ausstrahlen, ein Signal dafür, dass man hier machen kann, was man will."[24]

Wenn Gesetzesbrecher nicht bestraft werden, ruft dieser Umstand folglich auch Nachahmer auf den Plan. Die epidemische Theorie des Verbrechens besagt, dass Verbrechen ansteckend sind, genauso wie ein Modetrend ansteckend sein kann. Der Tipping Point dieser Epidemie liegt nach Gladwell aber nicht in einem bestimmten Menschentyp sondern in etwas Physischem – wie Graffiti in diesem Fall. Es sind die vorherrschenden Bedingungen der Umwelt, die die Menschen anstecken und sie dazu verleiten, Verbrechen zu begehen.

Zurück zum plötzlichen Kippen der Verbrechensepidemie und zur Zerbrochenen-Fenster-Theorie. Das rasante Abfallen der Verbrechensraten war darauf zurückzuführen, dass man begonnen hatte, kleine aber entscheidende Dinge an der Umwelt zu ändern. Der Zerbrochenen-Fenster-Theorie folgend konzentrierte man sich vorrangig auf das konsequente Entfernen von Graffiti und sämtlichen Spuren des Vandalismus. Denn nach Aussage des damaligen U-Bahn-Direktors symbolisierte Graffiti den Zusammenbruch des Systems. Nur vollständig gesäuberte U-Bahn-Wagen durften fahren, alle anderen wurden aus dem Verkehr gezogen. Genauso rigoros wurde fortan auch gegenüber Schwarzfahrern vorgegangen, da das Schwarzfahren einen ebensolchen Ausdruck von Unordnung darstellte. Bisher wurde es nicht geahndet. Doch wenn

---

23 Vgl. Gladwell, M. (2002), S. 165 und Kelling, G.L., Coles, C.M. (1996), S. 20.
24 Vgl. Gladwell, M. (2002) S. 165 f.

man die Menschen ungeahndet gegen das Gesetz verstoßen lässt und dadurch immer mehr dazu verleitet, schwarz zu fahren, lädt man sie der Theorie folgend dazu ein, schwerere Verbrechen zu begehen. Die Verfolgung und Ahndung auch noch so kleiner Vergehen und Verbrechen war ein Signal an die Bevölkerung, dass fortan durchgegriffen wird. Dies führte vor allem dazu, dass sich die Menschen auch nachts wieder auf die Straßen und in die U-Bahnen trauten, während für die Kriminellen ein wesentlich rauerer Wind wehte. So kam es, dass diese kleinen aber entscheidenden Änderungen der Umstände, die enorm hohen Verbrechensraten plötzlich zum Kippen brachten. Die Macht der Umstände und die Theorie der zerbrochenen Fenster besagen außerdem, dass Kriminelle nicht aus fundamentalen, inneren Gründen handeln, sondern außerordentlich sensibel auf ihre Umgebung reagieren. Die Wahrnehmung der Signale, die sie von seiner Umwelt aufnehmen, treibt sie zum Verbrechen. Gladwell schreibt in seiner Theorie von der Macht der Umstände, dass es die kleinen Dinge sind, auf die es wirklich ankommt und das man nicht unbedingt die großen Probleme der Gesellschaft lösen muss, um Verbrechen zu bekämpfen. Verbrechen konnten in diesem Fall verhindert werden, indem man Graffiti entfernte und Schwarzfahrer verhaftete.[25]

Ein weiteres interessantes Beispiel für die Theorie von der Macht der Umstände ist das in Gladwells Buch beschriebene *Gefängnis-Experiment*.[26] Eine Gruppe von 21 freiwilligen, psychisch normalen und gesunden Männern wurde Teil eines Psychologie-Experiments an der Stanford University. Sie wurden willkürlich aufgeteilt in Wärter und Gefangene und für eine geplante Dauer von zwei Wochen in einem Pseudogefängnis untergebracht.

„Der Sinn des Experiments war es, herauszufinden, warum Gefängnisse so abscheuliche Orte sind. Lag es daran, dass Gefängnisse voller abscheulicher Menschen sind, oder daran, dass Gefängnisse ihre Bewohner abscheulich machen?"[27]

Das Experiment entwickelte jedoch eine Eigendynamik und geriet innerhalb kürzester Zeit aus der Bahn. Die Wärter begannen bereits in der ersten Nacht ihre Machtstellung auszunutzen. Sie weckten die Gefangenen und befahlen, Liegestütze zu machen, sich an der Wand aufzustellen und willkürliche Arbeiten zu verrichten. Mit fortschreitender Dauer wurden die Wärter systematisch grausamer und sadistischer. Nach sechs Tagen musste das Experiment vorzeitig abgebrochen werden, nachdem Häftlinge sukzessive freigelassen werden mussten, weil sie sich in einem Zustand extremer emotionaler Depression befanden. Aus einem Experiment, in dem das Gefängnisleben simuliert werden sollte, entstand binnen kürzester Zeit eine ernste Situation. Sowohl die Gefangenen als auch die Wärter wurden von der Situation und den vorherrschenden Umständen vollkommen überwältigt. Der Leiter dieses Experiments schlussfolgerte hieraus,

---

25 Vgl. Gladwell, M. (2002), S. 159 ff.
26 Vgl. Gladwell, M. (2002), S. 178 ff.
27 Gladwell, M. (2002), S. 179 .

"dass es gewisse Zeiten und Orte und Bedingungen gibt, unter denen viel von dem, was einen Menschen ausmacht, weggefegt werden kann, so dass auch Leute aus guten Schulen und glücklichen Familien und ordentlichen Stadtvierteln in ihrem Verhalten extrem beeinflusst werden können – einfach indem man ihre Lebenssituation verändert."[28]

Ein letztes Beispiel zur dritten Regel von Epidemien handelt von der *magischen Zahl 150.*

"Die Zahl 150 scheint die maximale Zahl an Individuen darzustellen, zu denen wir eine sinnvolle gesellschaftliche Beziehung haben können. Das heißt, wir wissen, wer sie sind und wie sie sich auf uns beziehen."[29]

So wie es eine Grenze für die Aufnahme von Informationen gibt, so scheint es auch eine Grenze für unsere gesellschaftliche Kanalkapazität zu geben. So leben zum Beispiel die Hutterer, eine religiöse Gruppe, seit Jahrhunderten nach dieser Regel. Sobald eine ihrer Gemeinden die Zahl von 150 Mitgliedern überschreitet, beginnen sie, diese aufzuspalten und eine neue Gemeinde zu begründen. Ein Führer der Huttererkolonie erklärt dazu:

"Die Zahl der Gemeindemitglieder unter 150 zu halten, scheint einfach die beste und effizienteste Methode zu sein, eine Gruppe von Menschen zu organisieren. Wenn sie größer wird, werden die Leute einander fremd."[30]

Nach Gladwell verweist die Zahl 150 darauf, dass die Gruppengröße, neben den zuvor erläuterten Einflüssen unserer Umwelt und bestimmter Situationen, ein weiterer Faktor ist, der große Auswirkungen haben kann. Wird der Tipping Point – in diesem Fall die Gruppenstärke von 150 – erreicht und überschritten, sind Entfremdung und Abspaltung die Folge. Die Gemeinde verändert sich und es entstehen zwei oder drei Gruppen aus der größeren Gruppe. Die Grenze von 150 zu überschreiten, ist eine kleine Veränderung, die große Folgen haben kann:

"Wenn wir also wollen, dass Gruppen als Brutkästen für ansteckende Botschaften dienen sollen, dann müssen wir die Gruppen unter einer Mitgliedszahl von 150 halten.[31]

Bei *Gore & Associates*, einer großen High-Tech-Firma aus Newark ist die Regel der 150 zur Firmenphilosophie geworden. Sie stellten fest, dass die Dinge bei 150 unbeweglich wurden. Also sind seither maximal 150 Mitarbeiter pro Fabrik vorgesehen. Erhöht sich die Anzahl der Mitarbeiter, wird die Gruppe geteilt und eine neue Fabrik für 150 Mitarbeiter gebaut. *Gore & Associates* ist ein sehr ungewöhnliches Unternehmen, in dem es keine Stellungen und Titel gibt. Es gibt keine Organigramme, Budgets oder Umsatzpläne. An der Stelle von Vorgesetzten gibt es Mentoren, die sich um die Mitarbeiter kümmern. Obwohl sie mehrere tausend Angestellte haben,

---

28 Gladwell, M. (2002), S. 180 f.
29 Gladwell, M. (2002), S. 210.
30 Gladwell, M. (2002), S. 211.
31 Gladwell, M. (2002), S. 212.

herrscht ein einzigartiger Kleinbetriebsethos. Die 150er Grenze hat den entscheidenden Vorteil, dass keine formellen Managementstrukturen benötigt werden. In solchen kleineren Gruppen sind informelle persönliche Beziehungen viel wirkungsvoller. Es entsteht eine Art von Gruppendruck oder Gruppenkontrolle, die die Mitarbeiter zu besseren Leistungen anspornt. In dieser kleinen Gruppe kennt jeder jeden und die Details ihrer Arbeit. Wird die Gruppe größer, werden die Bindungen schwächer und der Gruppenzusammenhalt geht verloren. So aber kennt jeder die Stärken der anderen Mitarbeiter und weiß, an wen er sich bei aufkommenden Fragen zu wenden hat. Bei *Gore* arbeitet die F&E-Abteilung mit der Designabteilung, die Designabteilung mit der Herstellung, die Herstellung mit dem Vertrieb und so weiter zusammen. Dadurch bestehen bessere Kommunikationswege, Probleme können schneller gelöst und spezielle Kundenwünsche schneller realisiert werden. Die geringe Zahl der Mitarbeiter und ihre enge, hierarchielose Zusammenarbeit sorgen für eine praktisch sofortige Streuung sämtlicher Informationen und Ideen.[32]

Abschließend sind die drei Regeln von Epidemien in Tabelle 5 zusammengefasst.

Das Gesetz der Wenigen	Soziale Epidemien entstehen meist durch den Einfluss weniger Menschen, die besondere Eigenschaften haben: Vermittler, Kenner und Verkäufer.
Der Verankerungsfaktor	Aufgrund ihrer Eigenschaft, sich bei den Menschen zu verankern, können soziale Epidemien hoch ansteckend werden.
Die Macht der Umstände	Einige wenige Umstände der physischen und sozialen Umwelt können dazu führen, dass die ansteckende Natur einer Idee stark gesteigert wird.

Tabelle 5: Zusammenfassung der drei Regeln von Epidemien

Literatur

Bernoff, J., Schadler, T. (2011), Empowered: Die neue Macht der Kunden, Hanser Verlag, München

Gladwell, M. (2000), The Tipping Point: How Little Things Can Make a Big Difference, Hachette Book Group USA, NY

Gladwell, M. (2002), Tipping Point: Wie kleine Dinge Großes bewirken können, Wilhelm Goldmann Verlag, München

Fischer, D. H. (1995), Paul Revere´s Ride, Oxford University Press

Anderson, D.R. et al (1995), Effects of early childhood media use on adolescent achievement, University of Massachusetts u. a. o. J.

Kelling, G.L., Coles, C.M. (1996), Fixing Broken Windows, New York

---

32 Vgl. Gladwell, M. (2002), S. 213 ff.

Internetquellen

Gladwell, M. (2009), The Tipping Point: How Little Things Can Make a Big Difference, in: Key Concepts: Visual and Narrative Models of Important New Thinking, http://www.innovationlabs.com/tipping_point.pdf

Gladwell, M. (2010), The Tipping Point, Q&A with Malcolm, in: What is the Tipping Point? http://www.gladwell.com/tippingpoint/index.html

Kapitel 6 Das Cluetrain Manifest (Levine, Locke, Searls, Weinberger)

von Markus Korbien

Durch die Verbindung von Individuen über das Internet hat ein kraftvolles globales Gespräch begonnen. Über dieses Gespräch haben Menschen eine Möglichkeit gefunden, relevantes Wissen schnell und eigenständig zu verbreiten. Durch den freien und schnellen Austausch von Wissen haben die Märkte den Unternehmen einiges voraus – sie sind teilweise intelligenter als die Unternehmen und setzen ihre Überlegenheit aktiv ein.

Kernsätze

"A powerful global conversation has begun. Through the Internet, people are discovering and inventing new ways to share relevant knowledge with blinding speed. As a direct result, markets are getting smarter – and getting smarter faster than most companies."[1]

Dieses Zitat fasst den Kern des „Cluetrain Manifests" zusammen, das bereits 1999 von Rick Levine, Christopher Locke, Doc Searls und David Weinberger verfasst wurde. Die unter Cluetrain.com gesammelten 95 Thesen über die Veränderung des Marktes und des Marketings durch das im Internet stattfindende globale Gespräch, erhielten so viel Zuspruch, dass die Autoren ein Buch über ihre Ansichten und den Weg zu ihren 95 Thesen verfassten: „the cluetrain manifesto" (zu Deutsch „Das Cluetrain Manifest"). Die Internetseite wurde in mehreren Sprachen verfasst und ist in Deutsch nachzulesen unter www.cluetrain.de.

Akteure

Rick Levine ist Softwareentwickler sowie Gründer und CTO von Mancala, Inc. Zuvor arbeitete er als Web-Architekt für die Java Software Group von Sun Microsystems. Christopher Locke ist als Web-Consultant tätig. Er arbeitete unter anderem für MCI und IBM und schrieb für viele führende Wirtschaftsmagazine, darunter „Forbes" und „Information Week". Doc Searls ist Präsident von „The Searls Group", einer der namhaftesten Werbe- und PR-Agenturen im Silicon Valley sowie bekannter Journalist. David Weinberger gilt als Hightech-Marketingexperte und ist Herausgeber von „SOHO" (Journal of the Hyperlinked Organization). Er schrieb u.a. für „Wired" und „The New York Times".

Unweigerlich wird manch einer den Vergleich zu Martin Luther ziehen, der im Jahre 1517 die bekannten 95 Thesen an die Schlosskirche in Wittenberg heftete. Luther reagierte auf Missstände der katholischen Kirche und leitete eine Reform ein, deren

---

1 Levine et al. (2009).

Auswirkungen bis in die heutige Zeit hineinreichen. Auch die vier Autoren des Cluetrain Manifest beabsichtigten wohl eine Reform, in diesem Fall die des Marktes. In ebenfalls (bestimmt nicht zufällig) 95 Thesen weisen sie auf Veränderungen des Marktes und Missstände des Marketings der Unternehmen hin. Diese würden ihre herkömmlichen monotonen Marketingstrategien verfolgen und es bislang nicht beherrschen, in der authentischen Stimme der vernetzten Konsumenten zu sprechen. Der Stil, in dem das Cluetrain Manifest verfasst ist, klingt auf den ersten Blick revolutionär und wenig sachlich. Dennoch beinhalten die Thesen von Levine et al. wichtige und hilfreiche Ansätze für die Praxis, die im Folgenden – etwas relativiert – aufgezeigt werden.

Auszüge aus den 95 Thesen

1 Märkte sind Gespräche.

3 Von Menschen geführte Gespräche haben einen menschlichen Klang. Sie werden mit einer authentischen menschlichen Stimme geführt.

6 Durch das Internet kommen Menschen miteinander ins Gespräch, das war im Zeitalter der Massenmedien undenkbar.

11 Die Menschen in vernetzten Märkten haben erkannt, dass sie voneinander bessere Informationen und effektivere Unterstützung erhalten als von Seiten der Anbieter. Das ist das Ende der Unternehmensrhetorik über den Mehrwert ihrer auf Konsum getrimmten Güter.

12 Es gibt keine Geheimnisse. Der vernetzte Markt weiß mehr als jeder Hersteller über dessen eigene Produkte. Ob gut oder schlecht, das Wissen spricht sich herum.

14 Die Unternehmen sprechen nicht mit derselben authentischen Stimme, mit der die neuen netzwerkbasierten Gespräche geführt werden. In den Ohren ihrer Zielgruppen klingen sie hohl, flach und im wahrsten Sinne des Wortes unmenschlich.

16 Schon jetzt kommen die hohlen Phrasen vieler Unternehmen bei den Menschen nicht mehr an.

17 Unternehmen, die noch glauben, die Online-Märkte seien dieselben, die einst ihre Fernsehwerbung ertragen haben, machen sich etwas vor.

18 Unternehmen, die nicht begreifen, dass ihre Märkte von Mensch zu Mensch vernetzt sind, die nicht das Gespräch suchen und dabei immer intelligenter werden, verspielen vielversprechende Chancen.

19 Inzwischen können Unternehmen sich unmittelbar mit ihren Märkten austauschen. Wenn sie diese Chance nicht wahrnehmen, könnte es ihre letzte gewesen sein.

25 Die Unternehmen müssen von ihren Elfenbeintürmen herabsteigen und das Gespräch mit den Menschen suchen, mit denen sie hoffen, eine Beziehung aufbauen zu können.

38 Grundlegend für die sozialen Gemeinschaften der Menschen ist der Diskurs. Menschen, die sich über menschliche Belange unterhalten.

39 Die Märkte sind die soziale Gemeinschaft, in der Menschen sich über menschliche Belange unterhalten, in der ein Diskurs stattfindet.

40 Unternehmen, die sich an diesem Exkurs nicht beteiligen, sind dem Tod geweiht.

42 Die Menschen sprechen innerhalb der Unternehmen genauso miteinander wie die Menschen auf den vernetzten Märkten – und nicht nur über Organisationspläne, Anweisungen aus der Führungsetage oder das gewünschte Betriebsergebnis.

43 Wenn das Klima stimmt, sprechen die Menschen in den Intranets der Firmen auf diese Weise miteinander.

53 Zwei Kommunikationsstränge lassen sich verfolgen: der eine in den Unternehmen, der andere auf den Märkten.

56 Die beiden Kommunikationsstränge (der interne und der externe) suchen das Gespräch miteinander. Sie sprechen dieselbe Sprache und erkennen einander an ihren authentischen Stimmen.

60 Die Märkte wollen mit den Unternehmen sprechen.

95 Wir sind aufgewacht und verbinden uns miteinander. Wir beobachten, aber wir warten nicht.

Von historischen Märkten zu globalen Netzwerken

Betrachtet man die historischen Märkte, waren diese Zentrum und Anziehungspunkt der Stadt. Die Menschen versammelten sich dort, um zu entdecken, zu beobachten, zu staunen, nachzufragen und vor allem miteinander zu reden. Marktführer waren damals Frauen und Männer, ihre Hände waren von ihrer Arbeit geprägt. Ihre Marken waren auch ihre Namen: Müller, Jäger, Brauer, Fischer, Schuhmacher etc. Die Gespräche des Marktes drehten sich um die Wahrnehmung des Produktes, es fand ein Austausch statt.

Die letzten Jahrzehnte waren demgegenüber geprägt vom Verlust der Natürlichkeit. Der Handel entfernte sich vom Menschen, vom Anbieter und vom Kunden. Die Marktplätze verschwanden aus den Zentren, stattdessen rückten Wiederverkauf und Großhandel in den Vordergrund. „Schneller, höher, weiter" war das Motto der einsetzenden Massenproduktion.

> „Sie können jede Farbe haben, die Sie wollen, solange es schwarz ist."
> (Henry Ford)[2]

Wie bei Ford rückten Differenzierung und Kundenorientierung auch bei vielen anderen Unternehmen in den Hintergrund. Im Mittelpunkt standen die Economies of Scale, zu Deutsch die Skaleneffekte. Je mehr Fahrzeuge beispielsweise durch Ford produziert wurden, desto niedriger wurden die Stückkosten und die Gewinnspanne erhöhte sich. Immer größere Produktionsvolumen führten zu wachsenden Skalener-

---

2 Zitiert bei Levine et al. (2000), S. 47.

trägen und enormen Gewinnen. Auf individuelle Sonderwünsche konnte keine Rücksicht genommen werden. Die Effizienz wurde maximiert und die Vielfalt dabei minimiert. Austauschbare Arbeiter schufen austauschbare Produkte für austauschbare Verbraucher. Die Produktion von Wissen und die Organisation des Betriebes verliefen über die Managerebene, die Arbeitnehmer hatten lediglich vorgegebene Abläufe zu erledigen. Sie hatten keinen Zugang zum betrieblichen Wissen und auch keinen Einfluss auf die Innovationen des Unternehmens.

Mit steigender Produktivität und zunehmendem Wettbewerb begannen Unternehmen, ihre Produkte stärker zu differenzieren. Neben verschiedenen Autokarosserieformen wurden nun etwa auch verschiedene Farben angeboten. Die Managerebene konnte nicht mehr alles wissen und beherrschen, es kam zur Segmentierung, Verteilung und damit zu einem Wissensverlust im Unternehmen. Der Fortschritt in der Produktion schritt immer weiter voran. Mit steigender Produktivität bestimmten immer weniger Menschen das Verhalten vieler. Dieser andauernden Entwicklung möchten die Autoren des Cluetrain Manifests „Einhalt gebieten." Das Internet soll die bislang passive Mehrheit zur Teilnahme ermutigen, genauso die Intranets zur Beteiligung der Mitarbeiter. Das lange Schweigen der Konsumenten, des Marktes, soll ein Ende haben – erste Anzeichen ließen sich im Sinne des Cluetrain Manifests bereits erkennen. Im Internet verknüpfen sich die Märkte immer enger, es werden Wünsche geäußert aber auch Kritik. Das Internet wurde zum realen Ort, in ihm spielt sich mehr ab als nur Konsum, es ist mehr als eine Werbeplattform. Menschen suchen diesen Ort auf, um zu lernen, zu reden, um Geschäfte zu machen. Es ist ein Platz, auf dem Kunden nach Waren suchen, Verkäufer ihre Produkte präsentieren und Menschen sich um Themen scharen, die sie interessieren. Gespräche finden wieder statt, wie damals auf den historischen Märkten.

Dabei liegt im Mittelpunkt dieser Gespräche häufig der Wert von Produkten. Es geht nicht um den Preis, sondern um den Marktwert, das Ansehen, den Standort oder die Positionierung. Es geht nicht mehr darum, dass Unternehmen von oben auf die Märkte schauen und diese nach Belieben bestimmen. Das Bild hat sich gewandelt. Der Konsument bestimmt durch seine Erfahrungen, Ansichten oder Bewertungen von Produkten aus dem Gespräch heraus das Marktverhalten beider Seiten.

Internet und Intranet als Orte des gemeinsamen Erlebens

Über das Internet sind Millionen von Menschen Teil einer großen Gemeinschaft geworden. Obwohl das Internet zu der Zeit als das Cluetrain Manifest formuliert wurde, lang nicht so viel möglich machte wie heute, ließen sich die Leute begeistern. Eigentlich war das Netz kaum entwickelt und abschreckend. Trotzdem nahmen die Menschen es füreinander in Kauf. Sie konnten ohne Zwang miteinander reden, es gab keine Filter und vor allem keine Werbung. Sie fühlten sich vom Unterschied angezogen, den das Internet noch heute ausmacht: die Stimme von Menschen, die miteinander als menschliche Wesen reden. Es formierte sich eine nicht von kommerziellen Gedanken geleitete Kultur. Eine neue Form der Konversation begann und erhielt im Lauf der Zeit weltweite Bedeutung. Das Internet bot die Möglichkeit, das zu sagen, was man dachte. Es wurde zu einem mächtigen Multiplikator intellektuellen Kapitals.

1999 begannen Unternehmen zunehmend, das Internet für sich zu entdecken. Sie betrachteten es jedoch mehr als die Erweiterung bereits bestehender Massenmedien, vor allem des Fernsehens. Mit dem Cluetrain Manifest soll die zwischenmenschliche Kommunikation und die Möglichkeit gemeinsamen Erlebens wieder in den Vordergrund gerückt werden.

Vergleichbar zum Internet ist die Entwicklung von Intranets in vielen Unternehmen, in denen sich die Mitarbeiter über das Unternehmen und seine Angebote durchaus auch kritisch unterhalten. Viele Unternehmen jedoch sehen diese Entwicklung ungern und versuchen sie zu unterbinden. Doch unter dem Strich lässt sich eines festhalten: Ob im Inter- oder im Intranet, Arbeitnehmer und Märkte sprechen die gleiche Sprache.

Gespräche zwischen Unternehmen und Märkten

Die von Autoren des Cluetrain Manifest umgangssprachlich als „locker aus der Hüfte"[3] bezeichneten Formulierungen sind ernstzunehmende Anliegen und Sorgen der Marktteilnehmer, die sich über das Internet austauschen. Die Bandbreite des Austauschs erstreckt sich dabei von vergnügsamer Unterhaltung bis hin zu hochspezialisiertem Fachwissen. Wenn sich Unternehmen dieses Wissen zu Nutze machen, könnten sie innovativer und konsensfähig werden – und finden darüber den Weg in den Markt. Christopher Locke unterstreicht den revolutionären (und gleichsam umgangssprachlichen) Charakter des Buches und ruft dazu auf, sich an solchen Gesprächen zu beteiligen:

> "Macht dem Business as usual den Garaus. Walzt es nieder [...] Öffnet die Fenster und dreht die Verstärker auf. Wird es laut genug, wird selbst CNN darüber berichten."[4]

Wie finden nun diese Gespräche ihren Anfang? Wie finden Menschen mit gleichen Interessen zueinander? Wie findet man etwas „online"? Die Antwort ist das Kernthema des Cluetrain Manifest: Im Internet sprechen sich die Dinge rasend schnell herum. Die Menschen haben einen eigenen Geschmack ausgeprägt. Sie entscheiden selbst, verteidigen ihre Entscheidungen mit so viel Nachdruck, dass die Unternehmen davon immer wieder überrascht sind. Das alles soll den Unternehmen aber nicht Angst machen. Sie können an diesem Gespräch genauso teilnehmen wie jeder andere auch. Allerdings sind dafür zwei Voraussetzungen nötig, die Tabelle 6 zusammenfasst.

---

3 Vgl. Locke, C. (2000), S. 42.
4 ebenda S. 43 f.

Bereitschaft zur Öffnung	Unternehmen müssen bereit sein, ihre Mitarbeiter für das Unternehmen sprechen zu lassen.
Fähigkeit zum Gespräch	Unternehmen müssen fähig sein, selbst in der Sprache des vernetzten Marktes zu sprechen.

Tabelle 6: Voraussetzungen für das Gespräch mit vernetzten Kunden

In der Zukunft schwer haben wird es hingegen das *Marketing as usual* – das herkömmliche Marketing – da die vielen Gespräche der vernetzten Kunden eine authentische Stimme im World Wide Web bilden. In ihrem Klang unterscheiden sich diese Gespräche deutlich von den leblosen und auf sich bezogenen Monologen der Marketingabteilungen in aller Welt. Die Sprache des Web ist menschlich und authentisch – und damit das Gegenteil zur herkömmlichen Marketingkommunikation.

Unternehmen müssen sich von der Annahme lösen, dass das Internet eine Versorgungsleitung, eine Pipeline oder gar ein Fernsehsender sei, über den sie als aktive Sender Botschaften an passive Empfänger senden können. Im Gegenteil, im Internet führen die Kunden des Unternehmens ehrliche und offene Gespräche, in denen sie senden *und* empfangen und ihre Gesprächspartner als gleichberechtigte Akteure betrachten.

Anleitung zur Teilnahme am globalen Gespräch

Wenn sich Unternehmen im Internet auf ein Gespräch mit ihren Kunden – als gleichberechtigte Gesprächspartner – einlassen, sollten sie zunächst alles vermeiden, was an eine Broschüre oder einen Prospekt erinnert. Der gesamte Online-Auftritt muss authentisch sein, die Einstellungen des Unternehmens erkennen lassen und sollte das Gespräch mit hilfsbereiten Mitarbeitern des Unternehmens ermöglichen.

Nach Jahrzehnten beliebig austauschbarer Produkte, austauschbarer Mitarbeiter und austauschbarer Konsumenten ist nun das Zeitalter der austauschbaren Anbieter angebrochen. Durch einen enormen Preisdruck, vor allem bedingt durch das Internet, gibt es erste Machtverschiebungen. Unternehmen sind gezwungen, in diesem Preiskampf neue Produkte und Dienstleistungen anzubieten, um nicht unterzugehen. Grundlage dieser Produkte und Dienstleistungen sind die authentischen Gespräche der vernetzten Kunden. Als Hilfestellung für Unternehmen, die an diesen Gesprächen teilnehmen wollen, geben die Autoren des Cluetrain Manifests vier Regeln mit auf den Weg, die in Tabelle 7 zusammengefasst sind.

Aufgeschlossen bleiben	Unternehmen sollten unverkrampft und aufgeschlossen in das Gespräch gehen, ohne sich vorher etwas zurechtgelegt zu haben.
Anstecken lassen	Unternehmen sollten einfach mitmachen, sich anstecken lassen vom Gespräch. Sie sollten selbst Gespräche eröffnen und nicht nur reagieren.
Zuhören können	Bei einem guten Gespräch hört man auch zu. Unternehmen müssen auch einfach mal ruhig sein und abwarten.
Veränderungen zulassen	Bei einer guten Gesprächsführung können Unternehmen erkennen, wie Gesprächspartner von ihren festgefahrenen Ansichten abrücken, Kompromisse suchen.

Tabelle 7: Regeln für das Gespräch mit vernetzten Kunden

Die Botschaften von Unternehmen werden im Internet innerhalb von Minuten überprüft und getestet. Überzogenes wird bemerkt und aufgedeckt. Gegenstimmen oder Parodien, die Werbebotschaften veralbern, verbreiten sich schneller als viele Millionen Euro teure Werbekampagnen. Unternehmen sollten deshalb, bevor die Botschaft im Netz veröffentlicht wird, darauf achten, was und wie sie es sagen. Es muss authentisch klingen. Doch was ist die authentische Stimme bei Körperschaften, bei juristischen Personen? Es ist die Summe ihrer einzelnen Mitarbeiter. Wichtig bei der Teilnahme am Gespräch ist die eigene Identität, welche naturgemäß nicht (lange) vorgetäuscht werden kann. Alle Aussagen müssen langfristig zur eigenen Identität passen, nur so wird das Unternehmen authentisch am Gespräch teilnehmen können. Bisher sprachen zumeist nur die PR-Beauftragten mit der Presse oder die Finanzexperten mit der Finanzwirtschaft. Stattdessen, so die Forderung von Levine et al., sollten die Mitarbeiter vermehrt zu Wort kommen. Dadurch, dass sich Mitarbeiter unkontrolliert an Gesprächen mit Kunden beteiligen, könne ein authentischeres Bild des Unternehmens entstehen.

Im Cluetrain Manifest wird folgendes Beispiel angeführt: In der Newsgroup für Fahrer des Modells Saturn von General Motors wurde die Frage gestellt, wie viel eine Inspektion eigentlich kosten dürfe und inwieweit der Fahrer die ausgeführten Arbeiten kontrollieren könne. Die betroffene Newsgroup war dabei nicht von General Motors und das Unternehmen hatte auch keinen Einfluss auf deren Mitglieder. Es handelte sich also um eine neutrale Plattform im Internet. Bei der Beantwortung der beschriebenen Frage tauschten sich verschiedene Mitglieder darüber aus, was sie beispielsweise in ihrer Werkstatt bezahlen oder wann Ölwechsel vorgeschrieben sind. Es kam heraus, dass es in vielen Werkstätten unterschiedliche Handhabungen und Preise gibt. Dieses Ergebnis führte natürlich zum Unmut vieler Saturn-Fahrer. Die Gespräche daraufhin wurden intensiver und die Werkstätten von Saturn gerieten in die Kritik. Während sich vielerorts Verärgerung breitmachte, sorgte ein einzelner Saturn-Mitarbeiter für eine Wendung im Gesprächsverlauf. Dieser Mitarbeiter wurde keineswegs von Saturn dazu aufgefordert, sich am Gespräch zu beteiligen, sondern er tat dies aus eigenen Stücken. Als normaler Mechaniker von General Motors sprach er offen über empfohlene Wartungs- und Serviceintervalle und die Berechtigung der Werkstätten, Preise selbst festzulegen. Viele Kunden sprachen daraufhin mit ihren Vertragswerkstätten und konnten Preise und Serviceintervalle anpassen. Der General Motors Mitarbeiter ergriff Partei für sein Unternehmen, lieferte durch Offenlegung von Interna nachvollziehbare Argumente und nahm sein Unternehmen in Schutz. General Motors selbst bekam keine zusätzlichen Kunden hinzu, konnte aber viele Kunden zurück gewinnen.[5] Fazit: Dadurch, dass Unternehmen es ihren Mitarbeitern ermöglichen, sich mit authentischer Stimme an den Gesprächen im Internet zu beteiligen, können diese die wahrgenommene Identität eines Unternehmens ohne zusätzliche Kosten positiv verändern.

In den vernetzten Märkten bildet die Identität von Unternehmen häufig die Grundlage von Gesprächen. Dabei verlangt eine von Verwaltung und Management bestimmte Umwelt von jedem Menschen ein Verhalten der Professionalität, was wiederum zu Einschränkungen und speziell dem Verlust der Identität führen kann. Der eigene Auftritt im Internet kann dem Unternehmen diese Identität zurück geben, wenn es in der Sprache des Marktes spricht. Auf dem Internetauftritt sollten Menschen zu Wort kommen und erzählen können, was sie bewegt. Sie sollten dort mit einer authentischen Stimme der Identität sprechen, die wohlwollend wahrgenommen wird, auf die reagiert wird und die den Empfänger berührt. Der Wert der Stimme der Identität geht weit über die bloßen Worte hinaus – sie erreicht den Gesprächspartner und löst etwas in ihm aus.

Fazit

Die Autoren Levin, Locke, Searls und Weinberger haben früh erkannt, welche Bedeutung das Internet für die Entwicklung von Märkten und die Kommunikation zwischen Unternehmen und Kunden hat. Obwohl das Cluetrain Manifest bereits 1999 verfasst wurde, hat es über die Jahre nicht an Aktualität verloren. Dennoch, das Cluetrain Manifest beinhaltet viele interessante, teils auch anwendbare Aspekte, aber auch viel Übertriebenes. Es wird gefordert, dass sich alle Unternehmen sofort vollständig öffnen – dabei würden kleine Schritte in die richtige Richtung schon Großes bewegen. Der revolutionäre Charakter geht leider zulasten der sprachlichen Sachlichkeit, zeigt aber die Absichten der Autoren deutlich auf. Eine wesentliche Aussage ist, dass sich Unternehmen für Gespräche mit ihren Kunden gezielt öffnen sollten, um deren Meinungen anzuhören und sie als ernsthafte Gesprächspartner wahrzunehmen. Dass die Gespräche der Kunden die Richtung und den Erfolg von Unternehmen beeinflussen können, lässt sich durch immer mehr Beispiele belegen.

Einer Gruppe von Studenten ging es so, als sie vor dem Hintergrund dieses Buches an einem Projekt zur Nutzung von Social Media für die UNICEF Deutschland arbeiteten.

---

5 Vgl. Levine et al. (2000), S. 106–113.

Sie schalteten einen Blog, um Gesprächen Raum zu geben und gingen mit einer anvisierten Idee in das Gespräch. Wie sich herausstellte kam diese Idee aber nicht an, es gab viel Kritik, aber eben auch Verbesserungsvorschläge. Letzten Endes wurde der ursprüngliche Ansatz nach berechtigten Einwänden der Leser verworfen und neue Ideen entwickelt. Grundlage der erfolgreichen Neuausrichtung war das Gespräch mit den Lesern des Blogs und die Aufgeschlossenheit der Studenten dahingehend, dass die Idee online gestellt wurde. Es brauchte keiner Aufforderung zur Gesprächsbeteiligung, sie entwickelte sich von selbst. Und in solch einem Austausch gibt es unzählige Möglichkeiten, denen man sich verschließen – oder die man auch annehmen kann. Nur über das Gespräch können die Teilnehmer herausfinden, wie sie wahrgenommen, bewertet und angenommen werden.

In gleicher Weise kann es auch für Unternehmen sinnvoll und wichtig sein, sich zu öffnen und die eigene Identität im globalen Gespräch zu finden. Es muss nicht gleich alles angenommen werden – aber es kann sondiert und die Stimmung „da draußen" wahrgenommen werden. Wichtig ist, dass keine Monologe geführt werden, sondern Dialoge. Auch der Hinweis, die Mitarbeiter kommunizieren zu lassen und eben nicht nur die extra ausgebildeten PR-Agenten, sollte ernst genommen werden. Natürlichkeit, Offenheit und gegenseitiger Respekt in Gesprächen zwischen Unternehmen und Markt tragen wesentlich zum Erfolg des Unternehmens bei und werden bei derzeitiger Entwicklung der sozialen Medien im Internet zunehmend an Bedeutung gewinnen. Heute gibt es noch viele passive Rezipienten, morgen gibt es vielleicht schon mehr Menschen, die sich aktiv beteiligen und das Marktgeschehen mit beeinflussen. Darauf sollten Unternehmen vorbereitet sein.

Literatur

Levine, R., Locke, C., Searls, D., Weinberger, D. (2000), Das Cluetrain Manifest. 95 Thesen für die neue Unternehmenskultur im digitalen Zeitalter, Econ Verlag München

Levine, R., Locke, C., Searls, D., Weinberger, D. (1999), the cluetrain manifesto, URL: www.cluetrain.com (Stand 10.11.2009)

Locke, C. (2000), Endzeitstimmung in einer vernetzten Welt – Internet und Apokalypse, in: Levine, R., Locke, C., Searls, D., Weinberger, D. (2000), Das Cluetrain Manifest. 95 Thesen für die neue Unternehmenskultur im digitalen Zeitalter, Econ Verlag München, S. 33–85

Kapitel 7 Naked Conversations (Robert Scoble, Shel Israel)

von Karin Schlüter

Naked Conversations haben Robert Scoble und Shel Israel ihr programmatisches Buch zum Umgang mit Blogs genannt. Ihre wichtigsten zwei Thesen lauten:

- Die Einführung von Blogs ist eine „Revolution" im Sinne eines tiefgreifenden, gesellschaftlichen Wandels, der sich langsam, aber nachhaltig vollzieht.
- Erfolgreiche Unternehmenskommunikation in Blogs ist vom Grad der Offenheit und Authentizität des Unternehmens und seiner Mitarbeiter abhängig.

Um die Ideen der beiden Blogger der ersten Stunde besser verstehen zu können, wird zunächst eine Einführung in ihre Kernthesen gegeben. Im Verlauf des Kapitels werden diese Ausführungen dann um erfolgreiche Beispiele und konkrete Handlungsanweisungen ergänzt.

Akteure

Robert Scoble gilt als einer der wichtigsten Gestalter der Website *Microsoft's Channel 9*. Er beschreibt sich selbst als Medieninnovator und Technik Enthusiast. Sein Co-Autor Shel Israel hat ebenfalls für Microsoft gearbeitet und ist heute als Unternehmensberater für soziale Medien tätig.

Da die Erstauflage von *Naked Conversations* in den USA im Jahr 2006 erschienen ist, konnten Scoble und Israel die Verbreitung und Nutzung von Twitter nicht berücksichtigen. Ihre Regeln lassen sich jedoch auch auf den Umgang mit dem Microblogdienst anwenden, da Kommunikationsschemen in den entscheidenden Strukturpunkten mit Twitter identisch sind. So werden Praxisbeispiele aus Unternehmensblogs und Twitter-Angeboten gleichrangig behandelt.

Offene Kommunikation als Chance

„Komm wie du bist. Rede wie dir der Schnabel gewachsen ist. Lass Leute, die wichtig sind, Dich im Blog kennen lernen und hör gut zu, was sie dir erzählen."[1]

Dieser simpel klingende Rat stammt vom erfolgreichen Blogger und Sofwareunternehmer Dave Winer, der mit der Forderung nach Geradlinigkeit die Essenz von Scoble und Israels *Naked Conversations* formuliert. Diese Geradlinigkeit erfordert einen deutlichen Paradigmenwechsel in der öffentlichen Kommunikation von Unternehmen. Die eingeübte und bis dahin erfolgreich betriebene Vorgehensweise war es, Botschaften zu definieren, in Abstimmung mit allen Hierarchiestufen zu formulieren und dann auf festgelegten Wegen zu versenden. Warum sollten nun Unternehmen in Blogs und Twitter plötzlich reden, wie ihnen der „Schnabel gewachsen" ist? Welchen Vor-

---

1 Winer, D., zitiert bei: Scoble, R., Israel, S. (2007), S. 94.

teil haben die sogenannten Komm-wie-Du-bist-Gespräche gegenüber herkömmlicher Unternehmenskommunikation? Als anschauliche Antwort auf diese Fragen dient der Verlauf der ersten großen Offensive des Telekommunikationsanbieters Vodafone in den sozialen Medien des Internets, der im Folgenden kurz zusammen gefasst wird.

„Generation Upload" hieß die Zielgruppe der deutschlandweiten Vodafone-Kampagne, die im Juli 2009 auf einem eigenen Blog, in Facebook und über Twitter die neue Kommunikationsstrategie des britischen Mobilfunkanbieters einläuten sollte. Befüllt wurden die neuen Medien – ganz klassisch – mit Marketingtexten. Beispielhaft ist der erste Beitrag vom 8. Juli 2009:

> „Endlich ist es soweit. Die neue Vodafone-Markenkampagne startet diese Woche, mit der wir national die „Generation Upload" ansprechen. Doch wer ist das eigentlich, die ‚Generation Upload'? Die Antwort ist denkbar einfach: Du bist die ‚Generation Upload'. Warum? Weil alles, was Du startest, heute die Welt bewegen kann!"[2]

Gleich der erste Kommentar von „dulsberg-nord" setzt sich negativ mit der Werbesprache auseinander:

> „Generation Upload/Generation Download? [...] Was bin ich froh, daß ich zur ‚Generation Bücher lesen' gehöre. Jedenfalls brauche ich kein doofes Handy, um mich selbst zu verwirklichen."[3]

Um eine gewisse Glaubwürdigkeit und gewohnte Sprache des Web 2.0 zu etablieren, wurden zwei Blogger als Testimonials verpflichtet. Sascha Lobo und Ute Hamelmann, letztere ist bekannt unter dem Namen Schnutinger, sollten auf Augenhöhe mit den Lesern kommunizieren. Die in der Community bis dahin sehr geachtete Autorin distanzierte sich bald von der Kampagne, nachdem auch ihre Beiträge eine erregte Diskussion ausgelöst hatten.

Praxistipp

Schnutinger hatte die wichtigste Regel verletzt, indem sie nicht authentisch schrieb, sondern Werbebotschaften postete.

> „Seit drei Monaten habe ich ein neues Handy, das HTC Magic mit Internetanschluss. Tolles Ding, mit wenig Knöpfen dran, das ist äußerst praktisch. Mein altes Handy hatte viel zu viele Knöpfe."[4]

Dieser Eintrag wurde von offensichtlich ebenfalls werbenden Kommentaren unterstützt, hier die Meinung von „Elisabeth Seeger":

> „Vielen Dank, dass du diese Erlebnisse mit uns und anderen teilst. Du bist wie wir, und wer noch nicht so ist, ist herzlich eingeladen, so wie wir zu werden. [...]

---

2 Gründgens, G. (2009).
3 dulsberg-nord (2009).
4 Hamelmann, U. (2009).

Das HTC Magic mit Internetanschluss werde ich sicher einmal ausprobieren. Es ist sehr praktisch und genau auf meine Bedürfnisse zugeschnitten.“[5]

Die Community reagierte prompt und sehr aggressiv:

„Thorsten“ schreibt: „@Elisabeth Seeger. Also bitte, wenn Sie schon Werbung als Kommentar tarnen wollen, machen Sie es doch nicht so offensichtlich. Lächerlich.“[6]

Insgesamt wird die ganze Vodafone-Kommunikationskampagne heftig in verschiedenen Blogs und bei Twitter diskutiert. Die Kampagne schaffte jedoch nicht den erhofften Durchbruch in den sozialen Medien sondern lediglich viel negative Aufmerksamkeit. Der Misserfolg zeigt nachhaltig, vor welchen Herausforderungen die Mitarbeiter traditioneller Kommunikationsabteilungen stehen. Unternehmen müssen eine neue Sprache erlernen, um in den sozialen Medien ernstgenommen zu werden. Sie treffen dort auf selbstbewusste Konsumenten, die großen Wert auf Ehrlichkeit und Authentizität legen – und sich gegen Unternehmen stellen, die sich unehrlich und nicht authentisch zeigen. Um es in den Worten des Cluetrain Manifests zu sagen:

„Schon heute hört keiner mehr die Stimmen der Firmen, die reden als hätten sie es mit Idioten zu tun.“[7]

Als Orientierung für die Bewältigung der neuen kommunikativen Herausforderungen haben Scoble und Israel vier grundlegende Thesen aufgestellt.

Kernsätze

1. These: Die direkte Kundenkommunikation durch Blogs ist eine Revolution für Unternehmen in den Bereichen Kundenpflege, Produktentwicklung, internen Kommunikation, Weiterentwicklung und Forschung.

Scoble und Israel benutzen den Begriff *Revolution* hier nicht im geschichtlichen Kontext als Beschreibung für einen gewaltsamen Umsturz, sondern als soziologische Kennzeichnung eines tiefgreifenden, gesellschaftlichen Wandels, der sich langsam, aber nachhaltig vollzieht. Wie in Frühphasen solcher schleichenden Prozesse häufig diagnostiziert, ist es schwer, den Durchbruch genau zu benennen. Anstelle einer präzisen Begriffsdefinition wird der Begriff der Revolution mit mehr oder weniger verbreiteten Synonymen umschrieben:

„We're no quite certain what to name this revolution. In writing Naked Conversations, we heard this phenomenon referred to as conversational marketing, open-source marketing, two-way marketing, even corner grocery-marketing. “[8]

---

5 Seeger, E. (2009).
6 „Thorsten“ (2009).
7 Vgl. hierzu Kapitel 6 in diesem Buch.
8 Scoble, R., Israel, S. (2006), S. 5. An dieser Stelle wird das englische Originalwerk von Scobel und Israel zitiert, da die Begriffe in der deutschen Übersetzung nur schwer nachvollziehbar sind.

Auch für die Auswirkungen dieses Umbruchs gibt es noch kein treffendes Schlagwort:

> „Blogger reden einfach miteinander. Sie machen grammatikalische Fehler. Sie springen von einem Punkt zum nächsten und wieder zurück. [...] Diese Art von Unterhaltung baut auf Vertrauen auf."[9]

So markieren noch keine Kennzahlen oder Kommunikationsmodelle den Weg, sondern besonders erfolgreiche Beispiele, an denen sich andere Unternehmen orientieren. Das zentrale Beispiel, das Scoble und Israel als Orientierung dient, ist die neue Blogging-Kultur bei Microsoft:

> „Microsoft wird häufig als räuberisch und herzlos wahrgenommen und hat die Reputation eines skrupellosen, alles nieder walzenden Mitbewerbers [...]. In Wirklichkeit ist Microsoft kein Monolith, sondern eine Organisation, die aus mehr als 56.000 Individuen besteht [...]."[10]

Der erste Microsoft-Blogger war im Jahr 2000 Joshua Allen, der seine Motivation folgendermaßen beschreibt:

> „Wir mussten deutlich machen, dass wir Menschen waren. [...] Ich wollte sagen, ich arbeite für Microsoft und man kann mit mir reden."[11]

Die Einträge wurden kommentiert, diskutiert und regten zu internen Veränderungen in der Kommunikation, aber auch in der Produktentwicklung an. Inzwischen bloggen viele Microsoft-Mitarbeiter. Firmengründer Bill Gates bewertete die Entwicklung 2005 so:

> „Sie [die Blogger] geben den Menschen den Eindruck von den Menschen hier. Sie bauen Brücken. Die Leute fühlen sich mehr als ein Teil von diesem. Vielleicht werden sie uns sagen, wie wir unsere Produkte verbessern können."[12]

Bloggen kann Kunden so zu einem aktiven Teil des Unternehmens machen. Dieser Paradigmenwechsel, offen und ehrlich zu schreiben und auch Antworten – positive wie negative – stehen zu lassen, aufzunehmen und zu integrieren, ist das, was Scoble und Israel als Revolution in der Kommunikation bezeichnen.

Kernsätze

> **2. These:** Blogs bezeichnen die Stufe von der kontrollierten Einwegekommunikation hin zum dezentralen interaktiven Modell.

Blogs stehen zu klassischer Kommunikationsarbeit wie abgelesene Reden zu einem intensiven Gespräch. Diese Verschiebung hat die Ablösung des Sender-Empfänger-Modells zur Folge, in dem es hauptsächlich darauf ankam, die Botschaft so zu formulieren, dass sie möglichst zielgenau beim Kunden ankommt.

---

9   Scoble, R., Israel, S. (2007), S. 14 f.
10 Scoble, R., Israel, S. (2007), S. 22 f.
11 Scoble, R., Israel, S. (2007), S. 24.
12 Scoble, R., Israel, S. (2007), S. 26.

Gut illustriert wird dieser Wandel durch den Vergleich zwischen Pressemitteilungen und Blog-Einträgen. Pressemeldungen werden häufig von Mitarbeitern geschrieben, die selbst keinen Einfluss auf den Inhalt haben. Zur Absicherung gehen sie durch viele Hände, manchmal dauert es bis zu einer Woche, bis sie – stark redigiert – auch verschickt werden.

> „Der Blog-Prozess ist völlig anders. Eine einzige Person hat einen Gedanken und verarbeitet ihn. Es ist nur selten eine Kommission involviert. Wenn sie klug und glaubwürdig sein will, enthüllt sie im Blog ihre Interessen und sagt, woher sie weiß, dass das, was sie veröffentlicht, wahr ist."[13]

Auch die Verbreitung der Botschaft unterscheidet sich im dezentralen interaktiven Modell. Die Nachricht wird gepostet und je nach Bewertung des Inhalts über viele andere Blogs, Twitter, Communitys verbreitet. Die Leser entscheiden auf diese Weise über den Wert der Information und „belohnen" authentische Beiträge durch Multiplikation, das heißt durch das Weiterleiten der Informationen an andere. In der bisher bekannten PR-Arbeit ist dieser Vervielfachungseffekt nur sehr selten zu beobachten, wenn eine Reihe von Medien auf ein Thema einsteigen. Pressemitteilungen werden durch die Akteure unterstützt, die sie verschicken, und durch die Budgets, die sie finanzieren. Sender und Empfänger tauschen sich nicht aus, die Informationen werden ohne Rückmeldung vom Unternehmen verteilt.

Kernsätze

3. These: Unternehmen, Mitarbeiter und Kunden müssen auf gleicher Augenhöhe kommunizieren. Blogs geben den Unternehmen den menschlichen Touch, ein stammelnder Mitarbeiter hat mehr Glaubwürdigkeit als die geschliffenen Worte eines PR-Profis.

Am Beginn dieses Kapitels wurde bereits das Negativ-Beispiel Vodafone dargestellt. Die Telekommunikationsfirma hatte den Fehler begangen, die Leser ihres Blogs nicht als Gesprächspartner anzusprechen sondern als passive Empfänger von Werbebotschaften. Vodafone hat *gesendet*, statt den Leser auf ein Gespräch einzuladen. Scoble und Israel formulieren dies so:

> „Ihr Blog zeigt Ihrem potentiellen Kunden, wer die Person auf der anderen Seite des Schreibtisches ist, bevor er sich auf ein mögliches Geschäft mit Ihnen einlässt. Er ergänzt den Eindruck, den ein Diplom, ein Foto oder ein Pokal in Ihrem Büro auf Ihre Besucher macht."[14]

Während die Kampagne Vodafones Image geschadet hat, beweist sich die Richtigkeit der dritten These durch den Blog eines der Kampagnen-Erfinders, Nico Lummer von der Agentur Scholz & Friends. Er hat auf seinem privaten Blog die Entstehung, das Umfeld und die anschließende Kritik begleitet.

---

13 Scoble, R., Israel, S. (2007), S. 146.
14 Scoble, R., Israel, S. (2007), S. 47.

„In den vergangen 2 1/2 Monaten haben wir einen extrem umfangreichen Markenauftritt umgesetzt, der einen TV-Spot, verschiedene Ableitungen davon, ebenso etliche Plakat- und Print-Motive umfasst, sowie unzählige Online-Werbemittel, eine Microsite mit Integration vieler Social Media Elemente, Plakate für die 3600 Shops [...]. Zusätzlich dazu haben wir angefangen, mit Bloggern den Dialog zu suchen, [...] und innerhalb kürzester Zeit mit vielen Mitarbeitern das Vodafone Blog gestartet, weiterhin haben wir Präsenzen auf MySpace, StudiVZ und Facebook etabliert [...]. Dort hören wir vor allem zu. Und mit wir meine ich immer Vodafone und Scholz & Friends. [...] Ist das Aufgreifen von Bloggern in einem klassischen TV-Spot und die Nutzung des Themas Generation Upload jetzt der Ausverkauf der Blogosphäre, das Ende der Unschuld und der Sieg des Kommerzes in jedem Lebensbereich? [...] Der Brand-Refresh von Vodafone baut darauf auf, daß es eine funktionierende Blog-Landschaft in Deutschland gibt, daß Protagonisten vorhanden sind, die Dinge bewegen wollen, daß Unternehmen vom Wisdom of the Crowds lernen können und daß ein Dialog mit Zuhören startet. So.“[15]

Diese Stellungnahme entfachte eine intensive Diskussion in den Kommentaren zu Lummas Beitrag und auf anderen Seiten. Darin setzten sich viele Schreiber mit der „Generation Upload“ auseinander, mit der Arbeit der Agentur, mit den Handytarifen oder mit den Protagonisten der Kampagne. Interessant dabei ist, dass Nico Lummer als Kampagnen-Manager an Reputation gewinnt. Ein Leser schreibt:

„Ich bin durch meine Beobachtung der Vodafone ‚Generation Upload' auf Nico Lumma gestoßen. Erst dachte ich, schon wieder so nen Marketing Hansel, der keinen Plan vom Internet hat. Ich habe dann trotzdem seinen Blog abonniert [...]. Aber ich habe meine Meinung geändert, Nico Lumma schreibt gute Artikel [...].“[16]

Die authentische, teilweise wütende Reaktion Lummers hat so zu einem positiven Image seiner selbst und seines Arbeitgebers beigetragen. So markiert er selbst den Unterschied zwischen authentischer Kommunikation, bei der Motive, Hintergründe und Ideen in der eigenen Sprache dargestellt werden und nicht über eine unpersönliche Einwegkommunikation.

Kernsätze

4. These: Bloggen ist der direkte Zugang zu Kunden und Mitarbeitern. Dieser Kommunikationsweg gibt Unternehmen die Chance, ohne journalistische Gatekeeper zu kommunizieren.

Der exklusive Zugang zu einer großen Öffentlichkeit ist spätestens seit der Entwicklung des Internet nicht mehr allein das Privileg der Verlage und Medienhäuser. Wäh-

---

15 Lumma, N. (2009).
16 Boerger, A. (2010).

rend es sehr kostenintensiv und aufwendig ist, Zeitungen zu drucken oder Hörfunksender und Fernsehstationen zu betreiben, kann über das Internet heute jeder seine eigenen Nachrichten verbreiten. Nicht zuletzt in dieser Umgehung traditioneller Medien liegt für Mitarbeiter aller Hierarchiestufen das Potential von Blogs und Twitter:

> „Einige Spitzenbosse und Persönlichkeiten werden, wann immer sie wollen, in den Medien berücksichtigt. Aber das heißt nicht, dass sie damit zufrieden waren oder von den Lesern des Berichts besser verstanden wurden. Einige haben sich Blogs zugewandt, weil ihnen dieser Weg direkten Zugang zu ihrem Zielpublikum gibt [...].[17]

Als beispielhaft wird von Scoble der langjährige Automanager Bob Lutz angeführt. Für seine Arbeit bei General Motors suchte er eine direkte Kommunikationsform mit den Kunden. Er wollte nicht länger ausschließlich von der Interpretation der offiziellen Medien abhängig sein, die kurze Statements, aber auch lange ausführliche Interviews in einen anderen Bedeutungszusammenhang brachten. Seiner Devise folgend, dass im Zeitalter des Internets jeder ein Journalist sein könne, trug er in seinem Blog einen Streit mit der L.A. Times aus. Nach Meinungsverschiedenheiten stoppte er die Anzeigenschaltung in der bedeutenden US-Zeitung und kommunizierte dies in seinem Blog. Die darauffolgende Diskussion zeigte alle Meinungsfacetten, vor allem aber bewies sie, dass Manager mit Blogs und Twitter eine Gegenöffentlichkeit zu den klassischen Inhalteanbietern gefunden haben.[18]

Offene Kommunikation als Herausforderung

Seit den 1960er-Jahren haben Kommunikationswissenschaftler eine große Vielzahl verschiedener Modelle zur Markenbewertung entwickelt und intensiv diskutiert. Trotz aller Methoden bleibt der Wert der Marke schwer bezifferbar, vor allem da sich die Erwartungen an Produkte, Marken und Unternehmen fundamental gewandelt haben. Als sicher gilt, dass ein guter Ruf ein wichtiger Teil des Vertrauenskapitals ist. In den vorangegangenen vier Thesen wurde deutlich, dass eine dialogische Kommunikation zwischen Unternehmen und Kunden viele positive Effekte zeigen kann. Doch der kommunikative Paradigmenwechsel bringt viele Bedenken und Vorbehalte mit sich. Scoble und Israel haben darum, neben allen positiven Erfahrungen, auch sieben Bedenken gesammelt, die aus ihrer Sicht trotzdem nicht gegen das Bloggen sprechen.

„Negative Kommentare schaden dem Unternehmen."

Naked Conversations bedeutet für die Autoren eine wirklich offene Kommunikation. Negative Kommentare werden hier nicht als allgemeine Produkt- oder Unternehmenskritik identifiziert, sondern als zumeist wertvolle Beiträge zur Verbesserung des Angebots oder der Unternehmenskommunikation bewertet. Das Zulassen von kritischen Kommentaren ist aus diesem Grund wesentlicher Bestandteil des Paradigmenwechsels in der Unternehmenskommunikation. Scoble hat über diesen Wechsel aus-

---

17 Scoble, R., Israel, S. (2007), S. 74.
18 Vgl. Scoble, R., Israel, S. (2007), S. 75.

führlich mit dem PR-Berater Jack Huba diskutiert. Dieser wirbt bei seinen Kunden für einen offenen Umgang mit Kommentaren – guten sowie schlechten. Hubas These ist, dass sich die Menschen im Internet in jedem Fall über die Qualität verschiedener Produkte austauschen. Seine Kunden animiert er darum, eigene Blogs anzubieten, in denen sie sofort auf Kommentare reagieren können.[19]

Reagieren definiert Huba hier nicht als Dementieren und Abwehren, sondern als echtes Zuhören, Nachdenken und Antworten. Leicht fällt die neue Offenheit nicht:

> „In der Tat zeigen sogar die meisten altgedienten Blogger Angst vor dem, was beschönigend in den Kommentaren als ‚tough love' bezeichnet wird. Einige Kommentare scheinen weit entfernt davon zu sein, liebevoll zu sein, aber insgesamt sind Blogger der Ansicht, dass sie durch negative Kommentare klüger werden."[20]

„In Blogs könnten geheime Informationen unfreiwillig enthüllt werden."

Das Postulat von Offenheit und Transparenz kann für Scoble und Israel nur soweit gelten bis fundamentale Unternehmensinteressen direkt oder indirekt betroffen sind. Das gilt in Bezug auf offizielle Blogs oder Twitter-Nachrichten von Unternehmen oder auch auf nicht offizielle Beiträge ihrer Mitarbeiter. Die Grenze zu ziehen und diese vor allem im Vorfeld zu definieren, ist eine wichtige Aufgabe der internen Kommunikation. Staatsbedienstete, Geheimdienstmitarbeiter oder Banker können sicher nicht offen über ihre Arbeit und über ihre Themen schreiben. Allerdings können Unternehmensgeheimnisse auch per Telefon, Brief, Mail oder Fax verraten werden. Blogs und Twitter sind nur Kommunikationskanäle unter vielen, die nicht signifikant gefährlicher oder ungefährlicher sind als die anderen:

> „[Es geht] wohl eher darum, dass bestimmtes Material einfach nicht zum Bloggen geeignet ist, und nicht darum, dass ein Mitarbeiter eines speziellen Unternehmens nicht bloggen sollte."[21]

„Mit Blogs verdient man kein Geld."

Die Frage nach der Rendite des Bloggens, dem *Return on Investment*, stellt Scoble und Israel vor das gleiche Problem wie viele Marketingstrategen vor ihnen.

> „Wenn Sie eine Rentabilitätsanalyse über den Wert eines Blogs erstellen müssen, werden Sie sich möglicherweise schwer tun, ihn auf dem Kalkulationsblatt zu finden. [...] Es gibt keinen Zusammenhang zwischen Rentabilität und Pressemitteilungen, Websites oder Unternehmensbroschüren."[22]

Das Grundprinzip des Blogs ist die Mundpropaganda. Der genaue Verlauf der Information und die Auswirkungen auf das Image oder die Kaufentscheidung lassen sich selbst unter Laborbedingungen nicht nachstellen.

---

19 Vgl. Scoble, R., Israel, S. (2007), S. 199.
20 Scoble, R., Israel, S. (2007), S. 199.
21 Scoble, R., Israel, S. (2007), S. 194.
22 Scoble, R., Israel, S. (2007), S. 201.

„Botschaften sind nicht mehr kontrollierbar."

Gute Kommunikation sollte nicht einseitig sein – auch und vor allem nicht in Blogs. Dialog statt Monolog – mit dieser kurzen These fassen die beiden Autoren die zentrale Herausforderung zusammen.

> „Blogger kontrollieren die Konversation in ihren Blogs. Sie entscheiden über Themen. Sie entscheiden, ob rüde, obszöne oder anderweitig unangebrachte Kommentare herausgefiltert werden. [...] Was passiert, wenn die Beiträge von jemandem übertrieben werden oder unwahr sind? Andere Blogger springen dann meistens ein, um die Sache zu klären."[23]

Praxistipp

Scoble beobachtet, dass die Schärfe der Kommentare deutlich abnimmt, wenn die User das Gefühl haben, wirklich gelesen zu werden. In diesem Fall greifen die ganz normalen Umgangsformen, die auch bei einem persönlichen Gespräch eingehalten werden.

„Zu viele öffentliche Informationen bringen Wettbewerbsnachteile."

Der Umgang mit Firmengeheimnissen und die Beurteilung und strategische Einschätzung von Konkurrenzprodukten gehört zu den sensibelsten Bereichen der externen Kommunikation. Viele dieser internen Details sind zur Veröffentlichung in offiziellen Firmenblogs oder auch in den privaten Blogs und Twitterauftritten von Mitarbeitern nicht geeignet. Bei dieser Einschränkung handelt es sich um eine Erweiterung der lang bestehenden Spielregeln im Umgang mit dieser Art von Informationen. Denn sensible Themen sollten auch nicht auf Partys, bei Geschäftsessen oder anderen öffentlichen Gelegenheiten diskutiert werden. So gelten für Blogs die gleichen Verschwiegenheitskonventionen wie für andere soziale Zusammenhänge.

Für Scoble und Israel existiert aber eine Ausnahme: das Lob für Fremdprodukte oder gute Ideen anderer. Mustergültig führen sie Israels Blog an, den er als Microsoft-Mitarbeiter führte. Dass er sich darin positiv über Google und den neuen Firefox Browser äußerte, bescherte ihm ein gutes Ansehen unter seinen Lesern. Seine Glaubwürdigkeit kam auch Microsoft zu Gute, als er die Tugenden des Unternehmens lobte.[24]

Glaubwürdigkeit und Authentizität können die zentralen Werte eines Autors werden. Um den damit verbundenen kommunikativen Reifegrad zu erreichen, müssen im Unternehmen klare Regeln vorgegeben werden, die dem einzelnen Mitarbeiter als Autor Spielraum eröffnen, selbstbestimmt im Sinne der Firmenpolitik Themen darzustellen und auch konstruktiv zu diskutieren.

---

23 Scoble, R., Israel, S. (2007), S. 202.
24 Vgl. Scoble, R., Israel, S. (2007), S. 23.

„Bloggen kostet zu viel Zeit und bringt zu wenig Publikum."

Im Gegensatz zu vielen Hobbybloggern ist bei Unternehmensblogs die Zeit der Mitarbeiter begrenzt. In der Regel werden sie nicht für diese Tätigkeit freigestellt, sondern schreiben ergänzend zu ihren eigentlichen Aufgaben. So bleibt keine Zeit für die aufmerksame Beobachtung der Konversationen im Netz. Gerade das macht viele Artikel auch interessant und authentisch und ermöglicht einen wirklichen Diskurs mit den Lesern. Doch ist das Schreiben und Betreuen eines Blogs sehr zeitaufwendig.

Praxistipp

Scobles Empfehlung ist eindeutig: Wenn Sie diesen Zeitaufwand nicht betreiben können, sollten Sie nicht bloggen.

In Deutschland gibt es den Trend, aus Zeitmangel Marketingagenturen mit dem Bloggen und Füllen anderer Angebote der sozialen Medien zu betrauen. Doch diese Seiten wirken häufig sehr unauthentisch und führen nicht in den Dialog.

„Was passiert, wenn sich Mitarbeiter schlecht benehmen?"

Das Unternehmensklima bestimmt letztendlich auch den Ton und die Inhalte der Blogbeiträge der Mitarbeiter. Ist die Unternehmenskultur offen, freundlich und transparent, dann wird sich das auch nach außen zeigen. Missstimmungen oder auch gezielte negative Kommunikation kann das Management allerdings nicht ganz ausschließen. Die Autoren versuchen, diesen Punkt darum durch Erfahrungswerte zu entkräften.

> „In den ersten fünf Jahren des Unternehmens-Bloggings gab es schätzungsweise mehr als eine Milliarde Kommentare aus Unternehmen. Darunter waren weniger als 100 Mitarbeiterblogs, die zu Disziplinarmaßnahmen oder Kündigungen geführt haben – ein geringer Prozentsatz, wie es scheint."[25]

Eine Quellenangabe für diese Beobachtung fehlt, doch hilft vielleicht die Überlegung, dass es in den sozialen Medien inzwischen eine ganze Reihe von Plattformen gibt, die Meinungsäußerungen zulassen. Der Umgang mit dieser öffentlichen Kommunikation wird aus diesem Grund immer selbstverständlicher und auch die damit verbundenen Grenzen für jeden Einzelnen.

Gründe, die wirklich gegen das Bloggen sprechen

Von Scoble und Israel ist kein tiefgehender kritischer Diskurs zum Bloggen zu erwarten. Sie eröffnen ihr Buch so:

> *„Naked Conversations* ist keine objektive Untersuchung, obwohl wir hart daran gearbeitet haben, gerecht und genau zu sein. Wir sind Blogging Champions. Wir

---

25 Scoble, R., Israel, S. (2007), S. 205.

glauben, dass Blogging nicht nur für Firmen interessant ist, die gerne näher am Kunden sein möchten, sondern dass es unverzichtbar ist."[26]

So sind auch ihre zwei Gründe, die gegen das Bloggen sprechen, eher eine Anweisung, wie Bloggen richtig spannend wird.

Echokammer

Die Kommentare, Antworten und Diskussionen in einem Blog können eine falsche normative Kraft entwickeln. Scoble nennt dieses Phänomen „Echokammer". Durch sehr engagierte Kommentare hat das Unternehmen oder der Autor das Gefühl, ein sehr umfassendes Bild des Erfolgs- und des Sachstandes zu bekommen.

> „Die Echokammer kann einem Unternehmen vortäuschen, dass es entweder wesentlich erfolgreicher ist oder einem größeren Adressatenkreis bekannt ist, als es in Wirklichkeit der Fall ist, nur weil ein paar Leute viel Lärm machen. Denken Sie immer daran, dass die Leute, die Kommentare schicken und sich verlinken, meistens diejenigen sind, die die größte Leidenschaft für eine bestimmte Sache hegen. Sie repräsentieren allerdings nicht zwingend Ihre Zielgruppe."[27]

Die Blog-Kommunikation sollte aus diesem Grund ausgewertet, aber nicht der einzige Erfolgsmesspunkt für ein Unternehmen sein.

Politik der Offenheit

Eine authentische Blogkommunikation setzt eine transparente und offene interne Unternehmenskommunikation voraus. Wünscht das Management keine Diskussion über Strategien, Produkte oder das Erscheinungsbild, dann wird sich diese Ansprachehaltung auch auf die Autoren übertragen. Unternehmen und Mitarbeiter, die sich nicht öffnen wollen, sollten darum laut Scoble nicht bloggen, da diese Verschlossenheit nicht dem Medium Blog entspricht.

> „Blogs haben bislang sehr gut bei Unternehmen und Leuten funktioniert, in deren Kultur es üblich ist, das Richtige zu tun."[28]

Die Offenheit und Inhalte von Blogs und Twitter hängen aber nicht nur von der Unternehmensphilosophie, sondern auch von der jeweiligen Branche der Autoren ab. In sicherheitsrelevanten Branchen rät Scoble darum zum gezielten Auswählen der Themen und im Zweifel einer Kommunikation der eigenen Grenzen. Ganz elementar ist für die Autoren auch in diesem Kapitel die Authentizität der Kommunikation:

> „Führungskräfte, die es nicht lassen können, rosarote Prognosen zu verbreiten, werden feststellen, dass ihr Blog durchaus zurückschlagen kann. Das gilt auch für Marketingprofis, die es nicht lassen können, in begeisterten Adjektiven zu schwärmen."[29]

---

26 Scoble, R., Israel, S. (2007), S. 12.
27 Scoble, R., Israel, S. (2007), S. 190.
28 Scoble, R., Israel, S. (2007), S. 192.
29 Scoble, R., Israel, S. (2007), S. 195.

Keine Zeit zum Bloggen

Schreiben, Artikel lesen und verfolgen, vernetzten, zuhören und antworten. Bloggen kostet Zeit. Dieses Zeitbudget sollte als Ressource zur Verfügung stehen. Bloggen ist ein interaktives Kommunikationsmodell, die Beziehungen zwischen Bloggern, Lesern und Community müssen langfristig und nachhaltig aufgebaut werden. Sie bilden ein Netzwerk des Vertrauens und des kontinuierlichen Dialogs, das sehr betreuungsintensiv ist.

Kulturelle Unterschiede als Faktor in der Kommunikation

Die eindrücklichsten Beispiele in *Naked Conversations* kommen aus dem nordamerikanischen Kulturraum. In den USA spielen die Meinungsmacher verschiedener Blogs und Twitterangebote inzwischen eine bedeutende Rolle im tagesaktuellen politischen Geschehen. Die Neue Zürcher Zeitung stellt schon 2008 fest:

> „hinsichtlich der Akzeptanz haben die grossen US-Blogs bereits zu den klassischen Medien aufgeschlossen. [...] Wenn US-Abgeordnete bloggen, tun sie es selbst und überlassen das selten ihrem Stab. [...] Geht es aber um die Identifizierung künftiger politischer Themen und Fragestellungen, haben die Blogs den klassischen Medien den Rang abgelaufen. Sie werden in breiter Übereinstimmung der Befragten als Radar für die künftige politische Agenda wahrgenommen."[30]

Über die politische Berichterstattung hinaus sind Blogs und Twitter in den USA auch für die Wirtschaft von großer Bedeutung. Viele herausragende Beispiele von US-amerikanischen Unternehmen können dies belegen. Im deutschsprachigen Raum fällt hingegen auf, dass die Zahl der politisch oder unternehmerisch erfolgreichen Blogs und Twitter deutlich langsamer wächst. So verfügte beispielsweise nur jedes vierte DAX-Unternehmen Ende 2009 über einen identifizierbaren Twitter-Auftritt.[31]

Scoble und Israel führen diese auseinanderdriftende Entwicklung auf die großen kulturellen Unterschiede zwischen den Ländern zurück:

> „Wir hatten erwartet, dass Deutschland an prominenter Stelle steht, denn immerhin ist es das bevölkerungsreichste Land in Europa und führend in Technik und IT. Aber es stellte sich heraus, dass es weit weniger aktiv ist als sein kleinerer Nachbar Frankreich."[32]

Als positive Beispiele erwähnen die beiden Blogger SAP und FROSTA. PR-Fachmann Loic Le Meur erklärt die deutsche Zurückhaltung in Blogs und Twitter wie folgt:

> „Einige Länder sind direkter im Umgang mit der Offenheit, die ein erfolgreicher Blog voraussetzt. Andere sind weniger direkt. [...] Wir Franzosen sind daran gewöhnt, unsere ureigensten Gedanken offen auszurücken. So wie Amerikaner. Die Deutschen neigen eher dazu, sich reserviert zu verhalten." [33]

---

30 Pamperrien, S. (2008).
31 Vgl. Frankfurter Allgemeine Zeitung, 1.9.2009, S. 21.
32 Scoble, R., Israel, S. (2007), S. 165.
33 Le Meur,, L. zitiert bei: Scoble, R., Israel, S. (2007), S. 166.

Fazit

Laut Scoble und Israel stellen sich für deutsche Unternehmen im Umgang mit Blogs und Twitter zwei Herausforderungen. Sie müssen die Einwegkommunikation um ein interaktives Dialogmodell erweitern und sie sollten gegen die üblichen kulturellen Muster offen, authentisch und persönlich agieren. So ist der Umgang mit Blogs, Twitter und allen ähnlichen Angeboten in den sozialen Medien nicht nur eine Revolution in der Unternehmenskommunikation, sondern in der gesamten Kultur des Dialogs. Ihr Buch *Naked Conversations* zeigt diese Kommunikationsrevolution anhand von vielen Beispielen auf. Scoble und Israel argumentieren dabei sehr praxisorientiert und aus der parteiischen Position der überzeugten Blogger. Ihre Thesen sind nicht statistisch signifikant hinterlegt – sie fungieren eher als systematische Zusammenfassung von Erfahrungen. So kann das Buch für Autoren und Unternehmen als erste gute Einführung in die Blogosphäre dienen, es begeistert für Blogs, liefert aber keine ausgewogene Betrachtung der Verwertbarkeit dieses Kommunikationskanals für Unternehmen.

Literatur

Scoble, R., Israel, S. (2006), Naked Conversations, John Wiley & Sons

Scoble, R., Israel, S. (2007), Unsere Kommunikation der Zukunft, Blogs – Der Meilenstein in der Direktvermarktung, München

Gründgens, G. (2009), Wer ist die Generation Upload?, Das Vodafone Blog, URL: http://blog.vodafone.de/2009/07/08/wer-ist-die-generation-upload/, aufgerufen am 08.07.2010, 16:45 Uhr

Gründgens, G. (2009), Wer ist die Generation Upload?, Das Vodafone Blog, URL: http://blog.vodafone.de/2009/07/08/wer-ist-die-generation-upload/, aufgerufen am 08.07.2010, 16:45 Uhr

dulsberg-nord (2009), Kommentar zu Gründgens, G. (2009), Wer ist die Generation Upload?, Das Vodafone Blog, URL: http://blog.vodafone.de/2009/07/08/wer-ist-die-generation-upload/#comment-92

Hamelmann, U. (2009), Twittermom, Das Vodafone Blog, URL: http://blog.vodafone.de/2009/07/20/twittermom, aufgerufen am 08.07.2010, 17:41 Uhr

Seeger, U. (2009), Kommentar zu: Hamelmann, U. (2009), Twittermom, Das Vodafone Blog, URL: http://blog.vodafone.de/2009/07/20/twittermom/#comment-531

„Thorsten" (2009), Kommentar zu: Hamelmann, U. (2009), http://blog.vodafone.de/2009/07/20/twittermom/#comment-535

Lumma, N. (2009), Generation Upload und der Dialog, Lummaland, URL: http://lumma.de/2009/07/10/generation-upload-und-der-dialog, aufgerufen am 12.06.2010, 12:03 Uhr

Boerger, A. (2010), Are You Ready for the 21st Century?, URL http://blog.alexboerger.de/are-you-ready-for-the-21st-century, aufgerufen am 07.06.2010

Pamperrien, S. (2008), Blogs als Seismografen: In den USA forscht man nach der Bedeutung der politischen Blogs, URL: www.nzz.ch/nachrichten/kultur/medien/blogs_als_seismografen_1.680389.html, aufgerufen am 22.06.2010, 22:23 Uhr

Kapitel 8 Die Weisheit der Vielen (James Surowiecki)

von Hendrik Send

Im November 2009 kamen 1.500 Isländer in einem alten Fabrikgebäude am Westhafen von Reykjavik zusammen. Die Zahl bedeutet das Äquivalent von 0,5 Prozent der gesamten isländischen Bevölkerung und selbst der isländische Finanzminister war dabei. Ziel des Treffens war, anstatt Aktivitäten wie üblich aus einer Nische zu steuern, in einer heterogenen und repräsentativen Gruppe über neue Wege für das Land nach der desaströsen Wirtschaftskrise von 2008 nachzudenken.[1] Der Gründer der Initiative hat einen Mechanismus gewählt, bei dem die Teilnehmer in immer kleinere Gruppen aufgeteilt werden und zu verschiedenen Bereichen der Gesellschaft diskutieren können. Die Beiträge werden mittels einer Software ausgewertet und sortiert.

Zum gleichen Zeitpunkt hatten Mitarbeiter aus der ganzen Welt bei Motorola die Möglichkeit, Ideen für neue Produkte, Services oder Prozessverbesserungen in einen unternehmensinternen Ideenmarkt, einem sogenannten Prognosemarkt, vorzuschlagen. Wenn eine Idee eines Mitarbeiters mindestens fünf Befürworter findet, wird sie auf dem internen Ideenmarkt für einen Zeitraum von 30 Tagen gehandelt. In diesem Zeitraum können Mitarbeiter aus dem gesamten Unternehmen virtuelle Anteile an der Idee kaufen oder abstoßen, je nachdem, wie attraktiv ihnen die Idee erscheint. Ideen, die am Ende des Zeitraums einen hohen Aktienwert haben, werden in das Innovationssystem von Motorola übernommen.

Die isländische Ministry-of-Ideas-Initiative und den Prognosemarkt von Motorola verbindet, dass hier Entscheidungen durch eine große Menge von sehr unterschiedlichen Menschen gemeinsam getroffen werden. Sie unterscheiden sich in dem Punkt, dass der Prognosemarkt von Motorola auf einer virtuellen Plattform jenseits von örtlichen und zeitlichen Beschränkungen stattfinden kann. Es entfällt also nicht nur die Diskussion mit den jungen Isländern, die um 9 Uhr gerne noch schlafen wollen, es können auch Kollegen aus allen Standorten ohne Reisekosten und -aufwand beteiligt werden.[2] Dies genau ist die radikale Neuerung des Internet: Es ist ein Kommunikationsmedium, das über einen Rückkanal beidseitige Kommunikation mit der Möglichkeit verbindet, in großen Gruppen zu diskutieren.[3]

Surowiecki hat sein Buch „The Wisdom auf Crowds" in zwei Teile gegliedert. Während er im ersten, etwas umfangreicheren Teil die drei Problemtypen und Voraussetzungen zur erfolgreichen Problemlösung in Gruppen entwickelt, zeigt er im zweiten Teil Anwendungen von Problemlösungen in alltäglichen, gesellschaftlichen Feldern von Verkehr, wissenschaftlichem Wettbewerb, Komitees, Unternehmen, Märkten

---

1 Vgl. Roth, J. (2009).
2 Es muss hier erwähnt werden, dass genau aus diesem Grunde auch das Ministry of Ideas über eine Online Plattform verfügt, in der Ideen online eingetragen und gemeinsam bewertet werden können.
3 Vgl. Shirky, C. (2008).

und schließlich der Demokratie. Hier sollen vor allem Problemtypen und Voraussetzungen zu ihrer Lösung dargestellt werden.

Surowieckis Buch wurde durchweg von Kritikern als gut geschrieben bewertet. Es ist eine faszinierende Darstellung (Fleenor 2006), hochinteressant (Mennis 2006), bleibt dabei humorvoll (Trott 2006) und amüsant (Schmid 2006). In der Summe liefert Surowiecki eine nuancierte Analyse der Bedingungen, unter denen Gruppen bessere Entscheidungen treffen als Individuen (Trott 2006). Es eignet sich für Laien ebenso wie für Wissenschaftler der Psychologie (Fleenor 2006). Allerdings läuft die schiere Menge der Fallbeispiele, die Surowiecki liefert, Gefahr, den Leser vom Argumentationsfaden des Buches abzulenken (Trott 2006), Schmid wirft Surowiecki in seiner Buchbesprechung sogar teilweise statistische Trivialität vor (Schmid 2006).

Akteure

James Surowiecki ist seit 2000 Autor beim traditionsreichen Magazin *The New Yorker*, schwerpunktmäßig im Finanzressort, lebt in New York und hat seinen Ph.D. in amerikanischer Geschichte an der Ivy League Universität Yale erhalten. Seine Artikel sind in Zeitschriften wie *Wall Street Journal*, *Times*, *Wired*, *Slate* und vielen mehr erschienen. Im Feld der kollektiven Intelligenz ist Surowiecki ein Newcomer, zuvor hat er 2002 ein Sammelband über die Geschichte in Ungnade gefallener CEOs veröffentlicht.

Definition der Weisheit der Vielen

Eine einfache Definition der Weisheit der Vielen liefert Surowiecki in seinem Buch nicht. Stattdessen beschreibt er phänomenologisch die Weisheit der Vielen als etwas, das „verschieden verkleidet"[4] in der Welt arbeite. Im selben Zusammenhang verwendet Surowiecki auch den Begriff der kollektiven Intelligenz als Synonym zur Weisheit der Vielen und stellt sie als Gegenstück zum oft falschen, individuellen Urteil dar. Soziologisch gesprochen, fasst Surowiecki die Weisheit der Vielen als ein Syndrom zusammen, also eine Gruppe von Merkmalen, deren gemeinsames Auftreten einen besonderen Zusammenhang anzeigt, in diesem Fall die Weisheit der Vielen.

Da Surowiecki direkt den Vergleich mit kollektiver Intelligenz zieht, wäre ein Anschluss an die Arbeit des französischen Medienphilosophen Pierre Levy möglich. Dieser hat schon 1994 ein Buch zu dem Thema veröffentlicht[5] und Konzepte von kollektiver Intelligenz seit den persischen und jüdischen Mystikern nachgewiesen. Laut dem technik-utopischen Levy ermöglicht erst das Internet (bei ihm als Cyberspace

---

4 Surowiecki, J. (2005), S. XIV.
5 Das ursprüngliche Werk erschien 1994 unter dem Namen "L'intelligence collective. Pour une anthropologie du cyberspace" und wurde 1997 im Englischen unter dem Namen "Collective Intelligence: Mankind's Emerging World in Cyberspace" veröffentlicht.

bezeichnet), dass unser menschliches „soziales und kognitives Potential [...] gemeinsam entwickelt und erweitert"[6] wird.

Im Kontrast zu Levy, der philosophisch und anthropologisch argumentiert, zeigt sich, dass Surowiecki über lange Strecken eine sozialpsychologische Perspektive einnimmt. Anhand einer Fülle von Beispielen führt Surowiecki den Beweis, dass eine Gruppenentscheidung, die unter den richtigen Bedingungen zustande gekommen ist, einer Individualentscheidung unbedingt vorzuziehen ist.

Surowiecki beginnt das Buch mit einer Vielzahl von Zitaten verschiedener Autoren, die versucht haben, die Entscheidungsfähigkeit von Gruppen zu diskreditieren. Damit stellt er auch die Notwendigkeit für sein Buch unter Beweis. Von Charles Mackays Veröffentlichung zu „Extraordinary Popular Delusions and the Madness of Crowds" bis zu Nietzsche, der sagte, dass Irrsinn im Menschen die Ausnahme, in Gruppen aber die Regel sei. Hier ließe sich ebenso mühelos der deutsche Regisseur Heiner Müllers einreihen, der mit seinem Bonmot zitiert wird, dass zehn Deutsche dümmer sind als fünf.

Problemtypen und Voraussetzungen zur Lösung

Das Auftreten der Weisheit der Vielen sieht Surowiecki in drei Anwendungsbereichen, nämlich:

- Koordinationsprobleme,
- Kooperationsprobleme und
- Kognitionsprobleme.

Kognitionsprobleme zeichnen sich dadurch aus, dass sie eine definitive Lösung haben beziehungsweise, dass klar vergleichbar ist, dass einige Lösungen besser als andere sind und die beste Lösung eines Tages eindeutig identifizierbar ist.

Die beiden anderen Problemarten bestehen in der Suche nach einer zufriedenstellenden Lösung für eine Gruppe von Menschen, die gemeinsam eine Aufgabe erledigen soll. Surowiecki unterscheidet dabei Koordinationsprobleme von Kooperationsproblemen. Der Unterschied ist, dass bei Kooperationsproblemen eine Gruppe von Personen mit einem gemeinsamen Interesse eine optimale Organisationsform zur Erreichung des gemeinsamen Zieles finden soll. Dagegen müssen bei Koordinationsproblemen Menschen mit widersprüchlichen Motiven eine gemeinsame Regelung zum gemeinsamen Verfahren finden.

Damit Probleme der drei Problemsorten mit einem zufriedenstellenden Ergebnis innerhalb der Gruppe gelöst werden können, müssen in der Gruppe drei Voraussetzungen erfüllt sein:

- Meinungsvielfalt (Diversity)
- Unabhängigkeit (Independence)
- Dezentralisierung (Decentralization)

---

6 Lévy, S. (1997), S. 10.

Schließlich bedarf es eines Mechanismus zur korrekten Bildung der Gruppenmeinung durch Aggregation (von lat. Aggregatio = Anhäufung, Vereinigung).

Kognitionsprobleme

Kognitionsprobleme für eine Gruppe haben eine definitive Lösung. Das kann die richtige Antwort auf eine Frage bei der Fernsehshow *Wer wird Millionär?* sein, die Bestimmung der Raumtemperatur, die Suche nach dem erfolgreichsten Team im nächsten US Superbowl oder die Verkaufszahlen von Unternehmen im nächsten Quartal.

Trott versucht hier die Definition von Surowiecki zu ergänzen, indem er Kognitionsprobleme spezifisch als Probleme beschreibt, bei denen die Lösung völlig unabhängig sein kann von den Aktionen oder Menschen der Gruppe, die versucht eine Lösung zu finden.[7] Die kürzeste Strecke von Punkt A nach Punkt B wäre beispielsweise unabhängig von der Gruppe, die auf der Suche nach dieser Strecke ist und damit ein Kognitionsproblem, wohingegen ein optimaler Marktpreis sehr wohl abhängig von den Marktteilnehmern und deren Bedürfnissen ist.

Einen ersten Gegenpunkt zu der während des 19. Jahrhunderts üblichen Argumentation gegen partizipative Entscheidungen liefert 1906 der britische Wissenschaftler Francis Galton. Auf einer Agrarmesse ließ er Besucher ein im Wortsinn überschaubares Kognitionsproblem bearbeiten: Es galt, das Lebendgewicht eines Ochsen zu schätzen. Galton sammelte die Schätzungen von 787 verschiedenen Besuchern, darunter Bauern, aber auch Schreibkräfte. Während der Plan von Galton ursprünglich war, im Duktus der üblichen Argumentation zu zeigen, wie völlig falsch der Mittelwert der Gruppenschätzung ist, landete der Mittelwert aber genau auf 1.198 Pfund im Vergleich zu 1.197 Pfund tatsächlichem Gewicht. In der Folge gestand Galton der Demokratie immerhin eine erhöhte Vertrauenswürdigkeit zu.

Durch das gesamte Buch belegt Surowiecki seine These mit einer Fülle an Beispielen. Besonders beeindruckend und umfangreich zitiert ist das Beispiel vom Verschwinden und der nachfolgenden Bergung des US-amerikanischen U-Boots *USS Scorpion*. Das Atom-U-Boot sank 1968 unter noch immer nicht vollständig geklärten Umständen im Atlantik. Weil der Atlantik entlang der Route des U-Boots durchweg tiefer ist, als bemannte U-Boote tauchen können und das U-Boot einen extrem gefährlichen Atomreaktor und Waffen an Bord hatte, war die Suche nach dem Boot ebenso dringlich wie schwierig.

Weil nur sehr wenige und ungenaue Informationen zum letzten Aufenthaltsort des U-Boots vorlagen, bediente sich John Craven, Offizier der Marine, der Methode der Baysschen Schätzung. Er versammelte eine Gruppe von verschiedenen Experten von Mathematikern, Tiefseeforschern, Kapitänen und erstellte mit ihnen Szenarien, wo das Boot sein könnte. Im nächsten Schritt musste jeder Experte der Gruppe in Form eines Wetteinsatzes seine Einschätzung darüber abgeben, welches Szenario am ehesten

---

7 Vgl. Trott, D. (2006).

zutrifft. Das auf diese Art kalkulierte Szenario hat die Position des U-Boots auf eine Entfernung von 200 Yard genau bestimmt, obwohl jedes einzelne Gruppenmitglied falsche Annahmen aufgrund von unvollständiger Information machen musste.

Selektionsmechanismus: Prognosemärkte

Während Surowiecki auf den Mechanismus der Baysschen Schätzung nicht im Detail eingeht, ziehen sich Anwendungen von Prognosemärkten als Beispiele für gute Aggregation durch das gesamte Buch. Teilnehmer in Prognosemärkten haben in der Vergangenheit durchweg zuverlässiger als vergleichbare klassische Mechanismen über eine Vielzahl von Problemen entschieden: beispielsweise über den Erfolg von Hollywood-Filmen, die zukünftigen Verkaufszahlen von Druckern von HP, die zukünftige Freigabe von Medikamenten durch die US-Regulierungsbehörde. Surowiecki schränkt hier ein, dass große Entscheidungen in Unternehmen trotzdem informiert getroffen und nicht von den Prognosemärkten selbst gemacht werden sollten.

Bedeutung der Meinungsvielfalt

Surowiecki sieht Wettbewerb und Meinungsverschiedenheit als Ausgangspunkt für die besten Entscheidungen, nicht Konsens und Kompromiss. Eine sich intelligent verhaltende Gruppe wird, so Surowiecki, nicht ihre Mitglieder bitten, ihre eigenen Positionen zur Zufriedenheit der Allgemeinheit zu ändern. Stattdessen braucht es Mechanismen wie Märkte oder intelligente Bewertungssysteme, die die wertvollen einzelnen Meinungen aggregieren.

Je kleiner eine Gruppe ist, desto wichtiger ist die Meinungsvielfalt innerhalb der Gruppe, denn je größer die Gruppe wird, desto wahrscheinlicher ist eine gewisse natürliche Meinungsvielfalt, die sich aus der Menge der Beteiligten ergibt.

Der Politikwissenschaftler Scott Page hat durch Computersimulationen gezeigt, dass sogar Gruppen aus intelligenten und weniger intelligenten Agenten bessere gemeinsame Ergebnisse erzielen, als wenn er eine Gruppe, die rein aus intelligenten Agenten besteht, ins Rennen schickt. Auf Gruppenebene heißt dies, dass Intelligenz alleine nicht ausreichend für eine Gruppe ist. Auch intelligente Personen gleichen sich in dem, was sie für die Gruppe tun können, und sind daher in Reinform weniger effektiv wenn es um Problemlösung geht. Diese Ansicht ist natürlich sehr konterintuitiv.

Experten hingegen haben das Problem, dass sie die Wahrscheinlichkeit des Eintretens ihrer eigenen Meinung für viel zu hoch einschätzen. Die einzigen Experten, so Surowiecki, die eine präzise Einschätzung der Qualität ihrer Annahmen haben, sind Wetterleute: Diese sagen beispielsweise, dass es morgen mit 30 Prozent Wahrscheinlichkeit regnen wird. Dennoch sind Experten von großer Bedeutung. Allerdings steigert sich ihr Wert dadurch, dass sie mit Nicht-Experten kombiniert werden. Das unlösbare Problem ist für Surowiecki herauszufinden, welche Experten dauerhaft bessere Entscheidungen liefern als eine Gruppe. Niemand kann dies mit Sicherheit bestimmen, selbst wenn es einen solchen Experten für ein Gebiet geben sollte. Weiterhin gibt es eine sehr geringe Korrelation zwischen der Selbsteinschätzung von Experten und deren tatsächlicher Expertise.

Bedeutung der Unabhängigkeit von individuellen Entscheidungen

Beispiel

Die Bedeutung der Unabhängigkeit von individuellen Meinungen beleuchtet Surowiecki anhand eines schrecklichen Fehlers, der bei Ameisenpopulationen beobachtet wurde: Wenn eine Gruppe von Ameisen völlig von dem Stock getrennt wird, kann sich dadurch, dass die Ameisen immer der Geruchsspur ihrer Kameraden folgen ein Kreis bilden. In diesem Kreis laufen dann alle Ameisen der jeweils vorigen hinterher, ohne den Kreis erkennen zu können und verhungern schließlich.

Unabhängigkeit von Entscheidungen sorgt dafür, dass kein solcher systematischer Fehler in einer Gruppe entsteht. Laut Surowiecki könne man sogar befangen und irrational handeln, ohne die Gruppe dümmer zu machen, solange man die Gruppe nicht beeinflusst. Weil aber der Mensch ein soziales Wesen und Lernen immer ein sozialer Prozess ist, bleibt unabhängige Entscheidungsfindung stets schwierig. Die folgenden Beispiele erläutern diesen Zusammenhang.

Grenzen für unabhängige Entscheidung

1968 hat der Soziologe Stanley Milgram in einem Experiment zunächst nur eine Person an einer Straßenecke ohne ersichtlichen Grund in den Himmel gucken lassen. Bei nur einem solchen Himmelsgucker, gucken nur wenige Passanten ebenfalls in den Himmel. Stehen aber 15 Personen beisammen, die in den Himmel gucken, hat Milgram bewiesen, dass bis zu 80 Prozent der Passanten ebenfalls in den Himmel gucken. Hintergrund des Experiments ist das, was Psychologen heute „Social Proof" nennen: Dass die Passanten in den Himmel gucken, wenn besonders viele Personen in den Himmel gucken, ist eigentlich keine falsche Entscheidung, weil die Gruppe gute Entscheidungen trifft. Wenn aber zu viele Personen einfach die Strategie der Menge adoptieren, ist die Gruppe nicht mehr intelligent. Dieser Herdentrieb findet auch bei Managern statt, die nicht von ihrer Gruppe direkt abhängig sind. Ein Beispiel dafür sind Investment-Broker. Sie müssen weise investieren und Andere gleichzeitig davon überzeugen, dass sie weise handeln. Wie sollen sie andere davon in einer hochgradig unsicheren Situation überzeugen? Wenn ein Manager sich ähnlich wie andere verhält, erscheint er nicht irrational. Daher ahmen sich Manager gegenseitig nach, um ihre Jobs zu sichern.

Eine andere Grenze wird am Beispiel der *Plank-Roads* beschrieben, die in den 1840er Jahren in den USA von den Kanadiern adaptiert wurden. Diese Straßen bestanden aus Bohlen, die über einer unbefestigten Straße verlegt wurden. Die neue Technik versprach schnellere Transporte und geringe Straßenbaukosten. Schnell verbreitete sich die Bauweise in den USA. Es entstanden innerhalb weniger Jahre riesige Firmen, die solche Straßen bauten. Allerdings stellte sich bald heraus, dass diese Straßen nicht wie

angenommen acht, sondern nur ungefähr vier Jahre hielten. Das „plank road fever",
wie es heute genannt wird, ist durch eine Informationskaskade entstanden: Wenn
Individuen in einer unsicheren Situation eine Entscheidung zu treffen haben, ergänzen
sie ihre unzureichenden Informationen durch die Entscheidung anderer. Wenn solche
Entscheidungen sequentiell und nicht gleichzeitig getroffen werden, besteht die Möglichkeit, dass eine große Gruppe dem ersten Fehlentscheider in die falsche Richtung
hinterher marschiert. Dennoch sind Informationskaskaden nicht notwendigerweise
schlecht. So ist beispielsweise die Entwicklung der Standard-Schraube eine Erfolgs-
geschichte, weil sie es ermöglicht, Schrauben einfach auszutauschen. Surowiecki
schließt, dass Entscheidungen in Gruppen dadurch zu verbessern sind, dass sie simul-
tan stattfinden und nicht in Kaskaden sequentiell ablaufen.

Bedeutung der Dezentralisierung von Entscheidungsfindung

Die letzte Bedingung für intelligente Gruppen ergibt sich teilweise aus den oben genannten Bedingungen der Meinungsvielfalt und Unabhängigkeit: Der Entscheidungsprozess muss dezentral geschehen.

Die Untersuchung im amerikanischen Kongress zum 11. September 2001 hat ergeben,
dass die Information, die den unterschiedlichen Sicherheitsdiensten der USA vor dem
Anschlag zu Verfügung standen, nicht in ihrer kollektiven Signifikanz erkannt oder
ausreichend genutzt wurden. Ein ähnliches Problem lag 1941 bei dem Angriff der
Japaner auf die Militärbasis Pearl Harbor vor. Auch hier standen den USA eigentlich
genügend Informationen zur Verfügung, um den bevorstehenden Angriff zu erkennen
und sich vorzubereiten, allein die Informationen wurden nicht ausreichend zusam-
mengeführt.

Für die Geheimdienste der USA wurde, so Surowiecki, folglich die Dezentralisierung
als zentrale Lehre in Frage gestellt. Trotzdem ist in Managementfragen Dezentralisierung momentan ein wichtiges Thema. Das Internet mit seinen erfolgreichen, dezentralen Strukturen zeigt diese Kraft der Dezentralisierung. Surowiecki stellt hier die
Frage danach, was Dezentralisierung genau heißen soll. Dezentralisierung führe in
jedem Fall zu Spezialisierung und zu einer Vielfalt unterschiedlicher Meinungen. Dies
wiederum ergibt auch eine Menge an sogenanntem impliziten Wissen (tacit knowledge), also Handlungswissen, das sich nicht in Worten ausdrücken lässt. Die Haupt-
annahme von Dezentralisierung ist laut Surowiecki, dass jemand, der nah an einem
Problem ist, dafür wahrscheinlich auch eine Lösung haben wird. Das große Problem
von Dezentralisierung sei auf der anderen Seite, dass es keine Garantie gibt, dass die
gute Information, die an einer Stelle im System vorhanden ist, auch an die andere Stelle
kommt, wo sie wirklich gebraucht wird. Dezentralisierung benötigt also einen zusätzlichen Mechanismus, um Wissen zu bewahren und zu verteilen.

Integration von Hierarchie und Dezentralisierung: Aggregierung

Die optimale Mitte sieht Surowiecki in einer ausgewogenen Mischung zwischen Dezentralisierung und Zentralisierung. Als Beispiel nennt er die Entwicklung des Betriebssystems Linux von Linus Torvalds und Heerscharen freiwilliger Programmierer.

Die Linux-Community ist ein dezentrales System, das keine zentrale Möglichkeit hat, Entscheidungen für alle zu finden. In dieser Art ist es einer klassischen Marktsituation gleich. Wenn also viele Programmierer anfangen, an einem Problem zu arbeiten, erscheint das eventuell als eine Verschwendung von Arbeitskraft. Die Gemeinschaft muss dann die beste der gefundenen Lösungen auswählen. Die Frage ist dabei, nach welchem Mechanismus die beste Lösung ausgewählt werden soll. Im Falle von Linux liegt diese Entscheidung allein bei Linus Torvalds und einer kleinen Gruppe von Helfern. Besser wäre wahrscheinlich, so Surowiecki, wenn auch diese Entscheidung einer Gruppe überlassen würde. Surowiecki wendet hier seine Kernthese an:

Kernsätze

Wenn eine Gruppe eine Entscheidung einem Experten überlässt, ist sie im besten Fall so gut wie die des Experten. Wenn die Gruppe es schafft, das Wissen der Gruppenteilnehmer zentral zu aggregieren, dann wird die Entscheidung besser als jede individuelle Entscheidung.

Was also dem CIA vor 2001 gefehlt habe, sei ein Mittel, Informationen und Entscheidungen passend zu aggregieren. Die Spezialisierung hat große Expertise an vielen Stellen geschaffen und ist in dieser Hinsicht eine gute Dezentralisierung. Aber Senator Shelby, der als Ergebnis von 9/11 die Zentralisierung aller Intelligenzdienste in den USA vorgeschlagen hat, irrt nach Surowiecki: An der zentralen Stelle darf nicht eine Person stehen, sondern ein Mechanismus zur Aggregierung des vorhandenen Wissens, wie beispielsweise ein Prognosemarkt. Dafür gab es sogar Pläne, die aber von den Senatoren mangels Verständnis als unsinnig abgestempelt wurden.

Koordinationsprobleme

In autoritären Zusammenhängen wie an einem Fließband lässt sich eine Gruppe von Personen durch einen zentralen Plan koordinieren. Im Alltag überwiegen jedoch Probleme, die durch die Interaktion von Bürgern in einer freien Gesellschaft (und nicht am Fließband) bestimmt werden. Daher benötigen Koordinationsprobleme Lösungen, die sich von unten nach oben entwickeln können. Meist, so Surowiecki, sind die Lösungen, die sich hier ergeben, nicht die optimalen, aber erstaunlich ist, wie oft brauchbare Lösungen zustande kommen.

In den beiden Problemgruppen der Koordination und Kooperation müssen die Beteiligten meist berücksichtigen, welche Ziele andere Beteiligte verfolgen. Bei guten Lösungen für Koordinationsprobleme könne aber eine optimale Lösung gefunden werden, indem jeder einzelne schlicht sein eigenes Ziel verfolgt.

Kooperationsprobleme

Kooperationsprobleme unterscheiden sich nach Surowiecki von Koordinationsproblemen dergestalt, dass Koordinationsprobleme auch dann gelöst werden können, wenn jeder Beteiligte sein eigenes Ziel verfolgt. Für ein Kooperationsproblem müssen alle Teilnehmer ein erweitertes Verständnis vom eigenen Interesse entwickeln und anderen Teilnehmern vertrauen können, dass auch sie das gemeinsame Ziel verfolgen. Trott versucht die Definition von Surowiecki zu präzisieren, indem er Kooperationsprobleme dadurch bestimmt, dass bei ihnen das sogenannte Nash-Gleichgewicht auftreten kann.[8]

Das Nash-Gleichgewicht ist ein Konzept des gleichnamigen Mathematikers, der es in den 50er Jahren in seiner Dissertation veröffentlichte. Es beschreibt als wichtige Lösung in der Spieltheorie ein Gleichgewicht, bei dem kein einzelner Spieler durch Abweichen von der gemeinsamen Strategie in eine vorteilhafte Situation kommen kann. Das klassische Beispiel für das Nash-Gleichgewicht ist das Gefangenendilemma. Dabei werden zwei hypothetische Gefangene angeklagt, eine schwerwiegende Tat begangen zu haben. Wenn nur einer von beiden die Tat zugibt und den anderen belastet, wird ihm Straffreiheit angeboten, der andere muss fünf Jahre verbüßen. Sagen beide aus, bekommt jeder vier Jahre. Sagt keiner von beiden aus, so werden beide auf Grund von Indizien für zwei Jahre hinter Gitter gebracht.

Beispiel

Surowiecki nennt als klassisches Kooperationsproblem die Regelung der Steuerzahlung: Kein einzelner Bürger hat ein Interesse daran, seine Steuern zu zahlen, in der Gesamtheit gibt es aber wohlbegründete Interessen für ein funktionierendes Steuersystem.

Ob ein Vogelschwarm sich in spontaner Ordnung am Himmel vor Räubern schützt, oder eine Flasche Orangensaft im Supermarktregal auf den nächsten Schritt in der Wertschöpfungskette wartet, sind für Surowiecki jeweils Beispiele von einem intelligenten Gruppensystem ohne eine zentrale Steuerungsstelle.

Das Marktprinzip ermöglicht bei Koordinationsproblemen oft eine Optimierung von dezentraler Steuerung. Ob diese aber auch möglich ist, wenn die Teilnehmer nur unvollständige Informationen zum Markt haben, prüfte in einem Klassenraum-Experiment der Ökonom Vernon Smith, indem er seinen Studenten Karten mit maximalen Kauf- und Verkaufspreisen verteilte. Angebote und erfolgreiche Verkäufe wurden öffentlich dokumentiert, die Maximalgebote nicht. Dennoch pegelte sich die Gruppe bei einem Preisoptimum ein. Smith hat damit bewiesen, dass das Marktprinzip nicht nur hypothetisch funktioniert sondern auch mit Menschen unter nicht-per-

---

8 Vgl. Trott, D. (2006).

fekten Bedingungen. Die für Surowiecki entscheidende Nachricht ist, dass die Markt-teilnehmer den Weg zu Zielzustand oder den genauen Zielzustand selbst nicht kann-ten, ihn aber trotzdem optimal erreichten.

Allerdings haben einige Märkte mit zusätzlichen Herausforderungen zu kämpfen. Konsumentenmärkte sind beispielsweise einfacher als Finanzmärkte, weil für Ent-scheider in Finanzmärkten die unabhängige Entscheidungsfindung nur begrenzt funk-tioniert: Sie sind davon abhängig, wie Andere im Markt entscheiden werden und richten sich danach.

Ultimatumspiel

Entscheidende Grundzüge von Kooperationsproblemen illustriert Surowiecki am Bei-spiel des Ultimatumspiels. Das Ultimatumspiel ist ein Klassiker der Spieltheorie und findet reichhaltige Anwendung in der Verhaltensforschung. Der Grundgedanke ist, dass die Mitspieler nur dann einen Gewinn davontragen können, wenn sie ihren Gegen- beziehungsweise Mitspieler und dessen Erwartungen in ihre eigene Hand-lungsweise einbeziehen.

Beispiel

Der Spielablauf des Ultimatumspiels ist wie folgt: Zu Beginn müssen beide Spieler über die Regeln aufgeklärt werden. Spieler A erhält dann eine definierte Menge eines für beide Spieler attraktiven Gutes (also zum Beispiel 10 Münzen). Die Menge ist beiden Spielern bekannt. Spieler A muss dann Spieler B einen Anteil anbieten, der größer als Null ist. Spieler B kann nun die Teilung akzeptieren, worauf beide Spieler die von Spieler A festgelegte Verteilung erhal-ten oder Spieler B akzeptiert die Teilung nicht, woraufhin beide Spieler keinen Anteil erhalten. Wirtschaftlich optimal handelnde Subjekte müssten eigentlich so handeln, dass Spieler A nur den kleinstmöglichen Anteil an Spieler B gibt und Spieler B würde dies trotzdem akzeptieren, da er die Wahl zwischen einem geringen und keinem Gewinn hat. Es zeigt sich in Experi-menten aber, dass Menschen Angebote die kleiner als 30 Prozent der Gesamtmenge sind, nicht akzeptieren. Verhaltenspsychologische Untersuchungen haben gezeigt, dass durch alle menschlichen Kulturen Gerechtigkeit eine große Rolle spielt und die Teilnehmer von Ulti-matum- oder ähnlichen Spielen oft fairer mit ihren Mitspielern umgehen, als ein wirtschaft-lich optimal handelndes Subjekt dies tun würde. Forscher erklären dies damit, dass in der menschlichen Entwicklung kleine Gruppen und deren Zusammenarbeit entscheidend für das Überleben waren. Dadurch haben sich menschliche Grundmotivationen entwickelt, die der gesamten Gruppe und dadurch erst dem Einzelnen dienlich sind (Sigmund, Fehr et al. 2002).

Surowiecki stellt das Ultimatumspiel zum Verständnis der Lösbarkeit von Kooperati-onsproblemen vor. Er sieht in diesem Zusammenhang auch die Bedeutung von Re-ziprozität oder Gegenseitigkeit. Diese bezeichnet im Sinne von Bowles und Gintis den

Willen, soziales Verhalten zu belohnen und schlechtes zu bestrafen, selbst dann, wenn der Strafende dadurch Kosten hat.[9]

Reziprozität in Social Media

Ein klassisches Beispiel für Reziprozität als Form der Gegenseitigkeit sind Beurteilungen und Nutzerkommentare sowohl für Bücher oder Dienstleistungen. Die Funktionsweise vieler Formen von Online-Communities oder Informationsdatenbanken wie Wikipedia oder die Buchbewertungen bei Buchhändlern im Internet sind davon abhängig, dass Nutzer nicht nur auf ihre Inhalte zugreifen, sondern auch Beiträge leisten. Aus wirtschaftlichen Überlegungen hat ein verärgerter Kunde bei eBay jedoch beispielsweise keinen Anreiz, weitere Zeit aufzuwenden, um eine negative Beurteilung über einen Verkäufer zu schreiben.

Informationsdatenbanken dieser Art sind kaum zu schützen gegen das Verhalten von Nutzern, die nur das vorhandene Wissen nutzen, ohne dazu beizutragen.[10] Forscher gehen im Falle von Online-Communities allerdings von einer „generalisierten Reziprozität"[11] aus, das heißt, dass Nutzer für ihre Beiträge nicht direkte Gegenleistungen erwarten, sondern davon ausgehen, dass die Online-Community insgesamt ihnen schon einen Nutzen bringen wird. Erstaunlicherweise haben in einer Untersuchung von Wasko und Faraj sogar Nutzer mit einer besonderen Erwartung an Gegenleistungen anderer Mitglieder signifikant weniger Beiträge als der Durchschnitt in einer Online-Community geschrieben.[12]

Betrachtungen zur Demokratie

Surowiecki schließt das Buch mit einer Reflexion über die Aussage seiner Thesen zur Demokratie. Demokratie ist, so Surowiecki, ein gut geeignetes Werkzeug, um gemeinsame Entscheidungen zu treffen.

Befragungen zeigen: Die amerikanische Öffentlichkeit ist der Meinung, dass die USA einen Dollar Entwicklungshilfe ausgeben sollte, pro drei Dollar, die für Verteidigung ausgegeben werden. Tatsächlich ist das Verhältnis von Entwicklungshilfe zu Verteidigungsetat 1:19. Wenn man die gleichen Bürger danach fragt, ob zu viel für Entwicklungshilfe ausgegeben werde, sagen 90 Prozent ja. Und sie gehen davon aus, dass 25 Prozent des Gesamthaushalts für Entwicklungshilfe ausgegeben werde. Surowiecki folgert, dass der amerikanische Stimmberechtigte über weite Strecken extrem schlecht informiert ist und zum Glück nicht über politische Entscheidungen selbst abstimmen muss, sondern die Person finden soll, die hernach die richtige Entscheidung treffen wird.

Das Problem der Demokratie ist, so Surowiecki, dass es keinen Standard gibt, an dem gemessen werden kann, ob eine politische Entscheidung gut oder falsch ist. Josef

---

9   Vgl. Bowles, S., Gintis, H. (2004).
10 Preece, J. (2001).
11 Mathwick, C. et al. (2008).
12 Vgl. Wasko, M. M., Faraj, S. (2005).

Schumpeter hat dies so formuliert, dass für verschiedene Gruppen und Individuen das gemeinsame Gute auch verschiedene Definition haben muss. Wenn nun keine objektiv optimalen Lösungen vorhanden sind, ist die Weisheit der Vielen laut Surowiecki eventuell auch nicht mehr unbedingt das perfekte Instrument. Aber obwohl Politik kein kognitives Problem sei, wie das Gewicht eines Bullen bei der Messe zu bestimmen, scheint sie noch das beste Instrument zur Aggregation von Entscheidungen auf der Ebene zu sein.

Die drei Problemgruppen Kognition, Koordination und Kooperation sind unterschiedlich, die letzteren sind unschärfer und weniger eindeutig zu lösen. Lösungen bilden sich hier eher im Verlauf von Zeit heraus und die zugehörigen Lösungswege sind anfälliger für Manipulation als kognitive Probleme. Dennoch sind Lösungen für Kooperations- und Koordinationsprobleme real und funktionieren, wenn sie aus der Gruppe heraus entstehen. In diesem Sinne ist auch Demokratie ein Weg, mit Kooperations- und Koordinationsproblemen umzugehen. Die Entscheidungen einer Demokratie sind dabei nicht unbedingt ein Beispiel für die Weisheit der Vielen, aber ein Mittel der Entscheidung selbst.

Fazit

Surowiecki liefert mit seinem Buch keine ausgefeilte und verzahnte Theorie, sondern eher eine Menge von Denkanstößen, die eindeutige Hinweise zur Bedeutung des Votums der Gruppe liefern. Dennoch würden klarere Definitionen der Problemarten es einfacher machen, der Argumentation im Buch zu folgen. Und auch die Bedingungen für erfolgreiche Problemlösung werden von Surowiecki nicht ganz eindeutig beschrieben, insbesondere der Mechanismus zur Aggregation von Einzelmeinungen bleibt in seiner konkreten Ausgestaltung völlig unklar.[13] Die offen bleibende Frage nach einem konkreten Mechanismus zur Aggregation ist der wahrscheinlich schwerwiegendste Vorwurf, denn tatsächlich lassen sich viele Gegenbeispiele zur zentralen Aussage des Buches finden. Nicht immer trifft eine Gruppe bessere Entscheidungen als wenige Experten, selbst wenn die Entscheidungen aggregiert werden. Ein schwerwiegendes Gegenbeispiel ist die „Open for Questions"-Kampagne des damaligen Präsidentschaftskandidaten Barack Obama. Dieser hatte als Bestandteil seiner erfolgreichen Social-Media-Strategie im Wahlkampf auch ein Crowdsourcing Projekt aufgesetzt, um sich von seinen Wählern deren Rezepte und Wünsche für die zukünftige Politik im Lande geben zu lassen. Die Internetplattform funktionierte nach dem Beispiel aktueller Ideen-Communities wie Dell Ideastorm: Nach einer Anmeldung können die Teilnehmer selbst Ideen in verschiedenen Kategorien einstellen und die Ideen von anderen kommentieren und bewerten. Es sendeten mehr als 92.000 Amerikaner über 100.000 Fragen und Wünsche an den Präsidenten und bewerteten die Fragen anderer Teilnehmer über 3,6 Millionen Mal.[14]

---

13 Vgl. Trott, D. (2006).
14 Vgl. Stolberg, S. G. (2009).

Selbstverständlich war das Interesse an dem Ergebnis dieser innovativen Politikform bei einer solchen Beteiligung und dem Präsidentschaftskandidaten als Auslöser immens. Und da die gemeinsame Bewertung auch ermöglicht, zu sehen, welche Frage die meisten Stimmen bekommen hat, wurde von dieser ein besonderer Impetus für Obama erwartet. Leider schaffte es aber der Vorschlag, Marihuana in den USA zu legalisieren an die erste Stelle.[15] In der damaligen Situation mit mehreren internationalen Konflikten und großen wirtschaftlichen Problemen in den USA offensichtlich nicht das ideale Ergebnis, wie es nach Surowiecki zu erwarten gewesen wäre. Die Folge war eine ebenso intensive wie weitverbreitete Häme und Kritik an dieser Form der gemeinsamen Problemlösung. Viele Autoren haben den Ausgang so interpretiert, dass die Internetplattform von Befürwortern einer Reform der Antidrogenpolitik für ihre eigenen Belange gekapert wurde. Jeff Howe, dessen Werke in Kapitel 10 beschrieben werden, liefert in seiner Analyse der Vorgänge auch eine Begründung dafür, dass hier von dem Team um Obama ein falsches Werkzeug gewählt wurde. In Bezug auf Surowieckis Aussagen zeigt sich die Notwendigkeit, den Mechanismus der Aggregation der Individualmeinungen genauer zu definieren und auch die Bedingungen, unter denen eine erfolgreiche Problemlösung stattfinden kann, weiter zu konkretisieren.

Literatur

Bowles, S., Gintis, H. (2004). The evolution of strong reciprocity: cooperation in heterogeneous populations. Theoretical Population Biology 65(1): 17–28.

Brabham, D. C. (2008). "Crowdsourcing as a Model for Problem Solving: An Introduction and Cases." Convergence 14(1): 75–90.

Feng, L. and C. Ratliffe. (2010). Rebuild, redesign and reboot a nation. Retrieved 14.04.2010, from http://dukechronicle.com/article/rebuild-redesign-and-reboot-nation.

Fleenor, J. W. (2006). Review of 'The Wisdom of Crowds: Why the Many Are Smarter Than the Few and How Collective Wisdom Shapes Business, Economics, Societies and Nations'. Personnel Psychology 59(4): 982–985.

Howe, J. (2009). Obama and Crowdsourcing: A Failed Relationship? Retrieved 01.05.2010, from http://www.wired.com/epicenter/2009/04/obama-and-crowd/.

Janis, I. L. (1972). Victims of groupthink, Houghton Mifflin Boston.

Lévy, S. (1997). Collective intelligence: mankind's emerging world in cyberspace. New York, Plenum Trade.

Mathwick, C., Wiertz, C. et al. (2008). Social Capital Production in a Virtual P3 Community. Journal of Consumer Research 34(6): 832–849.

Mennis, E. A. (2006). The Wisdom of Crowds: Why the Many Are Smarter than the Few and How Collective Wisdom Shapes Business, Economies, Societies, and Nations. Business Economics 41(4): 63–64.

---

15 Vgl. Howe, J. (2009).

NBC. (2008). 1 vs. 100 TV Game Show. Retrieved 01.05.2010, from http://web.archive.org/web/20080511114243/http://www.nbc.com/1vs100/.

Preece, J. (2001). Sociability and usability in online communities: determining and measuring success. Behaviour & Information Technology 20(5): 347–356.

Roth, J. (2009). Wie sich die Isländer aus der Pleite feiern. Welt Online Retrieved 14.04.2010, from www.welt.de/kultur/article4994927/Wie-sich-die-Islaender-aus-der-Pleite-feiern.html.

Schmid, H. B. (2006). Weisheit der Vielen. Neue Zürcher Zeitung. Zürich.

Shirky, C. (2008). Here comes everybody : the power of organisation without organisations. London, Allen Lane.

Sigmund, K., E. Fehr, et al. (2002). Teilen und Helfen–Ursprünge sozialen Verhaltens. Spektrum der Wissenschaft: 52.

Stolberg, S. G. (2009). Obama's Interactive Town Hall Meeting. Retrieved 01.05.2010, from http://thecaucus.blogs.nytimes.com/2009/03/26/obamas-interactive-town-hall-meeting/?hp.

Surowiecki, J. (2005). The wisdom of crowds. London, Abacus.

Trott, D. (2006). The Wisdom of Crowds - by James Surowiecki. Economic Record 82(258): 365–366.

Wasko, M. M., Faraj, S. (2005). Why should I share? Examining Social Capital and Knowledge Contribution in Electronic Networks of Practice. MIS Quarterly 29(1): 35–57.

Kapitel 9 Organisieren ohne Organisationen (Clay Shirky)

von Daniel Michelis

Mit seinem Buch „Here Comes Everybody – The Power of Organizing Without Organizations" führt Shirky eine große Menge an Social Media Beispielen zusammen, die er ausführlich beschreibt – und teilweise brillant analysiert.[1]Es handelt sich jedoch keinesfalls um eine abgeschlossene Theorie, eine anwendbare Methode oder ein eindeutiges Modell. Auch folgt seine Analyse leider keiner nachvollziehbaren Systematik, sodass sich der Leser die einzelnen Bestandteile selbst zusammen sammeln muss.[2] Dennoch: Sein Buch *Here Comes Everybody* ist auf seine Weise außerordentlich spannend zu lesen und inspiriert dazu, Shirkys Analysen auf eigene Aufgaben zu übertragen und für die Lösung eigener Probleme weiter zu denken. Auf den folgenden Seiten wird der Versuch unternommen, die zentralen Aussagen des Buches, die zwischen den vielen Beispielen verstreut scheinen, strukturiert zusammenzufügen. Selbstverständlich können dabei nicht alle Aspekte berücksichtigt werden. Die Darstellung beschränkt sich daher auf ausgewählte Bereiche, die im Kontext dieses Handbuches von besonderer Bedeutung sind.

Akteure

Clay Shirky widmet sich als Berater, Dozent und Autor den sozialen und wirtschaftlichen Auswirkungen des Internets. Er berät internationale Unternehmen wie Nokia oder den BBC, lehrt an der New York University im Interactive Telecommunications Program und schreibt seit 1996 über die Entwicklung des Internets. Sein Buch "Here Comes Everybody: The Power of Organizing Without Organizations" wurde 2008 und das Nachfolgewerk "Cognitive Surplus: Creativity and Generosity in a Connected Age" 2010 veröffentlicht.

Organisieren ohne Organisationen

Menschen in Gruppen formen ein sehr komplexes Gebilde, das nur schwer zu erschaffen und ebenso schwer aufrecht zu halten ist. Bislang wurden diese schwierigen Aufgaben daher von hierarchischen Organisationen übernommen. Ohne Hierarchie, Management und Kontrolle schien es unmöglich, komplexe Aufgaben mit einer großen Zahl von Beteiligten erfolgreich durchzuführen. Bislang waren wir scheinbar nicht in der Lage, große Gruppen ohne Organisationen zu organisieren. Der Blick in das Internet zeigt, dass sich diese Situation geändert hat. Mithilfe neuer Technologien lässt sich die Organisation dezentral auf viele Schultern verteilen. Insbesondere die sozialen Medien haben es enorm erleichtert, sich mit anderen über das Internet auszutauschen, zusammenzuarbeiten oder gemeinsam aktiv zu werden.

---

1 Vgl. Shirky, C. (2008).
2 Shirky hat für seine Arbeit viel Lob erhalten, doch die teilweise schwer nachvollziehbare Zusammenstellung von Anekdoten wurde auch scharf kritisiert. Vgl. Slee, T. (2010).

Menschen streben seit jeher danach, sich mit anderen zusammen zu tun und gemeinsame Vorhaben zu realisieren. Nicht dieses Streben ist neu, sondern Vielfalt an Technologien, die es erleichtern, diesem Streben nachzugehen. Frei verfügbare Technologien werden zu alltäglichen Werkzeugen, mit denen wir uns zu Gruppen zusammenschließen, um gemeinsame Vorhaben zum Leben zu erwecken, zu planen und zu realisieren. Erstmals verfügen wir über technologische Hilfsmittel, die ausreichend flexibel sind, um uns in den vielfältigen Ausprägungen unseres sozialen Lebens zu unterstützen. Mit scheinbar großer Leichtigkeit werden soziale Aufgaben in Gruppierungen unterschiedlichster Art erledigt, die zuvor nur mit hohem Aufwand von Organisationen durchgeführt werden konnten. Diese neue Leichtigkeit, mit der wir uns den technologischen Werkzeugen bedienen und mit bekannten oder unbekannten Personen zusammenschließen, ist für Shirky der Ausgangspunkt seiner Betrachtungen. Wenn sich die Art und Weise verändert, in der wir uns mit anderen Menschen austauschen, uns zusammen tun, miteinander arbeiten oder sonstige Beziehungen pflegen, so hat dies weitreichende Auswirkungen in alle Bereiche der Gesellschaft – in Wirtschaft und Politik etwa, aber auch in Medien oder Religion. Alles, was die Art und Weise verändert, wie Gruppen funktionieren, ändert auch, wozu Gruppen gemeinsam in der Lage sind.

Kernsätze

> Hier liegt der Kern von Shirkys Buch: Soziale Technologien verändern die Art und Weise, wie Gruppen zusammenfinden und wie deren Mitglieder gemeinsam aktiv werden.

Es ist heute viel einfacher, Menschen in Gruppen zusammenzuführen. Und viel günstiger. War es früher für Individuen nahezu unmöglich, große Gruppen zu bilden und deren Aktivitäten zu steuern, ist dafür heute im besten Fall bereits die Gründung einer Facebook-Gruppe ausreichend. Die Kosten, die anfallen, um eine neue Gruppe zu gründen oder sich einer bestehenden Gruppe anzuschließen, sind in den vergangenen Jahren dramatisch gefallen. Technologien erleichtern nicht nur, gemeinsame Aktivitäten zu koordinieren und kollektiv zu handeln, sie lassen zudem traditionelle Organisationsstrukturen in vielen Bereichen obsolet werden. Und sie lösen bisher geltende Einschränkungen auf. Selbstorganisierte Gruppen sind nicht mehr nur im Freundeskreis möglich sondern auch auf der Ebene der Wikipedia. Sie liefern eine hochwertige Qualität, die bislang professionellen Unternehmen vorbehalten war und sie lassen sich in immer mehr Bereichen des sozialen und wirtschaftlichen Lebens beobachten. Wir können heute selbst aktiv werden und uns miteinander organisieren, ohne auf die Strukturen traditioneller Institutionen und Organisationen zurückgreifen zu müssen. Die meisten Barrieren, die Gruppen davon abgehalten haben, sich zu bilden und aktiv zu werden, sind durch die technologische Entwicklung in den vergangenen Jahren gefallen. Jeder Einzelne ist heute frei, neue Wege zu erkunden, sich Gruppen anzuschließen oder eigene Gruppen zu gründen, um gemeinsam neue Aufgaben zu erledigen. Die Mitglieder dieser neuen Gruppen arbeiten nicht nur ohne klare Vorgaben ihrer Vorgesetzten, sie können zudem unabhängig von bisherigen Einschränkungen in Bereichen tätig werden, in denen kollaboratives Arbeiten bislang nicht möglich war. Wesentlicher Grund hierfür ist die rasante Abnahme von Transaktionskosten.[3]

Einbruch von Transaktionskosten

Shirky führt die beschriebenen Entwicklungen auf den Einbruch von Transaktionskosten zurück.

> „The collapse of transaction costs makes it easier for people to get together – so much easier, in fact, that it is changing the world. The lowering of these costs is the driving force underneath the current revolution and the common element to everything in this book."[4]

Wächst eine Gruppe von Menschen über eine gewisse Größe hinaus, wird es für die Gruppenmitglieder unmöglich, mit allen anderen Mitgliedern direkt zu interagieren. Immer dann, wenn die Pflege der internen Beziehungen mit einem minimalen Aufwand verbunden ist, wird dieser Aufwand ab einer gewissen Anzahl von Individuen zu groß. Um diesen Aufwand gering zu halten, sind Organisationen daher traditionell hierarchisch organisiert. Hierarchische Strukturen vereinfachen die Kommunikation zwischen den Mitarbeitern und tragen dazu bei, die anfallenden Transaktionskosten gering zu halten. Dennoch, für jede Transaktion, die durchgeführt wird, werden beschränkte Ressourcen wie Zeit, Aufmerksamkeit oder Geld benötigt. Jede Tätigkeit in der Organisation ist dadurch mit einem minimalen Aufwand verbunden. Damit es sich lohnt, bestimmte Aktivitäten zu verfolgen, muss der Wert dieser Aktivitäten über den anfallenden Kosten liegen. Ist dies nicht der Fall, werden diese Aktivitäten von der Organisation nicht weiter verfolgt. Die bisherige Alternative, die noch immer gilt, ist die Durchführung der entsprechenden Aktivität außerhalb der Hierarchie der Organisation über die freie Struktur des Marktes.

Hierzu folgt ein kurzer Exkurs, der bei Shirky zwar nicht ausführlich beschrieben wird, das Verständnis der Entwicklungen jedoch erleichtert: Seit den 1980er Jahren wird der Einfluss abnehmender Transaktionskosten auf die Eignung der jeweiligen Organisationsform anhand der *Move-to-the-Market* Hypothese diskutiert.[5] Wie Abbildung 13 zeigt, zeichnen sich Märkte in Relation zu hierarchischen Organisationsformen in der Regel durch höhere Transaktionskosten aus. Der Einsatz digitaler Kommunikationstechnologien zur Reduktion von Transaktionskosten kann sich hier am stärksten entfalten. Die Vorteile einer Leistungserstellung über marktbezogene Kooperationsformen gewinnen daher im Vergleich zu hierarchischen an Bedeutung. Für Leistungen mit einem hohen Spezifikationsgrad (ab S1 in der Grafik) scheint grundsätzlich eine Organisation innerhalb hierarchisch organisierter Unternehmen von größerer Effizienz. Nimmt der Grad an Spezifität ab, können Leistungen mit

---

3 Vgl. Shirky, C. (2008), S. 18 ff.
4 Shirky, C. (2008), S. 48.
5 Vgl. Malone, T.W. et al. (1987).

geringen Spezifikationen (0 bis S1) über marktliche Koordination effizienter organisiert werden.

Modell

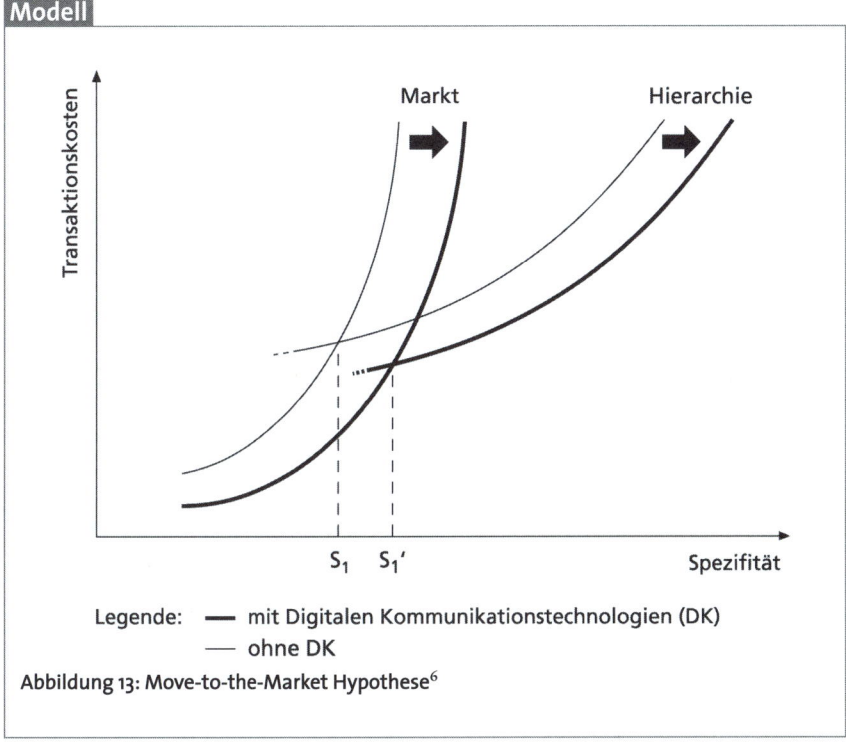

Legende: ▬▬ mit Digitalen Kommunikationstechnologien (DK)
▬▬ ohne DK
Abbildung 13: Move-to-the-Market Hypothese[6]

Die Nutzung digitaler Kommunikationstechnologien kann nun zu einer Abnahme der Transaktionskosten führen. Die Übergänge zur Organisationsform mit höherer Hierarchie verschieben sich dabei nach rechts, das heißt, erst mit einer größeren Spezifität (S1') ist der Wechsel vom Markt zu hierarchisch organisierten Unternehmen gewinnbringend.[7]

Kernsätze

Leistungen mit höherer Spezifität können durch gesunkene Transaktionskosten erstmals außerhalb hierarchischer Organisationsformen erstellt werden.

Die *Move-to-the-Market* Hypothese lässt sich auch auf die Ausführungen von Shirky übertragen: Aufgrund dessen, dass die minimalen Kosten, die anfallen, um der Orga-

---

6 Eigene Abbildung in Anlehnung an Picot, A. et al. (2003).
7 Vgl. Picot, A. et al. (2003).

nisation überhaupt eine Form zu geben, bereits relativ hoch sind, lohnt es sich oftmals sogar dann nicht, eine Aktivität durchzuführen, wenn diese einen erkennbaren Wert in sich trägt. Aktivitäten, deren Kosten höher sind als ihr potentieller Wert, finden einfach nicht statt. Diese traditionelle Kosten-Nutzen-Relation lässt sich durch die Verbreitung sozialer Technologien scheinbar neu berechnen. Auch hier kann mit Blick auf Abbildung 13 von einer Verschiebung nach rechts ausgegangen werden. Auf der linken Seite des Marktes ließe sich eine neue Kurve auftragen, die sich auf die kollaborative Zusammenarbeit über das Internet bezieht. Diese Form der Zusammenarbeit ist mittlerweile zu einem alternativen Produktionsmodus herangewachsen, der auch als nichtmarktliche Produktion (englisch: *nonmarket production*) bezeichnet wird.[8] Die Transaktionskosten, die bei kollaborativen Aktivitäten anfallen, wie etwa dem gemeinsamen Verfassen von Wikipedia-Artikeln oder auch dem Bereitstellen von Videos auf YouTube, haben einerseits stark abgenommen und lassen sich andererseits auf die Schultern vieler Nutzer verteilen. Wie diese Beispiele zeigen, sind Aktivitäten, die über traditionelle Wege von Management und Organisation zu aufwändig waren, um sie zu verfolgen, durch neue Formen der Koordination heute jenseits marktlicher Einschränkungen möglich geworden. Für Shirky ist dieses *Organisieren ohne Organisationen* eine der zentralen Auswirkungen sozialer Technologien, die sich mit der Abnahme von Transaktionskosten durchzusetzen scheint. Seine Analyse kommt zu folgendem Ergebnis: Dynamische Gruppierungen können heute Aktivitäten durchführen, die bislang jenseits hierarchischer Organisationsstrukturen nicht realisierbar waren. Dies gilt für alle Formen von Gruppenaktivitäten, die sich in drei Kategorien unterteilen lassen: Austausch, Zusammenarbeit und kollektives Handeln.[9]

Austausch, Zusammenarbeit und kollektives Handeln

Analog zum Ansatz von Li und Bernoff[10] unterscheidet Shirky die drei verbreiteten Gruppenaktivitäten anhand einer sinnbildlichen Leiter, die in Abbildung 14 dargestellt ist.[11]

---

8   Vgl. Benkler, Y. (2006).
9   Vgl. Shirky, C. (2008), S. 47.
10   Vgl. Li, C., Bernoff, J. (2008) oder Kapitel 14 in diesem Buch.
11   Vgl. Shirky, C. (2008), S. 49.

Modell

Kollektives Handeln	Gemeinsame Aktionen von Gruppen, deren Mitglieder sich über das Internet zusammenschließen und koordinieren.
Zusammenarbeit	Echte Unterhaltungen zwischen Individuen oder das gemeinschaftliche Produzieren mit gemeinsamen Regeln und Zielen.
Austausch	Gegenseitiges Austauschen von Botschaften oder Inhalten über Anwendungen wie YouTube, Facebook oder Twitter.

Abbildung 14: Gruppenaktivität nach Schwierigkeitsgrad

Austausch

Das gegenseitige Austauschen von Botschaften oder Inhalten ist eine vergleichbar einfache Gruppenaktivität, für die sich verbreitete Anwendungen wie YouTube, Facebook oder Twitter nutzen lassen. Durch diese Anwendungen wird der Austausch von Inhalten gefördert, indem beispielsweise Bilder veröffentlicht und über sogenannte *tags*, Kategoriebezeichnungen, beschrieben werden. Über diese *tags* werden die Bilder von anderen Nutzern gefunden, die scheinbar ähnliche Interessen haben.

Während ähnliche Interessen früher die Voraussetzung waren, damit Menschen zusammen kamen, erfolgt die Formung von Gruppen heute umgekehrt:

Kernsätze

In den sozialen Medien des Internets wird zunächst geteilt und anschließend nach gemeinsamen Interessen mit anderen gesucht. Im Gegensatz zu den Zeiten vor der Verbreitung des Internet tauschen sich Menschen heute bereits untereinander aus, bevor sie ihre Gemeinsamkeit entdecken.[12]

Zusammenarbeit

Etwas komplexer als der Austausch sind echte Unterhaltungen zwischen Menschen, die Shirky als einfache Form der Zusammenarbeit bezeichnet. So gibt es in jeder Gruppe Kommunikationsregeln, die eingehalten werden müssen, damit es nicht zu Spannungen kommt. Die Befolgung gemeinsamer Regeln führt zu einer gemeinsamen Identität der Gruppe, die sich bei einfachem Mitteilen nicht entwickelt.

Eine fortgeschrittene Form der Zusammenarbeit ist das gemeinschaftliche Produzieren von Inhalten. Während sich die Gruppenmitglieder bei der bloßen Unterhaltung lediglich an Kommunikations- und Verhaltensregeln halten müssen, teilen sie sich bei

---

12   Vgl. Shirky, C. (2008), S. 25 ff.

der Zusammenarbeit darüber hinaus die gemeinsame Verantwortung für das Gruppenziel. Sie müssen ihr Verhalten miteinander synchronisieren, um möglichst effizient zusammen arbeiten zu können. Individuelle Interessen, Wünsche und Bedürfnisse müssen für die Erreichung des gemeinsamen Ziels zumindest in Teilen hintenan gestellt werden.

Soziale Technologien senken auch hier die Transaktionskosten, wodurch der Aufwand, kollaborativ zusammen zu arbeiten deutlich abgenommen hat. Durch die Zusammenarbeit mithilfe dieser Technologien können gemeinsame Aufgaben heute schneller, effizienter und ortsunabhängiger gelöst werden.[13]

Kollektives Handeln

Kollektive Handlungen, bei denen Gruppen, die sich über das Internet zusammenschließen, gemeinsame Aktionen durchführen, kommen bislang zwar nur selten vor, sie haben aber das größte Potential, gesellschaftliche Veränderungen herbeizuführen. Erste Beispiele sind spontane Ansammlungen von Menschen, sogenannte *Flashmobs*, die sich an einem vereinbarten Ort treffen und mit einer gleichzeitig durchgeführten Tätigkeit auf sich aufmerksam machen. Auf ein Zeichen oder zu einer verabredeten Uhrzeit fangen beispielsweise alle Teilnehmer an, zu protestieren oder andere vereinbarte Aktivitäten durchzuführen. Durch ihre scheinbare Sinnlosigkeit wurden diese *Flashmobs* von verschiedenen Seiten kritisiert und als inhaltlich aussagelos bezeichnet. Sie können demnach eher als Testläufe kollektiver Handlungen verstanden werden.[14]

Das Aufkommen dieser neuen Art von kollektiven Handlungen wurde bereits ausführlich von Rheingold beschrieben, der in seinem gleichnamigen Buch den Begriff der *Smart Mobs* geprägt hat. Als Beispiel führt er unter anderem die Bewegung von Globalisierungsgegnern an, die ihre Protestaktionen gegen den G8-Gipfel in Genua ohne zentrale Organisation hauptsächlich über Handys und dynamische Websites steuerten. *Flashmobs* sieht Rheingold als eine Variante von *Smart Mobs*, mit denen Möglichkeiten und Grenzen kollektiver Handlungen ausgetestet werden. Ihre Teilnehmer testen, wie laut ihre Stimmen zu hören sind. Mit den neuen Formen der Kommunikation ändert sich auch die Vorgehensweise solcher Gruppierungen. Deren Teilnehmer verbringen nicht mehr den ganzen Tag miteinander, um gemeinsam aktiv zu werden. Sie informieren und koordinieren sich über Kurznachrichten und treffen sich zur vereinbarten Zeit am vereinbarten Ort, führen ihre Aktionen durch und gehen anschließend wieder ihren eigenen Tätigkeiten nach.[15]

Für alle Formen der dargestellten Gruppenaktivitäten gilt, dass die neuen Werkzeuge keinesfalls als deren Ursache verstanden werden können, sondern lediglich als Katalysator. Die Technologien verkleinern vorhandene Barrieren und sie erleichtern die gruppeninterne Kommunikation. In der Regel führen sie aber dazu, dass nur solche

---

13 Vgl. Shirky, C. (2008), S. 49–50.
14 Vgl. Shirky, C. (2008), S. 164 ff.
15 Vgl. Rheingold, H. (2003).

Gruppen entstehen und gemeinsam aktiv werden, für die es vorher bereits ein generelles Interesse gab.

Individuen als Medienunternehmen

Früher war es für die Medienunternehmen mit großem Aufwand verbunden, Konsumenten mit ihren Texten, Bildern, Filmen oder Musik zu erreichen, sodass nur hierarchisch organisierte Medienunternehmen diese Aufgabe übernehmen konnten. Durch die Digitalisierung sind Produktion, Vervielfältigung und Distribution heute weitaus weniger aufwendig geworden. Die Inhalte von Medien werden nicht mehr ausschließlich von den professionellen Institutionen kontrolliert, sie werden zu immer größeren Anteilen von Individuen und selbstorganisierten Gruppierungen übernommen. Jeder, der ausreichend Geschick im Umgang mit den verfügbaren Technologien mit sich bringt, kann heute die Funktion traditioneller Medienunternehmen übernehmen.[16] Durch die Freiheit, jederzeit eigene Medieninhalte zu veröffentlichen – und damit eine sehr große Zahl an potentiellen Empfängern zu erreichen – kann heute jeder sein eigener Medienunternehmer werden.

Die Auswirkungen dieser Entwicklungen, die auch als *Mass Amateurization* bezeichnet werden, untersucht Shirky bereits seit einigen Jahren. Im Fokus seiner Untersuchung stand dabei die Frage, ob mit der Verbreitung von Weblogs traditionelle Veröffentlichungen an Bedeutung verlieren und eine neue Form von Journalismus entsteht. Während professionelles Veröffentlichen immer nur auf einer beschränkten Zahl beteiligter Journalisten aufbaut, wurde die Verbreitung von Weblogs von Amateuren vorangetrieben. Das ist das klassische Entwicklungsmuster im Internet. Die meisten Blogger sind Amateure, die sich mit ihren Veröffentlichungen eher an einen kleinen und teilweise spezialisierten Leserkreis richten als an ein Massenpublikum.[17] Allerdings, und das scheint in dieser Hinsicht die wesentliche Entwicklung zu sein, sind Weblogs nicht nur ein zusätzlicher Kommunikationskanal sondern eine Alternative zur gesamten Verlagsbranche. Für Shirky ist das so: Wir benötigen heute keinen professionellen Fahrer, um ein Auto zu fahren, und eben auch keine professionellen Verlage zum Veröffentlichen. Diese Entwicklung wurde Shirkys Ansicht nach von der Medienbranche bislang nur unzureichend erkannt. Zwar hätten die Medienunternehmen die Zunahme von selbstveröffentlichten Inhalten im Internet zur Kenntnis genommen, ihnen jedoch, durchaus zu Recht, eine im Durchschnitt geringere Glaubwürdigkeit zugesprochen. Was jedoch bislang scheinbar nicht verstanden wurde, ist die Bedeutung der großen Menge an selbstveröffentlichten Inhalten. Wird derselbe Inhalt an hunderten von Orten veröffentlicht, kann dies zu einem Verstärkungseffekt führen, der die tendenziell geringere Glaubwürdigkeit überwiegt.[18]

---

16 Vgl. Shirky, C. (2008), S. 59 ff.
17 Vgl. Shirky, C. (2002).
18 Vgl. Shirky, C. (2008), S. 65 f.

Erst veröffentlichen, dann filtern

Im vierten Kapitel beschreibt Shirky seine Beobachtungen zum Phänomen des *User-generated Content*, das heißt von Nutzern erzeugte Inhalte. Eine große Menge aktiver Nutzer widmet sich in den sozialen Medien der Erstellung eigener Inhalte, die sie auf allgemeinen Plattformen wie YouTube, Facebook oder speziell für diese Inhalte entwickelten Communitys bereitstellen. Erneut werden traditionelle Muster abgelöst. Anstatt zunächst Regeln und Strukturen zu definieren, nach denen Inhalte produziert und veröffentlicht werden, gilt das umgekehrte Prinzip: Erst wird veröffentlicht, dann gefiltert. Anstatt erst zu entscheiden, welche Inhalte oder Aktivitäten für einen bestimmten Zweck am besten geeignet wären und diese dann im Anschluss gezielt zu organisieren, werden Inhalte ohne vorherige Auswahl auf den jeweiligen Websites veröffentlicht. Erst im Nachhinein werden die Inhalte von anderen bewertet, strukturiert, organisiert und damit von der jeweiligen Community *gefiltert*.

Modell

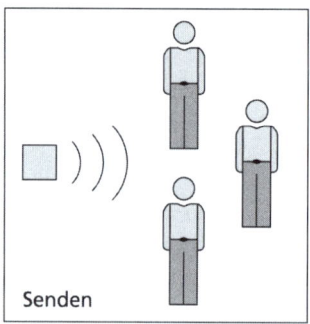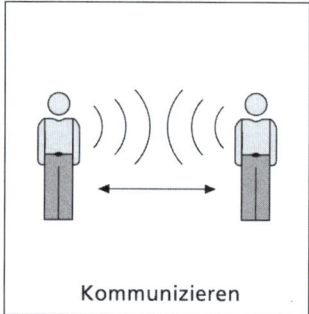

Senden   Kommunizieren

Abbildung 15: Unterscheidung zwischen senden und kommunizieren in den sozialen Medien (Eigene Abbildung)

Mit Blick auf das Phänomen des *User-generated Content* weist Shirky auf ein wichtiges Detail hin. Vor den Zeiten des Internet wurden Medien anhand ihrer Funktion unterschieden: Sie wurden entweder dazu genutzt, im Sinne des englischen *Broadcasting*-Begriffs zu senden, oder sie dienten der Kommunikation zwischen meist zwei Personen. Die daraus resultierende Unterscheidung zwischen *One-to-Many-* und *One-to-One-*Medien war lange Zeit derart offensichtlich, dass eine persönliche Nachricht von einer unpersönlichen einzig anhand des eingesetzten Mediums unterschieden werden konnte. Das Fernsehen sendete unpersönliche Nachrichten, das Telefon diente der persönlichen Kommunikation. Im Internet verschwimmt die bisher klare Trennung, die in Abbildung 15 dargestellt ist. Hier ist beides möglich – senden und kommunizieren. Diese Eigenschaft erschwert ein klares Verständnis von *User-generated Content*. Die meisten Inhalte der sozialen Medien, die von Individuen oder sehr kleinen Gruppen erzeugt werden, sind persönliche Nachrichten. Da wir es aber nicht gewöhnt sind, dass ein Medium, über das Botschaften gesendet werden können, auch der direkten Kommunikation zwischen wenigen Individuen dienen kann, denken wir, dass nun jeder sein eigener Sender ist und die öffentlichen Inhalte auch für uns bestimmt sind.[19]

Vor dem Einzug des Internet war es mit einem beachtlichen Aufwand verbunden, ein großes Publikum mit der eigenen Botschaft zu erreichen. Alles was schließlich „gesendet" wurde, haben wir als öffentliche Nachricht verstanden, die nicht zuletzt auch an uns selbst gerichtet war. Wenngleich die Situation heute eine andere ist, wird häufig trotzdem noch davon ausgegangen, dass alle öffentlichen Nachrichten auch an die Öffentlichkeit gerichtet sind.

Im Internet kann nicht nur jeder alles veröffentlichen, es kann auch jeder alles kommentieren, bewerten und verlinken. Es kann also nicht nur jeder veröffentlichen sondern auch filtern. Die traditionelle Formel „Erst filtern, dann veröffentlichen" basierte darauf, dass in den Medien Knappheit herrschte. Sendezeiten waren beschränkt und ebenso begehrt, sodass vor der Veröffentlichung ganz genau entschieden wurde, was veröffentlicht werden soll und was nicht. In den sozialen Medien steht hingegen unbegrenzte Sendezeit zur Verfügung. Wenn jeder, jederzeit senden kann, was er will, ist für Shirky das einzig praktikable System: *Publish, then filter.*[20]

Kommunikation in sozialen Netzwerken

Soziale Netzwerke haben in Bezug auf die gruppeninterne Kommunikation vor allem zwei Eigenschaften, die bei ausgewogener Balance dazu führen, dass sich Nachrichten besonders effizient verbreiten. Die erste Eigenschaft bezieht sich auf kleine Gruppen innerhalb dieser Netzwerke, die sich durch enge Verbindungen auszeichnen. Das typische Muster in kleinen Gruppen ist, das jeder mit jedem verbunden ist. Bei einer Gruppe mit fünf Mitgliedern ergeben sich daraus zehn Verbindungen. Alle Mitglieder können direkt miteinander kommunizieren. Fällt jemand vorübergehend oder dauerhaft aus, ist davon keine der anderen Verbindungen betroffen. Die zweite Eigenschaft bezieht sich auf große Gruppierungen, deren Mitglieder nur spärlich miteinander verbunden sind. Eine größere Ansammlung von Menschen führt zu einer potentiell deutlich höheren Zahl von Verbindungen. Mit dem Wachstum der Gruppe wird eine Struktur, in der jeder mit jedem verbunden ist zunächst unpraktisch und letztlich unmöglich.

---

19 Vgl. Shirky, C. (2008), S. 81 f.
20 Vgl. Shirky, C. (2008), S. 98.

Kernsätze

Um Nachrichten in sozialen Netzwerken effizient zu verbreiten, empfiehlt Shirky, diese beiden Eigenschaften miteinander zu verbinden. Es komme auf die richtige Mischung von engen und losen Verbindungen an. Bewerkstelligen lässt sich dies, indem kleine Gruppen, deren Mitglieder untereinander eng verbunden sind, über lose Verbindungen mit anderen Gruppen verknüpft werden.

Anstelle einer homogenen Gruppe mit fünfundzwanzig Mitgliedern können so, wie in Abbildung 16 angedeutet, fünf Gruppen mit jeweils fünf Mitgliedern miteinander verbunden werden.

Modell

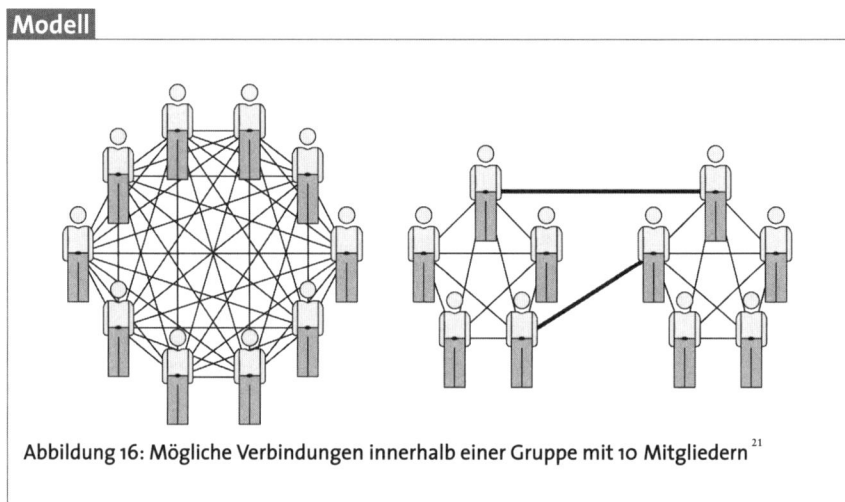

Abbildung 16: Mögliche Verbindungen innerhalb einer Gruppe mit 10 Mitgliedern[21]

So lange Mitglieder jeder Gruppe mit Mitgliedern anderer Gruppen verbunden sind, lassen sich die Vorteile enger Verbindungen in kleinen Gruppen mit denen loser Verbindungen in großen Gruppen kombinieren.[22]

Kostenloses Scheitern

Der Logik des Prinzips *publish, then filter* folgt, dass es durch die Vielzahl an Beiträgen in den sozialen Medien immer auch ein große Menge an Fehlschlägen geben wird. Mit den Transaktionskosten sind aber auch die Kosten des Scheiterns gesunken. Wenn ein geplantes Vorhaben nicht aufgeht, weil sich beispielsweise keine Interessenten für ein neues Angebot finden, kann man ohne hohe Kosten das nächste Vorhaben ausprobieren.

---

21 Eigene Abbildung in Anlehnung an Shirky, C. (2008).
22 Vgl. Shirky, C. (2008), S. 212 f.

Generell lassen sich die negativen Auswirkungen von Fehlschlägen über deren Wahrscheinlichkeit und Kosten berechnen. Um diese Auswirkungen gering zu halten, konzentrieren sich die meisten Organisationen darauf, die Wahrscheinlichkeit von Fehlschlägen zu minimieren, in dem riskante Projekte abgelehnt werden. Aus diesem Vorgehen resultiert, dass innovative Projekte tendenziell auch dann abgelehnt werden, wenn sie grundsätzlich vielversprechend sind. Die Wahrscheinlichkeit, dass sie scheitern, und die damit verbundenen Kosten sind den entscheidenden Personen häufig zu hoch. Im Internet ist die Situation eine andere. Dadurch, dass die Kosten des Scheiterns so gering sind, halten Fehlschläge die beteiligten Akteure nicht davon ab, mit hoher Risikobereitschaft neue Vorhaben zu verfolgen. Auch wenn deren Erfolgswahrscheinlichkeit ungewiss ist. Im Gegenteil, die geringen Kosten, die hier mit den Fehlschlägen verbunden sind, führen dazu, dass eine große Vielfalt von Lösungsalternativen erkundet wird.

Kernsätze

> Wenn eine ausreichend große Gruppe von Personen neue Ideen umsetzt, ist die Chance, das glückliche Zufälle (*happy accidents*) entstehen, bei denen wertvolle Innovationen entdeckt werden, sehr viel höher.

Während Unternehmen bislang einen sehr starken Drang hatten, an Lösungen festzuhalten, die sich als erfolgreich herausgestellt hatten, werden bessere Lösungen häufig übersehen. Hier setzte die beschriebene Dynamik ein. Man zog es vor, an sicheren Lösungen festzuhalten, da das Erkunden vielleicht besserer Alternativen erneut zu Fehlschlägen und den damit verbundenen Kosten führen könnte. Da diese Kosten im Internet gering sind, wird vor der Suche nach optimalen Lösungsalternativen heute weniger zurückgeschreckt als bisher. Mehr noch, insbesondere in großen Organisationen ist es oftmals kostengünstiger, Dinge einfach auszuprobieren als eine formale Entscheidung zu bewirken.[23]

Versprechen, Technologie, Übereinkunft

Im abschließenden Kapitel *Promise, Tool, Bargain* beschreibt Shirky drei zentrale Erfolgsfaktoren für den Einsatz sozialer Technologien. Die Erfahrung zeigt, dass erfolgreiche Beispiele häufig auf einem komplexen Zusammenspiel einer Vielzahl sozialer und technologischer Faktoren basieren. Diese Vielzahl lässt sich jedoch auf drei wesentliche Faktoren zurückführen: Auf ein glaubhaftes Versprechen, eine wirkungsvolle Technologie sowie eine nachhaltige Übereinkunft mit den Nutzern.

Glaubhaftes Versprechen

Der erste Erfolgsfaktor beantwortet die Frage, warum jemand einer Gruppe beitreten oder einen eigenen Beitrag leisten sollte. Ein Versprechen, dem ausreichend viele

---

23   Vgl. Shirky, C. (2008), S. 47 f.

Nutzer folgen, ist die Grundvoraussetzung für den Einsatz sozialer Medien. Beispiel für ein solches Versprechen findet sich bei Twitter:

Beispiel

> „Twitter ist ein von Menschen kontrolliertes Echtzeit-Informationsnetzwerk, das Dir erlaubt, mit anderen zu entdecken und zu teilen, was gerade passiert, überall auf der Welt."[24]

Durch die Glaubhaftigkeit des Versprechens kann Neugier geweckt werden und die Bereitschaft zur Teilnahme entstehen. Die Inhalte des Versprechens unterscheiden sich von klassischen Marketing-Versprechen vor allem aus folgendem Grund:

Kernsätze

> In den sozialen Medien geht es häufig nicht darum, etwas zu verkaufen, das für diejenigen hergestellt wird, denen das Versprechen gilt. Es ist vielmehr so, dass diejenigen, denen etwas versprochen wird, selbst an der Herstellung teilnehmen sollen.

In Ergänzung zur Definition eines glaubhaften Versprechens weist Shirky auf ein zentrales Problem bei dem Versuch hin, Nutzer für das eigene Angebot zu finden. Solange sich um das Angebot noch keine Gruppe, keine Community, gebildet hat, macht es für individuelle Nutzer oftmals keinen Sinn, sich für eine Teilnahme anzumelden.[25] Um potentielle Interessenten dennoch zur Teilnahme zu überzeugen sollten zwei Fragen beantwortet werden: Wird dem Interessenten die Nutzung des Angebots und die spätere Teilnahme an der Gruppe gefallen? Und werden andere Nutzer dieselbe Entscheidung treffen, damit ausreichend Mitglieder zusammen kommen? Für die Lösung dieses Problems lassen sich drei unterschiedliche Strategien unterscheiden.[26]

Anwendung

> Zunächst sollte das Beitreten in die Gruppe besonders einfach gemacht werden. Desweiteren sollte bereits ein individueller Mehrwert für einzelne Nutzer entstehen, zudem sich später der Mehrwert der gemeinsamen Nutzung addiert. Letztlich sollte die Gruppe in einzelne Communitys unterteilt werden, in denen durch enge Verbindungen bereits ein starkes Gruppengefühl entsteht bevor die gesamte Gruppe eine ausreichende Größe erreicht.

Wirkungsvolle Technologie

Die Technologie beantwortet die Frage, wie die Koordination der Gruppenmitglieder bewerkstelligt werden kann. Nachdem das Versprechen von potentiellen Nutzern

---

24 Twitter (2010).
25 Vgl. hierzu auch Münker, Stefan (2009) und Kapitel 3 in diesem Buch.
26 Vgl. Shirky, C. (2008), S. 261–264.

angenommen wurde, entscheidet die eingesetzte Technologie, wie sich alle Beteiligten dem Versprechen gemeinsam nähern können. Mit der Entscheidung für eine Technologie werden auch die möglichen Formen der Interaktion innerhalb der Gruppe festgelegt.[27] Analog zu Li und Bernoff[28] empfiehlt Shirky, sich bei der Wahl nicht auf Technologie an sich zu konzentrieren, sondern auf die Beziehungen, die erforderlich sind, um das Versprechen einlösen zu können.[29]

Als Entscheidungshilfe wird die Orientierung an zwei zentralen Fragestellungen vorgeschlagen: Wird eine große oder eine kleine Gruppe angestrebt? Soll die Gruppe nur für kurze Zeit zusammen kommen oder dauerhaft existieren?

Kleine Gruppen zeichnen sich wie oben dargestellt dadurch aus, dass ihre Mitglieder über enge Interaktionen miteinander in Verbindung stehen. Der soziale Zusammenhalt ist daher stark ausgeprägt, sodass kleine Gruppen eine bessere Umgebung für authentische Gespräche sind. Es ist in diesen Gruppen einfacher, Gespräche gezielt zu einer klaren Fragestellung und zu einem konstruktiven Ziel zu führen. In großen Gruppen hingegen sind die Mitglieder nur spärlich miteinander verbunden. Sie bilden eine heterogene Ansammlung von Individuen, sodass sie eine größere Eigendynamik zeigen. Shirky bezieht sich hier auf die „Weisheit der Vielen", die von Surowiecki beschrieben wurde.[30] Diese Weisheit und die Fähigkeit, komplexe Probleme lösen zu können, sind Vorteile großer Gruppen.[31]

Nachhaltige Übereinkunft

Die Übereinkunft legt die generellen Regeln für alle Beteiligten fest. Nachdem die Nutzer am geäußerten Versprechen interessiert sind und die eingesetzten Technologien nutzen, stellen sich die nachfolgenden Fragen: Was genau sollen sie von der Teilnahme erwarten und was wird im Gegenzug von ihnen erwartet. Das Verhalten der Gruppenmitglieder orientiert sich zwar an den technologisch vorgegebenen Möglichkeiten, die Technologie kann es jedoch niemals vollständig steuern. Das gemeinsame Verhalten muss kontinuierlich untereinander ausgehandelt werden.

Nachdem die Entscheidung für die Technologie gefallen ist, muss gemeinsam mit den potentiellen oder bereits aktiven Nutzern ausgehandelt werden, wie das Versprechen im Zusammenspiel aller Beteiligen gemeinsam erfüllt werden kann.

An dieser Stelle offenbart sich erneut der große Unterschied zur traditionellen Beziehung zwischen Anbieter und Nachfrager. Die Nutzer sozialer Medien fordern sehr selbstbewusst, wie bestimmte Anwendungen gestaltet sein sollten.

---

27 Zu berücksichtigen ist zudem, dass der Einsatz von neuen Technologien nicht immer zielführend ist. Ihr großer Nachteil ist, dass sie bislang eben noch nicht genutzt werden. Je größer die Zahl der Nutzer, die bereits mit der Nutzung einer Technologie vertraut ist, desto geringer ist das Risiko, dass die Technologie nicht akzeptiert wird.
28 Vgl. Li, C., Bernoff, J. (2008) oder Kapitel 14 in diesem Buch.
29 Vgl. Shirky, C. (2008), S. 268.
30 Vgl. Surowiecki, J. (2007) oder Kapitel 8 in diesem Buch.
31 Vgl. Shirky, C. (2008), S. 265 ff.

"The essential aspect of the bargain is that the users have to agree to it. I can`t be instantiated as a set of contractual rules, [...] the bargain has to be part of the lived experience of interaction. " [32]

Prominentes Beispiel ist der Widerstand einer großen Zahl von Facebook-Nutzern gegen den Umgang mit ihren privaten Daten. Aufgrund des hohen Drucks von den eigenen Nutzern, musste Facebook sein Verhalten ändern. Es wurde in diesem Fall eine Übereinkunft gefunden – ob diese nur temporär war oder langfristig anhält, wird sich in der nahen Zukunft zeigen. Eine Übereinkunft kann erst dann entstehen, wenn das Versprechen formuliert und die Technologien bereits im Einsatz sind. Der dritte Erfolgsfaktor der nachhaltigen Übereinkunft hängt in großem Maße vom Verhalten der Nutzer und der Dynamik innerhalb der Gruppe ab, sodass eine Voraussage hier am schwersten fällt.

Fazit

Mit der Darstellung ausgewählter Aspekte von Shirkys Analysen konnte auf den vorangegangenen Seiten gezeigt werden, wie sich diese auf die Lösung praktischer Probleme anwenden lassen. Insbesondere die hier beschriebenen Auszüge zur Kommunikation und Koordination selbstorganisierter Gruppierungen können wichtige Beiträge zu einem grundlegenden Verständnis der Dynamiken in den in den sozialen Medien liefern. Wer in die Tiefe von Shirkys Gedanken vordringen möchte, dem sie die Lektüre von *Here Comes Everybody* wärmsten empfohlen.

Literatur

Benkler, Y. (2006), The Wealth of Networks: How Social Production Transforms Markets and Freedom, Yale Univ Press

Li, C., Bernoff, J. (2008), Groundswell: Winning in a World Transformed by Social Technologies, Harvard Business Press, Boston, Massachusetts

Malone, T.W., Yates, J., Benjamin, R.I. (1987) Electronic Markets and Electronic Hierarchies, in: Communications of the ACM, vol. 30,6: 484–497

Münker, Stefan (2009), Emergenz digitaler Öffentlichkeiten: Die Sozialen Medien im Web 2.0, Frankfurt (Main)

Picot, A., Reichwald, R., Wigand, R. (2003) Die Grenzenlose Unternehmung: Information, Organisation und Management, 5., akt. und verb. Auflage, Wiesbaden

Rheingold, H. (2003), Smart Mobs: The Next Social Revolution, Basic Books

Shirky, C. (2002), Weblogs and the Mass Amateurization of Publishing, Clay Shirky's Writings About the Internet am 03.10.2002, URL: www.shirky.com/writings/weblogs_publishing.html

Shirky, C. (2008), Here Comes Everybody. The Power of Organizing Without Organization. Penguin Books, New York

---

32   Shirky, C. (2008), S. 273.

Shirky, C. (2010), Cognitive Surplus: Creativity and Generosity in a Connected Age. Penguin Books, New York

Slee, T. (2010), Wikibollocks: The Shirky Rules, Whimsley am 25.04.2010, URL: http://whimsley.typepad.com/whimsley/2010/04/wikibollocks-the-shirky-rules.html, abgerufen am 28.07.2010

Surowiecki, J. (2007), Die Weisheit der Vielen: Warum Gruppen klüger sind als Einzelne, Goldmann Verlag

Twitter (2010), Über uns, URL: http://twitter.com/about, abgerufen am 27.08.2010

Kapitel 10 Crowdsourcing (Jeff Howe)

von Bastian Unterberg

Der Begriff Crowdsourcing erhält seit Ende 2006 zunehmende Aufmerksamkeit. Er taucht im Kontext von Wikipedia, aber auch im Zusammenhang mit Marketingkampagnen wie der von Doritos zum US-Superbowl oder Kleinstkreditplattformen wie Kiva auf. Was also genau ist Crowdsourcing – was macht es aus? Der diffus gefasste Begriff Crowdsourcing entspricht in seinen Eigenschaften einem sogenannten Buzzword, das im Umfeld vielerlei unterschiedlicher Anwendungen verwendet wird. Die beobachteten Phänomene, in deren Zusammenhang von Crowdsourcing gesprochen wird, wurden zumeist durch technologischen Fortschritt und Entwicklungen ermöglicht und begleiten das Entstehen der Netzgesellschaft. Ein Großteil dieser Anwendungen sind Prozessinnovationen, die maßgeblich durch Netzwerkeffekte des Internet ermöglicht wurden.

Um den Begriff zu strukturieren, beginnt dieses Kapitel mit dem Versuch einer Begriffsdefinition sowie der Beschreibung wesentlicher Grundlagen. Im weiteren Verlauf werden unterschiedliche Anwendungsbereiche beschrieben und abschließend die zentralen Organisationsmerkmale in Crowdsourcing Anwendungen gekennzeichnet.

Crowdsourcing Essentials

Zum ersten Mal wird der Begriff Crowdsourcing in einem Artikel des Wired Magazin, in dem Jeff Howe einen neuen Produktionsmodus ausruft.[1] Er diagnostiziert einen fundamentalen Wandel der industriellen Produktion von Gütern und zwar sowohl was Prozesse als auch Akteure und Kosten betrifft.

Akteure

Der Journalist Jeff Howe schreibt unter anderem für das Time Magazine und die Washington Post und ist für das Wired Magazin zu den Themenschwerpunkten Media und Entertainment tätig. Im Juni 2006 hat er den Begriff des Crowdsourcing in einem Wired-Artikel „The Rise of Crowdsourcing" geprägt und 2008 ein Buch mit dem Titel „Crowdsourcing – Why the Power of the Crowd is Driving the Future of Business" veröffentlicht.

Durch technologische Fortschritte sind Transaktions- und Produktionskosten in vielen Bereichen so stark gesunken, dass Amateure Zugang zu professioneller Produktionstechnologie erhalten. Vernetzt über das Internet können sie darüber hinaus das Ergebnis ihrer Arbeit anderen zur Verfügung stellen. Amateure produzieren damit nicht nur günstiger sondern teilweise auch in sehr hoher Qualität:

---

1 Vgl. Howe, J. (2006), S. 1.

„Technological advances in everything from product design software to digital video cameras are breaking down the cost barriers that once separated amateurs from professionals. Hobbyists, part-timers, and dabblers suddenly have a market for their efforts, as smart companies in industries as disparate as pharmaceuticals and television discover ways to tap the latent talent of the crowd. The labor isn't always free, but it costs a lot less than paying traditional employees. It's not outsourcing; it's crowdsourcing"[2]

Die Kurzversion von Howes Definition, die er auf seiner Internetseite veröffentlicht hat, umfasst die gleichen Veränderungen, bringt diese aber auf den Punkt:

"Crowdsourcing is the act of taking a job traditionally performed by a designated agent (usually an employee) and outsourcing it to an undefined, generally large group of people in the form of an open call."[3]

Begriffe

Crowdsourcing ist demnach der Prozess, bei dem Unternehmen traditionell interne Aufgaben auslagern, indem sie Freiwillige über das Internet zur Teilnahme an speziellen Aufgaben im Produktionsprozess auffordern.

Howes Definitionen spielen somit auf Crowdsourcing als Arbeitsprozess und als ökonomisches Instrument an. Unter ökonomischen Aspekten gewinnt Crowdsourcing in der Tat sowohl für Unternehmen als auch für Konsumenten immer mehr an Bedeutung: Für Unternehmen dann, wenn sie ihre Kunden nicht mehr nur als Konsumenten begreifen, sondern sie in weitere Wertschöpfungsprozesse einbinden wollen. Ein Beispiel dafür ist die Produktinnovation. Für Konsumenten hat Crowdsourcing eine hohe Bedeutung, wenn sie mehr Einfluss auf neue Trends und Entscheidungen der Unternehmen ausüben wollen.[4]

Die nahezu unbegrenzten Möglichkeiten für Unternehmen, über das Web auf Humanressourcen außerhalb des eigenen Unternehmens zuzugreifen, beschreiben Tapscott und Williams in ihrem Buch Wikinomics, das in Kapitel 12 dieses Handbuchs ausführlich dargestellt wird. Das Internet ermöglicht den effektiven Zugriff auf externe Ressourcen, um spezielle Aufgaben zu lösen und insbesondere die eigene Innovationskraft zu erhöhen. Daraus resultiert für die Unternehmen häufig ein direkter Geschwindigkeitsvorteil im Wettbewerb und eine Reduzierung der Kosten.[5]

Auch Brabham betont die Problemlösungskapazität von Crowdsourcing und konkretisiert den Begriff der „Crowd" als das Kollektiv derjenigen Nutzer, die sich an der Lösung eines Problems beteiligen:

---

2 Howe, J. (2006), S. 1.
3 Howe, J. (2010).
4 Vgl. Jahnke, I., Prilla, M. (2008), S. 132.
5 Vgl. Tapscott, D., Williams A. D. (2007), S. 93 und 269.

„In a crowdsourcing application, the crowd is the collective of users who participate in the problem solving process. Since crowdsourcing takes place through the Web, the crowd is necessarily comprised of Web-users."[6]

Als Diktum bei beiden Sichtweisen gilt, dass Crowdsourcing aufgrund der großen Anzahl der Teilnehmer Produkte hervor bringen kann, die den Vorschlägen von Profis qualitativ in nichts nachstehen.[7] So kommen auch Poetz und Schreier auf Basis einer kleinen Studie zu dem Schluss, dass per Crowdsourcing eingereichte Produkte bei den Kriterien Innovativität und Kundenfreundlichkeit durchaus mithalten können. Einzig im Bereich Machbarkeit schnitten sie schlechter ab.[8]

Crowdsourcing, wie man es heute versteht, ist eng verbunden mit dem Internet und moderner Massenproduktion. Brabham bringt dies ganz pragmatisch auf den Punkt:

„a company posts a problem online, a vast number of individuals (the „crowd") offer solutions to the problem, the winning ideas are awarded some form of a bounty, and the company mass produces the idea for its own gain."[9]

In seinem Verständnis beschreibt der Begriff also den Prozess, bei dem Unternehmen zunächst ein Problem im Internet veröffentlichen, für das daraufhin eine große Anzahl von Individuen Problemlösungen vorschlägt, von denen die besten prämiert und vom Unternehmen umgesetzt werden.

Auch für Howe beruht Crowdsourcing auf einem möglichst großen Netzwerk an Menschen. Allerdings kann es Crowdsourcing im Kontext vernetzter Gesellschaften nur dort geben, wo relativ viele Menschen Zugang zu einem Computer und zum Internet haben.[10]

Laut Internet World Stats nutzen 2010 über 1,8 Mrd. Menschen weltweit das Internet. Dies ist das Resultat von einer ganzen Reihe unterschiedlicher Entwicklungen. Zum einen ist die Hardware, die man für den Zugang zum Internet braucht, in den letzten Jahren immer billiger geworden. Zum anderen wurden Internetanschlüsse nicht nur immer mehr sondern auch immer schneller. Dies führte dazu, dass das Internet als Basis für Arbeit und Freizeit immer attraktiver und immer selbstverständlicher wurde. So gibt es inzwischen eine unüberschaubare Vielzahl von Webseiten, auf denen sich Menschen austauschen und vernetzen. Eine diese Entwicklung begünstigende Komponente ist, dass die jüngeren Generationen in den Industrieländern als sogenannte *Digital Natives* aufwachsen. Für sie haben digitale Arbeits- und Kommunikationsformen die alten Formen bereits ersetzt.

---

6   Brabham, D.C. 2008a), S. 5.
7   Vgl. Jahnke, I. Prilla, M. (2008), S. 132.
8   Vgl. Poetz, M. K., Schreier, M. (2009), S. 2.
9   Brabham, D.C. (2009), S. 1.
10 Vgl. Brabham, D.C. (2008a), S. 4.

Prosumenten als Marktpartner

Die Digitalisierung von Produktionstechniken erhält eine zentrale Bedeutung im Kontext des sogenannten Prosumenten, der eine zentrale Rolle im Zusammenhang mit der Entwicklung von Crowdsourcing spielt.

Begriffe

Der Begriff Prosument setzt sich zusammen aus Konsument und Produzent oder Professional – je nachdem, ob der Fokus auf der produzierenden Firma oder den produzierenden Konsumenten liegt.

Erstmals verwendet wurde der Begriff des *Prosumers* bereits in den 1970er Jahren.[11] Toffler beschrieb 1980 einen Prosumer, der in der Zukunft von den Firmen in die Produktion mit einbezogen werden würde, um Massenprodukte individueller zu gestalten und so die Gewinne der Firmen zu sichern.[12] Heute jedoch ist mit Prosumenten vor allem eine ganz bestimmte Sorte von Konsumenten gemeint. Diese verfügen über genug Know-How und die richtige Ausrüstung, um (semi-)professionell in ihrer Freizeit den hauptberuflich Tätigen auf ihrem eigenen Territorium Konkurrenz zu machen.[13]

Prosumenten nehmen aktiv an der Schaffung oder Verbesserung eines Produktes teil, das nachher auf dem freien Markt zu erwerben ist. Das kann auf ganz unterschiedliche Arten geschehen, von einer schlichten Bewertung des Produktes auf einer Internetseite bis zu detaillierten Produktionsvorschlägen.

Anwendung

Der Vorteil für Firmen, ihre Produktion mit Hilfe von Prosumenten zu gestalten, liegt auf der Hand: Ihre Kunden sind direkt in den Produktionsprozess eingebunden, ein „Vorbei-Produzieren" an den Kundenwünschen ist weniger wahrscheinlich. Innovationsvorschläge bei Design, Entwicklung und Anpassung gibt es häufig gratis und en masse dazu.

Die Vorteile für die Kunden des Unternehmens, zu denen der Prosument gehört, liegen etwa in der verbesserten Qualität des Produktes oder darin, dass das neue Produkt den eigenen Wünschen besser entspricht.[14]

Die Kritik am Prosumenten basiert vor allem auf der Balance zwischen Kosten und Nutzen. Der Nutzen für die Firmen scheint oft größer zu sein als für den Prosumer. So kommt Brabham zu dem Schluss, dass die von der Crowd geleistete Arbeitskraft weit mehr wert sei als der zusätzliche Nutzen für die beteiligten Individuen der Crowd.[15]

---

11 Vgl. McLuhan, M., Barrington N. (1972).
12 Vgl. Toffler, A. (1980).
13 Vgl. Brabham, D.C. (2008b), S. 83.
14 Vgl. Richard, B. et al. (2008), S. 11–13.
15 Vgl. Brabham (2008b), S. 83.

Rohwetter führt völlig zu Recht an, dass nicht alle Prosumer-Tätigkeiten auch zur Verbesserung des Produktes (oder auch nur zu einem niedrigeren Preis) führen, wobei er sich allerdings nicht auf Crowdsourcing im eigentlichen Sinne bezieht, sondern auf Serviceleistungen, die dem Kunden übertragen wurden.[16] Hier übernehmen die Kunden Aufgaben, für die vorher Servicestellen geschaffen wurden, so beim Direct Banking oder beim eigenhändigen Buchen von Flügen. Durch Übernahme dieser Tätigkeiten, so die Kritik, würden Prosumenten gemessen am Personal nicht nur das Serviceniveau senken, sondern auch die Kürzung von Arbeitsstellen fördern. Andererseits werden diese neuen Möglichkeiten vom Konsumenten häufig gerne akzeptiert, wenn beispielsweise lange Schlangen vor Ticketschaltern vermieden und der Flug stattdessen bequem von Zuhause gebucht werden kann.[17]

Die Weisheit der Vielen

Als Ausgangspunkt für den Begriff des Crowdsourcing benennt Jeff Howe das Buch „Die Weisheit der Vielen" von James Surowiecki, das in Kapitel 8 ausführlich beschrieben wird.

Begriffe

> Surowiecki stellt in der „Weisheit der Vielen" – im englischen Originaltitel „Wisdom of the Crowd" – die Formel auf, dass eine heterogene Gruppe individuell entscheidender Menschen die Gesamtheit aller möglichen Ausgänge eines Ereignisses eher repräsentieren kann, als einzelne Experten.

Unter bestimmten Voraussetzungen seien Gruppen damit in der Lage, bessere Voraussagen für die Zukunft zu treffen. Die bessere Voraussage liegt dann häufig im Mittelwert aller von der Crowd getroffenen Aussagen. Surowiecki bringt dazu das in Kapitel 8 ausführlich beschriebene Beispiel, das seine Idee verdeutlicht: Auf einem englischen Markt werden Wetten abgeschlossen. Es gilt, das Gewicht eines Bullen zu schätzen. Gegen Ende des Tages wird das Tier gewogen. Wer mit seiner Schätzung am dichtesten am tatsächlichen Gewicht des Paarhufers liegt, hat gewonnen. Die Überraschung zeigt sich, als alle Schätzungen zusammen genommen, fast exakt das Gewicht des Bullen erraten, während keiner der einzelnen Teilnehmer (inklusive einiger Experten) dazu in der Lage war.[18]

Doch die Weisheit der Masse besteht nicht nur im Denken und Verarbeiten von bestimmten Informationen (wie im obigen Beispiel), sie zeigt sich auch in der Koordination und der Kooperation der Masse. Durch den Beitrag jedes Einzelnen, ohne von zentraler Stelle dazu aufgefordert worden zu sein und ohne eine zentrale Steuerung, werden Probleme vermieden und es bilden sich Synergien: Dicht gedrängte Menschen in Fußgängerzonen stoßen nicht zusammen, Kantinen werden zu den weniger gut

---

16 Vgl. Rohwetter, M. (2006).
17 Vgl. Richard, B. et al. (2008), S. 14.
18 Siehe hierzu Kapitel 8 in diesem Buch.

besuchten Zeiten aufgesucht. Das mag nicht immer gleich gut funktionieren (so gibt es beispielsweise immer noch Staus in der Urlaubszeit), aber die Weisheit der Crowd als häufiger Bestandteil (und Vorteil) von Crowdsourcing-Anwendungen legt nahe, dass in diesem Kontext eine nicht zu unterschätzende soziale Komponente existiert.

Auch darf die Selbstorganisation der Einzelnen innerhalb der Crowd nicht darüber hinweg täuschen, dass ein gewisses Quantum an Organisation von Nöten ist, denn die Weisheit der Vielen funktioniert nur unter bestimmten Voraussetzungen: Eine Gruppe von Menschen arbeitet demnach nur dann erfolgreich als Crowd, wenn es viele unterschiedliche Meinungen in der Gruppe gibt, jedes Gruppenmitglied seine Meinung unabhängig von den anderen einbringt, dabei unterschiedliche Erfahrungen und Wissensquellen herangezogen werden können und die Einzelmeinungen zu einer kollektiven Entscheidung zusammen gefügt werden. Die Weisheit der Vielen basiert somit auf der weitgehenden Autonomie der einzelnen Beteiligten. Aber sie braucht auch ein Instrument, das die einzelnen Meinungen oder Tätigkeiten bündelt. In der Praxis werden Crowdsourcing-Anwendungen üblicherweise von einer eindeutigen Instanz initiiert. Der Initiator trägt hier in der Regel einen eindeutigen Nutzen aus der gewählten Organisationsstruktur, also dem Crowdsourcing-Prozess, und liefert die benötigten Instrumente, um Tätigkeiten oder Einzelmeinungen zu bündeln.

Abgrenzung zu Outsourcing und Open Source

Das besondere Potential von Crowdsourcing wird deutlich, wenn man es mit zwei verwandten Begriffen kontrastiert: Outsourcing und Open Source. Outsourcing ist das Auslagern von Aufgaben oder ganzen Bereichen eines Unternehmens an Dritte, wie zum Beispiel in eigene Gesellschaften oder an andere Unternehmen. Open Source hingegen bezeichnet eine Herstellungsmethode, bei der ein Produkt durch die häufig ungebundene und unentgeltliche Mitarbeit von beliebigen Personen entsteht, wobei das Ergebnis der Arbeit, also das Produkt, wiederum der Allgemeinheit gehört und nicht einem einzelnen Initiator. Bei allen drei Begriffen handelt es sich somit um Geschäftstechniken, bei denen Aufgaben auf weniger traditionelle Art häufig von Dritten, das heißt nicht von den eigenen Mitarbeitern, erledigt werden. Aber zwischen Crowdsourcing, Outsourcing und Open Source gibt es diverse Unterschiede, auf die im folgenden Abschnitt eingegangen wird.

Der Begriff Crowdsourcing ist ein von Howe gewählter Neologismus und aus den beiden Begriffen Crowd und Outsourcing entstanden. Howes Herleitung ist allerdings ungenau, da Crowdsourcing eben nicht dem klassischen Outsourcing entspricht. Durch die Beteiligung der Crowd entfallen wesentliche Prinzipien des Outsourcing.

Die Unterschiede dieser drei Begriffe zeigen sich vor allem in den Teilnehmern, den Auftragnehmern. Diese sind nicht nur im Hinblick auf Art und Anzahl sehr verschieden, sie haben auch einen ganz unterschiedlichen Einfluss auf das Endprodukt. Des Weiteren gibt es sehr unterschiedliche Motive für die Teilnahme. So wird beim Outsourcing eine Aufgabe an eine Firma vergeben. Deren Einfluss auf das Endprodukt ist gering, da das Endprodukt vertraglich vom Auftraggeber festgelegt und daher vorgegeben ist. Das Endprodukt ist nicht dazu gedacht, direkt oder indirekt von anderen weiter bearbeitet zu werden. Das Motiv des Auftragnehmers ist in der Regel ein finanzieller Nutzen. Das Gegenteil davon ist die Open-Source-Produktion, bei der das Produktionsergebnis Allgemeingut ist und bleibt. So finden sich neben Firmen als Produzenten gerade auch viele Individuen, wobei außer des gemeinsamen Interesses am Produkt keine weiteren Beziehungen zwischen den Beteiligten vorhanden sind. Für das Endprodukt gibt es lediglich Standards oder relativ vage Vorgaben (zum Beispiel gibt es bei Wikipedia die Vorgabe, einen neuen Artikel zu schreiben, wobei Thema, Länge und Sprache beliebig sind). Darüber hinaus kann das Endprodukt fast beliebig von anderen weiter entwickelt und kommentiert werden. Die Motivation für das Erbringen einer Leistung in Open-Source-Produktionen liegt häufig am Spaß im weiteren Sinne. Dies kann zum Beispiel der ideelle Beitrag zum Endprodukt sein, aber auch in der Anerkennung der Leistung durch Andere liegen.[19] Das klassische Beispiel hierfür ist Linux.

Crowdsourcing lässt sich vor diesem Hintergrund zwischen Outsourcing und Open Source ansiedeln, da es Merkmale von beiden beinhaltet. So können die Teilnehmer sowohl aus Firmen als auch aus Individuen bestehen. Die Anforderungen an das zu produzierende Produkt sind im Vergleich zum Open Source durch die zentral initiierende Instanz meist deutlich konkreter. Im Gegensatz zum Outsourcing ist die Art der Umsetzung jedoch in der Regel nicht weiter festgelegt. Die Motivation zur Teilnahme kann sowohl durch den Spaß an der Sache als auch materiell begründet sein, da viele Crowdsourcing-Projekte den Teilnehmern neben sozialer Anerkennung auch eine finanzielle Vergütung in Aussicht stellen.[20] Eine Vergütung ist jedoch meist daran gebunden, dass sich ein Initiator findet, für den die zu erstellende Leistung interessant genug ist. So kann zum Beispiel auf threadless.com jeder einen T-Shirt-Entwurf einstellen, der dann von der Community der angemeldeten Nutzer bewertet wird. Von der ausschreibenden Firma produziert und verkauft werden aber nur die Entwürfe mit den besten Bewertungen. Eine Vergütung für den Entwurf erfolgt nur dann, wenn er auch in Produktion geht.

Crowdsourcing Anwendungsbereiche

„The activities that comprise crowdsourcing are as diverse as the crowd."[21]

Als übergeordneter Begriff umfasst Crowdsourcing diverse Aktivitäten, die unterschiedliche Zielsetzungen verfolgen, unterschiedliche Endprodukte herstellen und unterschiedlich organisiert sind.

Im folgenden Abschnitt soll die Vielfalt der Anwendungsfelder allgemein geordnet werden. Wenngleich sich in der Praxis zeigt, dass die erfolgreichen Crowdsourcing-Projekte meist auf einer Mischung der verschiedenen Modelle basieren, werden die einzelnen Modelle hier für ein besseres Verständnis getrennt dargestellt.

---

19 Vgl. Bonaccorsi, A., Rossi, C. (2004), und Brabham, D.C. (2008b), S. 81–82.
20 Vgl. Brabham, D.C. (2008b), S. 4.
21 Howe, J. (2008), S. 177.

Crowd Wisdom

Das Prinzip von Crowd Wisdom wird durch ein einfaches Rechenspiel veranschaulicht:

Beispiel

Wenn ein einzelner Mensch ein bestimmtes Maß an Expertise hat, dann haben viele Menschen ein Vielfaches dieser Expertise. Wenn der Einzelne hingegen keine Expertise hat, dann gibt es immer noch die Chance, in einer Menge von Menschen die benötigte Expertise zu finden. Je größer diese Menge, desto größer die Chancen für eine erfolgreiche Suche.

Während Howe explizit das Wissen (Knowledge) der Crowd in den Vordergrund stellt[22], bezieht Surowiecki sich auf Informationen. Er argumentiert, dass die Summe der Informationen in Gruppen zu gemeinsamen (Gruppen-) Entscheidungen führen kann, die oft besser sind als Lösungsansätze einzelner Teilnehmer. Surowiecki betont dazu aber immer auch, dass dieses Prinzip nur für bestimmte Aufgabenstellungen funktioniert. In diesen Fällen ist die Gruppe in der Regel intelligenter und effizienter als der klügste Einzelne in ihren Reihen.[23]

Crowdsourcing-Anwendungen, deren Intention es ist, Entscheidungsprozesse durch den Einbezug großer Gruppen, zum Beispiel durch Abstimmungen oder Bewertungen zu organisieren, oder Erkenntnisse auf Basis der Verhaltensauswertung großer Gruppen zu strukturieren oder einfach die Meinung oder das Wissen großer Gruppen anzuzapfen, lassen sich als Crowd-Wisdom-Modelle zusammenfassen und gehen damit zurück auf die von Surowiecki beschriebene Weisheit der Vielen.

Dieser Gedanke ist nicht ganz neu, denn auch traditionelle Firmen haben Kummerkästen oder Boxen für Vorschläge der Mitarbeiter. Doch hat Crowdsourcing den Zugang zur kollektiven Intelligenz auf eine neue Ebene gehoben. In vielen Crowdsourcing-Projekten kommt die Weisheit der Vielen nicht von einer begrenzten, relativ homogenen Gruppe, sondern von einer großen, möglichst diversen Teilnehmerschar.[24] Ein Beispiel hierfür ist das „Open Innovation"-Konzept, bei dem Firmen offene Innovationsprozesse durchführen, um zum Beispiel im Kontext von Forschung und Entwicklung die eigene Innovationskraft zu steigern. Dies kann unterschiedliche Formen annehmen wie beispielsweise den Einbezug von sogenannten Lead Usern. Diese Nutzer bestimmter Produkte gehören zur Gruppe der Innovateure, indem sie selbständig mit den von ihnen genutzten Produkten experimentieren oder gar neue Produkte entwickeln.[25] Für Firmen bietet der Input von Lead Usern viele Möglichkeiten, ihr Produkt in einem frühen Entwicklungsstadium zu verbessern, zum Beispiel indem Trends rechtzeitig erkannt oder innovative Ideen eingeholt werden. Open In-

---

22 Vgl. Howe, J. (2008), S. 280.
23 Vgl. Surowiecki, J. (2004).
24 Vgl. Howe, J. (2008), S. 281.
25 Vgl. Hippel, E. von (2005), S. 4.

novation lässt sich aber auch zur Lösung hoch komplexer Probleme anwenden. So basiert das Konzept von InnoCentive beispielsweise darauf, Spezialprobleme aus den Naturwissenschaften von einer ganz anderen Art von Nutzern lösen zu lassen, nämlich von hoch spezialisierten Fachkräften.

Die Organisationsmerkmale von Crowd Wisdom kann unterschiedliche Ausprägungen annehmen. Über Abstimmungs- und Bewertungsprozesse (häufig als Crowd Voting bezeichnet) wird ein Auswahlprozess an die Crowd übergeben. Dies ist je nach Aufgabenstellung dann besonders effektiv, wenn es darum geht, eine große Menge von Beiträgen zu sortieren. Die Auswahl kann durch direkte Bewertungen erfolgen, aber auch indirekt, indem die Nutzung eines bestimmten Produktes registriert wird. So kann Google zum Beispiel zählen, welche Suchergebnisse wie oft angeklickt werden oder welche Ziele am häufigsten verlinkt werden und schließt dadurch auf Aussagen bezüglich deren Relevanz.[26] Auch hier gibt es Überschneidungen. So nutzt iStock-Photo beide Wahlvarianten, denn die von den Nutzern bereitgestellten Bilder können zum einen direkt von allen Nutzern bewertet werden, zum anderen werden die Downloads jedes Bildes gezählt. Beides dient dann dem nächsten Nutzer zur Orientierung, da es die Basis eines Bilder-Rankings bildet.[27]

Crowd Creation

Bei Crowd Creation (oder auch Crowd Production) handelt es sich um einen Produktionsprozess, in dem die Crowd als Produktiv agiert. Häufig entstehen dabei Produkte, die speziell in den künstlerisch-kreativen Bereich fallen wie zum Beispiel T-Shirts- und Logo-Designs oder die Entwicklung von Ideen und Konzepten. Dies hat unter anderem mit der Passion der Beteiligten zu tun, primär ihre eigene Kreativität auszuleben, wozu Crowdsourcing-Anwendungen wie Threadless oder jovoto die Möglichkeit geben.[28]

Die Art der produzierten Produkte ist zunächst nicht eingeschränkt. So haben Unternehmen auch schon Aufgaben im Bereich von Reklamefilmen oder Übersetzungen an die Crowd übergeben. Doch so groß wie bei Filmen oder Übersetzungen muss der Einzelbeitrag aus der Crowd gar nicht sein. Alle, die eine Quelle bei Wikipedia hin zufügen oder auch nur ein Komma setzen, sind nach Howe bereits Teil von Crowd Creation.[29]

Ein anderer Begriff, der in diesem Zusammenhang oft fällt, aber ein ähnliches Phänomen beschreibt, ist User Generated Content. Howe erklärt den Unterschied zu Crowd Creation, indem er herausstellt, dass Crowd Creation zumeist auf einem Geschäftsmodell basieren würde.[30] Dieser Annahme widerspricht jedoch die bekannteste Crowdsourcing-Anwendung überhaupt: Wikipedia. Andererseits existieren zahlrei-

---

26 Vgl. Howe, J. (2008), S. 281.
27 Vgl. Howe, J. (2008), S. 224.
28 Vgl. Brabham, D.C. (2009), S. 12.
29 Vgl. Howe, J. (2008), S. 177 und 281.
30 Vgl. Howe, J. (2008), S. 177–178. Wenngleich Howe in diesem Zusammenhang den Begriff Crowdsourcing verwendet, scheint Crowd Creation begrifflich präziser.

che Beispiele, in denen User Generated Content als wertschöpfendes Element der Treiber eines Geschäftsmodells ist. Für Howe soll die Trennung von User Generated Content und Crowd Creation auf den professionellen Charakter von Crowdsourcing-Produkten hinweisen und letztere von weniger hochwertigen Produkten abgrenzen. So bescheinigt Howe User Generated Content eine generell amateurhafte Qualität:

„User generated content bears the stigma of being amateurish or puerile or both. There's a reason for that: much of it is."[31]

Crowdfunding

Dass über den Einsatz von Crowdsourcing durch den Einsatz von großen Gruppen oder Amateuren finanzieller Gewinn beziehungsweise Einsparungen erzielt werden können, wurde bereits im ersten Abschnitt erwähnt. Aber wie direkt dieser Vorgang sein kann, zeigt das Crowdfunding, denn hierbei wird die Crowd unmittelbar zur Finanzierung herangezogen. Auch mit Blick auf das dritte Modell zeigen sich sehr unterschiedliche Formen. So nutzt die Plattform SellaBand dieses Modell, um Bands zu vermarkten: Auf der Plattform werden bestimmte Musikgruppen bekannt gemacht, inklusive ihrer Songs. Die Crowd kauft nun bei Gefallen Anteile an diesen Bands und wenn dadurch genug Geld zusammen gekommen ist, wird von der Gruppe eine Platte produziert.

Das unterscheidet sich zunächst nicht wesentlich von der Arbeitsweise vieler Nichtregierungsorganisationen (NROs) im sozialen Bereich: Sie sammeln Spenden, um bestimmte Projekte durchzuführen. Doch können die Geber auf entsprechenden Plattformen direkt mit den Nehmern in Kontakt treten. Ein Beispiel hierfür ist die Plattform Kiva, auf der Mikrokredite vermittelt werden und zwar von Gebern in den Industrieländern für kleine Unternehmen in Entwicklungsländern. Die Bilanz ist durchaus beeindruckend: In wenigen Jahren wurden Kleinkredite an etwa 235.000 Unternehmer vergeben – und das Angebot an Spenden ist oft größer als die Zahl der potentiellen Nehmer. Die ausgezahlte Summe beträgt über 94 Mio. USD.[32]

Abschließend sollen die drei dargestellten Crowdsourcing-Modelle in Tabelle 8 gegenübergestellt werden.

---

31 Howe, J. (2008), S. 177–178.
32 Vgl. Howe (2008), S. 247–248 und Kiva.org (2009).

Crowdsourcing Modell	Kurzbeschreibung
Crowd Wisdom/ Crowd Voting	Anwendungen nutzen das Wissen und/oder das Verhalten großer Gruppen, um Entscheidungsprozesse, zum Beispiel durch Abstimmungen oder Bewertungen zu organisieren, Erkenntnisse, zum Beispiel durch aggregierte Verhaltensauswertung zu gewinnen oder das Wissen der Masse, zum Beispiel in Open Innovation Prozessen anzuzapfen.
Crowd Creation	Anwendungen organisieren Produktionsprozesse, in denen die Crowd als agierendes Produktiv genutzt wird.
Crowdfunding	Anwendungen organisieren eine Finanzierung auf Basis von Gruppen. Die Finanzierungsziele werden durch eine Vielzahl von Einzelbeiträgen erreicht.

Tabelle 8: Crowdsourcing-Modelle

Unterscheidungsmerkmal Kollaborationsgrad

Mit der Verringerung der Transaktionskosten bei der Zusammenarbeit (Kollaboration) im Internet hat sich auch die Notwendigkeit von Hierarchien zur effizienten Gestaltung von Arbeit verringert. Diese Entwicklung wird ausführlich in Kapitel 9 beschrieben. Das Crowdsourcing profitiert davon, indem auf ganz unterschiedliche Weise und mit unterschiedlicher Intensität zusammengearbeitet (kollaboriert) wird. Mit steigender Intensität von Kommunikation und Kollaboration steigt jedoch auch der Koordinationsaufwand, das heißt die Transaktionskosten derjenigen, die das Crowdsourcing betreiben. Um dies aufzuzeigen, lassen sich Shirkys drei Kategorien von Gruppenaktivitäten[33] in insgesamt vier verschiedene Formen der Zusammenarbeit beim Crowdsourcing unterteilen. Mit wachsendem Schwierigkeitsgrad und notwendigerweise auch zunehmenden Transaktionskosten sind dies Sharing, Kooperation, Kollaboration und Kollektiv. Auch hier gilt jedoch, dass erfolgreiche Plattformen oft ihre Crowd auf mehrere Arten und auf mehreren Kollaborationsstufen zusammen arbeiten lassen.[34]

Teilen

Die Möglichkeit zur Zusammenarbeit bedeutet nicht, dass die Crowd bei einem Crowdsourcing unbedingt zusammenarbeiten muss. Plattformen auf einer Kooperationsstufe Null können sogar sehr erfolgreich funktionieren, zum Beispiel Flickr, wo die meisten Fotos von einer Person alleine hergestellt werden.[35] Allerdings werden diese Ergebnisse meist mit anderen geteilt (Sharing), indem sie auf der Plattform für andere Nutzer sichtbar sind – auch wenn es, wie bei Flickr, die Möglichkeit gibt, diese Funktion nicht zu nutzen. Sharing ist somit die einfachste Form der Zusammenarbeit.

---

33 Vgl. hierzu Kapitel 9 in diesem Buch.
34 Vgl. Shirky, C. (2008), S. 48–53.
35 Vgl. Malone et al. (2009), S. 6.

Sie funktioniert auf der Basis: „Nimm es oder lass es" und hat deshalb kaum Transaktionskosten.[36] Dies erklärt auch, warum auf Sharing basierende Plattformen sehr weit verbreitet sind und sich in ganz unterschiedlichen Bereichen finden, zum Beispiel um den Aufenthaltsort von Personen zu dokumentieren (Loopt), ortsansässige Geschäfte zu finden (Yelp) oder Internet Lesezeichen leicht verfügbar zu machen (Delicious).[37]

Kooperation

Doch viele Plattformen belassen es nicht bei dieser einfachen Art des Umgangs miteinander und bauen Kooperationsmöglichkeiten ein. Hier setzen sich die einzelnen Mitglieder der Crowd mit den anderen oder mit deren Produkten auseinander. So zum Beispiel auch das vorher erwähnte Flickr. Oder bei YouTube, wo die Videos nicht nur meist alleine produziert und eingestellt werden (das wäre dann sharing), sondern auch von allen anderen bewertet werden können. Darüber hinaus wird über die Möglichkeit einer „Videoantwort" wieder auf die Produkte von anderen Bezug genommen. Diese Kooperation, das heißt das Bezugnehmen aufeinander, verstärkt den Eindruck der Einzelnen, an einer Gemeinschaft teilzunehmen. Sie erhöht jedoch auch die Transaktionskosten, da allgemeine Regeln und deren Umsetzung nötig werden. Denn das Gefühl von Gemeinschaft bleibt meist nur dann bestehen, wenn sich negative Formen dieser Kommunikation einschränken lassen, zum Beispiel unsachliche oder beleidigende Beiträge.[38]

Doch nicht alle Transaktionskosten lasten auf den Plattformorganisatoren, denn einige Probleme lassen sich durchaus über die Crowd lösen. Dies lässt sich anhand der Problemstellung von Stugeons Gesetz verdeutlichen: Wenn 90 Prozent aller Beiträge schlecht sind, wie findet man dann die wichtigen 10 Prozent? Antwort: Indem man die Crowd die Auswahl treffen lässt.[39] Howe nennt dies Collaborative Filtering und fügt hinzu:

> „the crowd [...] is its own best filter."[40]

Genau hier entsteht beim Crowdsourcing auch der Mehrwert, denn die Crowd filtert nicht nur, sie sortiert und kommentiert auch, wodurch etwas Neues, potentiell Besseres entstehen kann. So zum Beispiel wenn auf Foto-Plattformen Bilder verschiedener Fotografen von ein und demselben Objekt gesammelt und als Vorlage für ein 3-D-Bild genutzt werden können. Oder wenn auf jovoto ein eingereichter Konzept- oder Designvorschlag jemand anderen inspiriert, in die gleiche Richtung zu gehen, aber daraus etwas völlig anderes zu machen. Dann ist Crowdsourcing mehr als nur die Summe der Einzelbeiträge, denn in diesem Fall kann der eigene Beitrag von anderen sogar noch verbessert werden.[41]

---

36 Vgl. Shirky, C. (2008), S. 49.
37 Vgl. Kelly, K. (2009), S. 118.
38 Vgl. Shirky, C. (2008), S. 49–50.
39 Siehe hierzu Howe (2008), S. 222.
40 Howe (2008), S. 222.
41 Vgl. Kelly, K. (2009), S. 119.

Kollaboration

Einige Produkte, die durch Crowdsourcing hervorgebracht werden, erfordern die Kollaboration von mehreren Teilnehmern an ein und demselben Objekt. Ein Beispiel hierfür sind die Artikel von Wikipedia, die von mehreren Autoren geschrieben und umgeschrieben werden. Kollaboration ist wesentlich komplexer als Sharing oder Kooperation, denn hier wird die Entscheidung darüber, wie das Endprodukt aussehen soll, von der Gruppe getroffen. Dies erfordert, dass die Beiträge der Einzelnen miteinander abgestimmt werden. Dies wiederum führt oft zu Diskussionen. Shirky bringt diese Krux von Kollaboration auf den Punkt:

> „Collaborative production can be valuable, but it is harder to get right than sharing, because anything that has to be negotiated about [...] takes more energy than things that can just be accreted."[42]

Kollektiv

Die kollektive Form der Zusammenarbeit (Collective Action) ist die komplizierteste, denn hier agiert eine Gruppe im Namen aller. Damit das funktioniert, muss jeder Einzelne bereit sein, die möglichen Konsequenzen mitzutragen – auch wenn sie nicht hundertprozentig aus den eigenen Handlungen resultieren. Das bedeutet, dass für die kollektive Zusammenarbeit das Kollektiv eine belastbare Gruppenidentität besitzen muss und es akzeptierte Regelungsmechanismen braucht. Desweiteren gilt: Je größer die Gruppe, desto schwieriger hat es das Kollektiv. Daher überrascht es nicht, dass nur die wenigsten Plattformen im Internet dieses Instrument weitergehender benutzen.[43] Doch für Plattformen mit Erfolgsabsichten liegen die Probleme nicht nur bei der Gruppenidentität und der Notwendigkeit von Einigkeit. Eines der grundlegenden Probleme ist das Problem der Verantwortung. Wer ist dafür verantwortlich, den notwendigen Konsens herzustellen und das Scheitern des Projektes zu verhindern?[44]

Fazit

Wir leben und arbeiten in einer Netzgesellschaft und die in den vergangenen Jahren als Crowdsourcing bezeichneten Prozesse und Anwendungen verweisen lediglich auf die elementarste Eigenschaft des Internet, Menschen zu vernetzen. Mit zunehmender Ubiquität und Performance des Internet werden auch die Anzahl und Ausprägung dieser Anwendungen und Prozesse neue Dimensionen annehmen.

Ob jedoch Crowdsourcing heute oder morgen in der Anwendung erfolgreich ist, hängt von einer Vielzahl Faktoren ab, wobei alle Anwendungen immer mindestens eine Gemeinsamkeit haben: Ohne Crowd lässt sich kein Crowdsourcing realisieren. Dies ist einleuchtend, beruht doch der gesamte Erfolg dieser Unternehmungen auf einem offenen Partizipationsmodell – partizipiert also niemand, kommt keine Crowd, kommt auch kein Crowdsourcing zustande. Die zentrale Frage, die sich also den

---

42 Vgl. Shirky, C. (2008), S. 50–51.
43 Vgl. Shirky, C. (2008), S. 51–53.
44 Vgl. Kelly, K. (2009), S. 119.

Initiierenden von Crowdsourcing-Unternehmungen stellen muss, ist die Frage nach der Akzeptanz und den Partizipationsanreizen, also nach der Motivation, die Menschen zur Teilnahme bewegen.

Wenn beim Crowdsourcing „Hobbyists, part-timers, and dabblers"[45] Produkte von professioneller Qualität herstellen[46], dann ist das in der Tat eine außergewöhnliche Leistung. Wenn sie zudem monatlich Tausende von T-Shirts entwerfen (wie bei Threadless), hoch komplexe Forschung betreiben (wie bei InnoCentive) und Millionen von Bildern vertreiben (wie bei iStockPhoto), dann spricht das für einen erstaunlichen Grad an Effizienz.

Wenn die Motivation zur Teilnahme an Crowdsourcing-Anwendungen so ähnlich funktioniert wie Motivation in traditionellen Arbeitsprozessen, warum arbeiten dann viel mehr Menschen ohne Lohn und trotzdem hoch motiviert? Eine kritische Betrachtung existierender Motivationsmodelle scheint erforderlich.

Literatur

Bonaccorsi, A., Rossi, C.(2004): Altruistic Individuals, Selfish Firms?: The Structure of Motivation in Opern Source Software, First Monday, Vol. 9, Iss. 1, auf: http://firstmonday.org/issues/issue9_1/bonaccorsi/index.html, eingesehen am 17.08.2009

Brabham, D. C. (2008a): Moving the Crowd at iStockPhoto: The composition of the crowd and motivations for participation in an crowdsourcing application, First Monday, 13 (6), auf: http://www.uic.edu/htbin/cgiwrap/bin/ojs/index.php/fm/article/view/2159/1969, Download am 13.08.2009

Brabham, D. C. (2008b): Crowdsourcing as a Model for Problem Solving, Convergence, Vol. 14 (1), S. 75–90

Brabham, D. C. (2009): Moving the Crowd at Threadless: Motivation for Participation in a Crowdsourcing Application, paper to be presented at AEJMC conference August 2009, auf: http://papers.ssrn.com/sol3/papers.cfm?abstract_id=1275582, Download am 11.08.2009

Hippel, E. von (2005): Democratizing Innovation, Cambridge, MA/London: MIT Press

Howe, J. (2008): Crowdsourcing. Why the Power of the Crowd is Driving the Future of Business, New York: Crown Business

Howe, J. (2006): The Rise of Crowdsourcing, Wired, June 2006, auf: http://www.wired.com/wired/archive/14.06/crowds.html (eingesehen am 25.09.2009)

Howe, J. (2010), Weblog von Jeff Howe, http://crowdsourcing.typepad.com

Jahnke, I., Prilla, M. (2008): Crowdsourcing: Ein neues Geschäftsmodell? In: Back, A. / Gronau, N./ Tochtermann, K. (Hg): Web 2.0 in der Unternehmenspraxis.

---

45 Vgl. Howe, J. (2009), S. 1.
46 Jahnke, I., Prilla, M. (2008), S. 132.

Grundlagen, Fallstudien und Trends zum Einsatz von Social Software, München: Oldenbourg, S. 132–141

Kelly, K. (2009): The New Socialism, Wired, June 2009, S. 116–121

Kiva.org (2009), URL: www.kiva.org/about/facts, eingesehen am 02.10.2009

Malone, T. W./ Laubacher, R./ Dellarocas, C. (2009): Harnessing Crowds: Mapping the Genome of Collective Intelligence, MIT Working Paper No. 2009-001, February 2009, Cambridge, MA: Massachusetts Institute of Technology

McLuhan, M. , Barrington N. (1972): Take Today, New York: Jovanovich

Poetz, M. K., Schreier, M. (2009): The Value of Crowdsourcing. Can Users Really Compete with Professionals in Generating New Product Ideas? Paper to be presented at the Summer Conference 2009 of the Copenhagen Business School, auf: http://www2.druid.dk/conferences/viewpaper.php?id=5682&cf=32, eingesehen am 12.08.2009

Richard, B., Ruhl, A., Wolf, A.(2008): Prosumer, Smart Shopper, Crowdsourcing und Konsumguerilla: Ein Streifzug zur Einführung. In: Richard B. / Ruhl A. (Hg.): Konsumguerilla. Widerstand gegen Massenkultur?, Frankfurt/New York: Campus Verlag, S. 9–20

Rohwetter M. (2006): "Vom König zum Knecht". In: DIE ZEIT Nr. 39 vom 21.09.2006, auf: http://zeus.zeit.de/text/2006/39/Do-it-yourself, eingesehen am 16.08.2009

Shirky, C. (2008): Here Comes Everybody, New York: Penguin Press

Surowiecki, J. (2004): The Wisdom of Crowds: Why the Many are Smarter than the Few and How Collective Wisdom Shapes Business, Economies, Societies, and Nations. New York: Doubleday

Tapscott, D., Williams A. D. (2007): Wikinomics. Die Revolution im Netz, München: Hanser Fachbuch

Toffler, A. (1980): The Third Wave, London: Collins

Kapitel 11 The Future Of Ideas (Lawrence Lessig)

von Stefanie Funke

In *The Future Of Ideas* beschreibt Lawrence Lessig, wie das moderne Urheberrecht droht, Allgemeingut zu zerstören. Im Wesentlichen analysiert er zunächst die Entwicklung des Internet, die in seinen Augen auf einem Gleichgewicht zwischen Kontrolle und Gemeingut basiert. Zunehmend sei diese Balance jedoch durch urheberrechtliche Bestimmungen in Gefahr, durch die immer mehr *commons* – zu Deutsch Allgemeingut beziehungsweise Allmende – verloren gehen. Er plädiert schlussendlich dafür, diese Bewegung zu stoppen, denn ansonsten würden die Innovationen, die einst maßgeblich zum rasanten Fortschritt des Internet beigetragen haben, verloren gehen.

Akteure

Lawrence Lessig wurde am 3. Juni 1961 in South Dakota geboren. Er studierte Ökonomie und Management an der University of Pennsylvania, anschließend absolvierte er seinen Master in Philosophie am Trinity College in Cambridge und promovierte an der Yale Law School in Rechtswissenschaften. Den überwiegenden Teil seiner akademischen Laufbahn spezialisierte er sich auf den Bereich Recht und Technologie, insbesondere im Zusammenhang mit Urheberrechten. Er lehrte unter anderem an der University of Chicago Law School und an der Harvard Law School (1997-2000) bevor er 2000 von der Stanford Law School berufen wurde. Dort gründete er unter anderem das Center for Internet and Society. Heute ist er wieder als Professor an der Harvard Law School tätig. Lessig gilt als renommierter Verfassungsrechtler, Spezialist für Urheberrechtsfragen und wurde als einer der 50 wichtigsten wissenschaftlichen amerikanischen Visionäre ausgezeichnet, 2002 gewann er den Free Software Foundation`s Freedom Award. Er gilt als entschiedener Kritiker des aktuell geltenden Copyrights und unterstützt in diesem Rahmen die Open-Source- und Freie-Software-Bewegung. Gemeinsam mit Eldred gründete er die CreativeCommons-Initiative als Versuch eines Gegenpols zum restriktiven Urheberrecht. Er schreibt seit 2003 monatlich Kolumnen für das Wired Magazine und hat bereits mehrere Bücher über die technologiebasierte Entwicklung der Gesellschaft verfasst. Sein letztes Werk in diesem Zusammenhang erschien 2008 unter dem Titel „Remix".

Intention des Buches

Lawrence Lessig schreibt kein Buch über Filme, aber das folgende Zitat verdeutlicht seine Intention, die im gesamten Buch zur Geltung kommt:

> "So freedom? Here`s the freedom: You`re totally free to make a movie in an empty room, with your two friends."[1]

Annähernd alles, was man in irgendeiner Weise benutzen will, um damit beispielsweise kreativ tätig zu werden, unterliegt dem Urheberrecht.

---

1 Lessig, L. (2001), S. 5.

Avis Guggenheim, Filmdirektor, erläutert in diesem Zusammenhang, dass heutzutage nicht Regisseure, sondern Anwälte darüber entscheiden, was gezeigt werden kann und was nicht. Nur wenn alle Rechte vorab geklärt wurden, ist eine Verwendung möglich. Was teilweise absurd erscheint, ist „bittere" Realität – die Ausstrahlung des Films *Twelve Monkeys* wurde 28 Tage nach der Premiere gestoppt, weil ein Künstler in selbigem einen Stuhl gesehen hatte, der seinem Entwurf sehr ähnlich sah.[2]

Nicht nur hier wird deutlich, wie weit der urheberrechtliche Schutz zuweilen reicht. Sofern man ein Bild aus dem Internet verwendet, egal, von wem es stammt, und dieses entweder bei eBay im Rahmen einer Verkaufsaktion benutzt oder eine Collage gestalten will, dann läuft man nach § 95 II in Verbindung mit § 72 Urheberrechtsgesetz Gefahr, sich schadensersatzpflichtig zu machen, auch wenn der Schaden nicht einmal vermögenstechnischer Art ist.

Das gegenwärtige Urheberrecht verhindert die Innovationen, die das Internet in seiner ursprünglichen Form geschaffen hat, so die These Lessigs. Diese veränderten Rahmenbedingungen bestimmen mehr und mehr die Entwicklung, behindern kreatives Arbeiten und fördern schlussendlich nur die Gewinnmargen von Wirtschaftsunternehmen. Voraussetzungen und Regeln, die im Ergebnis die rasante technologische Entwicklung des Internet erst ermöglicht haben, werden aktuell durch den absoluten Willen zur Kontrolle von Eigentum vernachlässigt und drohen zu verschwinden. Nach Ansicht Lessigs stehen wir heute an einem Punkt, an dem wir entscheiden müssen: Sind wir im digitalen Zeitalter eine freie Gesellschaft? Und was würde diese Entscheidung im Einzelnen bedeuten?

Einen zentralen Stellenwert innerhalb Lessigs Werk haben *Commons* inne, sodass diese nachfolgend genauer betrachtet werden.

Commons als Allgemeingut

Commons werden übersetzt als Allmende beziehungsweise Wissensallmende und umfassen all jene Güter, die für jeden frei zugänglich sind. Sie sind das sogenannte Gemeingut beziehungsweise die freien Ressourcen. Parks, Straßen und auch Einsteins Relativitätstheorie fallen zum Beispiel unter diese Definition. Dabei muss man allerdings in solche Allmende unterscheiden, die bei einem Übergebrauch verloren gehen würden und solche, die tatsächlich ohne Begrenzung gebraucht werden können. Lessig plädiert dafür, dass auch bei den „begrenzten" Ressourcen nicht unbedingt private Kontrolle im Sinne von Eigentumsrechten notwendig sei, vielmehr könnten auch andere Vorgaben einem übermäßigen Konsum vorbeugen. Beispiel par excellence für

---

2 Vgl. Lessig, L. (2001), S. 3 f.

den gewinnbringenden Einsatz von Commons – ob begrenzt oder nicht – ist das Internet.

Dreigliedriges Kommunikationsmodell

Um den weiteren Überlegungen des Autors folgen zu können, wird an dieser Stelle das dreigliedrige Kommunikationsmodell von Yochai Benkler dargestellt. Denn Lessig bezieht sich auf die darin existierenden Ebenen, nach denen auch sein Werk an sich gegliedert ist. Der technischen Struktur von Netzwerken folgend, existieren nach Benklers Model drei wesentliche Ebenen, die eine übergreifende Kommunikation erst ermöglichen:

- die gegenständliche Ebene (*physical layer*),
- die logische Ebene (*code layer*) sowie
- die inhaltliche Ebene (*content layer*).

Lessig stellt den Zusammenhang zwischen Commons und diesen Ebenen her. Seiner Ansicht nach sei die Balance zwischen Eigentum und Kontrolle innerhalb der drei Ebenen maßgeblich für die Entwicklung des Internet. Während die gegenständliche Ebene schon immer kontrolliert wurde, waren wesentliche Teile der logischen und inhaltlichen Ebene frei. Letztere waren allen zugänglich, sodass Innovationen zum einen genügend Raum hatten, zum anderen aber auch jeder am Innovationsprozess teilhaben konnte. Mit Blick auf die aktuellen Entwicklungen ist jedoch zu befürchten, dass auch die logische und inhaltliche Ebene als *innovation commons* zugunsten einer perfekten Kontrolle – eben über jene Ressourcen, die nicht notwendigerweise unter privatem Eigentum stehen müssten – verloren gehen. Die heutigen Veränderungen verhindern Innovationen und Kreativität, angefangen von der gegenständlichen über die logische bis hin zur inhaltlichen Ebene.

Gegenständliche Ebene

Spätestens seit dem Untergang der Titanic, der laut Marineanalytikern womöglich durch die Kontrolle des Funkspektrums hätte abgewendet werden können, wird die gegenständliche Ebene kontrolliert. Die US-amerikanische Regierung nahm 1912 dieses Unglück zum Anlass, den „Radio Act" zu verabschieden, mit dessen Inkrafttreten die Behörden – speziell die Federal Communications Commission, kurz FCC – absolute Kontrolle über das Funkspektrum erhielt. Obwohl herausragende Wissenschaftler wie Coase schon damals die Rechtfertigung der Regierung widerlegten und vorschlugen, das Spektrum über den Markt zu kontrollieren[3], beherrscht die FCC auch heute dieses Segment noch vollständig.

Sicher war dieser Umstand kein Hindernis für die Entwicklung des Internet und dessen innovative Natur, denn zu diesem Zeitpunkt war die gegenständlich Ebene längst in den Händen der Regierung. Dennoch versucht Lessig in seinem Werk auf andere Varianten hinzuweisen, die möglicherweise einen viel größeren Raum für Fortschritte

---

3 Vgl. Lessig, L. (2001), S. 73 ff.

eröffnen könnten. Seiner Ansicht nach sei – im Gegensatz zur FCC, aber auch zu Coase – die Kontrolle des Spektrums möglicherweise gar nicht notwendig. Die sogenannte Breitband-Technologie würde es ermöglichen, dass sich Nutzer untereinander das Spektrum teilen, indem deren Rechner über verschiedene Protokolle miteinander kommunizieren und folglich den Zugang zum Funkspektrum koordinieren könnten. Dabei plädiert Lessig jedoch auch nicht für einen völlig „chaotischen" Zugang, dieser müsse auf eine gewisse Art und Weise nach wie vor reguliert aber eben nicht kontrolliert werden.[4]

Resümee: Die Kontrolle des Spektrums war wohl kein Hindernis für die technologische Entwicklung an sich, wohl aber für deren Umfang, da heute wesentlich mehr *innovation commons* existieren könnten. Regierungsbehörden und Justizstellen – die das bestehende System mit der Begründung rechtfertigen, es sei schon immer so gewesen – müssten einer Öffnung des Segmentes dafür zumindest aufgeschlossener gegenüber treten. Gegebenenfalls wären dann Fortschritte möglich, die unter Umständen über unser heutiges Vorstellungsvermögen hinausgehen.

Logische Ebene

Unter der logischen Ebene verstehen Benkler und Lessig die Protokolle, die quasi die Sprache des Internet sind und mit deren Hilfe die Kommunikation zwischen den Nutzern erst ermöglicht wird. Auch jegliche Form von Software fällt unter diese Definition.

Paul Baran gilt heute als einer der bedeutendsten Entwickler von Internetprotokollen. In Zusammenarbeit mit Studenten des Massachusetts Institute of Technology (MIT) entwickelte er in den 60er Jahren ein Kommunikationssystem, das wesentlich sicherer und qualitativ höherwertiger war als das von AT&T, dem Telekommunikationsanbieter mit einer damals absoluten Monopolstellung am US-amerikanischen Markt. Die Umsetzung dieser neuen Methode erforderte jedoch die Mitarbeit von AT&T, denn nur durch einen offeneren Zugang hätte das System etabliert werden können. Der Telekommunikationsanbieter lehnte aber ab, denn man befürchtete durch die Öffnung den Verlust der bisherigen Monopolstellung.[5]

Bereits diese frühen Schritte zeigen, dass das Ziel der Entwickler schon damals lediglich der Aufbau eines Netzwerkes war, mit dem die Nutzer sicher und schnell kommunizieren konnten; nicht etwa eigene Gewinnabsichten.

Schlussendlich erkannte auch die US-amerikanische Regierung das Potential der vorgeschlagenen Kommunikationsform und zwang AT&T in den frühen 80er Jahren, die Leitungen zu öffnen, sodass die User selbst entscheiden konnten. Diese Öffnung beförderte die rasante Entwicklung und Verbreitung des Internet, die sich zunehmend auch global ausbreitete. Die Telefonleitungen (physical layer) blieben dem hingegen in Händen der Gesellschaft.

---

4 Genauere Ausführungen siehe Lessig, L. (2001), S. 76 ff.
5 Vgl. Lessig, L. (2001), S. 30 ff.

Der Zugang über die Telefonleitungen war jedoch lange Zeit enorm langsam, sodass der Breitbandzugang über Kabel-TV an Bedeutung gewann. Bei diesem kontrollierten die Anbieter jedoch vollständig, wer wann welche Bearbeitungen vornehmen konnte. Sie agierten damit quasi als „Pförtner des Netzes."[6] Bestes Beispiel dafür, dass es den Unternehmen dabei nicht um die Förderung von Innovationen ging, ist in diesem Zusammenhang AOL. AOL wurde mehr oder minder im Netz erschaffen und erkannte, dass Netzwerke und deren User die Zukunft sind. Doch anstatt dieses Potential zu fördern, konnten die Nutzer keine eigenen Applikationen hinzufügen, auch inhaltliche Seiten wurden teilweise kontrolliert. Weil AOL selbst nur einen Schmalbandzugang besaß, sprach sich das Unternehmen im Zuge der rasanten Entwicklung stets für eine Öffnung des Breitbandes aus, jedoch nur bis zu dem Zeitpunkt, als sie mit Time Warner (die über einen eigenen Kabel-Zugang verfügten) fusionierten. Plötzlich musste auch aus AOLs Sicht der Zugang zum Breitband-Internet unbedingt kontrolliert bleiben. Diese Entwicklung mag aus Sicht eines Unternehmens normal sein, sollte jedoch von der Bevölkerung in Frage gestellt werden.

Insgesamt sei ein Gleichgewicht innerhalb der dargestellten drei Ebenen wichtig für die weitere Entwicklung der Internetkultur und Technologie. Die Gesellschaft steht nach Meinung Lessigs nun an einem Punkt, an dem entschieden werden muss, wo „die Reise" hingehen soll. Die Kontrolle der gegenständlichen Ebene, die durch den Wechsel zu Breitbandleitungen wieder Einzug erhielt, verändert die Commons auf der logischen Ebene. Innovationen gehen verloren, Entwicklungen bleiben zugunsten des unternehmerischen Profitdenkens auf der Strecke, so Lessig. Die momentanen Veränderungen führen zu einem radikalen Umbruch, der in der fast vollständigen Kontrolle der logischen Ebene resultiert. Charles Platt beschrieb diesen Zustand in einem Artikel des Wired folgendermaßen:

> „Like any innovation, broadband will inflict major changes on its environment. It will destroy, once and for all, the egalitarian vision of the Internet."[7]

Auch der Autor plädiert schlussendlich dafür, diese alten Kräfte, die sich aus Angst vor dem Verlust ihrer Monopolstellung gegen jedwede Veränderung wehren, zu „zerstören". Innovationen könnten nur außerhalb dieser Kontrolle stattfinden. Eine Balance zwischen privaten und freien Ressourcen ist maßgeblich für die Entwicklung des Internet und sollte auch in Zeiten des Breitbandzugangs wieder hergestellt werden.

Inhaltliche Ebene
Quellcodes

Um die inhaltlichen Innovationen, die das Internet in kürzester Zeit hervorbrachte, zu verstehen, ist es notwendig, einige Dinge über die zugrunde liegenden Quellcodes zu wissen. Ende der 70er Jahre entstanden erste operative Systeme, die untereinander kommunizieren konnten. So gründete zum Beispiel Stallman, der maßgeblich an der Entwicklung der Internetprotokolle beteiligt war, 1985 die Free Software Foundati-

---

6 Lessig, L. (2001), S. 156.
7 Platt, C. (2001).

on.[8] Diese und gewiss auch andere Institutionen leben von der Freiheit des Quellcodes, die es unter anderem auch finnischen Studenten ermöglichte, zur „Geburt" von GNU/ Linux beizutragen. Linux ist noch heute einer der größten Vertreter der Open-Source-Philosophie, aus der verschiedene Betriebssysteme wie SUSE oder Debian Linux resultieren. Dieser freie Code bildete die Grundlage für Commons auf den Ebenen Code, Wissen und Innovation.

Zunehmend sahen Unternehmen in diesem freien Zugang zu den Quellcodes jedoch eine Bedrohung, Beispiel par excellence ist dieses Mal Microsoft. Durch diverse Strategien, mittels derer Quellcodes geschützt und Kopplungen integriert werden (Windows 95 und der Internet Explorer), behindern sie jegliche kreative Innovation mit dem Ziel, ihre Stellung als Marktführer nicht zu verlieren. Eine Vielzahl von Entwicklungen, die denen von Microsoft Konkurrenz machen könnten, wurde verhindert.[9] Aus Angst vor Lücken, durch die Schadsoftware eingeschleust werden könnten, wurde der Quellcode seitens des Konzerns so lange nicht freigegeben, bis er schließlich gerichtlich dazu gezwungen wurde.

Das Beispiel Microsoft zeigt, dass sich absolute Kontrolle, Macht und Monopolstellungen kaum positiv auf Innovationen auswirken, vielmehr das Potential möglicher Fortschritte zerstören.

Innovationen

HTML-Books sind für Lessig ein zunehmender Teil der Lesekultur. Das erste dieser Werke stammt von Eric Eldred, der Leser auf der ganzen Welt an seiner Leidenschaft für Bücher teilhaben lassen wollte. Im Gegensatz zum gewöhnlichen Druckexemplar ist der Autor bei HTML-Books in der Lage, Links hinzuzufügen. Außerdem hat jeder Interessierte hat einen Zugang zum Werk und kann einzelne Auszüge mühelos in einen anderen Text kopieren. Einzige Grenze hierbei ist das Copyright der Autoren, jedoch fällt nach einem gewissen Zeitraum jedes Werk ins sogenannte *public domain*, das heißt es unterliegt dann keinem Urheberrecht mehr. Eldred machte sich dies zu Nutze und veröffentlichte mehrere Werke.

Als weiteres Beispiel nennt Lessig die Entwicklungen im Video- und Audiobercich. Mit der Entwicklung des MP3-Formats konnten Audiodateien von traditionellen Datenträgern in MP3-Dateien umgewandelt, auf dem PC gespeichert und versendet oder per Audio-Streaming übertragen werden. Einer der erfolgreichsten Dienste, der auf dem MP3-Format basierte, war My.MP3. Im Prinzip erhielt man über die Website von My.MP3 auf simpelste Weise Zugang zu solchen Audio-Dateien, die man rechtmäßig erworben hatte. Sobald der originale Datenträger im Laufwerk eingelesen wurde und My.MP3 diesen identifizierte, konnte der Nutzer auf die allgemeine Bibliothek zugreifen und die identifizierten MP3-Dateien abspielen, ohne dass diese extra umge-

---

8 Vgl. Lessig, L. (2001), S. 53 ff und Klaages, H. (1996).
9 Für Hintergrundinformationen siehe Brinkley, J., Lohr, S. (2000).

wandelt werden mussten. Damit erhielt man folglich nur zu den Musikdateien einen Zugang, die man im vorab schon erworben hatte.

Die Anzahl der Innovationen auf der inhaltlichen Ebene ist enorm groß. In der Filmbranche war für das Entstehen von Innovationen beispielsweise ausschlaggebend, dass technologische Entwicklungen eine Kostensenkung auf 1 Prozent ermöglichten. Schlussendlich aber entstanden nicht nur neue Produkte, sondern auch neue Märkte. Durch die Kanäle des Netzes, die zum einen eine extrem kostengünstige Verbreitung, zum anderen geeignete Werkzeuge zur Verfügung stellten, florierte beispielsweise der Markt für Poesie. Durch rapide sinkende Transaktionskosten entwickelten sich Produkte, die bis zu diesem Zeitpunkt undenkbar waren.

Nicht nur im Bereich veränderter Vertriebswege setzten sich bald neue Formen durch, auch die Anforderungen an Unternehmen veränderten sich in einem internetaffinen Zeitalter. Amazon.com gilt als ein Paradebeispiel dafür, wie Kundenwünsche und -ansprüche im Netz umgesetzt werden können. Neu sind auch sich weiterentwickelnde Systeme oder Methoden, beispielsweise die Peer-to-Peer Netzwerke, mithilfe derer Zeit, Platz und Kosten gespart werden können.

Schlussendlich ist den genannten Beispielen eines gemein: Herkömmliche Grenzen wurden mithilfe des Internet durchbrochen. Die logische Ebene – das Internetprotokoll – ist zum Allgemeingut geworden. Ein preiswerter Zugang zum Netz sowie der Möglichkeit, zuvor sehr kostenspielige Ressourcen über das Internet frei und vielfach kostenlos zu nutzen, brachte im Ergebnis eine Vielzahl von Innovationen hervor.

Folgend soll nun im Mittelpunkt stehen, wie diese Innovationen zunehmend gebremst werden. Als größte Gefahr sieht Lessig diesbezüglich das Copyright auf der inhaltlichen Ebene.

Beispiele aus der Praxis
Gefahr der perfekten Kontrolle

Für die inhaltliche Ebene gilt, analog zur gegenständlichen und logischen Ebene, das zunehmende Verlangen nach Kontrolle von Innovationen. Die größten Gefahren auf dieser Ebene sind Copyright und Patentschutz. Ohne Zweifel sollte ein urheberrechtlicher Schutz gegeben sein, ansonsten hätten Künstler, Autoren oder Softwareentwickler kaum einen Anreiz, zum Teil Jahre in die Entwicklung zu investieren.

Kernsätze

> Das Problem ist nicht der urheberrechtliche Schutz von Rechten, sondern vielmehr die perfekte Kontrolle.

Neue Technologien eröffnen über das Internet Möglichkeiten zur Rechtewahrnehmung, die bis vor wenigen Jahrzehnten nicht annähernd denkbar gewesen wären. Und von den Rechteinhabern werden diese Möglichkeiten eifrig genutzt. Fox kann heute beispielsweise einen Verbraucher in Deutschland urheberrechtlich belangen, wenn dieser auf seiner Homepage ein Bild der Simpsons benutzt – und die Gerichtsbarkeiten unterstützen dieses Modell mit großem Elan.

„So consider the work of the courts, legislatures, and code writers in their crusade to expand the protections for a kind of ‚property' called IP."[10]

Mancher Gebrauch von geschützten Werken ist sicherlich illegal. Obiges Beispiel der Website, auf der Homer Simpson erscheint, verletzt gewiss die Urheberrechte von Fox. Die Frage ist aber, ob das den ursprünglichen Zielen des Urheberrechts noch entspricht? Die Chance, dass das Bild von Homer Simpson auf der Website häufiger gesehen wird, als im Vergleich dazu ein Poster im eigenen Zimmer, das von Freunden, Bekannten und Verwandten gesehen wird, kann doch tatsächlich als gering angesehen werden. Im Ergebnis werden vermutlich kaum mehr Personen die Website als das Zimmer anschauen. Dem hingegen sind die Möglichkeiten der Rechtewahrnehmung durch die technologische Entwicklung extrem gewichtig. Fan-Seiten der Simpsons wurden eben wegen des illegalen Gebrauchs von Material verboten, OLGA (eine Seite, auf der Noten zum Gitarre lernen veröffentlicht wurden) musste den Betrieb einstellen, weil EMI die Verletzung von Immaterialgüterrechten geltend machte. Weltweit verbringen ganze Abteilungen von Yahoo, MSN und AOL täglich ihre Zeit damit, neue „Rechteverletzter" ausfindig zu machen.

„This is not a picture of copyright imperfectly protected; this is a picture of copyright control out of control."[11]

My.MP3

Das Unternehmen MP3.com erhielt zehn Tage nach dem Anbieten von My.MP3 eine Klage des US-amerikanischen Verbands der Musikindustrie RIAA wegen „krasser Verletzung" von Urheberrechten. Ohne Zweifel, die Musik-Bibliothek war enorm, aber wie bereits oben erwähnt, erhielt man nur Zugang zu rechtmäßig erworbenen Dateien. Dieser Zugang würde nur einen Mehrwert der CD darstellen, denn die Dateien könnten überall gehört werden. Letztendlich führte MP3.com weiter an, dass jeder ihrer Nutzer das Überspielen prinzipiell auch hätte alleine machen können. Genau in diesem Aspekt lag auch der einzige Unterschied: eben das nicht jeder Nutzer die CD extra auf seinen PC speichern musste und dennoch überall die Lieder hören konnte. Ziel des Anbieters war folglich nur, Musik innovativ zu verteilen und zu verbreiten. Demnach lehnte My.MP3 die Aufforderung zur Unterlassung und einen Schadensersatzanspruch von 100 Mio. $ auch ab. Die US-amerikanische Gerichtsbarkeit sah diesen Fall jedoch anders. My.MP3 habe vorsätzlich und schuldhaft illegale Kopien unterstützt und bereitgestellt. Das Gericht verurteilte die Angeklagten auf Unterlassung und zur Zahlung von 110 Mio. US-Dollar Schadensersatz.

„For experimenting with a different way to give consumers access to their data, MP3.com was severely punished."[12]

---

10 Lessig, L. (2001), S. 180.
11 Lessig, L. (2001), S. 183.
12 Lessig, L. (2001), S. 194.

Eric Eldred und das Copyright

Wohl bekanntestes Beispiel in den USA in diesem Zusammenhang ist das Verfahren Eric Eldreds, Initiator des HTML-Books, gegen die elfte Verlängerung des Urheberrechtsschutzes in den USA innerhalb der letzten 40 Jahre (zum Zeitpunkt 1998). Mit der Ansicht, dass eine Schutzdauer von bis zu 150 Jahren eindeutig über das Ziel des Urheberrechts hinausgeht, steht Eldred nicht allein da. Auch Lessig, der Eldred in seinem Prozess unterstützte, teilt diese Meinung. Das aktuelle Copyright entwickelt sich zunehmend zu einem Rechteverwerterrecht, das den Anforderungen eines technisch vorangeschrittenen Zeitalters nicht mehr gerecht wird.

Anstatt Kreativität, Innovation und geistige Entwicklung zu fördern, behindere es den Fortschritt der Kultur des 21. Jahrhunderts. In Zeiten vernetzten Denkens und Handelns und unter dem Schlagwort Web 2.0, in dem Partizipation und Kommunikation die prägenden Elemente sind, kriminalisiere das geltende Recht eine ganze Generation und beraube sie ihrer künstlerischen, kreativen und vor allem einst freien Möglichkeiten.[13] Denn „ge-remixt" wurde schon seit jeher – man denke nur an die Entwicklung des Hip-Hops.

Was das US-amerikanische Urheberrecht im Speziellen betrifft, so bleibt festzuhalten, dass dieses noch extremer als in Deutschland zugunsten wirtschaftlicher Interessen – mithin zugunsten der Konzerne – gestaltet ist. Der eigentliche Urheber besitzt quasi nur „Veto-Rechte". Folglich erscheint es nicht verwunderlich, dass bei jeder Verlängerung der Dauer des immaterialgüterrechtlichen Schutzes intensives Lobbying betrieben wurde, bei dem vor allem der Disney-Konzern auffällig oft beteiligt war. Seit 1962 stieg der Zeitraum der Verlängerung der Schutzdauer elfmal, bei annähernd jeder Verlängerung war dabei der eben erwähnte Disney-Konzern im Vorfeld aktiv – nämlich stets dann, wenn die Urheberrechte für „Steamboat Willie" – in der erstmalig Mickey Mouse auftaucht – abzulaufen drohte. So auch 1998, als der Sonny Bono Copyright Act (aus naheliegenden Gründen auch Mickey-Mouse Protection Act genannt) verabschiedet wurde, der es Eldred verbat, Klassiker von Fitzgerald, die zu diesem Zeitpunkt ins public domain gefallen wären, zu veröffentlichen. Eldred, der diesen Missstand jedoch nicht hinnehmen wollte, ging vor den Supreme Court. Er führte dabei an, sich zum einen in seiner Tätigkeit als Internetverleger behindert zu fühlen, zum anderen klagte er den Widerspruch des „Mickey-Mouse Protection Acts" mit dem ersten Verfassungszusatz an, nach dem kein Gesetz erlassen werden darf, das entgegen der Freiheit der Rede oder Presse steht. Seiner Ansicht nach sei die Verlängerung von anfänglich 14 auf bis zu 150 Jahre wohl aber ein Verstoß gegen den ersten Zusatz, wonach der Sonny Bono Copyright Act auch revidiert werden müsse. Doch statt die Missstände zu beheben, lehnte der Supreme Court die Klage, die unter anderem auch von Lessig unterstützt wurde, ab. Es sei erstens nicht Aufgabe des Gerichts, Entscheidungen des Kongresses zu maßregeln und zweitens wäre das Urheberrecht immun gegenüber dem ersten Verfassungszusatz.

---

13 Vgl. Lessig, L (2006).

Das moderne Urheberrecht – sowohl in den USA, aber auch hierzulande – ist weniger auf innovative Forschung und Entwicklung ausgerichtet als auf wirtschaftliche Gewinnmaximierung. Dabei zeichnet die ursprüngliche Entwicklungsgeschichte des Internet ein völlig anderes Bild, denn nur das Gleichgewicht zwischen freien und kontrollierten Ressourcen ermöglichte den rasanten Fortschritt. Dem hingegen verschiebt das aktuelle Urheberrecht die Grenzen hin zu absoluter Kontrolle und Eigentum, sodass ein Ungleichgewicht entsteht, in dem commons zunehmend verschwinden und der innovative Raum stetig schrumpft. Denn Kreativität ist nicht möglich ohne Allgemeingut.[14]

Sofern diese Einstellung von unbedingtem Eigentum, absoluter Kontrolle und fehlendem Verständnis für ein Internet, das auf einem Gleichgewicht zwischen Kontrolle und Freiheit beruhen sollte, beibehalten wird, erscheint es Lessigs Meinung nach fraglich, wie die Zukunft des technologischen Zeitalters aussehen soll. Innovationen finden momentan den Zugang zum Markt nur dann, wenn die sogenannten „alten Kräfte" (wie die RIAA, EMI und Unternehmen, die den rasanten Fortschritt bremsen wollen, aus Angst, ihr Monopol zu verlieren) dem zustimmen. Selbige Konsequenzen drohen aus dem Patentrecht. Schlussendlich fordert Lessig dazu auf, dieses Ergebnis von staatlich legitimierten Monopolen (englisch: *government-backed monopolies*) nicht hinzunehmen, wenn die Gesellschaft keinen Grund dazu hat, die Arbeit der Regierung zu befürworten. Andernfalls sei die Zukunft des Internet zumindest ungewiss, denn schon heute ist die inhaltliche Ebene durch diverse Vorgaben nicht mehr frei.

„We are racing to assign property rights in the air, because we can`t imagine that balance could do better."[15]

Lösungsansätze
Änderungsvorschläge Lessigs

Aktuelle Veränderungen könnten trotz der beschriebenen Entwicklungen aufgehalten werden, Fortschritte hin zu einem innovativeren und kreativeren Internet sind möglich. Lessigs Meinung nach wäre zum Beispiel ein Urheberrecht, das für fünf Jahre gilt und maximal 15 mal verlängert werden kann, eine wesentlich bessere Alternative als die heutige Lösung. Diese Schutzdauer würde Unternehmen nach wie vor die alleinige Verwertung ihrer Innovation für 75 Jahre garantieren, ein Zeitfenster, das seiner Ansicht nach ausreichend ist, um Anreize für innovative Tätigkeiten zu setzen. Ähnliches gilt für Quellcodes, die nicht länger als 10 Jahre geschützt sein sollten, um anschließend zur freien Verfügung zu stehen. Ebenso müsste die amerikanische Gesetzgebung einen Anreiz für die Produktion öffentlicher Güter, mithin von Commons, schaffen. An dieser Stelle setzt sich vor allem auch Lawrence Lessig selbst ein, der zusammen mit Eric Eldred und weiteren Kritikern des gegenwärtigen Copyrights die Initiative der CreativeCommons gründete.

---

14 Vgl. Lessig, L. (2001), S. 199 ff.
15 Lessig, L. (2001), S. 233.

CreativeCommons

Die Idee der CreativeCommons (CC), die als Anwendungsfall in Kapitel 25 ausführlich dargestellt werden, entstand während der Verhandlung Eldreds vor dem Supreme Court. Lange vor der Entscheidung fassten unter anderem Eldred, Lessig und andere den Entschluss, eine Bewegung ins Leben zu rufen, die keinen Angriff auf das Copyright darstellen, sondern im Ergebnis das public domain unterstützen soll. Ziel der CreativeCommons ist, jene Beschränkungen, die das Copyright auferlegt, zu vermindern. In Anlehnung an die Grundgedanken der Free Software Foundation sind die Urheber in der Lage, mittels sechs verschiedener Lizenztypen selbst zu bestimmen, in welcher Art und Weise ihre Werke nutzbar sind.[16] Mithin entsteht ein größerer Raum für Kreativität, deutlich mehr Quellen sind nutzbar, die freie Kultur wird gefördert. Ziel ist folglich, mithilfe der CC-Lizenzen ein System zu etablieren, in dem Kreative die Werke anderer benutzen können. Durch die Stärkung des Allgemeingutes sollen Innovationen gefördert und im Ergebnis geistig schöpferische Prozesse zunehmend weniger behindert werden. In diesem Zusammenhang ist auch Lessigs Werk unter einer CC-Lizenz erhältlich, die besagt, dass man den Autor nennen muss und das Werk nicht kommerziell verwenden darf.

Auch wenn die Initiative sicherlich noch nicht in dem gewünschten Maße umgesetzt werden konnte, so sind dennoch wesentliche Fortschritte erreicht. Commons sind mehr und mehr zu finden (Bilder: flickr; Videos: blip.tv; Musik; jamendo), zu den populärsten Anhängern gehören solche wie Wikipedia, Al Jazeera oder die Nine Inch Nails. Im deutschsprachigen Raum erschien 2009 die Abhandlung „Wem gehört die Welt" (ebenfalls unter einer CC-Lizenz im Netz zu finden), das einen einmaligen Bogen über den gesamten Themenbereich spannt, Commons näher beleuchtet und ebenso versucht, den Begriff des Allgemeingutes zu definieren.[17]

Fazit

Abschließend ist zu konstatieren, dass man bei der Lektüre von Lessigs Buch stets im Hinterkopf behalten sollte, dass er ein leidenschaftlicher Verfechter gegen das aktuelle amerikanische Urheberrecht ist und seine Ansicht sicherlich nur „eine Seite der Medaille" darstellen kann. Dennoch liefert er verschiedene Denkanstöße, die dazu anregen, über den Sinn und Zweck der aktuell geltenden Urheberrechtsnormen nachzudenken. Ohne Zweifel sind ausschließliche Rechte am geistigen Eigentum, gerade wenn es darum geht, Innovationen zu fördern, unerlässlich, diese sollten jedoch auch nicht über ein gewisses Maß hinausgehen. An dieser Stelle ist wohlmöglich ein Umdenken erforderlich, denn nicht nur in den USA, auch in Deutschland stammt das Urheberrecht aus einer Zeit, in der technologische Entwicklungen und daraus resultierende Möglichkeiten wie die heutigen undenkbar waren. Demzufolge sind neue Ansätze und Rechtsvorschriften, die den aktuellen Gegebenheiten und vor allem auch der Allgemeinheit mehr Beachtung schenken, zukünftig unumgänglich.

---

16 Vgl. hierzu Kapitell 19 in diesem Buch.
17 Vgl. Helfrich, S. (2009).

Nach den Worten Lessigs stehen wir schlussendlich an einem Punkt, an dem die Entscheidung getroffen werden muss, ob wir weiterhin alt gegen neu verteidigen oder aber zurück zu einer Balance zwischen Freiheit und Kontrolle finden wollen, die Basis der Entwicklung des Internet war.

> „As the old Net gets replaced by the new, as old interests succeed in protecting themselves against the new, we face a fundamental choice."[18]

Literatur
Bücher von Lawrence Lessig

Lawrence, L. (2001), The Future of Ideas – The Fate of the commons in a connected World, Random House

Lawrence, L. (2001), Code and other Laws of Cyberspace, Basic Books, New York

Lawrence, L. (2004), Free Culture, Penguin

Lawrence, L. (2005), Code 2.0: And Other Laws of Cyberspace, Version 2.0, Basic Books, New York

Lawrence, L. (2008), Remix: Making Art and Commerce Thrive in the Hybrid Economy, Penguin Press HC

Präsentationen von Lawrence Lessigs

http://lessig.blip.tv

Weiterführende Literatur

Andrepont, C. (1999), Legislative Updates: Digital Millennium Copyright Act: Copyright Protections for the Digital Age; DePaul-LCA Journal of Art & Entertainment Law 9

Baden, J. A., Noonan, D.S. (1998), Managing the Commons; Indiana University Press

Barkin, S., Shambaugh, G.E. (1999), Anarchy and the Environment - The International Relations of Common Pool Resources; State University of New York Press

Benkler, Y. (2000), From Consumers to Users: Shifting the Deeper Structures of Regulation Toward Sustainable Commons and User Access, Federal Communications Law Journal 52

Benkler, Yochai; The Wealth of Networks; 2006; Yale University Press

Berner-Lee, T. (1999), Weaving the Web: The Original Design and Ultimate Destiny of the World Wide Web by its Inventor, HarperOne

Bessen, J., Maskin, E. (2000), Sequential Innovation, Patents and Imitation, Cambridge University, Department of Economics, Working Paper

Brinkley, J., Lohr, S. (2000), U.S. v. Microsoft. The Inside Story of the Landmark Case: The Inside Story of the Landmark Trial, Mcgraw-Hill Professional

---

18 Lessig, L. (2001), S. 239.

DiBona, C., Ockman, S., Stone, M. (1999), Open Sources: Voices from the Open Source Revolution, O'Reilly Media

Dreyfuss, R. C., Zimmermann, L. D., First, H. (2001), Expanding the Boundaries of Intellectual Property: Innovation Policy for the Knowledge Society, Oxford University Press

Freedman, W. C. (2000), Open Source Movement Vies with Classic IP Model, Free Software Is Bound to Have a Significant Effect on Patent, Copyright, Trade Secret Suits, National Law Journal 22, 2000

Helfrich, S. (2009), Wem gehört die Welt?: Zur Wiederentdeckung der Gemeingüter, oekom verlag

Gaynor, M. (2000), Theory of Service Architecture: How to Encourage Innovation of Services in Networks, Working Paper

Goldstein, P. (1970), Copyright and the First Amendment, Columbia Law Review

Klaages, H. (1996), Es reicht mir nicht, nur einfach neugierig auf die Zukunft zu sein, ich will etwas ändern, Spiegel-Online Gespräch, URL: www.klagges.com/pdf/interview_stallman.pdf (Abruf am 6.05.10; 15:56 Uhr)

King, B. (2001), MP3.com Open to Friends, Wired News

Lerner, J. (2000), 150 Years of Patent Protection, NBER Working Paper Nr. 7477

Lessig, L (2006), Es geht nicht darum, Madonnas Musik zu stehlen – Lawrence Lessig im Interview, sueddeutsche.de vom 22.12.2006, URL: www.sueddeutsche.de/kultur/641/404420/text/5/, Abruf am 6.5.10; 17:37 Uhr;

Lieberman, D. (1999), Media Giants' Net Change: Major Companies Establish Strong Foothold Online, USA Today

Litman, J. (2001), Digital Copyright, Prometheus Books

Parsons, P.R., Frieden, R. M. (1997), The Cable and Satellite Television Industries, Allyn & Bacon

Platt, C. (2001), The Future Will Be Fast But Not Free, Wired Mai 2001, URL: www.wired.com/wired/archive/9.05/broadband.html (Abruf am 6.05.10; 15:43 Uhr)

Rose, C. (1986), The Comedy of the Commons: Custom, Commerce, and Inherently Public Property, University of Chicago Law Review 53

Shirky, C. (2000), Clay Shirky's Writings About the Internet: Economics and Culture, Media and Community, Open Source, URL: www.openp2p.com/pub/a/p2p/2000/11/24/shirky1-whatisp2p.html

Vaidhyanathan, S. (2001), Copyrights and Copywrongs: The Rise of Intellectual Property and How It Threatens Creativity, New York University Press

Kapitel 12 Wikinomics (Don Tapscott, Anthony D. Williams)

von Alexander Kain

Das Buch *Wikinomics* von Don Tapscott und Anthony D. Williams ist eine der ersten Bestandsaufnahmen der vernetzten Internetökonomie mit seinen kooperativen Kommunikations- und Produktionsformen. Es beinhaltet eine mit vielen Beispielen illustrierte Beschreibung aktueller Herausforderungen und Empfehlungen, wie Unternehmen auf diese Herausforderungen reagieren sollen.

Akteure

> Don Tapscott wurde vom Washington Technology Report als einer der einflussreichsten Medienexperten seit Marshall McLuhan bezeichnet. Er ist Autor von dreizehn Büchern über den Einfluss von Informationstechnologien in Wirtschaft und Gesellschaft. Das Buch „Wikinomics: How Mass Collaboration Changes Everything", das er 2006 gemeinsam mit Anthony D. Williams veröffentlichte, wurde in über zwanzig Sprachen übersetzt. Anthony D. Williams arbeitet derzeit als Senior Fellow des Lisbon Council, einem Think Tank zu Themenbereichen wie Bildung, Wachstum und wirtschaftlicher Wettbewerbsfähigkeit der EU.

Der Begriff *Wikinomics* wird von den Autoren als neue Form des Wirtschaftens beschrieben, das auf einer vernetzten und kooperativen Denkweise basiert. Anhand zahlreicher Studien werden die Kernpunkte dieser neuen Wirtschaftsform identifiziert, und aufgezeigt, wie Unternehmen ihr Verhalten und ihre Strukturen den neuen Bedingungen anpassen sollten, damit sie auch in Zukunft wettbewerbsfähig bleiben. Eine Vielzahl aktueller Praxisbeispiele wie Facebook, Flickr oder auch YouTube unterstreicht die Aktualität der Thematik. Diese Beispiele weisen Wege für Anbieter und Nachfrager auf, die sich jenseits von hierarchischen und auf Eigentum basierenden Organisations- und Produktionskonzepten auftun.

Kernelemente des Wikinomics-Ansatz

Auf den folgenden Seiten werden sieben Kernelemente des Wikinomics-Ansatzes beschrieben, die in Tabelle 9 in einer Übersicht dargestellt sind.

Kernsätze

Peer Production	Peer Production bietet Unternehmen und Individuen durch neue Formen der kooperativen Zusammenarbeit die Chance, Probleme zu lösen, die bislang aufgrund hoher Komplexität und Kosten nicht lösbar waren.
Der perfekte Sturm	Die hohe Bereitschaft neuer Generationen, das Internet in einer globalen Ökonomie für eigene Zwecke zu nutzen, führt als „perfekter Sturm" zu tiefgreifenden Veränderungen der Strategie und Architektur von Unternehmen.
Ideagoras	Auf virtuellen Marktplätzen können Problemstellungen bei relativ geringen Kosten einer großen Anzahl potentieller Interessenten präsentiert und von Anderen entsprechende Lösungsideen angeboten werden.
Co-Innovatoren	Kunden, die ihre klassische Rolle als passiver Konsument verlassen haben, können dabei helfen, Produkte zu verbessern oder Ideen zu neuen Produkten zu liefern.
Neue Strukturen	Klassisch hierarchische Strukturen sind in Anbetracht der vielen Menschen, die sich an der Lösung einer Problemstellung beteiligen, nicht mehr effizient. Analog zu Unternehmen, die unabhängig von bestimmten Orten oder Räumlichkeiten existieren, sind deren Mitarbeiter nicht mehr fest an ihre Arbeitsplätze gebunden.
Alexandriner	Viele Aufgaben und Problemlösungen, die in der Vergangenheit als unlösbar bezeichnet wurden, lassen sich durch kollaborative Zusammenarbeit heute lösen. Es wird dabei nicht nur häufiger eine Lösung gefunden, sondern auch schneller.
Wiki-Arbeitsplatz	Arbeitsplätze gestalten sich zunehmend orts- und zeitunabhängig. Diese neue Form des Arbeitens erfordert auch eine Neugestaltung des klassischen Arbeitsplatzes.

Tabelle 9: Kernelemente des Wikinomics-Ansatz

Peer Production als neue Form der Zusammenarbeit

Als über das Internet nach und nach die Strukturen für eine globale Vernetzung geschaffen wurden, dachten wahrscheinlich nur die Wenigsten daran, dass sich dieser Effekt auch auf Unternehmen auswirkt und völlig neue Wege der Produktion und Zusammenarbeit entstehen würden. Die wesentlichen Aspekte dieser Entwicklung sind die Anzahl der Menschen im Netz sowie das Wissen und Know-How, das zentral an einem Ort gebündelt zur Verfügung steht. Gemeinsam führen diese beiden Aspekte zu einer Massenkollaboration bisher unbekannten Ausmaßes, bei der sich für Unternehmen neue Wege ergeben, ihre alltäglichen Probleme zu lösen. Durch die Zusammenarbeit mit einer zuvor undenkbaren Anzahl von Menschen, lassen sich externe Impulse unter sehr günstigen Kostengesichtspunkten gewinnen. Die Autoren Tapscott und Williams bezeichnen diese Zusammenarbeit als Peer Production, die ihrer Aussage nach die klassischen Hierarchien ablösen wird. Dabei sind die *Peers* Personen gleichen Rangs, die an einer gemeinsamen Aufgabe oder einer Problemlösung arbeiten.[1] Durch das Wegfallen starrer Hierarchien wird den Beteiligten mehr Spielraum gelassen, ihren Teil zur Gesamtlösung beizutragen und eigenverantwortlich zu handeln. Kommunikation und Abstimmung können dabei zeit- und ortsabhängig bewerkstelligt werden, sodass Kosten für Arbeitsräume stark reduziert werden können. Notwendige Technik kann dabei mehrfach verwendet werden, sodass auch hier einmal anfallende Anschaffungskosten zu einer langfristigeren Nutzengenerierung führen. Ein sehr erfolgreiches Beispiel ist Procter & Gamble. Für die Entwicklung neuer Produktideen greift das Unternehmen auf das InnoCentive-Netzwerk zurück, bei dem über 90.000 Wissenschaftler registriert sind, und löst damit 50 Prozent seiner Problemstellungen im Produktbereich. Im Gegenzug erhalten die Wissenschaftler bei erfolgreicher Lösung eine Geldprämie. Der entscheidende Punkt für Unternehmen und Organisationen ist dabei die Einbindung der Talente der einzelnen Individuen, auf die sie sonst keinen Zugriff hätten.

Dass es sich bei der Verbreitung von Peer Production nicht um einen kurzfristigen Trend handelt, lässt sich besonders gut am Beispiel der Unterhaltungs- und Medienindustrie erkennen. Diese hat sich vehement gegen solche Entwicklungen gewehrt und anstatt sich gezielt darauf vorzubereiten, hat sie nun die größten Umsatzeinbußen in ihrer Geschichte zu beklagen. Aber auch nicht-kommerzielle Projekte, die aufgrund ihres inhaltlichen Umfangs nicht oder nur schwer umsetzbar gewesen wären, erhalten durch die Massenkollaboration und Peer Production einen Motor, der die Grenzen des Möglichen deutlich erweitert. Dazu gehört zum Beispiel die weltweite Erfassung von Daten des Klimawandels oder die Suche nach neuen Planeten im Weltall.

Praxistipp

Unternehmen können die Vorteile von Peer Production für sich nutzen, indem sie sich öffnen für neue Formen der kollaborativen Zusammenarbeit über das Internet oder sogar neue Geschäftskonzepte entwickeln, die auf Kollaboration basieren.

Zahlreiche Beispiele zeigen, dass die kollaborative Zusammenarbeit über das Internet Wettbewerbsvorteile gegenüber traditionellen Organisationsformen mit sich bringt. So müssen sich Verlage beispielsweise die Frage stellen, ob Enzyklopädien in Buchform im Zeitalter von Wikipedia noch wettbewerbsfähig sind. Nicht nur der Gesichtspunkt der Kostenkontrolle, auch der enorme Zeitaufwand, Daten einzeln zusammenzutragen und zugänglich zu machen, lässt vermuten, dass das lange Jahre

---

1 Siehe hierzu Kapitel 10 in diesem Buch.

erfolgreiche Angebot von Enzyklopädien in Zukunft nicht mehr rentabel sein wird. Das Beispiel Wikipedia zeigt zudem, dass sich mit Peer Production neue Geschäftsmodelle und Möglichkeiten für Kooperationen entwickeln lassen, die aufgrund optimierter Organisations- und Kostenstrukturen nicht nur für Großunternehmen in Frage kommen.[2]

Der perfekte Sturm revolutioniert Strategie und Organisation

Das Internet wurde einst als kostengünstige Möglichkeit gesehen, Unternehmen online zu präsentieren. Kommunikation und der Austausch von Daten hielten sich vor knapp zehn Jahren noch in Grenzen. Aber spätestens die Dienste und Möglichkeiten der sozialen Medien des Web 2.0, die in Kapitel 3 beschrieben werden, haben aus dem Internet ein fast unbeherrschbares, undurchschaubares und dynamisches Konstrukt gemacht, das mit einem reinem „Medium für statische Präsentationen"[3] nichts mehr gemeinsam hat. Die rasche Entwicklung des Internet bietet viel Raum für Kreativität – gerade weil keine Grenzen vorgegeben sind. Neben den Unternehmen, die sich im Internet mit fortschrittlichen Ideen präsentieren, hat sich aber auch eine andere Gruppe fest im Netz verankert. Die Rede ist von der sogenannten Net Generation (Net Gen), die die Entwicklung des Internet maßgeblich beeinflusst. Diese Generation ist verknüpft durch soziale Netzwerke wie MeinVZ, YouTube oder Facebook. Soziale Netzwerke und Communities beeinflussen ihr Alltagsgeschehen, ihre Bildung und ihre Kaufentscheidungen aber auch die Gestaltung ihrer Arbeit.[4]

Die Net Gen wird zudem durch eine Reihe anderer Merkmale geprägt. Sie hat sich zusammen mit dem Internet entwickelt und dessen Dienste und Technologien angestoßen. Sie ist in der Lage, die Möglichkeiten des Mediums voll auszuschöpfen, eventuelle Grenzen des Internets durch neue Ideen zu überwinden und das Internet auf diesem Wege für eigene Zwecke zu nutzen. Die besonderen Fähigkeiten der Net Gen führen zu einem „perfekten Sturm", der tiefgreifende Veränderungen der Strategie und Architektur von Unternehmen nach sich zieht.

Praxistipp

Durch die Einbindung von Vertretern der Net Generation können Unternehmen ihre Strategie und Organisation an die neuen Herausforderungen optimal anpassen. Bei der Entwicklung neuer Angebote kann die Net Gen als Co-Innovator einbezogen werden.

Die Einbeziehung von Vertretern der Net Gen als externe *Peers* stellt allein schon eine sehr große Innovation dar, da Produktion, Entwicklung sowie andere Prozesse nicht maßgeblich innerhalb Unternehmens vollzogen werden, sondern ortsunabhängig und ohne starre Hierarchien von außen in das Unternehmen integriert werden. Die Zu-

---

2 Vgl. Tapscott/Williams, Wikinomics, S. 11.
3 Vgl. Tapscott, D., Williams, A.D. (2007), S. 37.
4 Vgl. Tapscott, D., Williams, A.D. (2007), Seite 37.

sammenarbeit mit der Net Gen als gleichberechtigter Partner stellt dabei den Grundbaustein für Peer Production dar. Unternehmen, die diese Innovation versäumen, laufen Gefahr, schon bald vom „perfekten Sturm" eingeholt zu werden. Um diesem Risiko zu entgehen und die Möglichkeiten der Net Gen zu nutzen, müssen deren Vertreter in ihrer Rolle als Prosument[5] ernst genommen werden. Anderenfalls droht der Verlust der Net Gen als Konsumenten und Meinungsträger. Die Umgebungsfaktoren für die Integration der Net Gen sind sehr günstig, da diese bereits in vollem Maße über soziale Netzwerke kommuniziert und kooperiert und über das Internet stets erreichbar ist.

Ideagoras: Marktplätze für Ideen und Innovationen

Das gesammelte Know-How der Mitarbeiter zählt zu den wichtigsten Ressourcen eines Unternehmens. Das Besondere an der Ressource Wissen ist, dass es sich über alle Abteilungen und Mitarbeiter des Unternehmens verteilt. Das ohnehin schon unternehmensintern begrenzte Wissenspotential, mit dem neue Aufgaben und Problemstellungen gelöst werden können, ist im Unternehmen teilweise nur schwer zugänglich. Aktuelle Entwicklungen führen nach Tapscott und Williams auch hier zu neuen Möglichkeiten. Als wissensbasierte Marktplätze für Ideen und Innovationen lässt sich das Know-How an dezentralen Orten bündeln, die unternehmensübergreifend jedem zugänglich sind.

Wie bereits in den vorherigen Kapiteln beschrieben wurde, bietet das Internet und dessen Vernetzung Zugang zu unzähligen Menschen und damit auch zu deren Wissen, Know-How und Kreativität. Auf den ersten Blick wird die Schwierigkeit nun darin liegen, diejenigen Personen zu erreichen, die zu einer bestimmten Problematik oder Thematik Lösungsvorschläge beitragen können. Dass es dennoch möglich ist, zeigen virtuelle Märkte wie das InnoCentive-Network. Wie das vorangegangene Beispiel Procter & Gamble illustriert hat, können Unternehmen hier ihre Projekte ausschreiben und eine breite Masse an Spezialisten erreichen. Die Zusammenarbeit gestaltet sich dabei relativ einfach und lässt vor allem Spielraum für kreative Lösungen, welche bei unternehmensinternen Verfahren vielleicht schon in früheren Entwicklungsphasen ausgeschieden wären. Ein weiterer positiver Effekt ist, dass Probleme wie Betriebsblindheit kategorisch ausgeschlossen werden, da die InnoCentive-Mitglieder einen unvoreingenommenen Blick auf das Unternehmen und die jeweiligen Fragestellungen haben. Zusammengefasst bieten virtuelle Marktplätze wie InnoCentive Unternehmen bei vergleichsweise sehr geringen Kosten die Möglichkeit, ihre Ressourcen an Know-How, Kreativität und Wissen deutlich zu steigern. Um den gleichen Effekt über traditionelle Art und Weise mit hierarchischen Strukturen zu erzielen, müsste man eine große Zahl von Fachkräften einstellen, was in keinem betriebswirtschaftlichen Kosten- und Nutzenverhältnis stehen würde. Aber auch die Mitglieder der InnoCentive-Plattform gehen nicht „leer" aus. Der Nutzen äußert sich für sie in erster Linie in einer

---

5 Siehe zum Begriff des Prosumenten Kapitel 10 in diesem Buch.

finanziellen Entlohnung, den sie von den Unternehmen für erfolgreiche Lösungsbeiträge erhalten. Die Mitglieder von InnoCentive sind dabei nicht an einzelne Projekte oder Unternehmen gebunden. Sie können gleichzeitig an mehreren Projekten für unterschiedliche Unternehmen arbeiten. Neben monetären Anreizen sowie dem Austausch von neuen Erkenntnissen scheint vor allem auch der Aufbau von Bekanntschaften und beruflichen Beziehungen, die sich über die Zusammenarbeit entwickeln, eine wichtige Motivation der Teilnehmer zu sein.

Praxistipp

Virtuelle Marktplätze wie InnoCentive bieten Unternehmen Zugang zum Wissen, Know-How und der Kreativität einer großen Anzahl unterschiedlicher Teilnehmer.

Ideagoras sind ein Sammelpunkt für Ideen und Trends. Über die Entwicklung von Lösungen für ausgeschriebene Probleme hinaus, können Mitglieder von Ideen- und Wissens-Netzwerken interessierten Unternehmen eigene Entwicklungen und Ideen anbieten.

Kunden werden Innovatoren

Nach traditioneller Denkweise werden Produkte beziehungsweise Dienstleistungen erstellt, um damit eine vorhandene Nachfrage am Markt zu decken. Ziel ist es, möglichst viele Konsumenten durch gezielte Kommunikation zum Kauf zu animieren. Mittels Marktforschung wird dann versucht, die Produkte und Dienstleistungen möglichst an die Bedürfnisse des Konsumenten anzupassen, um den Prozess der Kaufentscheidung zu fördern. Eine Befragung aller potentiellen Konsumenten für ein bestimmtes Produkt ist dabei aber fast ausgeschlossen, da Kosten, Analytik und Deutung der Ergebnisse einen enormen Aufwand darstellen. Der Gedanke, die Kunden zu befragen, ist aus betriebswirtschaftlicher Sicht natürlich richtig und vonnöten, auch wenn meist nur stichprobenartig potentielle Käufer befragt werden können. In erster Linie erhält das Unternehmen über Befragungen wertvolle Information – bei der Befragung findet jedoch noch etwas anderes statt: die klassischen Rollen von Konsument und Produzent werden vertauscht. Kunden bieten als „Produzenten" Informationen an, während Unternehmen als „Konsumenten" diese Informationen nachfragen.

In Fällen, in denen Kunden zu Produzenten von Informationen oder Produkten werden, bezeichnet man diese auch als *Prosumenten*.[6] Prosumenten sind mit der Nutzung der kommunikativen Technologien des Internet sehr vertraut. Sie nutzen diese untereinander mit großer Leichtigkeit – und sie wollen auch bei der Gestaltung von Produkten mitreden. Sie sind bereit, ihre Ideen zu teilen, wenn man ihnen zuhört.

---

6 Vgl. Toffler, A. (1980). Zu einer ausführlichen Darstellung des Prosumentenbegriffs auch Kapitel 9 in diesem Buch.

Praxistipp

Unternehmen können ihren Kunden über das Internet problemlos zuhören, sie verstehen und mit ihnen ins Gespräch kommen. Auf Basis dieses Gespräches können besonders aktive Kunden an der Entwicklung von Produkten und Dienstleistungen direkt beteiligt werden.

Aufgrund der besonderen Stellung sogenannter trendführender Kunden wurde in den vergangenen Jahren bereits der Begriff der „Lead User" geprägt. Unternehmen haben erkannt, dass ein kleiner Teil besonders aktiver Kunden, die Möglichkeiten ihrer Produkte gänzlich ausreizt und durch eigene Modifikationen oder Erweiterungen, persönlich zugeschnittene Produkte entwickelt. Das Tüfteln und Basteln an solchen Eigenherstellungen, das auch mit Schlagwörtern wie „modding" oder „tunen" und „pimpen" beschrieben wird, ist heute fast ein Massenphänomen. Da die durch die Integration derart aktiver Kunden entstandenen Produkte unter Umständen äußerst erfolgreich am Markt sein können, hat sich ein enger Kontakt zwischen Unternehmen und Lead Usern als starker Wettbewerbsvorteil herausgestellt. Anstatt wie früher alle Daten über Produkte und Dienstleistungen streng geheim zu halten, sollten die Kunden beziehungsweise Nutzer heute zum „tunen" und „pimpen" animiert und damit in den Entwurfsprozess der Unternehmen integriert werden. Die notwendigen Tools zur Veränderung der Produkte sollten, wenn möglich, mit angeboten werden, was die Produkte zudem gegenüber Konkurrenzangeboten attraktiver macht. Beispiele finden sich etwa in der Automobilbranche beim Tuningzubehör, das seinen Ursprung oft bei einigen Hobby-Autobauern hat. Modulare beziehungsweise konfigurierbare Produkte unterstützen und vereinfachen den Prozess des Veränderns. Mobiltelefone wurden beispielsweise durch die von Lead Usern selbstentwickelte Software und Technik verfeinert, die dann in Folgeprodukten der Unternehmen integriert wurde.

Verbindung von Hierarchie und Selbstorganisation

Peer Production stellt eine neue Form des wirtschaftlichen Denken und Handelns dar, in der Projekte und Aufgaben selbstorganisiert bearbeitet werden. Individuelle Peers arbeiten in dezentralen Communities an einer gemeinsamen Lösung. Peer Production ist besonders für die Produktion informationsintensiver Produkte geeignet, da bei der Produktion von Informationen die Teilnahme möglichst vieler Peers einfach gestaltet und die Kosten der Teilnahme vergleichsweise gering gehalten werden können. Wenn sich Informationen in digitaler Form bearbeiten lassen, werden keine zusätzlichen Maschinen oder hohe Anschaffungskosten auf Seiten der Teilnehmer benötigt.

Die Aufgaben sollten in möglichst kleine Teilstückchen zerlegt werden können, sodass Individuen auch kleine Beiträge unabhängig von anderen leisten können. Die Kosten, um aus den Einzelbeiträgen ein Endergebnis beziehungsweise das fertige Produkt zu schaffen, müssen dabei aber gering bleiben.

Praxistipp

Wenn Unternehmen und Peer-Communities in der Praxis tatsächlich zusammen arbeiten, findet meist eine Vermischung aus hierarchischem Ansatz und Selbstorganisation statt. Erfahrene Mitglieder der Community übernehmen dabei meist eine Führungsrolle.

Ein Beispiel stellt die Einrichtung einer Linux-Arbeitsgruppe durch IBM im Jahre 1999 dar. Zu diesem Zeitpunkt wurde das Betriebssystem Linux immer populärer und stellte eine ernstzunehmende Alternative zu vorhandenen Betriebssystemen dar, da es für vielerlei Anwendungen praktikable Lösungen anbot. Um das Potential an externen Linux-Talenten zu nutzen, entschloss sich IBM mit der Linux-Fangemeinde zu kooperieren und investierte seitdem jedes Jahr 100 Mio. US-Dollar in diese Arbeitsgruppe. Diese Investition hat sich nicht nur mit Blick auf die leistungsfähige Software gelohnt, die mithilfe der Linux-Fans entwickelt werden konnte. Die Programmierleistung der Linux-Gemeinde wird mit etwa 1 Mrd. US-Dollar beziffert. Hinzu kommen zusätzliche Gewinne aus Support, Schulung und Beratung. Sogar vorhandene Spannungen zwischen Community und Großkonzern wurden durch die Kooperation mit einem Schlag beseitigt. Hätte sich IBM allerdings dem Linux-Trend verwehrt, wären auf das Unternehmen Kosten für die Entwicklung eines eigenen Betriebssystems in ungeahnter Höhe zugekommen. Zudem wären die Erfolgschancen für ein eigenes IBM-Betriebssystem fraglich gewesen und hätten neben den hohen Investitionskosten auch noch zu Umsatzeinbußen führen können. IBM erkannte das Risiko und seine Schwäche, gegen eine so starke Gemeinschaft an Programmierern nicht bestehen zu können. Die intensive Zusammenarbeit mit der Linux-Community war daher der richtige Schritt.

Eine besondere Herausforderung bei dieser Art von Zusammenarbeit ist der Umgang mit geistigem Eigentum.[7] Mit dem Verbergen und Zurückhalten von Information wären die Community wie auch IBM stark behindert wurden. Das Linux-Beispiel zeigt eindrucksvoll, wie selbst große Unternehmen die Möglichkeit der vernetzten Welt für sich nutzen können, indem sie sich von starren Strukturen der Vergangenheit lösen.

Auch andere innovative Unternehmen wie beispielsweise Apple lassen mit Blick auf den iPhone App-Store erkennen, dass durch offene und flexible Strukturen im Unternehmen ein enormes Wachstum generiert werden kann. Tapscott und Williams sehen in diesen Beispielen eine neue Art von Unternehmen, die offen und unvoreingenommen gegenüber der vernetzten Welt sind und bei denen sich potentiell jeder an der Erzeugung von Innovationen beteiligen kann.

---

7 Vgl. Lessig, L. (2002). Siehe hierzu Kapitel 11 in diesem Buch.

Die neuen Alexandriner

Nicht nur Unternehmen nutzen die Möglichkeiten der Vernetzung für Kooperationen sondern auch die Wissenschaft. Das Potential, das entsteht, wenn Wissenschaftler auf der ganzen Erde miteinander verbunden sind, ermöglicht Innovationsraten, die alles, was in Vergangenheit geschehen ist, in den Schatten stellen. Ein freier Zugang zu diesen Innovationen kann nach Angabe der Autoren wiederum eine schnelle Verbreitung und einen großer Nutzen für die Menschheit ermöglichen. Das bekannteste Beispiel dafür ist das „Human Genom"-Projekt[8], das von mehreren Pharmakonzernen initiiert wurde. Ziel des Projekts ist die gemeinsame Erforschung des menschlichen Genoms – über die Grenzen der eigenen Organisation hinaus. Innerhalb sehr kurzer Zeit, hat der Erfolg des Projekts gezeigt, wie groß das Potential solcher Kooperationen sein kann. Selbst für konkurrierende Organisationen macht die Teilnahme an der Entwicklung dieses übergreifenden Gen-Pools Sinn. Noch bevor ein Wettbewerb mit Produkten und Dienstleistungen begonnen hat, bieten diese Gen-Pools allen Beteiligten Know-How für Innovationen und neue Geschäftszweige.

Der neue Wiki-Arbeitsplatz

Wie und warum sich Strukturen innerhalb der Unternehmen verändern müssen, wurde in den vorangegangenen Kapiteln erläutert. Eine veränderte Unternehmensstruktur führt aber zwangsläufig auch zu neuen Formen von Arbeitsplätzen der Mitarbeiter. Analog zu den bisher beschriebenen Entwicklungen ist auch die Arbeitsweise von Mitarbeiten nach Tapscott und Williams in zunehmendem Maße geprägt von der Freiheit, selbst zu entscheiden, wie viel und was man beiträgt:

> „Durch das neue Web werden nicht nur die Medien, die Kultur und die Wirtschaft revolutioniert, sondern wird auch die Struktur von Unternehmen und Arbeitsplätzen radikal verändert. [...] Die Entwicklung geht vom geschlossenen, hierarchisch organisierten Unternehmen mit starren Arbeitsverhältnissen zu zunehmend selbst organisierten, dezentralen und kooperativen Netzwerken von Humankapital, die Wissen und Ressourcen von innerhalb und außerhalb der Firma beziehen."[9]

Die eigenverantwortliche und dezentrale Struktur wird dabei zum Kernelement der neuen Zusammenarbeit. Sie führt zu kulturellen, strukturellen, prozessualen und ökonomischen Veränderungen der alltäglichen Arbeitsweise. Indem neue Arbeitsplatzfunktionen die klassischen Funktionen ergänzen oder ersetzen, führen sie zu einer neuen Organisation von Arbeit außerhalb, aber vor allem auch innerhalb der Unternehmen. Tapscott und Williams umschreiben diese Entwicklung mit der Metapher des Wiki-Arbeitsplatzes.

---

8 Das „Human Genom"-Projekt wurde im Ende 1990 ins Leben gerufen mit dem Ziel das menschliche Erbgut (Gene) zu entschlüsseln, um Krankheiten zu heilen und entsprechende Medikamente zu entwickeln. www.genome.gov.
9 Tapscott, D., Williams, A.D. (2007), S. 242.

Funktion	Klassischer Arbeitsplatz	Wiki-Arbeitsplatz
Personelle Zusammensetzung	Projektbezogene Vorgabe durch Struktur und Hierarchien des Unternehmens.	Bildung von Teams speziell für das Projekt
Zeitliche Planung	Projektbezogene Vorgabe durch Vorgesetzte im Unternehmen	Abstimmung des zeitlichen Rahmens mit den Projektbeteiligten
Entwicklung von Ideen- und Strategien	... durch Hierarchie meist auf eine oder wenige Personen begrenzt	Prozess der Meinungsbildung innerhalb des gesamten Teams
Arbeitsteilung	Bearbeitung des Projekts nach Position beziehungsweise Rang innerhalb des Unternehmens	Verteilung der Arbeit nach Wissen und Fähigkeiten
Informationsaustausch und Kommunikation	... durch zeitlich und örtlich meist vorgegebene Termine, bei denen die Anwesenheit vieler Mitarbeiter erforderlich ist	Kommunikation jederzeit und unabhängig vom Ort. Ein Treffen der Beteiligten ist nicht zwingend erforderlich

Tabelle 10: Funktionen des Wiki-Arbeitsplatzes

Der Wiki-Arbeitsplatz ermöglicht den Unternehmen große Flexibilität und den Mitarbeitern ein hohes Maß an Eigenständigkeit. Darüber hinaus lassen sich Kosten, zum Beispiel im Personalbereich, reduzieren und das Humankapital effizient zum Einsatz bringen. Zwar ist effizientes Arbeiten ganz ohne Regeln und Anleitung nur sehr schwer möglich, aber wenn man dem Beispiel von Sun-Chef Jonathan Schwartz folgt, kann man lernen, wie sich starre Hierarchien in etwas Neues verwandeln. Dazu gehört *Jonathans Blog*[10], über den Suns CEO direkt mit seinen Mitarbeitern kommuniziert. Dies geschieht auch noch in mehreren Sprachen, sodass wirklich jeder Mitarbeiter bei Sun, vom Pförtner bis zum Aufsichtsrat, sofort ein aktuelles, zeitnahes Bild über die Unternehmensentwicklung, neue Strategien und Probleme bekommt, ganz ohne Zwischenwege oder umständliche Umformulierungen.

Hürden auf dem Weg zur Wikinomie

Seitdem Tapscott und Williams ihr Buch veröffentlicht haben, gab und gibt es viele Beispiele, dass Massenkollaboration und Peer Production von Erfolg gekrönt sein können. Das Buch Wikinomics ist dabei selbst ein gutes Beispiel, da etwa Diskussionen im Weblog zum Buch mit eingearbeitet und selbst bei Namensfindung und dem Verkauf mit einbezogen wurden. Trotz einer Reihe erfolgreicher Beispiele, von denen

---

10 Vgl. Schwartz, J. (2010).

einige in diesem Kapitel genannt wurden, gibt es einige Hürden, die bis zum heutigen Tag noch nicht überwunden wurden. Ein entscheidender Punkt ist dabei das Urheberrecht, welches geistiges Eigentum schützen soll. Dieses steht aber im Gegensatz zur freien Verfügbarkeit von Informationen, was wiederum wie ein Dämpfer auf die Entwicklung von Peer Production wirkt und Kreativität und damit die Innovationskraft einschränkt.[11] So würde beispielsweise ein Beatles Song, der von einem Mönchschor gesungen wird, ein vielleicht sehr kreatives, neues Musikstück darstellen. Der Song könnte sogar ein Welthit werden, würde aber schon im Keim durch Musikkonzerne beziehungsweise Rechteinhaber verboten werden. Auf diese Weise wird generell ein Teil der möglichen Innovationen ausgegrenzt. Zum Urheberrecht gesellen sich aber noch andere rechtliche Restriktionen, die von Land zu Land unterschiedlich sind. Insgesamt steht der Massenkollaboration ein rechtliches Konstrukt gegenüber, welches die momentane Entwicklung sehr behindert. Deswegen fordern Tapscott und Williams auch eine Reform und Anpassung dieses Konstrukts. Besonders, wenn man bedenkt, dass es heutzutage keine Seltenheit mehr darstellt, dass viele Menschen gemeinsam an einem Projekt arbeiten. Gerade wenn Unternehmen sich öffnen und kooperieren, wird es schwer fallen, die Frage zu beantworten, wer letztendlich der Urheber ist. Es sei daher nötig, rechtliche Rahmenbedingungen an die Realität anzupassen.

Aber auch auf Unternehmensseite gibt es Hürden, die nicht von der Hand zu weisen sind. Öffnet man sich nach außen, besteht immer auch die Gefahr des Verlusts von Know-How oder im schlimmsten Fall Spionage. Dieser Gefahr steht die potentielle Innovationsstärke entgegen, die dem Unternehmen einen Vorsprung gegenüber der Konkurrenz ermöglicht.

Abschließend kann man sagen, dass viele Unternehmenshierarchien und rechtliche Rahmenbedingungen aus Zeiten stammen, in denen an eine Vernetzung, so wie sie heute der Fall ist, nicht zu denken war. Es fehlt an klaren Bezügen und Rahmenbedingungen für die neue und vernetzte Welt. Das Internet ist viel mehr als eine Grauzone und wird sein Potential voll entfalten, wenn die Hürden aus vergangenen Tagen gefallen sind. Unternehmen, die diese Entwicklung erkennen, sind für die Zukunft gut gerüstet.

---

11   Vgl. Lessig, L. (2002).

Literatur

Lessig, Laurence (2002), The Future of Ideas: The Fate of the Commons in a Connected World, Vintage

Münker, Stefan (2009), Emergenz digitaler Öffentlichkeiten: Die Sozialen Medien im Web 2.0, Frankfurt (Main)

Schwartz, J. (2010), Jonathan's Blog, URL: http://blogs.sun.com/jonathan

Tapscott, D., Williams, A.D. (2007), Wikinomics, Die Revolution im Netz, Hanser Verlag, München

Toffler, A. (1980): The Third Wave, London

Kapitel 13 Vernetzte Informationswirtschaft (Yochai Benkler)

von Tilo Schmaltz

Yochai Benkler beschreibt in seiner Theorie der Vernetzten Informationswirtschaft den Einfluss der Sozialen Medien auf die Produktion von Informationsgütern. Auf Basis empirischer Beobachtungen formuliert er in seinem Buch „The Wealth of Networks"[1] eine visionäre Prognose über die Entwicklung offener und demokratischer Gesellschafts- und Wirtschaftssysteme, die auf den vielfältigen Partizipationsmöglichkeiten des Internets basieren. In erster Linie bezieht er sich auf den Bereich der Informationswirtschaft, in dem die Verbreitung kollektiver Produktionsformen wirtschaftlich bereits von besonders großer Bedeutung ist.

Kernsätze

Da sich digitale Informationsgüter kollektiv produzieren, austauschen und konsumieren lassen, hat sich die Beschaffenheit der Informationswirtschaft grundlegend geändert. An die Stelle geschlossener Produktionsverfahren und hierarchischer Strukturen treten alternative Produktionsformen, an denen sich unabhängige Akteure zumeist ohne monetäre Gegenleistung beteiligen.

Die Vernetzte Informationswirtschaft (englisch: *Networked Information Economy*) lässt sich als Gegenentwurf zur Produktion von Massenmedien in der industriellen Informationswirtschaft des 20. Jahrhunderts betrachten. Massenhafte Vervielfältigung und flächendeckende Verbreitung erforderten damals umfangreiche Investitionen in Druckerpressen, Sendeanstalten oder Kabelnetze, für deren Refinanzierung hohe Renditen erzielt werden mussten. In der Folge wurden in der industriellen Informationswirtschaft Produkte mit hohen Auflagen und möglichst geringen Stückkosten für den Massenmarkt hergestellt.[2] Darüber hinaus kontrollierte eine kleine Zahl mächtiger Produzenten die Produktionsmittel, mit denen sie den Zugang zu Medien und Öffentlichkeit eingrenzten. Durch diesen eingeschränkten Zugang prägte die industrielle Informationswirtschaft nicht nur wirtschaftliche Strukturen sondern auch das gesamte gesellschaftliche Leben.[3]

---

1 Vgl. Benkler, Y. (2006).
2 Vgl Anderson, C. (2008) oder Kapitel 16 in diesem Buch.
3 Vgl. Benkler, Y. (2006), S. 29 ff.

Akteure

Yochai Benkler ist Rechtswissenschaftler und Professor an der Harvard Law School sowie Direktor des Berkman Center for Internet and Society. Seit den 1990er Jahren prägt er die wissenschaftliche Diskussion über die Bedeutung des Internet für gesellschaftliche und wirtschaftliche Entwicklungen. Sein Buch „The Wealth of Networks" gilt in der Fachwelt als intellektueller und zugleich visionärer Meilenstein. 2011 erschien sein Buch „The Penguin and the Leviathan", in dem er die menschliche Fähigkeit untersucht, sich kooperativ zu Gunsten der Allgemeinheit zu verhalten. Für seine Arbeit wurden Benkler zahlreiche Auszeichnungen verliehen, unter anderem der Ford Foundation Visionaries Award 2011.

Technologie und Nutzungsverhalten als zentrale Grundlage

Die zentrale Grundlage für alternative Wege zur Informationsproduktion ist nach Benkler ein technologischer und sozialer Paradigmenwechsel. Im Gegensatz zur industriellen Informationsproduktion sind die Produktions- und Vertriebsmittel der Medien des 21. Jahrhunderts kostenlos und uneingeschränkt verfügbar. Es handelt sich dabei nicht um investitionsintensive Produktionsanlagen sondern um private Computer, die sich massenhaft im Besitz von Privatpersonen befinden und über das Internet miteinander verbunden sind. Mithilfe dieser vernetzten Computer nutzen unabhängige Individuen frei verfügbare Online-Angebote, um sich gemeinschaftlich und kooperativ an der Produktion und Kommunikation von Inhalten beteiligen.[4]

Im Gegensatz zur industriellen Informationswirtschaft basiert die Vernetzte Informationswirtschaft damit auf einer Dezentralisierung von Produktionsmitteln und einer Vielzahl von Einzelbeiträgen. An die Stelle zentralisierter Massenproduzenten treten dezentral vernetzte Individuen, die sich unabhängig von kommunikativen Kontrollmechanismen an der Informationsproduktion beteiligen.

Kernsätze

Den Kern der Vernetzten Informationswirtschaft bilden unabhängige Privatrechner, die über das Internet miteinander verbunden sind. In Verbindung mit der Bereitschaft der Nutzer, sich kooperativ an der Produktion zu beteiligen, werden zu dezentralen Produktions- und Vertriebsmitteln.

Relevante Eigenschaften von Information

Die besondere Stellung von Informationsgütern basiert nach Benkler auf den drei folgenden Wesenseigenschaften, durch die Informationsgüter sich von anderen Gütern unterscheiden.

---

4 Siehe insbesondere auch Kapitel 9, 10 und 12 in diesem Buch.

Information ist nicht-rivalitär

Jede Information, die einmal produziert wurde, lässt sich durch Vervielfältigung einer unbegrenzten Vielzahl von Menschen zur Verfügung stellen. Im Gegensatz zu knappen Verbrauchsgütern, wie Lebensmittel, sind Informationen nicht-rivalitär, das heißt ihre Verfügbarkeit hängt nicht davon ab, ob sie genutzt werden oder nicht. Informationsgüter können demnach auch nicht verbraucht werden. Nur durch künstliche Verknappung per Gesetz oder Vertrag werden sie zu einem im marktwirtschaftlichen Sinne handelbaren Gut.[5]

Information erzeugt keine Grenzkosten

Da ein Informationsgut bei seiner Nutzung nicht verbraucht wird, fallen auch keine zusätzlichen Kosten an, um dasselbe Gut einer weiteren Person anzubieten. Kosten entstehen lediglich durch das Trägermedium und die Distribution der Information. Die Art der Kosten, die zur Produktion jeder weiteren Einheit eines Produkts anfallen, werden als Grenzkosten bezeichnet. Sieht man von den Kosten für die notwendigen Trägermedien ab, liegen die Grenzkosten für Informationsgüter damit bei null.[6]

Information basiert immer auf Information

Seien es Nachrichten aus der Politik, die wiederum auf politischen Entscheidungen beruhen oder die zwölf Töne der Tonleiter in der Musik, die als Grundlage für die Musik dient. Neue Information beruft sich zwangsläufig auf bereits existierender Information. Ohne eine bereits existierende Grundlage lässt sich keine neue Information hervorbringen. Informationsproduktion ist aus diesem Grund immer Input und Output zugleich.[7]

Modulare Gruppenproduktion

Die Organisationsstruktur der Vernetzten Informationswirtschaft basiert auf folgenden Voraussetzungen:

Verfügbare Technologie

Das physische Kapital in Form von leistungsfähigen Computern und Internetzugängen zum Zwecke der Produktionsbeteiligung ist weit verbreitet und unter der Kontrolle von Einzelpersonen.

Verfügbare Information

Der für die Informationsproduktion notwendige Informations-Input lässt sich aus frei verfügbaren Informationsgütern decken, die keinen exklusiven geistigen Eigentumsrechten unterliegen.

---

5 Vgl. Benkler, Y. (2006), S. 35 f.
6 Vgl. Benkler, Y. (2006), S. 55.
7 Benkler weist in diesem Zusammenhang darauf hin, dass exklusive Eigentumsrechte dazu führen, dass existierende Informationen (Input) heute oft vergütet werden müssten. Immer wenn dies der Fall ist, können die Grenzkosten von Information nicht mehr null liegen. Sie steigen an und schränken die Informationsproduktion in vielen Bereichen von Wirtschaft und Gesellschaft ein. Insbesondere wird hierdurch nach Benkler die Entwicklung von Innovationen erschwert. Vgl. Benkler, Y. (2006), S. 37 f.

Nicht-monetäre Motivation

Produktion und Nutzung basieren nicht auf finanziellen Anreizen, sondern auf sozialpsychologischen und emotionalen Motivationsmustern als wesentliche Beweggründe für die Beteiligung an der sozialen Informationsproduktion.[8]

Die für soziale Informationsproduktion typische Organisationsform bezeichnet Benkler als Peer-Produktion.[9] Es handelt sich dabei um eine modulare Gruppenstruktur, in der sich einzelne voneinander unabhängige Personen als *Peers*[10] zur gemeinschaftlichen Produktion zusammenfinden. Größere Aufgaben werden in der Regel in kleinteilige Module zergliedert, die dann dezentral von jeweils einzelnen Peers bearbeitet werden. Je mehr Module vorhanden sind, desto mehr Menschen können sich, wie Abbildung 17 zeigt, an der Produktion von Informationen beteiligen. Und je größer die Zahl der Beteiligten, desto kleiner können die individuellen Beiträge sein.[11]

Modell

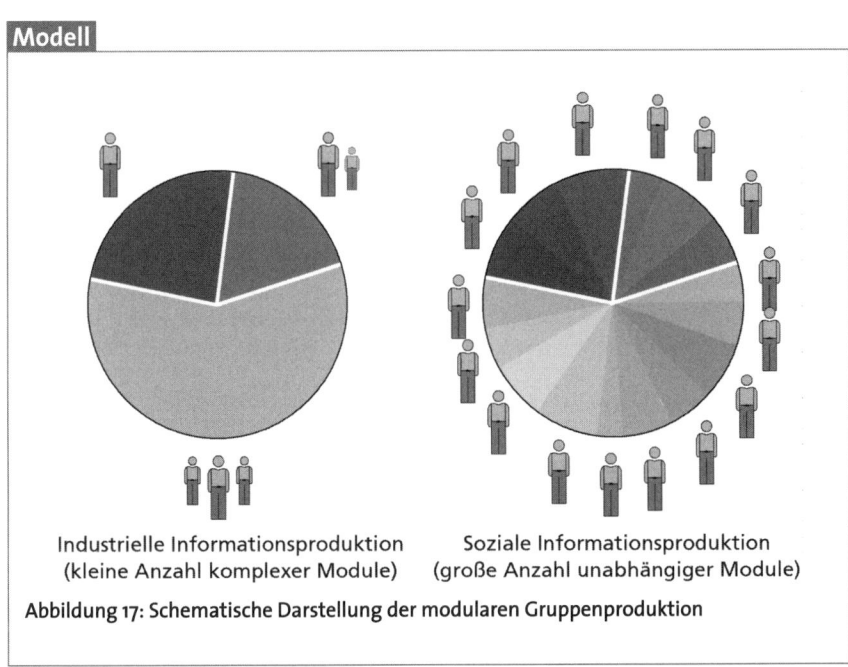

Industrielle Informationsproduktion	Soziale Informationsproduktion
(kleine Anzahl komplexer Module)	(große Anzahl unabhängiger Module)

Abbildung 17: Schematische Darstellung der modularen Gruppenproduktion

Welches Potenzial die dezentrale Bearbeitung einzelner Module haben kann, zeigt sich am Beispiel der Wikipedia, die sich aus unzähligen Einzelmodulen zusammensetzt. Bei der Wikipedia kann prinzipiell jede Einzelperson neue Artikel verfassen oder vorhan-

---

8   Vgl. Benkler, Y. (2006), S. 105 f.
9   Siehe hierzu auch Kapitel 12 in diesem Buch.
10 Der Begriff der Peers bezeichnet im Englischen Individuen, die gleichberechtigte Beziehungen zueinander haben.
11 Das Modularitäts- und Variabilitätsprinzip findet sich auch bei Manovich L. (2001) sowie in Kapitel 4 in diesem Buch.

dene Artikel korrigieren. Verfügt ein Projekt über eine kleine Anzahl unabhängiger Module oder sind die Module zu groß oder zu komplex, dann nimmt die potenziell mögliche Anzahl der teilnehmenden Personen ab. Gleichzeitig nimmt der zeitliche und intellektuelle Leistungsbedarf für jede beteiligte Person zu.[12]

Transaktionskosten

Mit der Verbreitung digitaler Produktions- und Kommunikationstechnologien ist allgemein ein Rückgang von Transaktionskosten verbunden, das heißt ein Rückgang solcher Kosten, die für den Austausch von Leistungen oder Ressourcen anfallen. Diese Kosten können monetärer Natur sein (Beispiel: Gebühren für Finanzgeschäfte) oder nicht-monetärer (Beispiel: zeitliche Investition).[13] In der sozialen Informationsproduktion umfassen Transaktionskosten vor allem den zeitlichen Aufwand und die intellektuelle Leistung, die notwendig ist, um Informations-Input in Informations-Output zu verwandeln. Diese Form der Transaktionskosten ist der sozialalternativen Transaktionsumgebung zuzuordnen, wobei Benkler nach folgenden Transaktionsumgebungen unterscheidet:

Marktbasierte Transaktionsumgebung	Die notwendigen Ressourcen werden extern beschafft und monetär vergütet.
Unternehmensbasierte Transaktionsumgebung	Die notwendigen Ressourcen werden innerhalb eines Unternehmens zugewiesen und monetär vergütet.
Sozialalternative Transaktionsumgebung	Die notwendigen Ressourcen werden auf Basis sozial-psychologischer Motivationsmuster erbracht und nicht-monetär vergütet.

Tabelle 11: Monetäre und nicht-monetäre Transaktionskostenumgebungen

Der gravierende Unterschied insbesondere zwischen einer sozialalternativen und einer marktbasierten Transaktionsumgebung ist, dass innerhalb der marktbasierten Transaktionsumgebung quantifiziert und abgerechnet wird. Das heißt, dass einer definierten Leistung oder Ressource eine definierte Gegenleistung gegenübersteht. Dies trifft auf sozialalternative Transaktionen in der Regel nicht zu. Ein wesentliches Merkmal der sozialen Informationsproduktion ist die Abwesenheit monetärer Transaktionskosten, die dazu führt, dass auch der Wert der einzelnen Beiträge monetär nicht berechenbar ist.

Auf dieser fehlenden Kalkulierbarkeit basiert das große Potenzial der sozialen Informationsproduktion. Einerseits wäre eine Reihe von Projekten nicht vorstellbar, wenn die modulare Struktur quantifiziert und verrechnet werden müsste und andererseits werden Projekte ermöglicht, die auf Basis monetärer Kalkulation in der Vergangenheit nicht effizient und gewinnbringend durchgeführt werden konnten. Die Soziale

---

12 Dies trifft typischerweise in der Softwareentwicklung zu, in der es häufig um die Produktion weniger und gleichzeitig komplexer Module geht. Vgl. Benkler, Y. (2006), S. 100 f.
13 Siehe zu Transaktionskosten auch von Shirky C. (2008) oder Kapitel 9 in diesem Buch.

Informationsproduktion wäre von vornherein undenkbar, wenn die hier zur Verfügung gestellten und mitunter kaum messbar kleinen Leistungseinheiten trennscharf abgerechnet müssten. Dadurch, dass keine monetären Gegenleistungen erbracht werden müssen, wirken sich sozialalternative Transaktionskosten im Unterschied zu markt- und unternehmensbasierten Transaktionskosten positiv auf die Effizienz aus.[14]

Effizienz sozialer Produktion

Bei der Herstellung von Informationsprodukten wird in der Regel das bestmögliche Verhältnis zwischen Aufwand und Ertrag durch die effizienteste Produktionsmethode angestrebt. Der Aufwand ist den monetären und nicht-monetären Gesamtkosten gleichzusetzen, die im Zuge der Informationsproduktion entstehen. Der Ertrag hingegen ist der entstandene Wertzuwachs. Während Wertzuwachs in der Industriellen Informationswirtschaft vor allem als wirtschaftlicher Erfolg verstanden wird, geht es bei der Sozialen Informationswirtschaft um den gesellschaftlichen Wertezuwachs, der sich daraus ergibt, dass Informationen möglichst vielen Menschen uneingeschränkt zur Verfügung stehen größtmöglichen Nutzen stiften können.

In der Industriellen Informationsproduktion wird die Verfügbarkeit von Informationen generell durch den Preis eingeschränkt, der aus der notwendigen Renditeorientierung resultiert. Vor diesem Hintergrund führt die Neuberechnung von Aufwand und Ertrag dazu, dass unter Berücksichtigung des gesellschaftlichen Wertezuwaches die Effizienz der Sozialen Informationsproduktion höher ist als die der Industriellen Informationsproduktion. Dies soll im Folgenden exemplarisch erläutert werden. Als Beispiel dient die Erstellung eines themengleichen Artikels in einer freien Enzyklopädie wie der Wikipedia im Vergleich zur kostenpflichtigen Encyclopaedia Britannica.

Rechenbeispiel Encyclopaedia Britannica

Der Aufwand Industrieller Informationsproduktion, der bei der Produktion von Informationsgütern anfällt, ist größer als der Aufwand sozialer Produktionsmethoden. Der Ertrag ist hingegen geringer:

– Die Produktionskosten der Industriellen Informationsproduktion (PK II) sind größer als die der Sozialen Informationsproduktion: Das Verfassen eines Artikels einer kostenpflichtigen Enzyklopädie beruht in der Regel auf einer monetären Gegenleistung (Gehalt, Honorar, etc.).

– Die Grenzkosten Industrieller Informationsproduktion (GK II) sind größer als die der Sozialen Informationsproduktion: Geistige Leistungen wie die eines Enzyklopädie-Artikels werden gemäß Urheberrechts- oder Patentgesetzen in der Regel als geistiges Eigentum angesehen für dessen Nutzung Gebühren anfallen. Es entstehen folglich Kosten pro Produkteinheit.

---

14 Vgl. Benkler, Y. (2006), S. 113.

- Der Ertrag Industrieller Informationsproduktion (E II) ist kleiner als der Ertrag der Sozialen Informationsproduktion: Aufgrund der Notwendigkeit, Gewinn zu erzielen, wird das Informationsprodukt für einen monetären Preis verkauft. Der Preisfaktor führt zu einer künstlichen Verknappung und mindert den Ertrag im Sinne des gesellschaftlichen Wertezuwachses.

Rechenbeispiel Wikipedia

Im Beispiel der Wikipedia, das exemplarisch für die Vernetzte Informationswirtschaft steht, sind die Kosten geringer und der Ertrag größer als bei industriellen Produktionsmethoden:

- Die Produktionskosten sozialer Informationsproduktion (PK SI) sind kleiner als die der industriellen: Die Produktion wird auf der Grundlage nicht-monetärer Motivationsmuster erbracht. Kosten für Entlohnung fallen nicht an.

- Die Grenzkosten sozialer Informationsproduktion (GK SI) sind kleiner als die der industriellen: Die soziale Informationsproduktion basiert gänzlich auf gemeinfreien Informationsgütern. Lizenz- oder Nutzungsgebühren existieren nicht.

- Der Ertrag sozialer Informationsproduktion (E SI) ist größer als die der industriellen: Ein Artikel steht hier kostenfrei zur Verfügung. Die Verfügbarkeit wird in keiner Weise eingeschränkt und das Informationsprodukt somit nicht künstlich verknappt.

Das Rechenbeispiel zeigt, dass bei der Sozialen Informationsproduktion der Ertrag höher und die Kosten niedriger sind. Die Effizienz Sozialer Informationsproduktion ist damit bezogen auf den gesellschaftlichen Wertezuwachs im Vergleich zu Industriellen Produktionsverfahren höher.[15]

Zusammenfassung und Ausblick

Benkler zufolge gewinnt die Vernetzte Informationswirtschaft gegenüber der Industriellen zunehmend an Bedeutung, sowohl was die wirtschaftliche als auch gesellschaftliche Entwicklung anbelangt. Als Jurist fordert Benkler auch eine Neuordnung rechtlicher Grundlagen, damit kreativ-schöpferische Leistungen sich optimal entfalten und der Allgemeinheit uneingeschränkt zugänglich gemacht werden können. Das derzeit vorherrschende Streben nach monetärer Gewinnmaximierung stehe dieser Forderung seiner Ansicht nach entgegen und beschränke das innovative Potential von Wirtschaft und Gesellschaft. Er stellt sich damit gegen ganze Wirtschaftszweige, in denen die strikte Handhabe von Urheber- und Patentrechten zum existenziellen Kern der Geschäftsmodelle gehört. Mit Blick auf leichte Reproduzierbarkeit von Informations-, Wissens- und Kulturgütern setzt sich Benkler (gemeinsam mit Lawrence Lessig)[16] dafür ein, geltende Rechtsgrundlagen zu reformieren. Er plädiert für einen freieren Umgang mit dem Medium Internet, was seiner Ansicht nach langfristig zu einer weiteren Verbreitung sozialer Informationsproduktion führen wird. Diesbezüg-

---

15 Vgl. Benkler, Y. (2006), S. 106 f.
16 Vgl. Lessig, L.(2001) oder Kapitel 11 in diesem Buch.

lich liegt er auf einer Linie mit den Sichtweisen der Medientheoretiker McLuhan[17] oder Luhmann. Luhmann ging noch einen Schritt weiter: Seiner Ansicht nach verändern Medien nicht nur die Gesellschaft, sondern sie *sind* die Veränderung der Gesellschaft.[18]

Literatur

Anderson, Chris (2007): The Long Tail – Der Lange Schwanz: Nischenprodukte statt Massenmarkt, München

Benkler, Yochai (2006): The Wealth of Networks. How Social Production Transforms Markets and Freedom, New Haven / London, S. 3–127

Benkler, Yochai (2011): The Pengiun and the Leviathan – How Cooperation Triumphs over Self-Interest, New York

Benkler.org (2011): Short Bio. URL: http://benkler.org/Bio.html, eingesehen am 11.09.2011

Ford Foundation (2011): Ford Foundation Visionaries. Yochai Benkler. URL: www.fordfoundation.org/about-us/visionaries-awards#yochai-benkler, eingesehen am 25.09.201

Howe, Jeff (2008): Crowdsourcing. Why The Power of the Crowd is Driving the Future of Business, New York

Lessig, Lawrence (2001): The Future of Ideas – The Fate of the commons in a connected World, New York

Luhmann, Niklas (2009): Die Realität der Massenmedien, 4. Aufl., Wiesbaden

Manowich, Lev (2001): The Language of New Media, Cambridge

McLuhan, Marschall / Fiore, Quentin (2011): Das Medium ist die Massage, Stuttgart, S. 8–26

Shirky, Clay (2008): Here Comes Everybody. The Power of Organizing Without Organization, New York

Tapscott, Don / Willimas, Anthony D. (2007): Wikinomics – Die Revolution im Netz, München

Witt, Jan Michael (2010): Systemtheorie konkret. Zu Niklas Luhmanns „Realität der Massenmedien", Marburg

---

17 Vgl. McLuhan, M / Fiore, Q (2011), S. 8 ff.
18 Vgl. Witt, J. M. (2010), S. 49ff.; Luhmann, N. (2009).

Kapitel 14 Was würde Google tun? (Jeff Jarvis)

von Lutz Schirrmeister

In seinem 2008 erschienenen Buch *What Would Google Do?* versucht Jeff Jarvis zu erläutern, welchen zentralen Problemen sich Unternehmen derzeit im Internet stellen. Eine Vielzahl von Unternehmen, Managern und Institutionen haben große Schwierigkeiten, ihren bisherigen Erfolg auch im Zeitalter des Internet aufrecht zu erhalten und ihr langfristiges Überleben zu sichern. Ausgehend von den aktuellen Problemen entwickelt Jarvis entsprechende Konzepte, die Unternehmen bei der Entwicklung von individuellen Lösungen helfen sollen. Im Gegensatz zu den vielen Unternehmen, die der Einzug des Internets vor große Probleme stellt, gibt es scheinbar ein Unternehmen, das die Zeichen der Zeit in der genau richtigen Form zu deuten vermag: Google. Wie der Buchtitel bereits vermuten lässt, orientieren sich die gesamten Inhalte an der Frage, wie das Unternehmen Google mit den Herausforderungen dieser Zeit umgeht. Noch einfacher gefragt: WWGT? Was würde Google tun? Im Management-Bereich, im Handel, in den Medien, der Produktion, dem Marketing, der Service-Industrie, dem Investment-Banking, der Politik, im Umgang mit der öffentlichen Hand und sogar im Bildungsbereich und der Religion sucht Jarvis nach Antworten auf diese Frage.

Akteure

Jeff Jarvis ist Associate Professor und Direktor des Interactive Journalism Programms an der City University in New York. Er führt seinen eigenen Weblog unter Buzzmachine.com, schreibt für The Guardian als Kolumnist über die Entwicklung der digitalen Medien und entwickelt als Unternehmensberater Strategien für die Nutzung des Internets. 2011 ist sein Buch „Public Parts: How Sharing in the Digital Age Improves the Way We Work and Live" erschienen.

Der Erfolg einer außergewöhnlichen Unternehmensstrategie

Es gab immer wieder technische Entwicklungen, die das Leben der Menschen in einem außergewöhnlichen Maße veränderten, sei es die Erfindung des Buchdrucks, der Dampfmaschine, des Autos, des Radios oder des Fernsehens. Aber keine dieser Erfindungen hat das Zusammenleben der Menschen in den letzten 300 Jahren in nur so kurzer Zeit in einem solchen Maß verändert, wie es das Internet tat. Laut IWS (Internet World Stats) hatten im März 2007 ca. 16,9 Prozent der gesamten Weltbevölkerung einen regelmäßigen Zugang zum Internet. EU-weit nutzten Anfang 2008 über 51 Prozent der Bürger regelmäßig das Internet. Als größte Herausforderung wird heutzutage betrachtet, die im Internet verfügbaren Informationen zu organisieren, nutzbar und der gesamten Welt zugänglich zu machen. Dieser Herausforderung stellte sich bereits 1998 das damals noch sehr kleine Unternehmen Google.

Akteure

Google: Mit Sitz in Mountain View im US-Bundesstaat Kalifornien wurde das Unternehmen von Larry Page und Sergei Brin gegründet. Beide waren zu diesem Zeitpunkt noch Studenten an der Stanford University. Heute wird Google als das erfolgreichste und schnellst wachsende Unternehmen der Welt betrachtet. Durch sein Hauptprodukt, eine Internetsuchmaschine, erreichte das Unternehmen einen Bekanntheitsgrad, der so hoch ist, dass der Unternehmensname als Synonym für Suchanfragen jeglicher Art im Internet verwendet wird.

Doch was machte dieses Unternehmen, das stellvertretend für die gesamte IT-Branche steht, so erfolgreich? Was ließ es zu dem werden, was es heute ist, und die viel entscheidendere Frage lautet: Wie können andere Unternehmen davon profitieren? Jeff Jarvis versucht, die speziellen Erfolgsprinzipien des Internetgiganten Google zu analysieren und so für andere Unternehmen nutzbar zu machen. Zu diesem Zweck analysiert er zunächst Googles Unternehmensgrundsätze, die sogenannten *Google Rules*, denen Google laut eigenen Angaben, seinen Erfolg zu verdanken habe. Aufbauend auf diese Analyse werden die gewonnenen Erkenntnisse auf andere Geschäftszweige übertragen. Beispielhaft werden auf den folgenden Seiten das Zeitungswesen, der Einzelhandel sowie die Energie- und Versicherungsbranche beschrieben.

Gesetzmäßigkeiten des Google-Zeitalters

Oft hat es eine lange Zeit gebraucht bis aus erfolgreichen Unternehmen das geworden ist, was sie heute sind. Dabei spricht man in den seltensten Fällen von einem Zeitraum, der weniger als eine Dekade beträgt. Bei einem Blick auf Google, reibt man sich verwundert die Augen. In nur wenigen Jahren ist Google zum Branchenführer aufgestiegen. Google gehört seit einigen Jahren zu den erfolgreichsten Unternehmen der Welt. In der Interbrand-Rangliste der weltweit wertvollsten Marken belegte Google 2009 bereits Rang sieben. Die Google-Gründer Larry Page und Sergei Brin erreichten diesen Erfolg dabei nicht, weil sie auf konventionelle Business-Modelle vertrauten, konservativ investierten oder sich völlig von der Außenwelt abschotteten, um Google im Verborgenen zum Erfolg zu führen. Die beiden Unternehmensgründer entwickelten ein neues, auf das World Wide Web als Medium der Zukunft abgestimmtes Konzept. Die für Jarvis entscheidende Frage lautet, was die Erfolgsfaktoren dieses Konzeptes sind. Bei der Analyse der auch als „Regeln des Google-Zeitalters"[1] bezeichneten *Google-Rules* konnte er die folgenden Gesetzmäßigkeiten identifizieren, die für den Erfolg von Unternehmen in der Zukunft entscheidend sind:

---

1 Vgl. Jarvis, J. (2009b).

Give the people control and we will use it.

Kunden bleiben dem Unternehmen eher dann treu, wenn ihnen Kontrollfunktionen übertragen werden, als wenn das Unternehmen versucht, alles zu kontrollieren.

Your worst customer is your best friend.

Über das Internet können Unternehmen mit unzufriedenen Kunden leichter ins Gespräch kommen, gemeinsam Probleme lösen und voneinander lernen. Gespräche dieser Art, die von anderen gelesen werden können, wirken sehr sympathisch.

Your best customer is your partner.

Besonders zufriedene Kunden neigen im Internet dazu, ihre Zufriedenheit öffentlich kund zu tun. Sie teilen dem Unternehmen darüber hinaus mit, wie diese ihr Angebot verbessern oder neue Produkte entwickeln sollten.

The link changes everything.

Je mehr Links auf die eigene Website verweisen, desto sichtbarer wird das Unternehmen im Internet. Verlinkungen helfen dabei, Interessen, Aufgaben, Bedürfnisse oder Märkte miteinander zu verbinden. Sie bringen auf diese Weise auch Anbieter und Nachfrager näher zueinander.

Think distributed.

Anstatt weiterhin danach zu streben, um die Aufmerksamkeit des Kunden zu werben und diesen zum eigenen Unternehmen zu locken, sollte das Gespräch dort gesucht werden, wo die Kunden sind. Offene Schnittstellen ermöglichen es, das eigene Angebot dort zu platzieren, wo die passende Nachfrage hoch ist.

If you're not searchable, you won't be found.

Die Inhalte der eigenen Online-Präsenz sollten sich an den Wünschen, Fragen oder Problemen der Zielgruppe orientieren. Nur wenn das Unternehmen der Zielgruppe bei der Suche nach Antworten oder Lösungen behilflich ist, wird es langfristig bei Google gefunden.

Everybody needs Googlejuice.

Der Begriff Googlejuice umfasst umgangssprachlich alle Eigenschaften, anhand derer Google die Platzierung einer Webseite im jeweiligen Suchergebnis bestimmt. Hierzu zählt beispielsweise die Zahl der Verlinkungen von anderen Webseiten. Je eher eine Website diesen Eigenschaften entspricht, desto besser kann sie gefunden werden.

The mass market is dead – long live the mass of niches.

Mit der Abnahme von geografischen Beschränkungen gewinnen Nischen-Märkte deutlich an Volumen. Zuvor unrentable Produkte, Märkte und Kunden werden durch den Online-Vertrieb rentabel.

Middlemen are doomed.

Dadurch, dass Unternehmen und Kunden problemlos auf eine große Menge von Informationen zugreifen können und die Suche von Informationen sich den eigenen Bedürfnissen entsprechend automatisieren lässt, werden Makler und Zwischenhändler obsolet. Im Zeitalter des Internet ist ihr Service zunehmend überflüssig.

Decide what business your're in.

Mit Blick auf die Möglichkeiten der neuen Informations- und Kommunikationstechnologien sollten Unternehmen klar definieren, mit welchen Kernkompetenzen welcher Mehrwert geschaffen und wie für diesen Erlöse erzielt werden sollen.

Trust the people.

Nur wenn Unternehmen ihren Kunden vertrauen, wird auch ihnen Vertrauen entgegen gebracht. Durch gleichberechtigte Gespräche ermöglicht gegenseitiges Vertrauen enge und anhaltende Beziehungen zwischen Anbieter und Nachfrager.

Make mistakes well.

Da das Eingestehen von Fehlern Vertrauen schafft, sollten Unternehmen nicht versuchen, ihre Fehler zu verstecken, sondern offen eingestehen, wenn ein Fehler gemacht wurde und diesen öffentlich korrigieren.

Be honest.

Wie bereits im Cluetrain Manifest formuliert wurde, werden die heutigen Märkte vor allem durch die Gespräche im Internet geformt (siehe Kapitel 4). Unehrlichkeiten und Geheimnisse von Unternehmen werden in diesen grenzenlosen Gesprächen immer häufiger aufgedeckt und weltweit weitergetragen.

Don't be evil.

Langfristig werden sich Unternehmen, deren Handeln sich an gemeinsamen Werten und dem Allgemeinwohl orientiert, gegenüber Konkurrenten, die dies nicht tun, durchsetzen. Bei anhaltendem Fehlverhalten können Nachfrager im Internet problemlos den Anbieter wechseln.

Mobs form in a flash.

Menschen mit gleichen Interessen oder Zielen stehen vor allem über die Sozialen Medien des Internet in ständiger Verbindung. Sie gruppieren sich spontan, um gemeinsame Interessen zu verfolgen oder Aufgaben zu lösen. Je enger ihr Zusammenschluss desto größer die Verhandlungsmacht.

Simplify, simplify.

Im Internet gilt die traditionelle Formel „Weniger ist mehr". Überladene Websites mit vielen Funktionen führen schnell zur Verwirrung und zum Abwandern von Kunden.

Unternehmen wie Google, Facebook oder Twitter zeigen, wie erfolgreich Angebote sein können, die auf das Wesentliche reduziert sind.

Get out of the way.

Je mehr Nutzer das Angebot eines Unternehmens im Internet finden, desto weniger sollte das Unternehmen selbst bestimmen, wie sich das Angebot weiter entwickelt. Vielmehr sollte es die Weiterentwicklung den Kunden überlassen, die am besten wissen, welche Bedürfnisse das Unternehmen befriedigen sollte.

Encourage, enable and protect innovation.

Unternehmen sollten es ihren Mitarbeiter und Kunden ermöglichen und sie dazu auffordern, sich an der Entwicklung von Innovationen zu beteiligen. Sie sollten Methoden entwickeln, innovative Ideen innerhalb und außerhalb des Unternehmens systematisch zu erkennen, auszuwählen und nutzbar zu machen.

There is an inverse relationship between control and trust.

Je mehr Unternehmen kontrollieren, desto weniger Vertrauen wird ihnen entgegen gebracht. Geben Unternehmen hingegen Kontrolle an ihre Kunden oder andere Anspruchsgruppen ab, nimmt das Vertrauen in das Unternehmen zu.

Life is live.

Kommunikation im Internet ist unmittelbar und direkt. Was immer ein Unternehmen online äußert, kann sofort auf der ganzen Welt gehört werden. Dies beschränkt sich nicht auf kommunikative Prozesse, sondern bezieht sich beispielsweise auch auf die Bereitstellung neuer Angebote oder den Einsatz neuer Technologien.

Insgesamt leitet Jeff Jarvis in seiner Analyse 40 Gesetzmäßigkeiten des Google-Zeitalters ab, von denen hier nur ein Auszug präsentiert wurde. Diese neuen Gesetzmäßigkeiten sollen Unternehmen für die Anforderungen des Google-Zeitalters rüsten. Interessant ist dabei, dass gerade der Hang zur Transparenz, Ehrlichkeit und Offenheit eine entscheidende Rolle im Gros der aufgestellten Gesetze einnimmt.

Kernsätze

> Die Grundwerte Transparenz, Ehrlichkeit und Offenheit erfreuen sich im digitalen Zeitalter einer großen Beliebtheit. Ihre Bedeutung wird durch den immer schnelleren Informationsfluss weiter zunehmen.

Wenn Google die Welt regieren würde

Kann ein Unternehmen wie Google die Welt kontrollieren? Diese Vorstellung mag etwas zu weit gehen und man könnte meinen, dass diese Frage an Absurdität grenzt, doch ist die Adaption von Geschäftskonzepten keine Seltenheit. Meist ist es so, dass der Marktführer einer ganzen Branche als Rohmodell dient, wie Beispiele aus der Fast-

Food- und der Getränkeindustrie zeigen.[2] Doch können die Google-Regeln auch branchenübergreifend zum Erfolg eines Unternehmens führen? Wäre eine Google-Zeitung oder ein Google-Einzelhändler denkbar? Könnte ein Energiekonzern nach dem Google-Prinzip agieren? Wäre die Google-Versicherung der faire Versicherer von morgen? Die alles entscheidende Frage lautet dabei: Ist das Google-Konzept auf andere Wirtschaftsbereiche übertragbar? Jeff Jarvis beantwortet diese Frage mit einem einfachen „Ja, es geht!"

Die Google-Zeitung

In der Vergangenheit haben sich Zeitungsverlage hinsichtlich ihrer Printmedien als unangreifbar betrachtet, da sie sich auf eine funktionierende Massenproduktion und die entsprechenden Distributionswege verlassen konnten. Auch stellten die Zeitungsverlage in einigen Teilen der Welt die einzigen tagesaktuellen Medien zur Verfügung. Sie hatten damit ein Alleinstellungsmerkmal für den gesamten Medienbereich inne, was zu einem nur sehr eingeschränkten Wettbewerb unter den Zeitungsverlagen selbst führte. Doch dies verändert sich rasant durch das Internet. Die Infrastruktur von Printmedien stellt heutzutage einen unnötig hohen Kostenfaktor dar. Im Zusammenhang mit fallenden Umsätzen aus Anzeigenteilen war dies einer der ausschlaggebenden Gründe für die Insolvenz namhafter Tageszeitungen wie der Los Angeles Times in den USA im Jahre 2009.[3] Nicht selten wird das Argument angeführt, dass alte Massenmedien noch immer ihren Wert haben, doch zeigt die letzte Welle von Insolvenzen, dass die Printmedien ihren Status bereits eingebüßt haben. Dies wird unterstrichen durch die immer weiter fortschreitende Anzeigenverlagerung von der kostenintensiven Printausgabe einer Tageszeitung hin in die günstigere Onlineausgabe. Die Stunde der Google-Zeitung hat bereits begonnen, und dies nicht nur in Hinblick auf die Onlineausgabe der alten Zeitung. Vielmehr hat sich eine völlig neue „News-Kultur" aufgetan. Jeff Jarvis verdeutlicht in seinem Buch sehr eindrucksvoll, dass Menschen im „WWW-Zeitalter" ihre eigenen Wege finden, um an aktuelle Neuigkeiten aus aller Welt zu gelangen. Er sieht das Ende der Printmedien als vorgezeichnet an, was Beispiele wie Google-News und Daylife, oder interaktive News-Seiten wie Digg.com auf denen der Leser bestimmt, was auf die erste Seite kommt, seiner Ansicht nach unterstreichen.

Heute erfreuen sich – nach der Verbreitung sogenannter *RSS Feeds* (*Really Simple Syndication*) in den vergangenen Jahren – automatische Informationsdienste in sozialen Netzwerken wie Facebook oder Dienste wie Twitter einer besonderen Beliebtheit. Ob über das Internet oder als *App* (Applikation) auf Mobiltelefonen decken sie den täglichen Informationsbedarf. In einer Ausgabe der New York Times im Jahr 2008 wurde ein Student mit dem treffenden Kommentar zitiert:

„If the news is that important, it will find me!"[4]

---

2 Vgl. Jarvis, J. (2009b), S. 122.
3 Vgl.Weichert, S. et al. (2009), S. 34 f.
4 Jarvis, J. (2009b), S. 126.

Die Medienunternehmen von morgen sollten sich nicht als das Ziel von Informationssuchenden betrachten, sondern ihnen einen Service bieten, der Inhalte von Nachrichtennetzwerken aufbereitet und über RSS-Feeds oder Apps zur Verfügung stellt. Dabei sollte der Zugriff dem Leser zu jeder Tageszeit und überall möglich sein. Dass es diese Medienportale und Google-Zeitungen bereits gibt und man sich die Erfolgsfaktoren des World Wide Web längst zu Herzen genommen hat, zeigen Beispiele wie die schon genannten Anbieter Digg.com und Google-News. Auch einige große Tageszeitungen erkennen die Vorteile des Google-Konzepts und versuchen, sich dieses nutzbar zu machen. Die nächsten Jahre werden zeigen, ob die späte Adaption dieses Konzepts für alt eingesessene Zeitungen nicht bereits zu spät geschah und ihr Scheitern trotz erhöhter Anstrengungen unabwendbar ist.

Der Google-Einzelhändler

Dass auch ein Einzelhändler *googlich* agieren und damit großen Erfolg haben kann, zeigt Jeff Jarvis am Beispiel von Gary Vaynerchuck, einem Wein- Einzelhändler in Springfield. Durch einen eigenen Video-Blog schaffte er eine Plattform für Weinkenner, organisierte Treffen, zu denen er Mitglieder der Weincommunity einlud, verlinkte sich zu anderen Blogs, wodurch er in der Gunst von Google stieg und sich die Platzierung in den Suchergebnissen verbesserte. Sobald nun sein Name oder das Wort Vinecommunity in die Googlesuchmaschine eingegeben wird, erscheint seine Internetseite sowie sein Video-Blog als eines der drei ersten Suchergebnisse. In seinem Blog offenbarte er die Grundlagen seines Geschäfts und bot den Kunden die Möglichkeit, für sie auf die Jagd nach besonderen Weinen zu gehen. In seiner Facebook-Applikation „Ask Gary Vaynerchuk" gibt er seinen Zuhörern darüber hinaus die Möglichkeit, Fragen an ihn zu adressieren, die er in den dann folgenden Episoden seines Video-Blogs beantwortet. Er hat damit seine eigene Google-Strategie geschaffen und unterstreicht den Erfolg dieser Strategie mit einer Umsatzsteigerung von 4 Mio. auf mittlerweile 60 Mio. US-Dollar innerhalb weniger Jahre. Durch seine Strategie schafft er seinen Kunden einen Mehrwert, den diese mit ihrem Vertrauen sowie ihrer Treue honorieren, und damit dem Unternehmen einen nachhaltigen Erfolg bescheren.[5]

Der Google-Energiekonzern

„Our primary goal is not to fix the world." Larry Page

Ob ein Google-Energiekonzern möglich ist, versucht Jarvis am Beispiel Initiative *RE < C* (renewable energy cheaper than coal) von Google zu erläutern. Google hat diese „strategische Initiative" gestartet, um Strom aus erneuerbaren Energiequellen billiger als aus Kohle produzieren zu können. Mit dieser Initiative, in die der Konzern 1 Prozent seines Umsatzes fließen lässt, konzentriert sich Google hauptsächlich auf Sonnenwärmekraftwerke, Windkraft und Erdwärme.[6] Doch steht dabei neben dem Nutzen für die Allgemeinheit auch Googles eigenes Interesse im Vordergrund, denn

---

5 Vgl. Stein, J. (2007).
6 Vgl. Kremp, M. (2007).

für die Bereitstellung seines Serviceangebots benötigt Google Unmengen an teurer Energie. Um diesen Energiebedarf zu decken und auch für die Gesellschaft einen Mehrwert zu schaffen, gründete man diese Initiative, die Forschungsprojekte zur klimafreundlichen Nutzung von erneuerbaren Energien zu einem niedrigen Preis unterstützt.[7] Ob Google mit dieser Initiative Erfolg haben wird, ist dabei noch fraglich. Steht doch hierbei nicht der Nutzen des Kunden im Vordergrund, sondern die Deckung des eigenen Energiebedarfs sowie die Unabhängigkeit von anderen Unternehmen. Jeff Jarvis übersieht hier, dass Google den Weg der beschriebenen „Regeln des Google-Zeitalters" verlässt und verzichtet auf eine kritische Betrachtung. Dass es allerdings neben Initiativen wie der von Google bereits erfolgreiche Energieunternehmen gibt, die nach dem Google-Prinzip agieren, zeigen Beispiele wie Greenpeace-Energy, die nachhaltig und transparent Strom aus erneuerbaren Energien für den Verbraucher zu angemessenen Preisen erzeugt und dabei auf den Erhalt der natürlichen Umgebung größt möglichen Wert legt.

Die Google-Versicherung

Auch in der Versicherungsbranche sieht Jarvis nach anfänglicher Skepsis eine Zukunft für die Google-Regeln. Die Google-Versicherung setzt dabei auf Transparenz. Diese Transparenz soll aber nicht nur einseitig vom Unternehmen zum Kunden bestehen, sondern im ganzen sozialen Netz der Versicherung, das heißt zwischen dem Versicherten, dem Versicherer, aber auch dem Service-Erbringer, der den entstandenen Schaden beseitigt. Damit würde es keinen Platz mehr zum Verstecken geben. Alles wäre nachvollziehbar, dem Versicherungsbetrug würde die Grundlage entzogen werden und die Versicherungsraten würden auf ein niedriges Niveau fallen. Dieses Versicherungssystem würde die Gemeinschaft stärken, indem es ihr Kontrolle, aber gleichzeitig auch Verantwortung überträgt. Der Versicherungs-Bund 2.0 würde damit Versicherten und Versicherern einen Mehrwert bieten und eine Revolution der Versicherungsbranche auslösen.[8] Ob Versicherungsraten in diesem Verbund auch auf Grundlage des Intelligenzquotienten oder des Genpools eines jeden Versicherten berechnet werden sollten, wie in Teilen des Buches wiedergegeben wird, ist zu hinterfragen. Insgesamt zeigen die von Jeff Jarvis genannten Beispiele, wie die Welt von morgen den entwickelten Gesetzmäßigkeiten entsprechend existieren und auch erfolgreich sein könnte. Doch gibt es Beispiele, die zeigen, dass der Google-Weg nicht das einzige Erfolgskonzept ist. Insbesondere Vorgehensweisen kreativer Unternehmen wie Apple unterstreichen dies.

Der googlefreie Raum

Eines der Grundprinzipien des Google-Konzepts und damit auch der Google-Regeln ist es, ein gewisses Maß an Kontrolle abzugeben. Google unterstreicht dieses Prinzip tagtäglich durch seinen Erfolg. Doch scheint dieses Prinzip der Kontrollabgabe keine

---

7 Vgl. hierzu auch Kaumanns, R., Siegenheim, V. (2010), S. 326 f.
8 Vgl. Jarvis, J. (2009b), S. 205 und Jarvis, J. (2010).

zwingende Maßnahme darzustellen, damit ein Unternehmen Erfolg hat. Das beste Beispiel hierfür ist das Technologieunternehmen Apple. Niemals würde Apple Kontrolle aus der Hand geben. Steve Jobs, Apples erfolgreicher Unternehmenslenker, war im Besitz der gesamten Kontrolle über Apple – und vielfach trägt gerade diese Ausübung von Kontrolle zum Unternehmenserfolg von Apple bei. Jobs unternehmerisches Geschick und Hang zum Perfektionismus machten Apples Produkte in den Augen des Kunden zu etwas ganz Besonderem. Dabei stellt Apple das absolute Gegenteil eines kollaborativen Unternehmens dar. Es legt von vornherein fest, was auf seinen Produkten installiert werden kann und was nicht. Den von Jarvis geforderten Transparenzaspekt sucht man bei Apple vergeblich. Fehler werden stillschweigend berichtigt. Darüber hinaus attackiert und verklagt Apple seine Fans, die in Blogs neue Entwicklungen offenlegen. Negative Presse ist in den Augen von Apple von geringer Bedeutung. Apple und seine Produkte sind Kult und scheinen damit unabhängig von den Gesetzmäßigkeiten des Google-Zeitalters existieren zu können.[9] In einem Punkt haben beide Unternehmen aber doch eine Gemeinsamkeit: Beide sind in der Lage, die komplexen Wünsche der Kunden in einem ungewöhnlich hohen Maße zu befriedigen. Doch scheint dieser besondere Status auch für Apple und Google nicht unentwegt fortzubestehen. Apple wie auch Google selbst sind hier gleichzeitig die besten Gegenbeispiele. Denn in der jüngsten Vergangenheit kommen beide Unternehmen immer häufiger in die Kritik, wie die Diskussion über Apples Umgang mit dem Käufer eines verlorengegangenen iPhone 4 oder auch Datenschutz- und Urheberrechtsbedenken bei Google zeigen. Sollte Apple in naher Zukunft seine strikte Haltung gegenüber der Öffentlichkeit und damit auch gegenüber seinen Kunden nicht ändern und Google seine Datenschutzstrategie nicht überdenken, laufen beide Unternehmen Gefahr, einen großen Imageverlust hinnehmen zu müssen.

Generation G

Vielfach wird argumentiert, dass Google und führende Internet-Unternehmen wie Facebook und Craigslist, die Kreativität des Einzelnen aushöhlen und denkende Menschen zu Google-Zombies machen, die bei jedem noch so kleinen Problem automatisch eine Suchanfrage bei Google starten. Die Sorge ist, dass eigene Denkansätze im Keim erstickt würden und die Kommunikationsfähigkeit der neuen Generation zunehmend degeneriere. Dem kann überzeugend erwidert werden, dass Menschen wie Mark Zuckerberg (Gründer von Facebook), Jeff Bezos (Gründer von Amazon), Jimmy Wales (Mitbegründer von Facebook) und Kevin Rose (Begründer von Digg.com) mit ihrem Erfolg und als Vertreter der Generation G das beste Gegenbeispiel für diese These sind. Das Internet bietet der Generation G die Möglichkeit, Innovationen und Erfindungen schneller, zielstrebiger und nützlicher in die Tat umzusetzen. Bei dieser Generation G handelt es sich um sogenannte *digital natives,* die anders als die *digital immigrants* die Sozialen Medien des Internet als den Kanal verstehen, der ihnen neue,

---

9 Vgl. Summers, N. (2009).

innovative Möglichkeiten der Kommunikation eröffnet.[10] Durch die neuen Strukturen konnte die Kommunikationsdichte in einem atemberaubenden Maße zunehmen, was insbesondere dem Instant Messaging wie zum Beispiel durch ICQ und Skype sowie sozialen Netzwerken wie Facebook oder Xing geschuldet ist.[11] Es bleibt zu hoffen, dass diese Entwicklung weiter beibehalten werden kann und Altes zu Neuem wird, festgefahrene Wege verlassen werden und die Generation G, wie ihre Vorreiter Larry Page und Sergei Brin, weiter an Kraft und Tatendrang gewinnt.

Was Google nicht tun sollte

Wie bereits eingangs festgestellt, scheinen nur sehr wenige Unternehmen den Herausforderungen von morgen bereits heute gewachsen zu sein. Google hat hingegen seinen Blick weit nach vorn gerichtet und schreitet unbeirrt auf seinem Weg voran. Ob dabei jeder Schritt der richtige ist, wie es Jarvis in seinem Buch immer wieder hervorhebt, darf jedoch bezweifelt werden. Es mehren sich Stimmen, die nicht nur vor der atemberaubenden Marktmacht des Unternehmens warnen, sondern sich auch vor seiner analytischen Intelligenz fürchten. Die Suchmaschine ist ein geniales Werkzeug, um Antworten, Waren, Wege und Menschen zu finden. Doch seit die Google Kamerawagen durch die Straßen rollen, ahnen immer mehr Menschen, wie sehr das ein Geschäft auf „Gegenseitigkeit" ist, das auch vor sehr persönlichen Daten der späteren Nutzer nicht halt macht.[12]

Datenschutz

Die intensiv geführte Diskussion um Datenschutz in den sozialen Medien bleibt bei Jeff Jarvis an vielen Stellen unbeachtet. Dabei übersieht er insbesondere, dass eine Vielzahl von Nutzern der sozialen Netzwerke in den USA ihre Mitgliedschaft kündigt und die Gründe für diese Entscheidung auch veröffentlicht. Erst bei genauerem Hinsehen lässt sich die Auseinandersetzung von Jarvis mit dem Thema Datenschutz erkennen. Wie aktuelle Artikel zeigen, scheint seine Einschätzung zu Datenschutz und Öffentlichkeit in der jüngeren Vergangenheit gereift zu sein. Einfache, plakative Metaphern weichen in der jüngeren Auseinandersetzung nun einer differenzierteren Analyse der verschiedenen Arten und Ausprägungen von Öffentlichkeit im digitalen Raum.[13] Jarvis zeigt, dass auch er grenzüberschreitende Handlungen bei Facebook erkennt, die mit seinem Verständnis von Privatsphäre und Öffentlichkeit nicht mehr vereinbar sind. So sei etwa Zuckerberg dem Irrtum erlegen, dass auch die sogenannte private Öffentlichkeit innerhalb der sozialen Netzwerke der Weltöffentlichkeit umfassend zuganglich sein müsste. Die zunehmende Kritik am System von Google und Facebook sowie jüngst auch dem von Apple sei vor allem an diesen fehlgeleiteten Schlussfolgerungen festzumachen. Das Verhalten dieser Unternehmen widerspricht in diesem Zusammenhang dem fundamentalen Aspekt im Werteverständnis ihrer Nut-

---

10 Vgl. Prensky, M. (2001).
11 Vgl. Weber, L. (2007), S. 194 ff.
12 Vgl. Schirrmacher, F. (2010).
13 Vgl. Kühl-v. Puttkamer, R. (2010).

zer: Die Freiheit. Sobald diese Freiheit in einer absoluten Weise durch die Anbieter verletzt und Daten veröffentlicht werden, kann dies, wie beschrieben wurde, zu einer negativen und länderübergreifenden Gegenöffentlichkeit führen. Auch Jarvis hat diesen Missstand erkannt und sieht hier auch Grenzen der von ihm geschätzten *Share Economy*. Es bleibt diesbezüglich abzuwarten, inwiefern sich das Konzept von: „Je mehr ich gebe, desto mehr bekomme ich zurück." zukünftig durchsetzen kann.

Literatur

BITKOM (2007), Fast jeder fünfte Mensch ist online, URL: www.bitkom.org/de/presse/49919_46069.aspx

Interbrand (2010), BEST GLOBAL BRANDS 2009, URL: www.interbrand.com/best_global_brands.aspx?year=2009&langid=1003

Internet World Stats (2010), World Internet Users and Population Stats, URL: www.internetworldstats.com/stats.htm

Jarvis, J. (2010), Buzzmachine, URL: www.buzzmachine.com

Jarvis, J. (2009a), Was würde Google tun? Wie man von den Erfolgsstrategien des Internet-Giganten profitiert, Heyne Verlag

Jarvis, J. (2009b), What Would Google Do?, New York

Kaumanns, R., Siegenheim, V. (2010), Die Google-Ökonomie: Wie der Gigant das Internet beherrschen will, Norderstedt

Kremp, M. (2007), Wie Google die Welt retten will, in: Spiegel-Online, URL: www.spiegel.de/netzwelt/web/0,1518,520088,00.html

Kühl-v.Puttkamer, R. (2010), Facebook, Jeff Jarvis und die Erbsünde in der Share Economy, URL: www.werbeblogger.de/2010/05/10/facebook-jeff-jarvis-und-die-erbsuende-in-der-share-economy

Manager Magazin (2007), Google fördert erneuerbare Energien, Manager Magazin vom 27.11.2007, URL: www.manager-magazin.de/unternehmen/it/0,2828,520060,00.html

Prensky, M. (2001), Digital Natives, Digital Immigrants, Verlag NCB University Press

Schirrmacher, F. (2010), Ist Google Schuld? Die Macht der Maschinen über unsere Zukunft!, Frankfurter Allgemeine Zeitung vom 23.01.2010

Stein, J. (2007), Totally Uncorked, TIME Magazine vom 28.06.2007, URL: http://www.time.com/time/magazine/article/0,9171,1638446,00.html

Summers, N. (2009), What Would Google Do?, Newsweek von 27.01.2009, URL: www.newsweek.com/2009/01/26/what-would-google-do.html

Weber, L. (2007), Marketing to the Social Web: How Digital Customer Communities build your Business, New Jersey

Weichert S., Kramp L., Jakobs, H.J. (2009), Wozu noch Zeitung? Wie das Internet die Presse revolutioniert, Verlag Vandenhoek & Ruprecht, Göttingen

Kapitel 15 Open Leadership (Charlene Li)

von Tom Reichstein und Daniel Michelis

Mit der Verbreitung der sozialen Medien verlieren Führungskräfte in zunehmendem Maße die Kontrolle darüber, welche Informationen über ihre Organisationen veröffentlicht werden. Kunden und Mitarbeiter stellen Bewertungen, Meinungen oder andere Informationen eigenständig im Internet bereit und untergraben damit traditionelle Kontrollmechanismen. Der Open Leadership Ansatz von Charlene Li ist eine systematische Anleitung für den Umgang mit diesem Kontrollverlust.[1]

[handschriftliche Notiz: Link zu HERO s]

In diesem Kapitel werden zunächst zehn Typen offener Führung dargestellt, die dem Management eine systematische Einschätzung der generellen Bereitschaft für offene Führung ermöglichen sollen. Auf Basis dieser Einschätzung wird anschließend gezeigt, wie der Weg zu mehr Offenheit strategisch beschritten werden kann.

Akteure

Charlene Li ist Absolventin des Harvard College und der Harvard Business School und gilt als Expertin für Social Media. Bevor sie im Juni 2008 die Beratungsfirma Altimeter Group gründete, war sie Vizepräsidentin und Chefanalystin beim Marktforschungsunternehmen Forrester Research. Sie ist Co-Autorin des Buches *groundswell* und Autorin des Nachfolgewerks Open Leadership, das 2010 im englischen Original erschienen ist.

Umgang mit Kontrollverlust

Die freie Verfügbarkeit sozialer Technologien[2] hat das Machtgefüge zwischen Unternehmen, Mitarbeitern und Kunden verschoben und dazu geführt, dass traditionelle Mechanismen zur Kontrolle von Informationsflüssen nicht mehr funktionieren. Diese Entwicklung hat drei Ursachen: Erstens, die weiterhin wachsende Zahl aktiver Internetnutzer. Zweitens, die zunehmende Nutzungsintensität sozialer Medien. Und drittens, die Vielzahl von Privatpersonen, die eigene Inhalte erstellen und diese untereinander austauschen oder gemeinsam nutzen.[3]

Kernsätze

Soziale Technologien machen es Einzelpersonen heute einfacher als je zuvor, Informationen mit einer großen Gruppe von Menschen zu teilen. Oftmals reicht ein Mobiltelefon bereits aus, um sich einer unbegrenzten Vielzahl von Adressaten mitzuteilen.

---

1 Vgl.: Li, C. (2010), S. 6.
2 Vgl. zum Begriff der sozialen Technologien Shirky, C. (2008) oder Kapitel 9 in diesem Buch.
3 Vgl. Li, C. (2010).

Für das Management bedeutet die Möglichkeit der uneingeschränkten Weitergabe von Informationen, dass sie nicht mehr kontrollieren können, was über ihr Unternehmen oder ihre Organisation veröffentlicht wird. Nicht nur Kunden befinden sich in einer neuen Machtposition gegenüber den Unternehmen, sondern auch die Mitarbeiter haben durch die freie Verfügbarkeit sozialer Technologien mehr Macht erlangt.[4]

Der Open Leadership Ansatz vergleicht das Führen von Unternehmen mit dem Führen von menschlichen Beziehungen. In beiden Fällen kann die Abgabe von Kontrolle Vertrauen schaffen – als wichtige Basis einer guten Partnerschaft. Für Unternehmen liegen in der Abgabe von Kontrolle vor diesem Hintergrund langfristig mehr Chancen als Gefahren.[5] Um diese Chancen zu nutzen, sollten Führungskräfte sorgfältig analysieren, wie ihre Mitarbeiter, Partner und Kunden bisherige Kontrollmechanismen umgehen, um dabei zu lernen, mit diesem Verlust von Kontrolle systematisch umzugehen.

Hat das Unternehmen erkannt, wie es offenere Strukturen und flexiblere Kontrollmechanismen einführen kann, lassen sich dabei allgemeingültige Vorteile realisieren: Zunächst lassen sich durch den offenen Umgang mit Information, Reibungsverluste reduzieren. Mit minimalem Aufwand lässt sich Information schneller und weitflächiger streuen. Die sozialen Medien ermöglichen darüber hinaus Reaktionen in Echtzeit und damit eine unmittelbare Rückmeldung über das Verhalten und die Entscheidungen des Unternehmens. Letztlich kann ein größeres Maß an Offenheit zu einer stärkeren Verbundenheit von Kunden und Mitarbeitern führen. Um zunehmende Offenheit erfolgreich zu meistern, bedarf es jedoch klarer Regeln und Strukturen. Das Management sollte Mitarbeitern und Kunden verständliche Richtlinien vorgeben, die auch die Nutzung der sozialen Medien regeln. Diese Richtlinien sollen deren Nutzung allerdings anregen und sie nicht durch zu strenge Vorgaben verhindern.

Allgemeine Leitlinien

Der Open Leadership Ansatz basiert nach Charlene Li auf fünf allgemeinen Leitlinien, wie die Geschäftsführung auf die neuen Beziehungen zu Mitarbeitern und Kunden reagieren sollte.

Machtverschiebung anerkennen: Führungskräfte sollten zunächst anerkennen, dass Kunden und Mitarbeiter machtvoller geworden sind und die öffentliche Wahrnehmung der gesamten Organisation massiv beeinflussen können.

Vertrauen aufbauen: Der Kern jeder guten Beziehung ist Vertrauen. Dieses Vertrauen basiert auf Ehrlichkeit und Verlässlichkeit und in den sozialen Medien daher auf dem ehrlichen und verlässlichen Kommunikationsverhalten von Führungskräften, Mitarbeitern und Kunden.

Neugierig bleiben: Zum Aufbau nachhaltiger Beziehungen sollte die Geschäftsführung Interesse an den Aktivitäten und Meinungen von Mitarbeitern und Kunden

---

4 Vgl. Bernoff, J., Schadler, T. (2011) oder Kapitel 19 in diesem Buch.
5 Vgl. hierzu auch Jarvis, J. (2009) oder Kapitel 14 in diesem Buch.

haben. Sie sollte neugierig bleiben, zuhören können und bereit sein, von anderen zu lernen.

Verlässlich reagieren: Beziehungen leben von gegenseitiger Verlässlichkeit. Gegenseitige Erwartungen sollten transparent sein und Konsequenzen aufgezeigt werden, wenn die Erwartungen sich nicht erfüllen. Es sollte konkret beschrieben werden, wann und wie das Unternehmen auf seine Mitarbeiter und Kunden reagiert.

Fehler verstehen: Fehler sind Bestandteil jeder Beziehung. Eine offene Führung versucht, Fehler zu verstehen und von ihnen zu lernen, um sie in Zukunft zu vermeiden.

Informationspolitik und Entscheidungsfindung

Die Übertragung von Kontrollfunktionen an Mitarbeiter und Kunden lässt sich nach Charlene Li mit dem Kontrollstreben des Managements verbinden. So kann die Analyse eines offenen Informations- und Kommunikationsverhaltens der Mitarbeiter und Kunden, relevante Informationen zu Tage bringen, auf die das Management dann bei zukünftigen Entscheidungen zurückgreifen kann.[6] Als Orientierung für ein ausgeglichenes Verhältnis zwischen Offenheit und Kontrolle unterscheidet der Open Leadership Ansatz vor diesem Hintergrund zwischen der Informationspolitik (engl.: *information sharing*) und der Entscheidungsfindung (engl.: *decision making*).

Informationspolitik	Entscheidungsfindung
Entscheidungen erklären	Zentralisiert entscheiden
Gegenseitig berichten	Demokratisch abstimmen
Informationen austauschen	Konsens finden
Beteiligung anregen	Entscheidungen dezentralisieren
Problemlösung auslagern	
Schnittstellen schaffen	

Tabelle 12: Typologie von Informationspolitik und Entscheidungsfindung[7]

Die Analyse der in Tabelle 12 dargestellten zehn Typen offener Führung soll der Unternehmensführung als Orientierung für die systematische Analyse und der anschließenden Strategieentwicklung dienen.

Modell

Die unterschiedlichen Typen der Informationspolitik zeigen, wie offen das Unternehmen bereits ist, beziehungsweise wie viel Offenheit möglich sein könnte. Die Typen der Entscheidungsfindung verdeutlichen hingegen, was die Abgabe von Kontrolle an Mitarbeiter und Kunden für die bisherigen Kontrollinhaber konkret bedeuten könnte.

---

6 Vgl. Levine et al. (2000) oder Kapitel 6 in diesem Buch.
7 Vgl. Li, C. (2010).

In vielen Fällen handelt es sich nicht um einen wirklichen Verlust von Kontrolle sondern um die Übertragung bestimmter Kontrollfunktionen an bestimmte Einzelpersonen oder Personengruppen.

Informationspolitik

Die sechs Typen offener Informationspolitik unterscheidet Charlene Li mit Blick auf die jeweilige Zielsetzung und den am Informationsaustausch beteiligten Akteuren. Zunächst steht der Umgang mit Informationen im Mittelpunkt, die vom Unternehmen selbst stammen, um anschließend solche Informationen zu betrachten, die ihren Ursprung außerhalb der Unternehmensgrenzen haben.

Entscheidungen erklären

Das Ziel dieser ersten Form der Informationspolitik ist es, Entscheidungen und Strategien der Geschäftsführung zu erklären. Die Adressaten sollen das Verhalten der Geschäftsführung nicht nur verstehen, sondern von deren Entscheidungen und Strategien überzeugt werden und diese bestenfalls als Motivation für das eigene Verhalten sehen.

Gegenseitig berichten

Ziel der gegenseitigen Berichterstattung zwischen Geschäftsführung und Mitarbeitern ist es, sich regelmäßig über den aktuellen Stand der jeweiligen Aufgabenbereiche zu bringen.

Informationen austauschen

Der Austausch von Informationen betrifft interne und externe Informationen, die Mitarbeiter und Führungskräfte mit externen Anspruchsgruppen des Unternehmens austauschen. Die generelle Zielsetzung ist die Gewinnung erfolgsrelevanter Informationen durch den Aufbau und die Pflege von externen Beziehungen.

Beteiligung anregen

Mitarbeiter, Kunden und Partner werden aufgefordert, ihre Meinung, eigene Ideen oder Informationen anderer Art einzubringen. Die so gesammelten Informationen ermöglichen dem Unternehmen, die eigenen Leistungen aus unterschiedlichen Perspektiven einzuschätzen.

Problemlösung auslagern

Über den Informationsaustausch mit Kunden und Partnern lassen sich auch Vorschläge und Ideen gewinnen, um die eigenen Leistungen zu verbessern, neue Angebote zu entwickeln oder spezifische Probleme gemeinsam zu lösen.[8]

Schnittstellen schaffen

Offene Schnittstellen ermöglichen externen Akteuren, an standardisierte Prozesse des Unternehmens anzuknüpfen und diese Prozesse durch zusätzliche Komponenten zu

---

8 Vgl. Howe, J. (2006) oder Kapitel 10 in diesem Buch.

erweitern. Sie ermöglichen darüber hinaus einen automatischen Austausch von Informationen, der häufig Grundlage für gänzlich neue Dienste wird. Insbesondere in den sozialen Medien tragen offene Schnittstellen zum Erfolg von Unternehmen und der Weiterentwicklung bereits vorhandener Angebote bei.[9]

Entscheidungsfindung

Die Art und Weise, wie Entscheidungen getroffen werden, variiert von Person zu Person. Führungskräfte unterschiedlicher Abteilungen oder unterschiedlicher Führungsebenen entscheiden nicht immer gleich und können gänzlich verschiedene Vorstellungen von Offenheit haben. Mit Blick auf die jeweiligen Kontrollmöglichkeiten, die Offenheit der Informationspolitik sowie die an der Entscheidung beteiligten Personen lassen sich vier Typen unterscheiden: zentralistische, demokratische, konsensbasierte und dezentrale Entscheidungsfindung. Der Vergleich dieser vier generellen Möglichkeiten soll helfen, die gegenwärtige Situation des eigenen Unternehmens einzuschätzen und mögliche Entwicklungspotentiale auszuloten.

Zentralisiert entscheiden

Zentralisierte Entscheidungen werden in der Regel dann getroffen, wenn es um strategische Planungen geht oder die Situation eine rasche Entscheidung verlangt. In diesen Fällen muss schnell, effektiv und entscheidungsfreudig gehandelt werden. Um gute Entscheidungen zu treffen, ist die Kommunikation in beide Richtungen eine wichtige Voraussetzung, da der Entscheidungsträger die richtigen Informationen von den Mitarbeitern bekommen muss.

Demokratisch abstimmen

Wird die Entscheidung auf Basis einer Mehrheitsfindung innerhalb einer Gruppe getroffen, handelt es sich um eine demokratische Entscheidung. Diese Methode kann zum Beispiel in Form einer Abstimmung unter allen Angestellten geschehen. Die Größe der Gruppe ist allerdings durch die Nutzung der sozialen Medien kaum beschränkt. Es kann über das Internet beispielsweise zur Abstimmung über eine Sache aufgerufen werden, an der sich eine uneingeschränkte Anzahl von Personen beteiligen kann.

Konsens finden

Entscheidungen die durch Konsens, also durch Zustimmung jedes einzelnen, getroffen werden, haben den Vorteil, dass sie im Prinzip von jeder beteiligten Person getragen werden. Der Nachteil ist ein extrem langsamer Entscheidungsprozess.

Entscheidungen dezentralisieren

Die letzte Entscheidungsmethode ist eine Mischung aus den vorherigen. Die grundsätzliche Idee der Dezentralisierung ist es, Entscheidungen dort zu treffen, wo die beteiligten Personen über das relevante Wissen verfügen.[10] Die tatsächliche Entschei-

---

9   Vgl. Manovich, L. (2001) oder Kapitel 4 in diesem Buch.
10   Vgl. Surowiecki, J. (2007) oder Kapitel 8 in diesem Buch.

dungsmethode gleicht der zentralisierten Methode mit dem Unterschied, dass die Entscheidungsträger dezentral verteilt sind und ihre Entscheidungen mit einer größeren Eigenständigkeit treffen.

Vier Schritte zu mehr Offenheit im Unternehmen

Die vorangegangenen Typen offener Führung sollten eine systematische Einschätzung der generellen Bereitschaft des Managements für offene Führung ermöglichen. Auf Basis dieser Einschätzung wird im Folgenden gezeigt, wie der Weg zu mehr Offenheit beschritten werden kann. Vier übergeordnete Zielsetzungen sollen dabei als Orientierung dienen.

1. Offenes Lernen

Unternehmen sollten zunächst versuchen, von ihren Mitarbeitern, Kunden und Partnern zu lernen, bevor sie Maßnahmen für mehr Offenheit treffen. Die Bereitschaft, zu lernen, ist allen anderen Zielen als grundsätzliche Voraussetzung übergeordnet. Die sozialen Medien eröffnen Unternehmen dabei neue Wege, um über herkömmliche Befragungen von Kunden- und Mitarbeitern hinaus, Informationen über die Wünsche und Bedürfnisse ihrer Anspruchsgruppen zu erhalten.[11]

2. Offener Dialog

Anstelle des einseitigen Versendens von werblichen Botschaften ermöglichen die sozialen Medien Kunden und Unternehmen, sich für den jeweils anderen zu engagieren. Über einen offenen Dialog lassen sich heute engere Beziehungen aufbauen, die den Kunden überzeugen, weil er dem Unternehmen stärker vertraut.

Li beschreibt die unterschiedlichen Formen des Kundendialogs als Stufen einer sinnbildlichen Pyramide, die in Abbildung 18 dargestellt ist.[12] Der Dialog auf der ersten Stufe der Pyramide ist noch sehr einseitig und basiert im Wesentlichen darauf, dass der Kunde Informationen empfängt. Dialog auf der zweiten Stufe umfasst die Weiterleitung von Information durch den Kunden, wobei hier vor allem die Weiterleitung über soziale Medien gemeint ist. Dialoge der dritten Stufe sind von Kunden veröffentlichte Kommentare zu Angeboten des Unternehmens. Veröffentlichen Kunden darüber hinaus eigene Inhalte, die einen Bezug zum Unternehmen aufweisen, handelt es sich dabei um einen Dialog auf der vierten Stufe. Letztlich wird die höchste Stufe des Dialogs als Kuratieren bezeichnet. Kunden, die nicht nur eigene Inhalte erstellen, sondern diese organisieren und damit sicherstellen, dass andere an diese Inhalte gelangen können, stehen als sogenannte Kuratoren auf der höchsten Stufe der Pyramide.

---

11 Vgl. Levine et al. (2000), Li und Bernoff (2008) oder Kapitel 18 in diesem Buch.
12 Vgl. Li, C. (2010), S. 59.

Modell

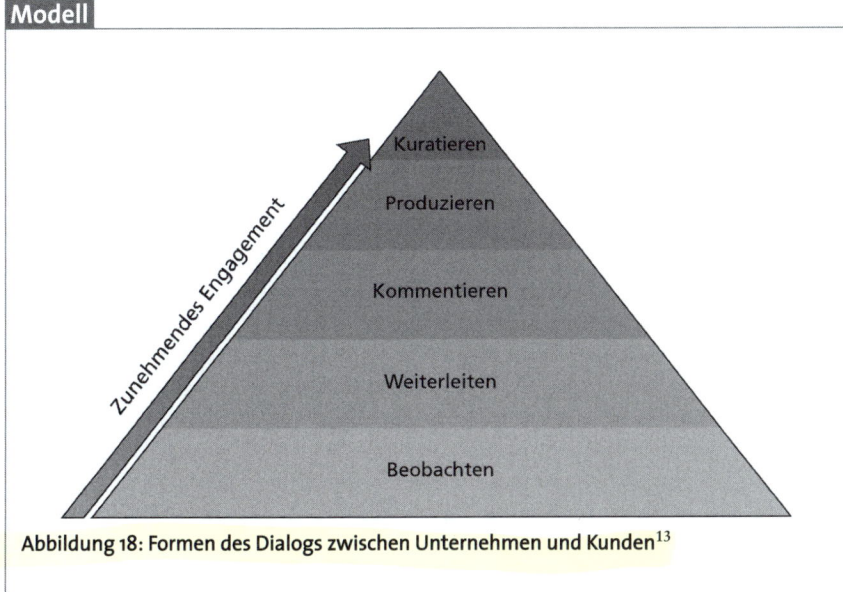

Abbildung 18: Formen des Dialogs zwischen Unternehmen und Kunden[13]

Nach der Analyse der aufgeführten Dialogformen, lässt sich erkennen, wie sich Mitarbeiter und Kunden informieren und auf welche Quellen Sie dabei zurückgreifen. Orientieren sich Mitarbeiter und Kunden eher an den Führungskräften oder an den Erfahrungen Gleichgesinnter? Auf Basis dieser Kenntnis lässt sich der Erfolg der bisherigen Kommunikationsstrategie des Unternehmens einschätzen, um zukünftige Maßnahmen gegebenenfalls an das Informationsverhalten von Mitarbeitern und Kunden anzupassen.

3. Offene Beziehungspflege

Häufig werden unter dem Begriff des Kundenservice ausschließlich Aktivitäten nach dem Kauf verstanden, wenn Mitarbeiter den Kunden beispielsweise bei Problemen unterstützen oder Beschwerden aufnehmen. In einem weiteren Verständnis jedoch lässt sich Kundenservice als Beziehungspflege vom Erstkontakt bis zum Wiederkauf betrachten. Dieses umfassende Verständnis wurde durch die kommunikativen Möglichkeiten der sozialen Medien vereinfacht und Kundenservice unterstützt heute Maßnahmen über die gesamte Beziehungsdauer. Für eine gute und dauerhafte Kundenbeziehung ist die Betreuung und Unterstützung vor und nach dem Geschäftsabschluss wesentlich. Um die Möglichkeiten der Beziehungspflege einzuschätzen, sollte analysiert werden, wo ein höheres Maß an Offenheit kritische Stellen im eigenen Unternehmen verbessern könnte. In einigen Fällen können offene Kundenforen ein effizi-

---

13   Eigene Abbildung in Anlehnung an Li, C. (2010).

enter Weg sein, in anderen Fällen ein Mitarbeiter, der auf Kundenanfragen in Echtzeit reagiert.[14]

4. Offene Innovationen

Eine Vielzahl von Unternehmen ist in den vergangenen Jahren dazu übergegangen, Kunden an der Entwicklung von Produktideen oder dem Testen und der Weiterentwicklung bestehender Angebote teilhaben zu lassen. Während diese Offenheit auf Seiten der Unternehmen vor allem durch ökonomische Anreize weitere Verbreitung findet, lassen sich Mitarbeiter und Kunden enger an ein Unternehmen binden, wenn ihre Meinungen und Vorschläge tatsächlich berücksichtigt werden. Bei den meisten Beispielen, die im Rahmen des Open Leadership Ansatz und auch von anderen Autoren beschrieben werden, rufen Unternehmen Kunden und Mitarbeiter über die sozialen Medien auf, eigene Ideen und Vorschläge einzubringen.[15] Ein mehr an Offenheit ist aber auch möglich für Institutionen, deren Mitarbeiter vorwiegend noch ohne Computer arbeiten. Für diese Organisationen haben sich nach Li Systeme bewährt, die beispielsweise einmal wöchentlich nur eine einzelne Frage zur Beantwortung zu stellen. Auch hier zeigt sich ein direkter Nutzen für das Management und eine höhere Motivation der beteiligten Mitarbeiter.

Nachdem verschiedene Ansatzpunkte zur Analyse des eigenen Unternehmens und Hinweise zum strategischen Vorgehen dargestellt wurden, sollen nun abschließend drei Organisationsmodelle offener Unternehmen gegenüber gestellt werden.[16]

Organisationsmodelle offener Unternehmen

Die Schaffung der organisatorischen Voraussetzungen für eine größere Offenheit ist oftmals eine langwierige Prozedur. Ein Hauptproblem ist dabei meistens, herauszufinden, welche Personen innerhalb der Organisation welchen Einfluss auf die Verbreitung von Informationen und wichtige Entscheidungen haben. Im Folgenden werden drei verbreitete Organisationsmodelle von Unternehmen beschrieben, die einen Weg gefunden haben, soziale Medien erfolgreich einzusetzen: das organische, das zentralistische und das koordinierte Modell.

Organisches Modell

Das organische Modell ist die ursprünglichste Form einer Implementierung von sozialen Medien in die Organisationsstruktur. Es entwickelt sich typischerweise ohne offizielle Erlaubnis oder direkte Überprüfung durch Mitglieder der Unternehmensführung und bleibt meist im Verborgenen. Zum Beispiel werden durch die Eigeninitiative von Mitarbeitern Service-Blogs oder inoffizielle Unternehmensseiten in sozialen Netzwerken eingerichtet. Organisch ist dieses Form deshalb, weil Strukturen spontan dort entstehen, wo spezifische Bedürfnisse in den jeweiligen Abteilungen

---

14 Vgl. Li, C. (2010), S. 66.
15 Vgl. hierzu Kapitel 10 in diesem Buch.
16 Vgl. Li, C. (2010), S. 69.

vorherrschen.[17] Hierin liegt gleichzeitig ein Vorteil und ein großer Nachteil des organischen Modells. Die Entscheidung, ob sozialen Medien eingesetzt werden, ist abhängig von den Eigeninteressen der Abteilungen und ihrer Mitarbeiter. Ein geplantes Vorgehen ist im organischen Modell damit nicht möglich. Für dezentral organisierte Unternehmen beziehungsweise für den erstmaligen Eintritt eines Unternehmens in die sozialen Medien kann dieses Modell ein sinnvoller Weg sein, da es flexibel ist und wenig Kontrolle benötigt. Diese Eigenschaften machen das organische Modell zum Einstiegsmodell für Unternehmen. Nach erfolgreichem Aufbau einer Struktur wird es oft vom koordinierten Organisationsmodell abgelöst.

Zentralistisches Modell

Die meisten Unternehmen bevorzugten das zentralistische Organisationsmodell, das auf der bewussten Entscheidung der Unternehmensführung basiert, die sozialen Medien für einen offeneren Umgang mit den Kunden einzusetzen. Charakteristisch ist an diesem Modell, dass es strategisch geplant wird. Eine kleine Zahl von Entscheidungsträgern steuert hierbei zentral die Aktivitäten aller beteiligten Mitarbeiter. Auf diese Weise wird ein schnelles, zielgerichtetes und koordiniertes Vorgehen ermöglicht. Wichtig ist dabei, dass die Mitarbeiter selbst die Bereitschaft haben, soziale Technologien zu nutzen und dass sie lernen, offener mit Kunden des Unternehmens umzugehen.

Koordiniertes Modell

Das koordinierte Organisationsmodell ist grundsätzlich zentralistisch organisiert. Die Unternehmensführung gibt Verhaltensregeln für die sozialen Medien vor, formuliert übergeordnete Richtlinien, gewährt jedoch den einzelnen Abteilungen größtmögliche Gestaltungsfreiheit. Besonders für dezentral organisierte Unternehmen zeigt dieses Modell einen geeigneten Weg, um die Eigeninitiative der Mitarbeiter zu fördern und gleichzeitig ein angemessenes Maß an Kontrolle zu behalten. Oft ist diese Form eine Weiterentwicklung des organischen Modells. Sind die sozialen Technologien in einem Unternehmen mit organischem Ansatz so weit fortgeschritten, dass sie auf das Gesamtunternehmen ausgeweitet werden können, kommt es oft zu einem Strategiewechsel und der Einführung des koordinierten Modells.

Die Darstellung der drei Organisationsmodelle sollte generelle Strategieoptionen aufzeigen. Ein auf jedes Unternehmen anwendbares Modell existiert nicht. Um ein optimales Maß an Offenheit zu finden und den Einsatz der sozialen Medien für diesen Zweck zu planen, bedarf es der Analyse der gegenwärtigen Organisationsstruktur und der oben aufgeführten Typen der Informationspolitik und Entscheidungsfindung. Das Management muss dann entscheiden, wie viel Kontrolle und Koordination erwünscht ist und wie hoch der damit verbundene Aufwand sein soll. Letztlich sind weder diese Entscheidungen noch das ausgewählte Organisationsmodell unumstößlich. Die aktuelle Situation des Unternehmens muss vielmehr kontinuierlich überprüft werden,

---

17   Siehe hierzu Bernoff, J., Schadler, T. (2011) und Kapitel 19 in diesem Buch.

um die Organisation, deren Informationspolitik und Entscheidungsfindung gegebenenfalls an aktuelle Veränderungen anzupassen.

Literatur

Bernoff, J., Schadler, T. (2011), Empowered: Die neue Macht der Kunden, Hanser Verlag, München

Jarvis, J. (2009), Was würde Google tun? Wie man von den Erfolgsstrategien des Internet-Giganten profitiert, Heyne Verlag

Levine, R., Locke, C., Searls, D., Weinberger, D. (2000), Das Cluetrain Manifest. 95 Thesen für die neue Unternehmenskultur im digitalen Zeitalter, Econ Verlag München

Li, C. (2010), Open Leadership: how social technology can transform the way you lead, John Wiley & Sons

Li, C., Bernoff, J. (2008), Groundswell: Winning in a World Transformed by Social Technologies, Harvard Business Press, Boston, Massachusetts

Manovich, L. (2001), The Language of New Media, MIT Press, Cambridge, Mass.

Shirky, C. (2008), Here Comes Everybody. The Power of Organizing Without Organization. Penguin Books, New York vgl. Li, C. (2010)

Surowiecki, J. (2007), Die Weisheit der Vielen: Warum Gruppen klüger sind als Einzelne, Goldmann Verlag

Howe, J. (2008), Crowdsourcing. Why the Power of the Crowd is Driving the Future of Business, New York: Crown Business

Kapitel 16 The Long Tail (Chris Anderson)

von Daniel Michelis und Tanja Michelis

Chris Anderson analysiert in seinem Buch „The Long Tail" die grundlegende Beschaffenheit von Online-Märkten und die Bedeutung von Nischenmärkten im Internet. Ausgangspunkt seiner Analyse ist der Wandel, der sich in den vergangenen Jahren in der Musikindustrie vollzogen hat. Durch den Vertrieb von Musik über das Internet hat sich das Verhältnis von Hits und „Nicht-Hits" verschoben. Während in den Zeiten vor dem Internet Hits den Musikmarkt dominierten, lässt sich mithilfe des Internet der Verkauf von Nicht-Hits deutlich steigern. So erreichen einige Nischenangebote durch den Online-Vertrieb Verkaufszahlen, die bislang nur bei Hits beobachtet werden konnten. Diese neue Struktur steht stellvertretend für eine Vielzahl von Online-Märkten, sodass die Ergebnisse von Andersons Analyse allgemein gültig scheinen. Analog zum Musikmarkt hat sich in vielen Branchen das Verhältnis zwischen Verkaufsschlagern und Ladenhütern gewandelt. Die grundlegenden Elemente dieses Wandels, zentrale Wirkungsmechanismen sowie die Wirtschaftlichkeit der neuen Online-Märkte werden auf den folgenden Seiten beschrieben.

Kernsätze

Während die Nachfrage früher auf eine übersichtliche Anzahl von Hits für den Massenmarkt konzentriert war, scheint sie sich heute in eine sehr große Zahl von Nicht-Hits in Nischenmärkten aufzufächern.

Die Theorie des Long Tail leitet Anderson von der Entwicklung der Massenmedien ab. Noch in den 70er und 80er Jahren des vergangenen Jahrhunderts gab das Radio vor, welche Songs gehört und das Kino, welche Filme gesehen wurden. Aktuelle Nachrichten wurden aus den gleichen Zeitungen und Fernsehsendungen bezogen und es gab nur sehr eingeschränkte Möglichkeiten, andere Musik zu hören, andere Filme zu sehen und sich über alternative Nachrichten zu informieren. Die Situation änderte sich durch die Vernetzung über das Internet: Das Massenpublikum erhielt in der Folge der Vernetzung unbegrenzten Zugang zu einer umfassenden Vielfalt von Musik, Filmen oder allen möglichen Angeboten. Jeder Einzelne kann seither weitestgehend frei entscheiden, welche Lieder er hören, welche Filme er sehen und welche Nachrichten er lesen möchte. Der entscheidende Unterschied zu den 70er und 80er Jahren liegt für Anderson in der Fülle der Auswahlmöglichkeiten. Früher bestimmte das Radio, was gesendet wurde, heute bestimmen die Hörer über das Internet selbst. Im World Wide Web haben sie Zugang zu beinahe jeder Musik, die je produziert wurde. Anstelle vorgegebener Angebote für ein Massenpublikum zu konsumieren, stellt sich heute jeder Nutzer sein individuelles Programm selbst zusammen.[1]

Über den Bereich der Medien hinaus fällt eine Unterscheidung zwischen Massen- und Nischenprodukt zusehends schwerer. Durch das Internet ist das Angebot in vielen Branchen erkennbar weniger von den traditionell dominanten Unternehmen geprägt. Es ist zum „nahtlosen Kontinuum geworden", in dem kommerzielle Angebote in Konkurrenz stehen zu Angeboten, die von Amateuren bereit gestellt werden. Produkte verschiedenster Herkunft und Qualität stehen im Internet heute gleichberechtigt nebeneinander und ihre potentiellen Käufer entscheiden ganz einfach danach, welches Angebot ihnen am besten gefällt.[2] Zwar werden viele Produkte noch immer für den Massenmarkt produziert und die Nachfrage nach bestimmten Verkaufsschlagern ist weiterhin groß. Der Massenmarkt ist heute aber nicht mehr der einzige Markt. Seine Produkte stehen mit einer scheinbar unbegrenzten Vielfalt von Nischenmärkten im Wettbewerb. Und diese große Vielfalt wird von vielen Konsumenten auch genutzt.

Wenn jedoch die traditionellen Verkaufsschlager nicht mehr mit der gleichen wirtschaftlichen Kraft den Markt dominieren wie früher, stellt sich die Frage, welche Angebote anstelle ihrer nachgefragt werden. Die Antwort auf diese Frage fällt nicht leicht. Ohne ein bestimmtes Ziel oder eine eindeutige Alternative hat sich die Nachfrage auf unzählige Nischen verteilt. Das Internet ist zwar die gemeinsame Basis für die neue Relevanz der Nischen, die vielfältigen Möglichkeiten, die es bietet, lassen sich jedoch nicht eindeutig kategorisieren:

> „Es ist seltsam, dass die Kategorie so lange übersehen wurde. Schließlich sprechen wir von der großen Mehrheit, von fast allem anderen. Die wenigsten Filme sind Hits, die wenigsten Musikaufnahmen erreichen die Top 100, die wenigsten Bücher sind Bestseller [...]. Dennoch erreichen viele weltweit ein Publikum, das in die Millionen geht."[3]

Im Ergebnis zeigt sich, dass aus dem vergleichsweise einfach kalkulierbaren Massenmarkt ein buntes Mosaik aus Nischenmärkten geworden ist. Diese Nischen hat es zwar schon vorher gegeben, doch erst mit dem Einzug des Internet sind sie sowohl für Anbieter als auch für Nachfrager zu geringen Kosten erreichbar. Die wirtschaftliche (und kulturelle) Kraft, die sich durch die Vielfalt der Nischen entwickelt hat, lässt sich heute nach Anderson nicht mehr übersehen. Dieser Ansicht ist auch Jarvis, der den Massenmarkt als ein gestriges Phänomen beschreibt. Vor allem die Überwindung geografischer Beschränkungen führe seiner Ansicht nach dazu, dass Nischenmärkte deutlich an Volumen gewinnen.[4] Anderson spricht diesbezüglich von einer neuen Ökonomie des Vertriebs, durch die Nischenmärkte die Dominanz von Massenmärkten aufgeweicht haben.[5]

---

1 Vgl. Anderson, C. (2007), S. 5.
2 Vgl. Anderson, C. (2007), S. 3 f.
3 Anderson, C. (2007), S. 6.
4 Vgl. Jarvis, J. (2009). Sie auch Kapitel 14 in diesem Buch.
5 Vgl. Anderson, C. (2007), S. 6–7.

Während das Internet durch die beschriebenen Entwicklungen einen erweiterten Marktplatz für bereits vorhandene Produkte geschaffen hat, sind andere Nischenprodukte völlig neu. In diesen Fällen wird das Internet nicht nur als Vertriebskanal genutzt, sondern auch als Werkzeug für die oftmals kollaborative Produktion neuer Angebote.[6]

Grundlegende Elemente des Long Tail

Anderson fasst sechs grundlegende Elemente des Long Tail[7] zusammen, die Tabelle 13 in einer Übersicht darstellt.

Kernsätze

Hits sind die Ausnahme.	In den meisten Märkten übersteigt die Zahl der Nischenprodukte die der Verkaufsschlager. Ihre Zahl ist umso größer, je günstiger und verfügbarer die Produktionsmittel sind.
Im Internet wächst das Angebot.	Über das Internet können Nischen fast ohne Aufwand erreicht werden. Onlinemärkte machen es Anbietern möglich, eine massiv größere Anzahl von Produkten anzubieten.
Kollaborative Filter lenken die Nachfrage.	Kollaborative Instrumente wie persönliche Empfehlungen filtern die unübersichtliche Menge von Produkten und führen Nachfrage und Angebot in den Nischen zusammen.
Die Nachfragekurve flacht ab.	Werden auf bestimmten Märkten mehr Nischenprodukte gekauft, wird die Nachfragekurve flacher, das heißt die bisherigen Verkaufsschlager werden im Verhältnis weniger verkauft als Nischenprodukte.
Nischen machen Massenmärkten Konkurrenz.	Einzelne Nischenmärkte sind zwar kleiner als Massenmärkte, doch die einzelnen Nischen addieren sich und die Summe von Nischenprodukten macht dem Massenmarkt ernsthafte Konkurrenz.
Im Long Tail entsteht natürliche Nachfrage.	Wenn die ersten fünf Elemente zusammen treffen, lässt sich eine natürliche Nachfrage beobachten, die nicht von physischen Engpässen verzerrt wird. Die Nachfrage erscheint dann vielfältiger als dies bislang der Fall war.

Tabelle 13: Grundlegende Elemente des Long Tail

Andersons Buch ist das Ergebnis eines Forschungsprojekts, in dem Vertreter der Internet-Wirtschaft zu ihren Erfahrungen im Online-Vertrieb und zu zukünftigen

---

6 Vgl. Tapscott, D., Williams, A.D. (2007). Siehe auch Kapitel 12 in diesem Buch.
7 Vgl. Anderson, C. (2007), S. 62.

Trends befragt wurden. Als besonders ausschlaggebend wird ein Gespräch beschrieben, bei dem Anderson schätzen sollte, wie hoch der Anteil der insgesamt 10.000 Musikalben sei, von denen mindestens ein Song pro Quartal verkauft werde. Die übliche Pareto-Schätzung, dass 80 Prozent vom Umsatz mit 20 Prozent der Produkte erzielt werden, scheint bei digitalen Produkten nicht mehr zuzutreffen. Die Antwort, die Anderson auch in vielen anderen Fällen bestätigt sieht, lautete 98 Prozent: Von 98 Prozent aller Musikalben wird mindestens ein Song pro Quartal verkauft. Diese 98-Prozent-Regel nimmt einen zentralen Stellenwert in der Theorie des Long Tail ein – sie ist die eigentliche Grundlage für die große Relevanz des Long Tail als neuer Nischenmarkt.

Modell

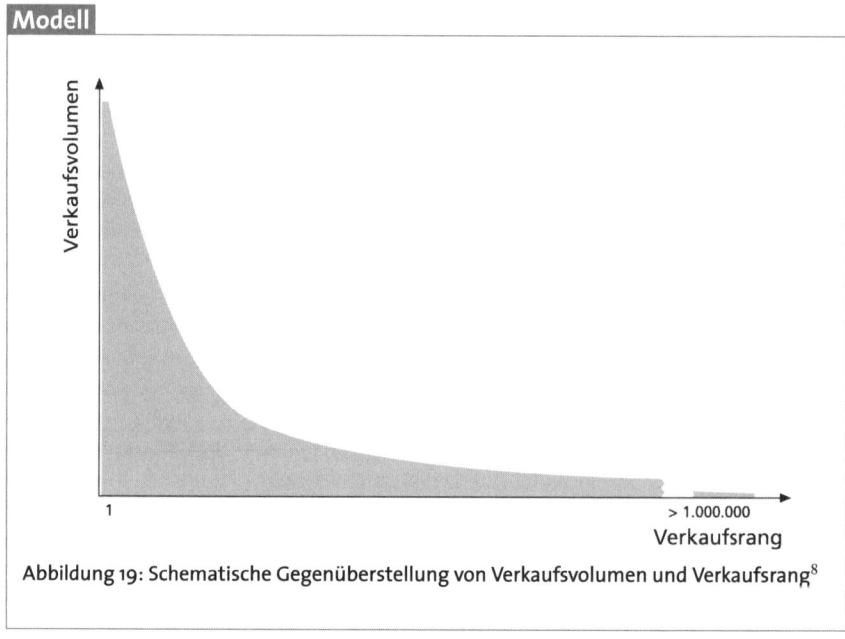

Abbildung 19: Schematische Gegenüberstellung von Verkaufsvolumen und Verkaufsrang[8]

Bei der Analyse von Nutzerdaten eines Online-Musikdienstes stellte Anderson die gewonnenen Daten zur Übersicht in einer Grafik dar, die in Abbildung 19 wiedergegeben wird. Ordnet man das Produktsortiment nach dem beobachteten Verkaufsrang, lässt sich die typische Symmetrie des Long Tail erkennen: ein Verlauf, der von links nach rechts zunächst stark abfällt, am rechten Ende jedoch nur noch schwach sinkt. Der Verlauf der Grafik wurde namengebend für die Theorie von Anderson. Mathematisch wird dieser Verlauf auch als *long-tailed* bezeichnet – auf Deutsch also als langschwänzig.

---

8 Eigene Abbildung in Anlehnung an Anderson, C. (2007).

„Sie begann wie jede andere Nachfragekurve, die anhand der Beliebtheit eines Produktes erstellt wird. Ein paar Hits an der Spitze der Kurve wurden sehr häufig heruntergeladen, dann fiel die Kurve zu den weniger beliebten Songs steil ab. Interessant war dabei jedoch, dass sie die Null nie erreichte. Ich ging zum Musiktitel auf Verkaufsrang 100.000, zoomte näher und stellte fest, dass er noch über 1.000-mal im Monat heruntergeladen wurde. Und die Kurve ging immer weiter 200.000, 300.000, 400.000 Songs – kein Ladengeschäft könnte je so viel Musik anbieten. Und soweit ich auch blickte, es gab immer eine Nachfrage. Ganz am Ende der Kurve wurden die Songs nur vier- oder fünfmal im Monat heruntergeladen, aber die Kurve lag immer noch nicht bei null."[9]

Empirische Untersuchungen konnten zeigen, dass sich dieser schematische Verlauf auch bei einer sehr großen Zahl von Produkten im Sortiment einstellt. So finden sich in einer großen traditionellen Buchhandlung etwa 100.000 Bücher, bei Amazon.com hingegen über zwei Millionen. Ähnliche Verhältnisse zeigt die Gegenüberstellung etwa von traditionellen Musikgeschäften und iTunes oder von Videotheken und Filmplattformen im Internet. Generell gilt auch hier, dass sehr wenige Produkte sehr häufig verkauft werden – je größer das Produktsortiment, desto geringer ist aber der prozentuale Anteil dieser Verkaufsschlager. Das Verhältnis zwischen Massenmarkt- und Nischenprodukten scheint sich anzugleichen, denn ein immer größer werdender Anteil der verkauften Produkte stammt aus dem Long Tail. Jedes noch so spezielle Angebot findet einen Käufer. Dies gilt gleichermaßen für traditionelle Verkaufsgeschäfte, die ihre Produkte auch online verkaufe, wie für den reinen Online-Handel. Für letztere gilt jedoch, dass das Produktsortiment nicht durch Regalfläche oder vergleichbar knappe Ressourcen beschränkt wird, womit auch dem Wachstum des Long Tail kaum Grenzen aufgelegt werden.[10]

Bereits heute ist der Long Tail der verfügbaren Vielfalt nach Anderson viel länger, das heißt es werden viel mehr Produkte angeboten, als allgemein angenommen wird. Diese vielen Produkte können mittlerweile äußerst rentabel gehandelt werden, sodass alle Nischen zusammengenommen einen wirtschaftlich sehr bedeutsamen Markt ergeben.

---

9   Anderson, C. (2007), S. 11.
10   Anderson, C. (2007), S. 24 f.

Modell

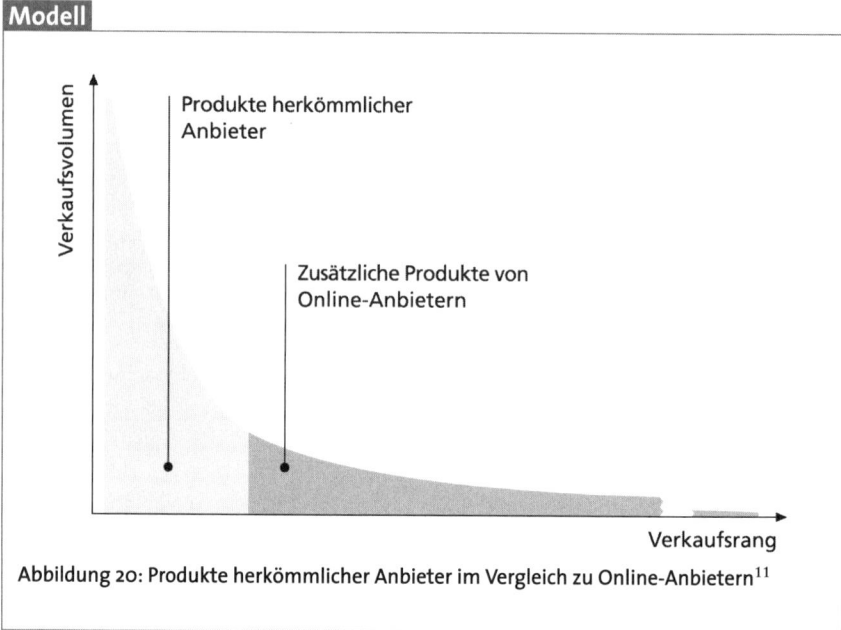

Abbildung 20: Produkte herkömmlicher Anbieter im Vergleich zu Online-Anbietern[11]

Herkömmliche Einschränkungen lassen sich durch den Online-Vertrieb auch für physische Angebote teilweise überwinden. Zwar müssen physische Produkte noch immer gelagert werden, die Kosten für die Lagerung lassen sich aber durch Größenvorteile und Standortunabhängigkeit deutlich reduzieren. Während sich traditionelle Anbieter daher auf ein ausgewähltes Produktsortiment beschränken müssen, können Online-Händler ein nahezu unbegrenztes Sortiment anbieten. Wie Abbildung 21 zeigt, lässt sich das Produktsortiment durch den Online-Vertrieb deutlich vergrößern. Niedrige Kosten und eine größere Nachfrage führen wie oben aufgeführt dazu, dass auch Produkte, die nur selten verkauft werden, rentabel geführt werden können. Online-Händler wie Amazon.com oder iTunes bieten sogar deutlich mehr Ladenhüter-Produkte an, die nur eine sehr geringe Verkaufszahl haben, als Verkaufsschlager.

Insgesamt lassen sich drei Kategorien von Anbietern unterscheiden, deren Rentabilitätsgrenzen, wie Abbildung 21 zeigt, entlang des Long Tail aufgetragen werden können. In die erste Kategorie fallen herkömmliche Anbieter ohne Online-Vertrieb. Die zweite Kategorie sind sogenannte hybride Anbieter wie der Online-Händler Amazon.com. Händler dieser Kategorie zeichnen sich dadurch aus, dass sie ihre *physischen* Produkte online anbieten.[12] In die dritte Kategorie fallen reine Online-Händler wie iTunes, die nicht nur einen digitalen Such- und Bestellvorgang anbieten, sondern deren Produkte auch rein digital sind. In dieser Kategorie sind die Kosten für Lagerhaltung

---

11 Eigene Abbildung in Anlehnung an Anderson, C. (2007).
12 Vgl. Anderson, C. (2004).

und Lieferung marginal, sodass es kaum eine ökonomische Begrenzung des Produktsortiments gibt.

Modell

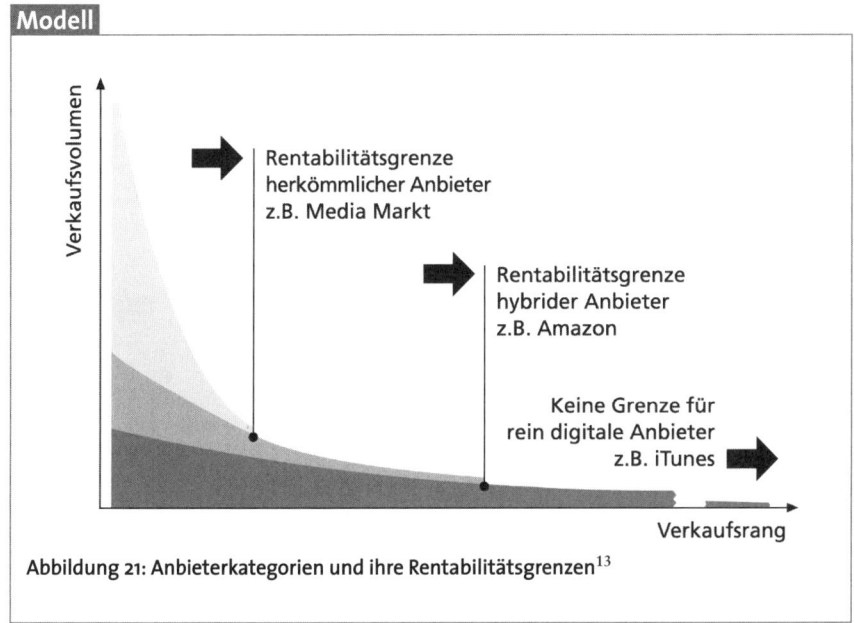

Abbildung 21: Anbieterkategorien und ihre Rentabilitätsgrenzen[13]

Wirkungsmechanismen

Das Wachstum des Long Tail basiert nicht nur auf der verfügbaren Vielfalt von Angeboten, sondern eben auch auf der Anzahl der Nachfrager, die einen Zugang zu diesen Angeboten finden. Damit ist die Voraussetzung dafür, dass Nischenmärkte ihr volles Potential entfalten, eine Abnahme der Kosten, die anfallen, um die Käufer der Nischenprodukte zu erreichen. Die Abnahme dieser Kosten hängt nach Anderson wiederum von den drei Wirkungsmechanismen ab, die im Folgenden beschrieben werden.

Demokratisierung von Produktionsmitteln

Der erste Wirkungsmechanismus wird als „Demokratisierung der Produktionsmittel" bezeichnet. Mit den vielen Nachfragern, die heute Zugang zu den notwendigen Produktionsmitteln haben, hat die Zahl der Produzenten deutlich zugenommen. Während die Produktion von Produkten in den meisten Branchen bislang professionellen Anbietern vorbehalten war, verfügt eine sehr große Zahl von Individuen heute selbst über die Techniken, Filme zu drehen, Musik zu produzieren oder eigene Gedanken im

---

13 Eigene Abbildung in Anlehnung an Anderson, C. (2007).

Internet zu veröffentlichen.[14] Durch die Zahl der neuen Produzenten nimmt die Menge der verfügbaren Angebote stark zu und der Long Tail verlängert sich, wie in Abbildung 22 dargestellt ist. Je größer das online verfügbare Produktsortiment, desto größer wird die Nische.

Modell

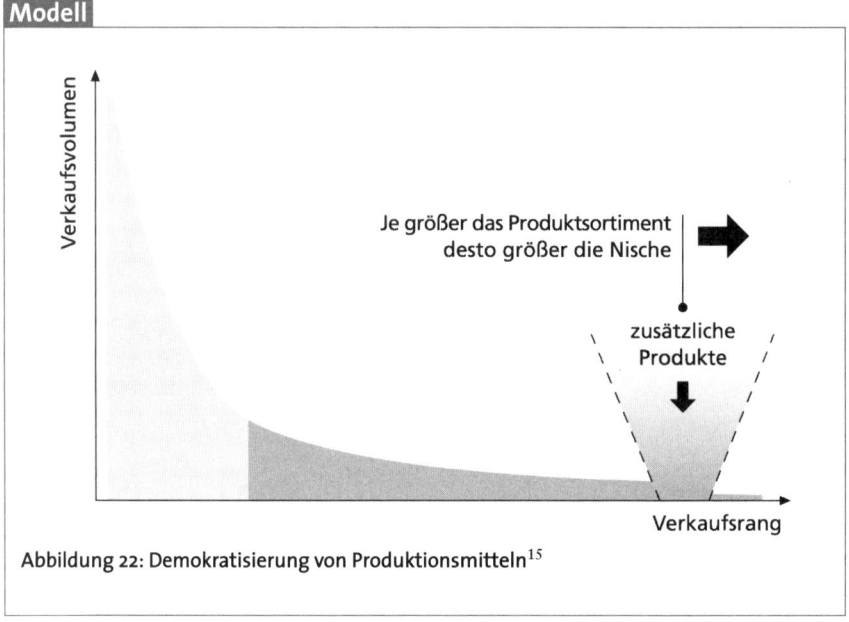

Abbildung 22: Demokratisierung von Produktionsmitteln[15]

Im Gegensatz zu den klassischen Eigenschaften von Nischenmärkten sind Konkurrenz, Nachfrage und auch der Gesamtumsatz, der über die neuen Nischenprodukte erzielt wird, alles andere als gering. Im Long Tail gibt es potentiell weitaus mehr Produkte, Wettbewerber und Kunden als im traditionellen Handel.

Demokratisierung von Vertriebsmitteln

Der zweite Wirkungsmechanismus, der in Abbildung 23 dargestellt ist, wird als „Demokratisierung der Vertriebsmittel" bezeichnet. Erst wenn die vielen Angebote des Long Tail für andere – die potentiellen Nachfrager – zugänglich sind, wächst die Nische.[16]

---

14 Vgl. Anderson, C. (2007), S. 63. Auch hier zeigt sich die Bedeutung, dass aus passiven Konsumenten sehr agile Akteur geworden sind, die sich zwischen klassischen Amateuren und Profis einordnen lässt. Siehe zum Begriff des Prosumenten auch Kapitel 9 in diesem Buch.
15 Eigene Abbildung in Anlehnung an Anderson, C. (2007).
16 Vgl. Anderson, C. (2007), S. 65.

Modell

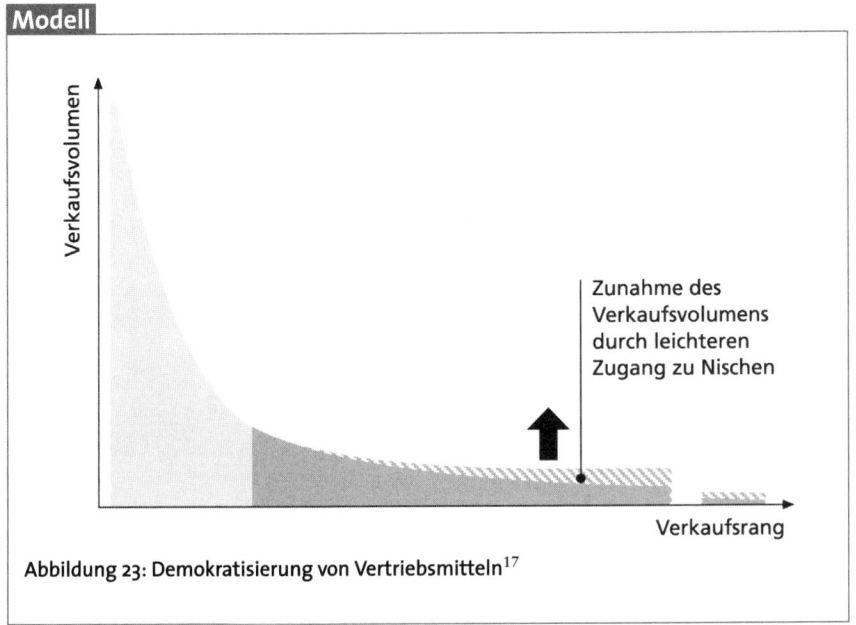

Abbildung 23: Demokratisierung von Vertriebsmitteln[17]

Das reine Vorhandensein eines größeren Produktsortiments allein reicht nicht aus, um den Umsatz in der Nische zu steigern. Eine Umsatzsteigerung stellt sich erst ein, wenn die entsprechende Nachfrage zu einem höheren Verkaufsvolumen führt. Erreicht wird dies, indem der Zugang zu den Nischen insbesondere durch das Angebot entsprechender Technologien erleichtert wird.

Verbindung von Angebot und Nachfrage

Der dritte Wirkungsmechanismus beschreibt die Verbindung von Angebot und Nachfrage. Mit der Zunahme der Produktionskapazität (Mechanismus 1) trifft ein größeres Angebot durch einen effizienten Vertrieb (Mechanismus 2) auf eine größere Nachfrage.[18] Im Sinne Andersons besagt der in Abbildung 24 dargestellte, dritte Wirkungsmechanismus, dass Konsumenten zunächst mit den neu erhältlichen Angeboten vertraut gemacht werden müssen, bis sich die Nachfrage daraufhin im Long Tail nach rechts verlagert und Nischenmärkte anwachsen können.

---

17 Eigene Abbildung in Anlehnung an Anderson, C. (2007).
18 Bei genauerer Betrachtung stellt sich die Frage, ob dieser dritte Mechanismus überhaupt als eigenständiger Mechanismus bezeichnet werden kann, oder ob er nicht die logische Konsequenz der ersten beiden Wirkungsmechanismen ist.

Modell

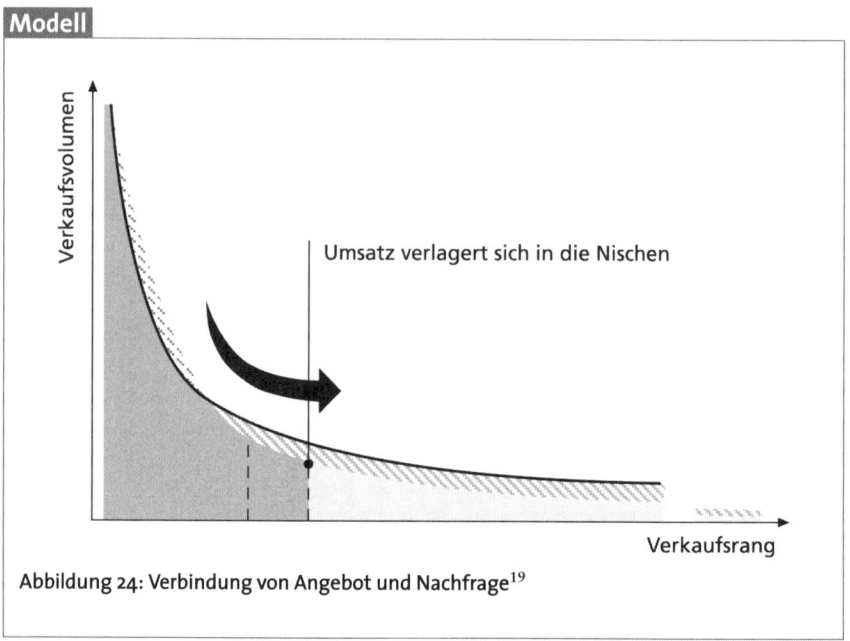

Abbildung 24: Verbindung von Angebot und Nachfrage[19]

Mit Blick auf der Erreichbarkeit der Nischenprodukte für den Nachfrager zeigt sich ein zentrales Problem des Long Tail (das hier aber nicht ausführlich besprochen werden kann): Durch die große Vielfalt des Angebots fällt es schwer, genau die Produkte zu finden, die gesucht werden:

> „In der Sprache der Informationstheorie würde man sagen, der Long Tail hat eine breite dynamische Qualitätsspanne: von furchtbar bis brillant. Das durchschnittliche Ladenregal weist dagegen eine begrenzte Qualitätsspanne auf: von durchschnittlich bis gut. […] Im Long Tail gibt es natürlich minderwertige Produkte, und die Qualität sinkt im Durchschnitt je weiter man der Kurve nach rechts folgt. Doch bei guten Filtern spielt der Durchschnitt keine Rolle. […] Mit der richtigen Hilfe (guten Suchmaschinen, Empfehlungen oder anderen Filtern) sind die Chancen, genau das Passende zu finden, im Long Tail sogar größer." [20]

---

19 Eigene Abbildung in Anlehnung an Anderson, C. (2007).
20 Anderson, C. (2007), S. 138–140.

Eine Möglichkeit, dieses Problem zu lösen, sind Empfehlungen und Ratschläge, die Nachfrager untereinander austauschen.[21] Als persönliche Wegweiser können sie kollaborativ den Weg zum gewünschten Angebot aufzeigen.

Wirtschaftlichkeit des Long Tail

Die neuen Gesetzmäßigkeiten digitaler Produkte führen dazu, dass grundlegende ökonomische Annahmen überdacht werden müssen. In vielen Bereichen, die zuvor als wirtschaftlicher Randbereich abgetan wurden, zeigt sich eine starke Zunahme der Nachfrage.[22] Dadurch, dass normalerweise nicht in Kategorien gedacht wird, bei denen es um den Verkauf eines einzelnen Stückes im Quartal geht, erscheint der Gedanke zunächst seltsam, dass alles, was irgendwo angeboten wird, auch eine Nachfrage findet. Diese wirtschaftliche Denkweise ist nicht zuletzt von täglichen Erfahrungen geprägt, wie der im Supermarkt. Der klassische Einzelhandel interessiert sich nur für Produkte, die sich gut und das heißt *besonders häufig* verkaufen. Produkte, die nur selten verkauft werden, belegen dieselbe Regalfläche, wie solche, die täglich mehrmals verkauft werden. Da der Platz im Regal durch Miete, Personal oder andere Betriebskosten hohe Kosten mit sich bringt, die durch den Verkauf der Produkte gedeckt werden müssen, lohnt es sich nicht, Produkte anzubieten, die viel (Regalfläche) kosten, aber nur selten umgesetzt werden.

Anders verhält es sich, wenn das Angebot zusätzlicher Produkte nichts oder wie bei Online-Shops nur sehr wenig kostet. Denn in diesem Fall lassen sich Produkte, die nur sehr selten verkauft werden, wieder in Betracht ziehen und nahezu ohne Zusatzkosten in das Verkaufssortiment aufnehmen. Die geringen Lager- und Vertriebskosten führen zu sehr umfangreichen wirtschaftlichen Auswirkungen – insbesondere hinsichtlich der anteiligen Entwicklung von Umsatz und Gewinn.

---

21 Vgl. Surowiecki, J. (2005). Siehe hierzu auch Kapitel 8 in diesem Buch.
22 Vgl. Anderson, C. (2007), S. 9.

Modell

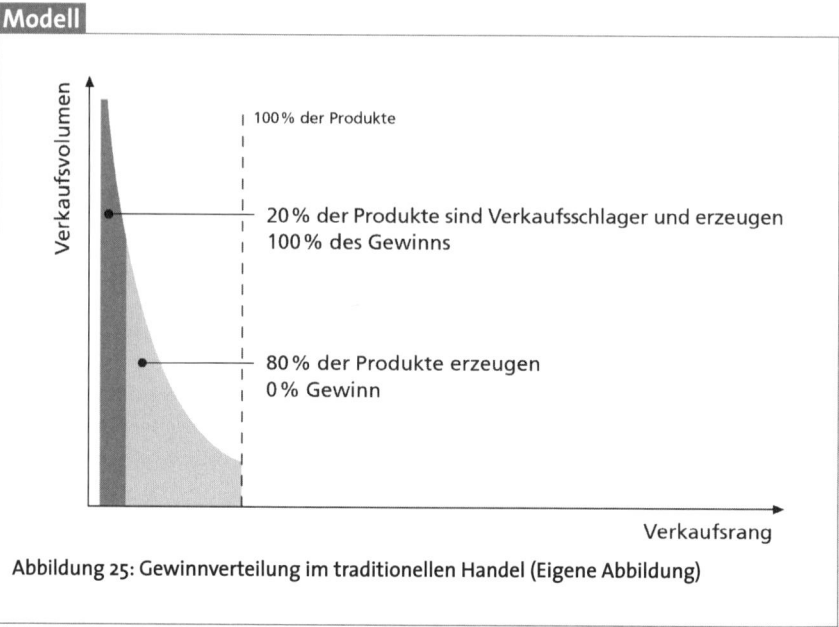

Abbildung 25: Gewinnverteilung im traditionellen Handel (Eigene Abbildung)

Wie einleitend beschrieben wurde, lässt sich die Verteilung derjenigen Produkte, die einen besonders großen Anteil am Gewinn haben, traditionell durch die Paretoverteilung schätzen, die in Abbildung 25 skizziert ist: 20 Prozent der Produkte erwirtschaften 80 Prozent des Umsatzes. Diese 20 Prozent der Produkte sind in einer Idealrechnung zudem für 100 Prozent des Gewinnes zuständig.

Im Long Tail ergibt sich Anderson zufolge anderes Bild.[23] Zu den charakteristischen Eigenschaften des Long Tail gehört ein deutlich größeres Sortiment als im traditionellen Handel. Wenn man also beispielsweise annimmt, dass das Sortiment eines Onlinehändlers zehnmal größer ist, machen die oben aufgeführten 20 Prozent der Produkte nur noch zwei Prozent des Produktsortiments aus. Wie Abbildung 26 zeigt, haben diese zwei Prozent noch immer einen großen Anteil am Umsatz – in der dargestellten Rechnung liegt der Anteil bei 50 Prozent – die nächsten acht Prozent der Produkte, die zuvor noch 80 Prozent des Sortiments ausmachten, haben im Long Tail einen Umsatzanteil von 25 Prozent und die „neuen" 90 Prozent der Produkte des Long Tail machen ebenfalls 25 Prozent des Umsatzes aus.

---

23 Vgl. Anderson, C. (2007), S. 154.

Modell

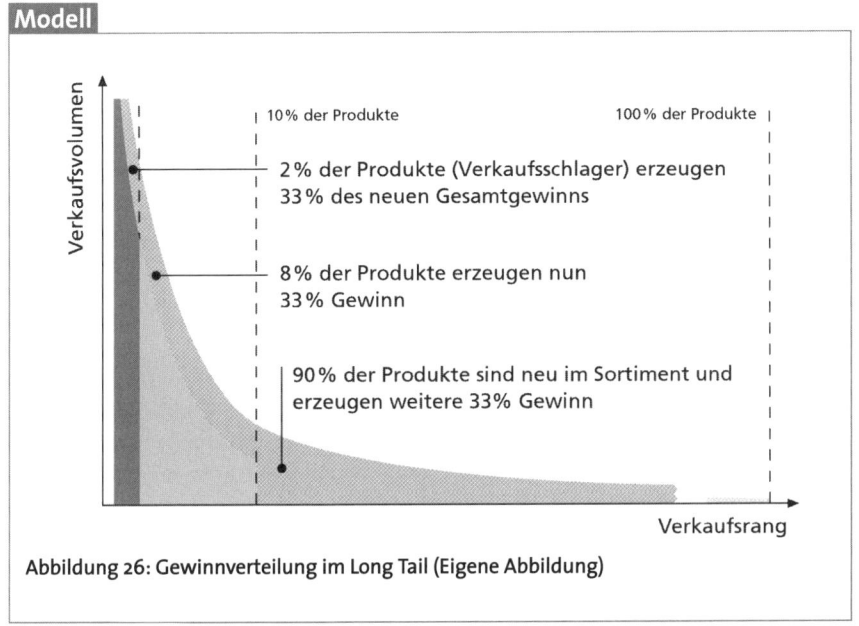

Abbildung 26: Gewinnverteilung im Long Tail (Eigene Abbildung)

Abbildung 26 aufgetragen ist. Durch die niedrigen Kosten, die mit dem Online-Angebot der Nischenprodukte einhergehen, ist deren Gewinnspanne sehr viel höher als im traditionellen Handel. In der dargestellten Rechnung machen die ursprünglichen 20 Prozent der Produkte des traditionellen Handels (im Long Tail 2 Prozent) absolut gesehen zwar noch den gleichen oder sogar einen größeren Gewinn, ihr prozentualer Anteil geht jedoch zugunsten zusätzlicher Gewinne zurück. Durch die erweiterte Nachfrage und geringe Lager- und Vertriebskosten kann nun auch mit den ursprünglichen 80 Prozent (im Long Tail 8 Prozent) Gewinn erzielt werden. Ihr Beitrag zum Gewinn liegt in der dargestellten Rechnung bei 33 Prozent. Die fehlenden 33 Prozent des Gewinns lassen sich mit den Produkten realisieren, die im traditionellen Handel bislang gar nicht angeboten werden konnten. Insgesamt, und das macht die exemplarische Rechnung von Anderson besonders spannend, lässt sich der Gewinn durch die Nutzung der Mechanismen des Long Tail um 66 Prozent steigern.[24]

Die Mega-Nische als Wettbewerbsstrategie

Ein Blick zurück soll die Bedeutung der Theorie des Long Tail für Strategie und Wettbewerb verdeutlichen: Generell stehen Unternehmen bei der Entwicklung von Wettbewerbsstrategien schon nach Porter, einem der führenden Managementtheoretiker, vor der Aufgabe, drei grundsätzliche Probleme zu lösen. Sie müssen den Ort, die Regeln und die Stoßrichtung, das heißt den Schwerpunkt des Wettbewerbs, festlegen.

---

24 Vgl. Anderson, C. (2007), S. 154 ff.

In Abgrenzung zu Porters generischen Strategien Kostenführerschaft und Differenzierung orientiert sich das Nischenmarketing an der Frage nach dem Ort des Wettbewerbs. Die Entscheidung, wo das Unternehmen in den Wettbewerb treten soll, ist zunächst auch eine Entscheidung zwischen der Bearbeitung des Gesamtmarktes oder der Konzentration auf einzelne Segmente. Die Konzentration auf eine – meist geografisch – eingeschränkte Marktnische in ausgewählten Segmenten erscheint dann sinnvoll, wenn die Ziele des Unternehmens aufgrund des individuellen Ressourcenprofils in der Nische besser erfüllt werden können als bei der Bearbeitung des Gesamtmarktes. Durch die konzentrierte Bearbeitung einer Nische können unter bestimmten Umständen größere Erträge erreicht werden, als bei einer Bearbeitung des gesamten Marktes.

Vor dem Einzug des Internet brachte die Wahl einer Nischenstrategie gleichzeitig jedoch auch den Verzicht auf einen Großteil des potentiellen Gesamtumsatzes mit sich, da Nischenmärkte vor allem durch ihre geografische Marktbegrenzung charakterisiert wurden. Durch die physisch begrenzte Reichweite waren in der Nische sowohl die Konkurrenz als auch die Nachfrage und damit der mögliche Gesamtumsatz gering.[25] Da sich im Internet geografische Beschränkungen bekanntermaßen aufheben, gelten diese traditionellen Einschränkungen nicht mehr. Die weltweite Erreichbarkeit von Online-Nischen führt zu den folgenden Veränderungen:

Modell

Zusätzliche Nachfrage: Die regionale Nachfragebegrenzung nach Nischen-Produkten wird aufgehoben. Durch die uneingeschränkte Erreichbarkeit über das Internet können Konsumenten Produkte weltweit nachfragen – und sie tun dies auch immer häufiger.

Zusätzliches Angebot: Produkte, die sich bislang nur selten verkauften und damit relativ hohe Stückkosten verursachten, lassen sich über das Internet rentabel vertreiben. Kosten der Lagerhaltung fallen immer weniger ins Gewicht und die mit dem Verkauf verbundenen Transaktionskosten werden marginal.

Zusätzliche Märkte: Durch das Zusammenführen eines größeren Angebots und einer größeren ausreichenden Nachfrage gewinnen Nischen-Märkte deutlich an Volumen. Zuvor unrentable Produkte, Märkte und Kunden werden durch den Online-Vertrieb rentabel.

Bislang geografisch beschränkte Nischen waren klein und hatten nur eine geringe Zahl von Kunden. Das Gegenteil lässt sich derzeit im Internet beobachten. Ehemalige Nischenprodukte haben eine zuvor undenkbare Zahl an Käufern, deren Nachfrage sich über regionale Grenzen hinweg erstreckt. Zahlreiche „Mega-Nischen" verbinden die spezifischen Nischeneigenschaften mit einer großen Kundenzahl und dem entsprechenden Umsatzvolumen. Diese Mega-Nischen sind traditionellen Nischen in vielen

---

25 Vgl. Porter, M.E. (1980).

Aspekten ähnlich, sprechen jedoch eine größenmäßig zuvor nicht erreichbare Zielgruppe an:

„[Meganiches are] nichelike in their appeal to a very particular audience, but with a number of participants previously available only to mainstream media."[26]

Porters strategische Frage nach dem Ort, an dem konkurriert werden soll, verlangt daher im allgegenwärtigen Internet nach einer neuen Präzisierung und vor allem nach neuen Antworten:

„Wenn sich Angebot und Nachfrage deutlich kostengünstiger miteinander verbinden lassen, ändert sich nicht nur der Umsatz, sondern auch die Natur des Marktes. Wir haben es hier mit einer quantitativen und qualitativen Veränderung zu tun."[27]

Fazit

Ziel dieses Kapitels war es, grundlegende Elemente, Wirkungsmechanismen und die Wirtschaftlichkeit des Long Tail darzustellen. Während die Wahl der Nischenstrategie durch geografische Begrenzungen in Zeit vor dem Internet den Verzicht auf einen Großteil des potentiellen Gesamtumsatzes mit sich brachte, scheint sich die Situation im Internet grundlegend zu ändern. Durch das Wegfallen geografischer Begrenzungen erreichen ehemalige Nischenprodukte eine zuvor undenkbar große Zielgruppe. Nischenmärkte haben eine globale Reichweite, sodass bislang unrentable Produkte große Gewinne bringen und neue Märkte für diese Produkte entstehen. Vor dem Hintergrund der aktuellen Entwicklungen scheinen sich die Charakteristika von Nischenmärkten derart stark zu verändern, dass klassische Nischenstrategien angepasst werden müssen. Die Theorie von Anderson liefert einen wertvollen Ansatz für eine derartige Anpassung oder Erweiterung generischer Wettbewerbsstrategien.

Literatur

Anderson, C. (2004), The Long Tail, WIRED Magazine, Issue 12.10

Anderson, C. (2007), The Long Tail – Der Lange Schwanz: Nischenprodukte statt Massenmarkt, Hanser Wirtschaft

Benkler, Y. (2006), The Wealth of Networks: How Social Production Transforms Markets and Freedom, Yale Univ Press

Jarvis, J. (2009), Was würde Google tun? Wie man von den Erfolgsstrategien des Internet-Giganten profitiert, Heyne Verlag

Porter, M.E. (1980), Competitive Strategy: Techniques for analyzing industries and competitors, The Free Press

---

26 Shirky, C (2008).
27 Anderson, C. (2007), S. 29.

Shirky, Clay (2008), Here Comes Everybody: The Power of Organizing Without Organizations, Penguin

Surowiecki, J. (2005), The wisdom of crowds, London

Tapscott, D., Williams, A.D. (2007), Wikinomics, Die Revulotion im Netz, München

Kapitel 17 Free (Chris Anderson)

von Anna Riedel

In seinem Buch „Kostenlos – Geschäftsmodelle für die Herausforderungen des Internets" beschreibt Chris Anderson, welche neuen Geschäftsmodelle durch die Digitalisierung von Inhalten und die weltweite Vernetzung über das Internet entstanden sind. Das zentrale Geschäftsmodell seiner *Free*-Theorie ist das kostenlose Anbieten von digitalen Produkten, deren Refinanzierung meistens über eine der folgenden vier Kategorien erfolgt: direkte Quersubventionierung, Drei-Parteien-Markt, Freemium und nicht-monetäre Märkte. Im Anschluss an die ausführliche Darstellung dieser Kategorien wird das Phänomen *Free* psychologisch betrachtet und dabei die wirtschaftswissenschaftlichen Begriffe Knappheit und Überfluss gegenüber gestellt. Abschließend werden die zehn Regeln der sogenannten Freeconomics beschrieben und die Theorie Andersons einer kritischen Betrachtung unterzogen.

Akteure

Chris Anderson ist seit 2001 Chefredakteur des Magazins *Wired*, das er zu fünf *National Magazine Award*-Nominierungen führte und mit dem er den *Award for General Excellence* im Jahr 2005 gewann.[1] Zuvor arbeitete er sieben Jahre als US-Wirtschafts- und Technologieredakteur bei der Zeitschrift *The Economist* in London, Hong Kong und New York. Mit einem Bachelor of Science von der George Washington University in Physik begann er seine Karriere bei den beiden hochklassigen Wissenschaftsmagazinen *Nature* und *Science*.[2] Sein erstes Buch *The Long Tail* (2006), das weltweit beachtet wurde, beschreibt die Möglichkeit, als Online-Anbieter mit einer großen Anzahl von Nischenprodukten erfolgreich zu werden.[3] Die Theorie des Long Tail wird in Kapitel 16 in diesem Buch beschrieben. Anderson lebt mit seiner Frau und seinen fünf Kindern in Berkeley, Kalifornien.[4]

Was heißt „free"?

Im Englischen kann das Wort *free* zwei verschiedene Bedeutungen haben. Einerseits beschreibt es die personenbezogene Eigenschaft, frei zu sein und ist mit dem Substantiv *freedom* (Freiheit) verwandt, und andererseits beschreibt es die Eigenschaft eines Produkts oder einer Dienstleistung, die ohne Kosten angeboten werden.[5] Für letzteres werden im Deutschen unter anderem die Synonyme kostenlos oder gratis verwendet.

---

1 Vgl. Anderson C. (2010).
2 Vgl. Anderson C. (2009).
3 Vgl. Anderson C. (2007).
4 Vgl. Anderson C. (2010).
5 Obwohl Anderson den Fokus auf zwei verschiedene Preise legt, nämlich etwas und nichts, existiert in manchen Fällen ein dritter Preis: weniger als nichts. Dies trifft dann zu, wenn der Kunde dafür bezahlt wird, ein Produkt zu nutzen. Dieses Phänomen findet man unter anderem bei Vielfliegerprogrammen oder Kundenkarten, die der Kundenbindung dienen sollen. Vgl. Anderson C. (2009), S. 30 ff.

Das vorliegende Buch setzt sich in erster Linie mit dieser Interpretationsmöglichkeit auseinander.[6]

In kommerzieller Sicht wird das Wort *free* auf vielfältige Weise verwendet und von Anbietern und Konsumenten durchaus verschieden gedeutet, wie die folgenden Beispiele zeigen: [7]

- **Rabatt-Aktionen:** Aufschriften wie *buy two, get one free* bedeuten nicht, dass das zweite Produkt wirklich kostenlos ist, sondern vielmehr, dass die Kosten für das zweite schon im Preis des ersten Produkts einkalkuliert wurden.

- **Kostenlose Lieferung:** *Free shipping* wird online häufig verwendet, um potentiellen Kunden den Kauf attraktiver zu machen. Tatsächlich beinhaltet der Produktpreis jedoch bereits die Versandkosten.

- **Kostenlose Proben:** Ähnlich verhält es sich mit kostenlosen Proben, wie sie beispielsweise in Parfümerien verteilt werden. Diejenigen Kunden, die das beworbene Parfum im Anschluss kaufen, bezahlen im Nachhinein die verteilten Gratisproben.

- **Testversionen:** Im Software-Bereich ist ein vergleichbares Phänomen zu beobachten. Viele Software-Anbieter stellen *free trials* als Versuchsversionen für einen gewissen Zeitraum kostenlos zur Verfügung. Will der Kunde die Software darüber hinaus nutzen, muss er das Produkt kaufen.[8]

- **Komplementärprodukte:** Komplementäre Angebote können manchmal kostenlos sein, wie beispielsweise Reifenluft an Tankstellen. Während Kunden für Benzin bezahlen müssen, erhalten sie die Reifenluft umsonst.

- **Werbung:** In den Medien gibt es eine Reihe kostenloser Angebote, die sich durch Werbeeinnahmen finanzieren. In diesem Kontext zahlt ein dritter Akteur die Gebühren, so wie etwa bei privaten Radio- und Fernsehsendern.

Wirklich kostenlos sind eine Reihe nicht-kommerzieller Angebote. Im Internet haben sich einige Services durchgesetzt, die völlig ohne Werbung auskommen, was unter anderem daran liegt, dass ihre Grenzkosten, das heißt die Kosten für jeden zusätzlichen Artikel, gegen null gehen. Die sogenannte Schenkökonomie (Englisch: *gift economy*) basiert auf der Bereitschaft der Nutzer, etwas kostenlos zur Verfügung zu stellen und im Gegenzug dafür, Reputation oder Anerkennung zu erhalten.[9]

Kernsätze

> Insgesamt ist jedoch zu beobachten, dass die meisten kostenlosen Angebote auf dem Prinzip der Quersubventionierung basieren. Anderson verwendet in diesem Zusammenhang den vielzitierten Satz: *There is no such thing as a free lunch.* Damit soll ausgedrückt werden, dass die meisten kostenlosen Angebote früher oder später mit einem Kauf einhergehen.

---

6 Vgl. Anderson C. (2009), S. 17 f.
7 Vgl. Anderson C. (2009), S. 19 f.
8 Vgl. Anderson C. (2009), S. 18 f.
9 Vgl. Anderson C. (2009), S. 20.

Free-Kategorien

Das scheinbar kostenlose Angebot von Leistungen ist laut Anderson immer an eine der folgenden vier Kategorien von Quersubventionierung gebunden.

Kategorie 1: Direkte Quersubventionierung

Die in Abbildung 27 dargestellte Kategorie der Quersubventionierung umfasst den Einsatz von Werbeartikeln oder Gratisangeboten, die dazu führen sollen, ein anderes, kostenpflichtiges Produkt desselben Anbieters zu kaufen.

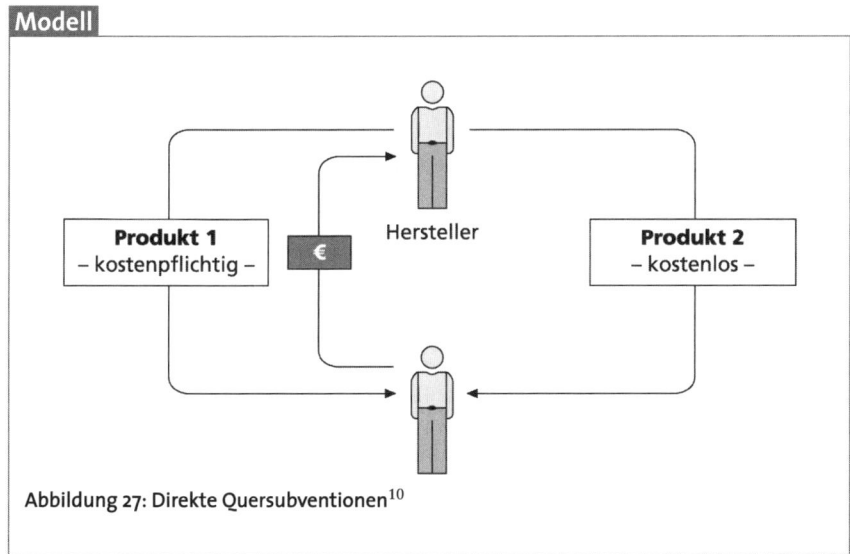

Modell

Abbildung 27: Direkte Quersubventionen[10]

Ein Beispiel der direkten Querfinanzierung ist ein Geschenk, das Kunden erhalten, wenn sie beispielsweise ein neues Bankkonto eröffnen. Unternehmen informieren sich dabei im Vorfeld, welches Produkt aus ihrem Portfolio psychologisch dafür am sinnvollsten ist. Ein Mobilfunkanbieter wartet demnach mit möglichst günstigen Gesprächsminuten ins das Fest- und das eigene Netz auf, da diese bei der Auswahl des Anbieters entscheidend sind, während Anrufe in andere Mobilfunknetze relativ teuer sein werden.[11]

Kategorie 2: Drei-Parteien-Markt

Die am häufigsten vertretene Kategorie von *Free* ist der Drei-Parteien-Markt. Ein Verlag kann einem Kunden ein Produkt dann kostenlos anbieten, wenn ihn ein Werbetreibender dafür bezahlt. Im Gegenzug dazu schaltet der Verlag Werbung für die Angebote des Werbetreibenden.

---

10 Eigene Abbildung in Anlehnung an Anderson C. (2009).
11 Vgl. Anderson C. (2009), S. 23 f.

Modell

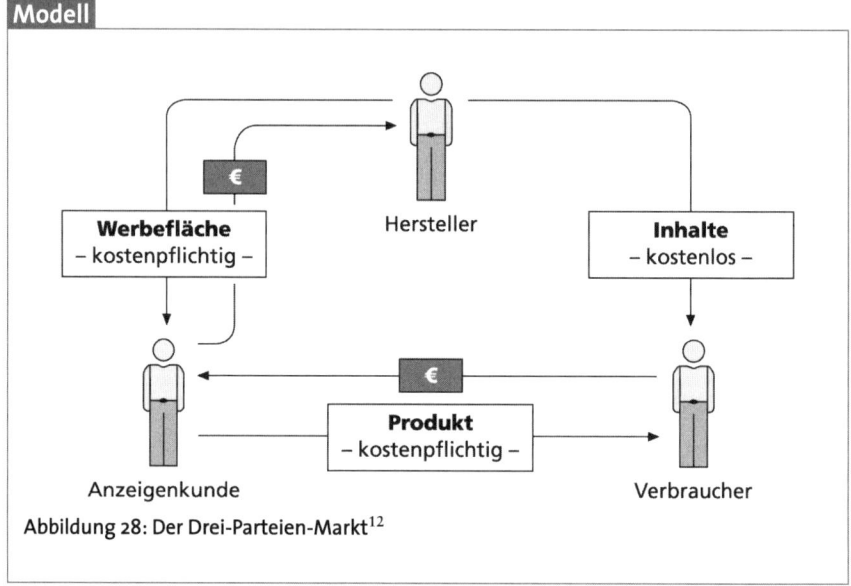

Abbildung 28: Der Drei-Parteien-Markt[12]

Neben klassischen Medien, wie etwa Privatfernsehen oder Anzeigenblätter, machen auch viele Online-Angebote von dem in Abbildung 28 dargestellten Prinzip Gebrauch. Da die Kosten für ein Produkt hier meist sehr versteckt oder über mehrere Akteure verteilt sind, wird das Produkt vom Konsumenten häufig als kostenlos wahrgenommen.[13]

Kategorie 3: Freemium

Die Kategorie Freemium ist der direkten Quersubventionierung sehr ähnlich, unterscheidet sich dennoch in einem wesentlichen Merkmal. Eine Basis-Version des Produkts wird, wie Abbildung 29 zeigt, kostenfrei angeboten, während die umfangreichere Premium-Version kostenpflichtig ist.

---

12 Eigene Abbildung in Anlehnung an Anderson C. (2009).
13 Vgl. Anderson C. (2009), S. 24 f.

Modell

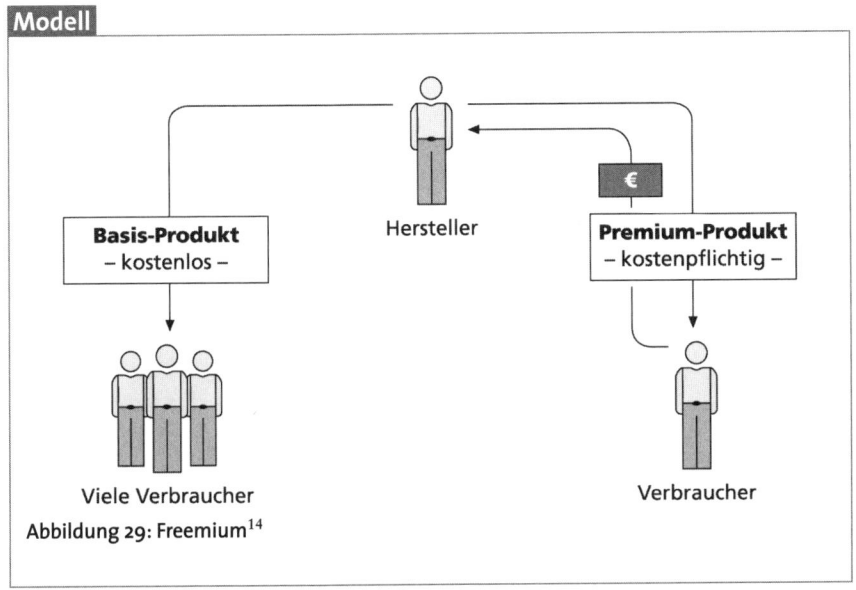

Abbildung 29: Freemium[14]

Im Durchschnitt subventionieren so circa fünf Prozent der zahlenden Kunden die kostenlos angebotene Basis-Version. Da die Grenzkosten für die Basis-Version gegen null gehen, ist dieses Modell wirtschaftlich tragbar.[15]

Kategorie 4: Nicht-monetäre Märkte

Abbildung 30. Nutzer, die Inhalte zur Verfügung stellen, erwarten beispielsweise Aufmerksamkeit, Genugtuung oder Spaß oder sie handeln aus reinem Eigennutz (alte Möbel über eine Kleinanzeige zu verschenken, erspart dem Nutzer zum Beispiel die Kosten für die Entsorgung). Das Internet stellt hier für private Anbieter die größte Plattform dar, auf der einzelne Nutzer den größtmöglichen Nutzen und auch eine große Reichweite erzielen können.

In nicht-monetären Märkten kann die reine Arbeitskraft als Währung gelten, teilweise, ohne dass sich der Nutzer darüber bewusst ist. Ein Beispiel zur Verdeutlichung: Einige Seiten mit pornografischen Inhalten werden erst dann aktiviert, wenn der Nutzer vorher ein sogenanntes *CAPTCHA* entziffert hat, das aus einer anderen Seite stammt.[16] Die unwissenden Nutzer ermöglichen auf diese Weise *Spammern* einen automatischen Zugriff zu anderen Seiten. Im Gegenzug stellen die Spam-Werber das entsprechende Filmmaterial bereit.

---

14 Eigene Abbildung in Anlehnung an Anderson C. (2009).
15 Vgl. Anderson C. (2009), S. 26 f.
16 Das Akronym CAPTCHA bezeichnet einen Test zur Unterscheidung von Computern und Menschen. Am häufigsten basieren CAPTCHAs darauf, dass Nutzer von Webseiten kaum leserliche Begriffe entziffern und diese in ein vorgegebenes Textfeld schreiben. Ist der Begriff richtig, geht das System davon aus, dass es sich tatsächlich um einen Nutzer handelt und nicht um einen Computer.

Modell

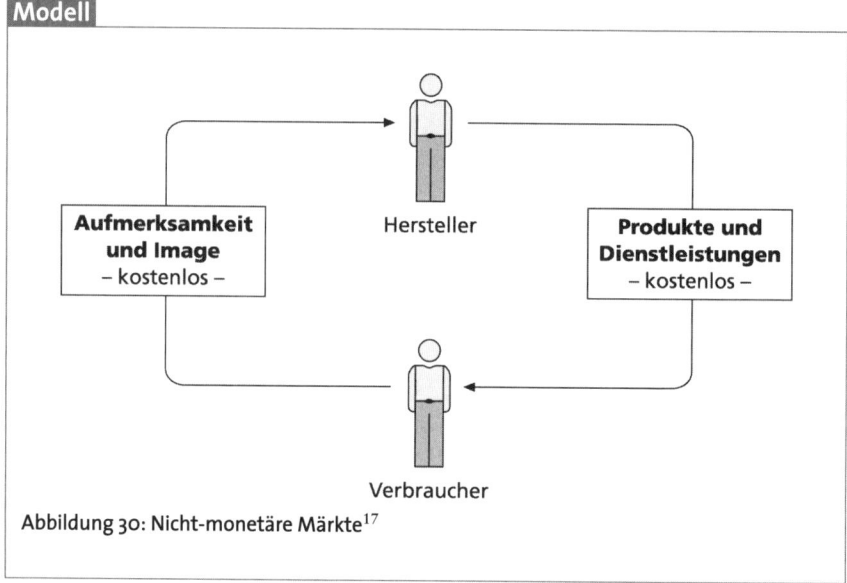

Abbildung 30: Nicht-monetäre Märkte[17]

Ein illegaler nicht-monetärer Markt ist der Markt der Produkt-Piraterie. So ist beispielsweise die Vervielfältigung von Musik so einfach und günstig geworden, dass die Industrie die Piraterie nicht aufhalten kann. Manche Künstler haben sich diesem Trend angepasst und verschenken ihre Musik online in der Hoffnung, dass Konzertkarten und Merchandise-Produkte gekauft werden.[18]

Free und die Psychologie

Anderson geht in seinem Buch auch auf die psychologischen Aspekte ein, die bei einem kostenlosen Produkt zu beachten sind. Der Anbieter eines Gratisangebots hat demnach dann die größten Wettbewerbsvorteile, wenn er entweder der Einzige oder einer von wenigen in seiner Branche ist. Auf Märkten, in denen alle Anbieter ihre Produkte kostenlos zur Verfügung stellen, ist dieses Geschäftsmodell die einzige Möglichkeit überhaupt am Markt zu bestehen, da sogar ein sehr geringer Preis zu einem Wettbewerbsnachteil führen würde.[19]

17 Eigene Abbildung in Anlehnung an Anderson C. (2009).
18 Vgl. Anderson C. (2009), S. 27 ff.
19 Vgl. Anderson C. (2009), S. 59 f.

Kernsätze

Aus Kundenperspektive bedeutet ein kostenloses Produkt eine Risikominimierung, da die Erwartungen an eine kostenfreie Variante viel geringer sind als an die kommerzielle Alternative. Man könnte sagen, der Kunde hat bei seiner Wahl keine Angst, etwas falsch zu machen, da er nichts bezahlen muss. Wenn das Produkt die geringen Erwartungen dann nicht erfüllt, ärgert sich der Kunde nicht weiter. Wenn es die Erwartungen jedoch übertrifft, freut er sich umso mehr und der Anbieter wird positiv wahrgenommen. Diese positive Wahrnehmung kann der Anbieter daraufhin zu seinem Vorteil nutzen.[20]

Darüber hinaus erspart eine kostenfreie Variante dem Kunden beispielsweise abzuwägen, ob er das Produkt wirklich braucht oder nicht, oder ob es eventuell eine günstigere Alternative am Markt gibt. Diese mentalen Transaktionskosten fallen laut Szabo[21] bei jeder Kaufentscheidung an. Ist das Angebot kostenlos wird die Entscheidung zu dessen Nutzung immens erleichtert.[22]

Langfristig kann das Angebot kostenloser Produkte zu einem lukrativen Geschäft werden. Beispielsweise steigern immer mehr Autoren ihre Reichweite und die Aufmerksamkeit für ihre Publikation durch die kostenlose Verfügbarkeit ihrer Bücher im Internet. Wenn die Qualität den Lesern zusagt, erhöht sich damit die Wahrscheinlichkeit, dass das gedruckte Buch gekauft wird.[23]

Praxistipp

Generell gilt es jedoch vorsichtig mit einem kostenlosen Angebot umzugehen, da einem Produkt, das bisher kostenpflichtig war und nun gratis angeboten wird, eine geminderte Qualität zugeschrieben wird.

Anderson erklärt das Risiko kostenloser Angebote mit einem Beispiel aus dem Verlagsgeschäft. Wenn ein bis dato kostenpflichtiges Magazin sich entschiede, sämtliche Kosten durch Werbung zu finanzieren (Kategorie 2) und es dafür kostenlos zur Verfügung zu stellen, würden die Werbetreibenden ihre Sichtweise auf die Leser grundsätzlich überdenken, da sie nun nicht mehr einschätzen können, welchen Wert die Leser dem Magazin beimessen. Die Bereitschaft der Leser, für das Magazin Geld auszugeben drückt aus, dass sie es wirklich haben wollen und höchstwahrscheinlich aufmerksam lesen werden. Für diese Erkenntnis bezahlt der Werbetreibende bis zu fünf Mal so viel, als für Gratismagazine, die möglicherweise wie Werbeprospekte wahrgenommen werden.[24] Im Gegensatz hierzu werden Wirtschaftsmagazine oder andere Zeitschriften zu speziellen Interessengebieten auf Veranstaltungen teilweise

---

20 Vgl. Anderson C. (2009), S. 60 f.
21 Vgl. Szabo N. (1996).
22 Vgl. Anderson C. (2009), S. 59 f.
23 Vgl. Anderson C. (2009), S. 159 f.
24 Vgl. Anderson C. (2009), S. 58.

kostenfrei angeboten, da davon ausgegangen wird, dass ein Teil der Zielgruppe das Magazin später regulär kauft oder abonniert. Häufig können Verlage in diesem Fällen Werbetreibende dennoch für ihr Gratismagazin begeistern. Es ist daher bei der Preisbildung in einem Markt mit drei Akteuren notwendig, die Reaktionen von Konsumenten und Werbetreibenden abzuwägen.[25]

Ein negativer Effekt von kostenlosen Produkten ist die fehlende Verbindlichkeit. Menschen tendieren dazu, kostenfreien Angeboten weniger Achtung zu schenken, was sich zum Beispiel im Umgang mit kostenlosen Snacks und Getränken auf Konferenzen widerspiegelt. Angeknabberte Sandwiches und halbvolle Gläser werden im Normalfall zurückgelassen, während das kostenpflichtige Mittagessen bis zum letzten Bissen aufgegessen wird. Produkte werden konsumiert, weil sie da sind und nicht weil sie ernsthaft gebraucht werden. Selbst ein geringer Preis kann daher schon zu verantwortungsvollerem Verhalten führen.[26]

Ein weiterer psychologischer Aspekt ist das Verhältnis von Zeit und Geld in Bezug auf kostenlose Angebote. Als Student bestreitet man beispielsweise einen Umzug aus eigenen Kräften, also kostenfrei, da die Zeit in diesem Kontext nicht der limitierende Faktor ist. Als Berufstätiger zieht man es vor, andere dafür zu bezahlen und die rare Freizeit anderweitig zu nutzen. Die meisten Freemium-Modelle (Kategorie 3) machen sich dieses Kalkül zu Nutzen. Kostenfreie Online-Spiele bieten kostenpflichtige Zusatzfeatures an, die es ermöglichen, Zeit zu sparen und trotzdem ein weiteres Level des Spiels zu erreichen. Die meisten dieser virtuellen Güter verwandeln die Käufer nicht in bessere Spieler, sodass die Community nicht aufgrund ihrer finanziellen Mittel gespalten wird, aber sie ermöglichen den Spielern, sich schneller weiterzuentwickeln.[27]

Free in der digitalen Welt

„When something halves in price each year, zero is inevitable."[28]

In der digitalen Welt, insbesondere im Internet, gibt es nach Anderson drei technologische Entwicklungen, die den Preis digitaler Inhalte bestimmen. Dies sind die technologische Entwicklung von Prozessoren, die Entwicklung von digitalem Speicherplatz sowie die zunehmende Verfügbarkeit von Breitbandverbindungen. Das Zusammenspiel dieser immer schneller, besser und billiger werdenden Technologien ermöglicht es YouTube beispielsweise, das komplette Angebot kostenlos zur Verfügung zu stellen. Noch nie in der Geschichte der Menschen sind die primären Einsatzgrößen einer Industrie so lange und so stark im Preis gesunken. Der fallende Preis der zugrunde liegenden Technologien ist die treibende Kraft, die hinter den meisten kostenlosen Angeboten steht. Die Kosten von allen Angeboten, die auf den beschriebenen drei Technologien aufbauen, werden immer weiter sinken. 1965 prophezeite der Mitbegründer von Intel, Gordon Moore, dass sich die Anzahl an Transistoren auf

---

25 Ebd.
26 Vgl. Anderson C. (2009), S. 67.
27 Vgl. Anderson C. (2009), S. 67 f.
28 Anderson C. (2009), S. 75.

einem Prozessor alle drei Jahre verdoppeln werde. Später korrigierte er seine Aussage, die heute als *Moore's Law* bekannt ist, auf eine Verdopplung nach bereits achtzehn Monaten. Der ohnehin schon unaufhaltbare Preissturz der Technologien wird außerdem durch den Wettbewerb in der IT-Branche geschürt. Allein die Möglichkeit zu antizipieren, dass der Preis in naher Zukunft fallen wird, erlaubt eine vorhersehende Preisbildung, das heißt heute das Produkt zum Preis von morgen zu verkaufen. Dies wiederum führt dazu, dass die Forschungs- und Entwicklungsabteilungen mehr Budget zur Verfügung gestellt bekommen, damit der Preis von morgen auch wirklich so eintrifft, wie er antizipiert wurde.[29]

Ein nicht zu vernachlässigender Aspekt der digitalen Welt ist das Phänomen der Hacker, was Anderson dazu veranlasst, das folgende Zitat aus dem Jahr 1984 zu analysieren, als das digitale Zeitalter begann, aufzukeimen.

> „On the one hand information wants to be expensive, because it's so valuable. The right information in the right place just changes your life. On the other hand, information wants to be free, because the cost of getting it out is getting lower and lower all the time. So you have these two fighting against each other."[30]

Der erste Teil „information wants to be expensive" ist weitestgehend in Vergessenheit geraten, während der zweite „information wants to be free" bis heute von Verfechtern der Open-Source-Bewegung genutzt wird. Was die Aussage für Anderson so interessant macht, ist, dass sie eine ökonomische Verbindung zwischen der materiellen Technologie und dem geistigen Eigentum der Information herstellt. Da das Kopieren von digitalen Informationen nicht zu Qualitätsverlust führt, gehen die Grenzkosten von digital erfassten Informationen gegen null. Die einzige Möglichkeit, Informationen anderen vorzuenthalten, ist, über Urheberrecht und Patente eine künstliche Knappheit herzustellen.[31]

Nach der Analyse von Brands Aussage, erarbeitet Anderson einen Verbesserungsvorschlag:

> „Abundant information wants to be free. Scarce information wants to be expensive."[32]

So konnte Andersons Buch online zeitweise kostenlos gelesen werden, da es sich dabei um eine allgemeine Information im Überfluss handelt, aber wenn Anderson auf einen Vortrag über das Buch eingeladen wird, der spezifisch auf eine Branche zugeschnitten sein soll, wird man ihn dafür bezahlen müssen.

Schwieriger wird es für Firmen, die gegen kostenlose Angebote konkurrieren. So hat Microsoft über Jahrzehnte versucht, Anbieter von kostenloser Software zu ignorieren beziehungsweise über diffamierende Presseberichte klein zu halten. Mit Blick auf Betriebssysteme von Webservern hat sich Linux mit 25 Prozent Marktanteil gegen-

---

29 Vgl. Anderson C. (2009), S. 79 f.
30 Brand, S. (1984).
31 Vgl. Anderson C. (2009), S. 96 f.
32 Anderson C. (2009), S. 97.

über Microsofts 50 Prozent relativ gut durchgesetzt. Im Endeffekt hat sich hier herausgestellt, dass die Welt verschiedene Preismodelle zulässt und kostenpflichtige Angebote neben kostenlosen bestehen können. Microsoft scheint die Marktführerschaft jedoch weiterhin zu halten. Dies lässt sich auf die Tatsache zurückführen, dass einige große Unternehmen es vorziehen, eine kostenpflichtige Software zu beziehen, bei der sie einen gewissen Standard in Bezug auf Service und Support erwarten können, und andere auf die Open-Source-Variante vertrauen.[33]

Der erfolgreichste Anbieter von kostenlosen Inhalten ist Google, das laut eigenen Angaben die „Max Strategy" verfolgt. Diese besagt, dass online die Grenzkosten der Distribution gegen null gehen und es sich daher anbietet, sein Produkt überall anzubieten. Google bietet heute Hunderte verschiedener Softwareprodukte gratis an, die von Fotobearbeitung bis hin zu Tabellenkalkulation reichen und, die durch die Werbung finanziert werden. Dies ist nur möglich, da Google über die notwendige Reichweite verfügt, um ausreichend Werbeerlöse zur Refinanzierung der kostenlosen Angebote zu erwirtschaften.[34]

Aber wenn Google Produkte, für die bisher bezahlt wurde, kostenlos anbietet, schadet das dann nicht nur den einzelnen Konkurrenten sondern auch der gesamten Industrie, vernichtet Geld und vielleicht sogar Arbeitsplätze? Anderson ist diesbezüglich der Meinung, dass alle Gratis-Anbieter, nicht nur Google, Milliarden-Industrien in Millionen-Industrien verwandeln, aber das Vermögen sich nicht in Luft auflöst sondern auf Wegen umverteilt wird, die sehr schwer zu messen sind. Der klassische Kleinanzeigenmarkt in Printmedien zum Beispiel, der durch Webseiten wie Craigslist enorm geschrumpft ist, bietet nun mehr Nutzern die Möglichkeit, kostenlos Kleinanzeigen aufzugeben und über den Verkauf von Gebrauchtwaren selbst Geld zu verdienen.[35]

Was jedoch auch den CEO von Google, Eric Schmidt[36], beunruhigt, ist, dass, wenn Google Alternativanbieter kannibalisiert, es auf der einen Seite weniger Inhalte zu indexieren hat und auf der anderen Seite weniger potentielle Werber gibt, die Google finanzieren. Er befürchtet, dass das *free*-Konzept für ihn zu gut läuft und nicht gut genug für alle anderen. Momentan gehören zu den 100 reichsten Menschen der Welt nur elf, deren Vermögen auf kostenlosen Angeboten basiert, was unter anderem daran liegen kann, dass das Vermögen teilweise nicht-monetär auf mehreren Schultern verteilt wird und daher nicht vergleichbar gemacht werden kann.[37]

In der digitalen Welt umfasst das Angebot kostenloser Produkte eine ganze Reihe von unterschiedlichen Geschäftsmodellen und damit einhergehende Herausforderungen und Chancen. Um die Relevanz dieses Marktes einzuschätzen, versucht Anderson ihn zu berechnen, obwohl der Markt, wie bereits erwähnt, viele nicht-monetäre Größen beinhaltet. Die Schätzung der Einnahmen durch Werbeschaltungen und Freemium-

---

33 Vgl. Anderson C. (2009), S. 105 f.
34 Vgl. Anderson C. (2009), S. 123 ff.
35 Vgl. Anderson C. (2009), S. 131.
36 Vgl. Schmidt E. (2006).
37 Vgl. Anderson C. (2009), S. 133 f.

Angebote ergibt einen Markt von etwa 80 Milliarden US-Dollar allein in den USA. Erweitert um die traditionellen werbefinanzierten Medien, die ihre Inhalte auch kostenlos anbieten, erreicht man 116 bis 150 Milliarden US-Dollar. Um die Berechnung des Markts auf die ganze Welt zu extrapolieren, würde Anderson diese Summe verdreifachen und auf mindestens 300 Milliarden US-Dollar im Jahr schätzen. Eine andere Möglichkeit, den Markt zu bestimmen wäre, die geleistete Arbeit für Open-Source-Software zu messen. Dies würde bei einem angenommen Jahresgehalt von moderaten 20.000 US-Dollar zu 260 Milliarden US-Dollar jährlich führen. Unabhängig davon auf welche Art und Weise die Schätzung vorgenommen wird, stellt sich heraus, dass die Wirtschaftsleistung, die mit kostenlosen Angeboten erzielt wird, dem Bruttoinlandsprodukt eines ganzen Landes entspräche.[38]

Zehn Regeln der Freeconomics

Im letzten Abschnitt beschäftigt sich Anderson mit verschiedenen wirtschafswissenschaftlichen Ansätzen zum Angebot kostenloser Leistungen. So führt er etwa an, dass der Bertrand-Wettbewerb im digitalen Zeitalter Realität geworden ist.

Begriffe

Bertrand (1883) war der Meinung, dass in einem Markt mit starkem Wettbewerb Preise auf die Höhe der Grenzkosten fallen werden, die wiederum online derzeit gegen Null gehen. Kostenlose Angebote im Sinne der *free*-Theorie sind daher nicht mehr nur eine Alternative sondern eine unausweichliche Konsequenz.[39]

Die Voraussetzung für diese Entwicklung ist jedoch der „perfekte Wettbewerb", der zum Beispiel durch Qualitätsunterschiede oder Netzwerkeffekte eingeschränkt werden kann.[40]

Die Risiken von kostenlosen Angeboten – insbesondere das Phänomen der sogenannten Trittbrettfahrer – sind laut Anderson in der digitalen Welt ab einer kritischen Menge nicht mehr relevant. In Online-Communities reicht es beispielsweise schon aus, wenn nur ein Prozent der Nutzer auch Inhalte erstellt. Diese sehen eine hohe Anzahl passiver Nutzer sogar als Belohnung an, da diese ihr Publikum darstellen.[41] Neben der Belohnung, gelesen oder gesehen zu werden, ist ein weiteres Motiv der aktiven Nutzer die Ehre, in einem speziellen Gebiet über Expertenwissen zu verfügen. Aufmerksamkeit und Ansehen, die Hauptmotivationen in diesem Kontext, sind jedoch schwierig zu messen, weswegen rein monetäre Größen durch inhaltliche Messbarkeitskriterien wie Popularität ersetzt wurden. Ein Beispiel dafür ist der Google PageRank, der unter anderem durch die Anzahl der eingehenden Links ermittelt wird und somit widerspiegelt, wie viele andere Webseiten auf die eigene verweisen und

---

38 Vgl. Anderson C. (2009), S. 167 f.
39 Zitiert bei Neumann M. (2000), S. 56.
40 Vgl. Anderson C. (2009), S. 171 ff.
41 Vgl. Anderson C. (2009), S. 178 f.

damit eine Empfehlung ausdrücken. Je höher der PageRank, desto höher der Platz in der Google Ergebnisliste. Dies wiederum führt zu einer größeren Wahrscheinlichkeit, geklickt zu werden und erhöht somit die Besucherzahl auf der eigenen Seite. Die größere Zahl an Besuchern kann durch Schalten von Werbung in Umsätze umgewandelt werden, die sich der Seitenbetreiber mit Google teilt. Die Reputation einzelner Seiten, wie zum Beispiel von Blogs, ist auf diesem Wege ansatzweise monetär messbar. Der Beitrag eines Wikipedia-Nutzers hingegen ist auf diesem Weg nicht zu berechnen.[42]

Für Unternehmen, die sich der Potentiale kostenloser Angebote im Internet bedienen wollen, stellt Anderson die folgenden zehn Grundregeln auf:[43]

Kernsätze

- Digitale Inhalte werden früher oder später kostenlos angeboten.
- Wenn es möglich ist, physische Produkte kostenlos anzubieten, werden auch diese früher oder später angeboten.
- Die Verbreitung kostenloser Angebote lässt sich nicht verhindern.
- Es ist möglich, mit kostenlosen Angeboten Gewinn zu machen.
- Das Anbieten kostenloser Leistungen kann einen Markt neu definieren.
- Wenn die Kosten eines Angebots gegen null streben, sollte das Produkt kostenlos angeboten werden.
- Früher oder später werden kostenpflichtige Angebote mit kostenlosen Wettbewerbern in Konkurrenz treten müssen.
- Leistungen, deren Grenzkosten unter dem Aufwand liegen, sie zu berechnen, sollten kostenlos angeboten werden.
- Kostenlose Produkte machen andere Produkte, die nicht kostenlose angeboten werden, wertvoller.
- Kostenlose Angebote sind vor allem dort sinnvoll, wo die Ressourcen nicht knapp sind, sondern unbeschränkt verfügbar.

Neben den Möglichkeiten, die durch das digitale Zeitalter entstanden sind, weist Anderson abschließend auf die Herausforderung für Unternehmen hin, nicht nur kostenlose Produkte zu entwickeln, die die Menschen lieben, sondern auch solche, für die sie bezahlen würden. Der Preis hat zwar eine nicht zu unterschätzende Macht über

---

42 Vgl. Anderson C. (2009), S. 183 f.
43 Vgl. Anderson (2009), S. 241 ff.

die Psyche der Konsumenten, kostenlose Angebote sind aber dennoch nicht die einzige Preisstrategie, mit dem ein Produkt am Markt bestehen kann.[44]

Kritik

Die Diskussion über kostenlose Inhalte wurde in der Vergangenheit unter anderen im Bereich des Online-Journalismus sehr intensiv geführt. Viele Verlage planen oder haben bereits ein kostenpflichtiges Online-Geschäftsmodell, das das bisher Kostenlose ersetzen soll.[45] In dieser Diskussion gibt es, wie Brand bereits 1984 ankündigte, zwei Seiten. In der Diskussion wird argumentiert, dass Informationen kostenlos sein müssen und man nicht bereit ist, auch nur einen Cent für die angebotenen Inhalte zu bezahlen. Die Argumente der Befürworter, die sich auf die sehr niedrigen Grenzkosten berufen, lassen sich jedoch widerlegen.[46] So würden die Kosten für die Datenspeicherung und -übermittlung mit denen für die Produktion der Inhalte verwechselt. Beispielsweise verschenke ein Kiosk am Abend auch nicht all seine nicht verkauften Zeitungsexemplare, da er ohnehin auf ihnen sitzen bliebe und somit keinen Verlust erleiden würde. Entscheidend sei jedoch, dass auch am nächsten Tag wieder neue Inhalte zur Verfügung gestellt werden – sowohl im Internet als auch am traditionellen Kiosk.[47] Desweiteren könnte Andersons Vorschlag der Quersubventionierung durch Werbung zu schwerwiegenden qualitativen Problemen führen. Würde die Wertschöpfung für einen journalistischen Inhalt aus der Attraktivität für Werbetreibende hergeleitet, könnten sehr einfach beträchtliche Verzerrungen auftreten. Die Vorlieben von Nutzergruppen, die stärker auf Werbung ansprechen, würden dann auch höher gewichtet. Gleiches gelte für ganze Zeitungsrubriken – zum Beispiel politische Berichterstattung versus Produkttests. Wie bei allen Quersubventionierungspraktiken leide im Endeffekt die Konsumentensouveränität.[48] Dieses Spannungsfeld ist tagtäglich in der Qualität der von privaten Fernsehsendern ausgestrahlten Programme gegenüber der von öffentlich-rechtlichen Fernsehanstalten zu beobachten, wo die GEZ-Pflichtgebühr die Werbeeinnahmen weitestgehend ersetzen und damit die Unabhängigkeit der Öffentlich-Rechtlichen gewährleisten soll. Deren Aktivität im Internet erschwere jedoch die Etablierung zweckmäßiger Bereitstellungsmodelle für private Anbieter und bedrohe den Medienwettbewerb im Internet.[49]

Die Vielfalt angebotener Inhalte im Internet geht generell mit einem gravierenden Qualitätsunterschied zwischen kostenpflichtigen und kostenlosen Angeboten einher. Kostenlose Angebote, die von privaten Nutzern ohne monetären Anreiz hergestellt werden, seien kein Ersatz für professionell produzierte und daher kostenpflichtige Angebote.[50] Neben den Freemium-Modellen von Anderson befürworten auch andere

---

44 Vgl. Anderson C. (2009), S. 240.
45 Andrews R. (2009).
46 Vgl. Kooths, S. (2009), S. 649.
47 Ebd.
48 Vgl. Kooths, S. (2009), S. 650.
49 Vgl. Kooths, S. (2009), S. 651.
50 Vgl. Kooths, S. (2009), S. 648.

eine Bezahlung der Inhalte über *Micropayment*, das heißt der Kunde bezahlt nur ausgewählte Artikel eines Mediums und kann somit detaillierter die nachgefragten Themen mitbestimmen. Diese Zahlungsmöglichkeit bringe zwar gewisse Hindernisse mit sich, diese ließen sich jedoch durch einfachere Abrechnungsmodelle überwinden:

> „Je besser also das Inhalteangebot der Medienproduzenten (relevante, schnell verfügbare und gründlich recherchierte Information ohne aufmerksamkeitszehrende Werbeablenkung), desto höher die Zahlungsbereitschaft und desto geringer die Neigung, die gesuchten Informationen zwar gratis, aber mit höherem Zeitaufwand, zu erlangen."[51]

Fazit

Chris Anderson hat mit *Free – The future of a radical price* nicht den Anspruch erhoben, wissenschaftliche Literatur zu schreiben, was beispielsweise aus dem Mangel an Quellenangaben und Belegen für seine Theorien hervorgeht. Vielmehr hat er eine leicht verständliche und in vielen Fällen sogar provokativ umgangssprachliche Ausdrucksweise gewählt, die die amerikanische Fachbuchkultur in diesen Eigenschaften sogar noch übertrifft.

Die Veränderungen durch digitale Veröffentlichungsmethoden, denen sich ganze Industriezweige gegenübergestellt sehen, sind nicht mehr zu leugnen. Grenzkosten von insbesondere webbasierten Produkten gehen bezüglich ihrer Distribution, nicht ihrer Produktion, gegen Null. Ursprünglich als Werbemaßnahme eingeführt, ist das Angebot kostenloser Leistungen zu einem unausweichbaren Einfluss auf die Märkte geworden.

In einer Volkswirtschaft, wo private Nutzer ihr Wissen teilen und Inhalte erstellen ohne dafür monetär entlohnt zu werden, gewinnen nicht-monetäre Faktoren wie Aufmerksamkeit und Reputation an Bedeutung. Aus einem anderen Blickwinkel betrachtet, könnte dies bedeuten, dass die Grenzkosten zu Gunsten des Grenznutzens an Bedeutung verlieren.

Literatur

Anderson, Chris (2007): The Long Tail – der lange Schwanz. Nischenprodukte statt Massenmarkt – Das Geschäft der Zukunft. 1. Auflage. Carl Hanser Verlag, München.

Anderson, Chris (2009): Free: The Future of a Radical Price, 1. Aufl., Hyperion Books, New York.

Anderson, Chris (2010): Personal Background, http://thelongtail.com/the_long_tail/about.html, 22.04.2010.

Andrews, Robert (2009): More Details: Times Online Charges Start In Spring, For Weekdays And Sunday Spin-Off; Site Relaunch, http://paidcontent.co.uk/article/

---

51 Kooths, S. (2009), S. 651.

232

419-clarified-times-online-charges-to-start-in-spring-for-weekdays-and-sund/, 05.05.2010.

Brand, Stewart (1984): Hackers Conference 1984 – How the Information Economy has being created and shaped by the Hacker Ethic, in Whole Earth Review, May 1985, S. 44–55.

Brock, David C. (2006): Reflections on Moore's Law in Brock, David (Hrsg.): Understanding Moore's Law. Four decades of innovation, Chemical Heritage Foundation, Philadelphia.

Kooths, Stefan (2009): Zeitgesprach - Online-Journalismus: Raus aus der Gratisfalle, in Wirt-schaftsdienst, 89. Jahrgang, Heft 10, Oktober 2009, S. 647–651.

Kruber, Klaus-Peter (2002): Theoriegeschichte der Marktwirtschaft, LIT Verlag, Münster.

Neumann, Manfred (2000): Wettbewerbspolitik: Geschichte, Theorie und Praxis, Gabler Verlag, Wiesbaden.

Schmidt, Eric (2006): in Frontline interviews Eric Schmidt, http://www.pbs.org/wgbh/pages/frontline/newswar/interviews/schmidt.html, 05.05.2010.

Szabo, Nick (1996): The Mental Accounting Barrier to Micropayments, http://szabo.best.vwh.net/micropayments.html, 05.05.2010.

Kapitel 18 POST-Methode (Charlene Li, Josh Bernoff)

von Daniel Michelis

Li und Bernoff haben ihr Buch „Groundswell: Winning in a World Transformed by Social Technologies" in drei Teile untergliedert. Im ersten Teil beschreiben sie den für das Buch namengebenden Trend des *groundswell*, im zweiten Teil geben sie Handlungsempfehlungen, wie Unternehmen die Aktivitäten ihrer Kunden in den sozialen Medien des Internet für die eigenen Zwecke nutzbar machen können. Im dritten Teil werden Möglichkeiten für die interne Kommunikation beschrieben. Mit dem Begriff *groundswell* versuchen die Autoren, die Herausforderungen zu umschreiben, denen viele Unternehmen heute mit Blick auf die sozialen Medien im Internet begegnen. Diese Herausforderungen werden über die Metapher eines anhaltenden Seegangs verdeutlicht, durch den Unternehmen in den vergangenen Jahren in „unruhiges Fahrwasser" geraten sind. Durch die Vernetzung von Konsumenten über sogenannte *soziale Technologien* stehen Unternehmen vor diesen neuen Herausforderungen. Ihre Kunden organisieren sich heute untereinander und informieren sich gegenseitig. Dabei messen sie den authentischen Informationen Gleichgesinnter mehr Bedeutung zu als der gezielten, oft manipulativen Kommunikation der Kommunikationsabteilungen von Unternehmen.

Akteure

Charlene Li hat als Vizepräsidentin und Analystin für Forrester Research gearbeitet und wurde 2009 als eine der einflussreichsten Frauen der Technologienbranche gekürt. Sie ist Gründerin der Altimeter Group und Autorin des Buchs „Open Leadership", das 2010 erschienen ist. Josh Bernoff ist Vizepräsident der Abteilung Idea Development von Forrester Research und in dieser Position verantwortlich für das Erkennen und Entwickeln neuer Ideen. Er ist Co-Autor des *groundswell*-Buchs und hat die soziotechnografische Segmentierung entwickelt.

Bei der Entwicklung von Strategien sollten Unternehmen sich nicht an den neuen Technologien orientieren, sondern an den neuen Formen der Kundenbeziehung, die diese Technologien ermöglichen. Sie können ihren Kunden nicht nur zuhören und sich ihnen über die neuen sozialen Technologien direkt mitteilen. Sie können ihre Kunden auch anregen, sich gegenseitig zu unterstützen. Unternehmen haben darüber hinaus erstmals im großen Umfang die Chance, ihre Kunden an den eigenen Aktivitäten teilhaben zu lassen.

Das zentrale Element, das in diesem Kapitel beschrieben wird, ist eine Methodik, mit der die bislang oft stürmische – und nicht selten ziellose – Fahrt durch die sozialen Medien erfolgreich gemeistert werden kann. Diese Methode wird von Li und Bernoff als POST-Methode bezeichnet. Zunächst werden jedoch die Grundlagen des *groundswell*-Trends dargestellt.

Groundswell als sozialer Trend

Das Buch beginnt mit einer Geschichte über den Leiter der Kommunikationsabteilung von Sony Electronics, der vor eben dieser Art von Herausforderungen stand, die so vielen Unternehmen durch die sozialen Medien begegnen:

> „Er musste sich mit einer Kraft herumschlagen, die er nicht verstand, die aber immer stärker wurde. Blogger. Diskussionsgruppen. YouTube. Kunden, die ihm völlig unbekannt waren, bewerteten die Produkte seines Unternehmens in öffentlichen Foren, mit denen er keine Erfahrung hatte und die er nicht beeinflussen konnte."[1]

Seine Marke, die er bislang mit viel Aufwand und Sorgfalt geführt hatte, wurde nun von anderen besprochen, bemängelt, gelobt. Sein Unternehmen wurde heimgesucht von einer „spontanen Bewegung von Menschen, die Onlinetools benutzen, um sich miteinander zu verbinden, ihre Erfahrungen selbst in die Hand zu nehmen und sich das, was sie brauchen – Informationen, Unterstützung, Ideen, Produkte und Verhandlungsstärke – gegenseitig verschaffen."[2] Diese Bewegung und die Dynamik, die sich durch die Nutzung sozialer Technologien entfaltet, liegt dem *groundswell*-Trend zugrunde. In der Einleitung der Originalfassung misslingt es Li und Bernoff den Titel ihres Buches und den Namen des zugrunde liegenden Trends präzise zu formulieren. Leider liefert auch die oftmals sehr ungeschickt formulierte deutsche Übersetzung des Werkes keine begriffliche Präzision, sodass hier auf den leider unzureichend präzisierten Definitionsansatz aus dem englischen Original zurückgegriffen wird:

Begriffe

> „The groundswell is a social trend in which people use technologies to get the things they need from each other instead of from companies."[3]

Mit der Nutzung des Internet können sich Nutzer, die sich zum größten Teil persönlich nicht kennen und nie kennen lernen werden, gegenseitig Kraft geben. Das Internet ist kein besonderer Ort mehr, an dem sich Menschen mit speziellen Interessen untereinander austauschen. Es ist heute vollständig in fast alle Bereiche von Wirtschaft und Gesellschaft integriert. Unternehmen, die vor völlig neuen und bislang unbekannten Herausforderungen stehen, sind kein Einzelfall mehr. Diese Situation ist derzeit *normal*.

Li und Bernoff versuchen vor diesem Hintergrund das Phänomen, das sich an so vielen Stellen beobachten lässt, aus einer übergeordneten Perspektive zu betrachten und die grundlegenden sozialen Veränderungen eines immer größer werdenden Teils der Bevölkerung zu erkennen, die sich jenseits der technologischen Entwicklung vollziehen. Der Fokus ihrer Betrachtung ist in Abbildung 31 skizziert.

---

1 Li, C., Bernoff, J.(2010), S. 1.
2 Li, C., Bernoff, J.(2010), S. 1–2.
3 Li, C., Bernoff, J.(2008), S. x.

Modell

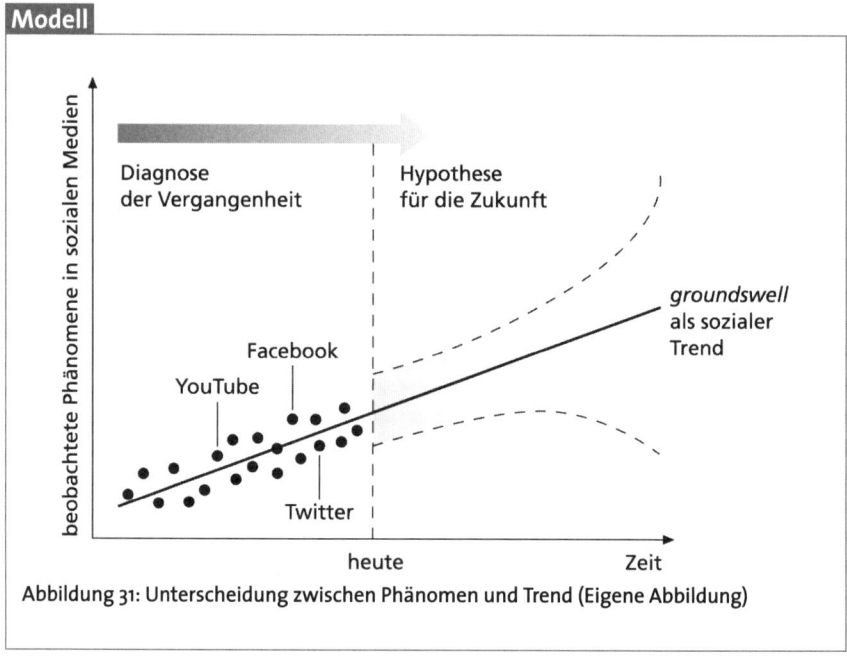

Abbildung 31: Unterscheidung zwischen Phänomen und Trend (Eigene Abbildung)

Für die Autoren handelt es sich bei diesen grundlegenden sozialen Veränderungen um einen unumkehrbaren Trend, der die Beziehungen von Individuen und Institutionen nachhaltig verändert. Menschen nutzen das Internet und dessen frei verfügbaren Werkzeuge, um sich miteinander zu verbinden und gemeinsame Ziele zu verfolgen. Auch und insbesondere in ihrer Rolle als Konsumenten, die ihre kollektive Kraft einsetzen, um die eigenen Ziele gegenüber Unternehmen zu vertreten. Grundlage für diesen Trend ist das Zusammentreffen der drei Triebkräfte Mensch, Technologie und Ökonomie.

Mensch	Es gehört zur Natur des Menschen, dass er sich gegenseitig unterstützt. Menschen geben sich in der Gruppe zusätzliche Kraft, mit der sie seit jeher versuchen, ihre Interessen gegenüber institutioneller Macht durchzusetzen. Das traditionelle Kräfteverhältnis zwischen Individuum und Institution hat sich durch die verbreitete Nutzung sozialer Medien verschoben.[4]
Technologie	Die Technologien, die Menschen nutzen, um miteinander zu kommunizieren, haben soziale Interaktionen grundsätzlich geändert. Da sich diese Technologien zu schnell entwickeln, um einen Überblick zu behalten, stehen die *sozialen Beziehungen* im Vordergrund, die über den Einsatz von Technologien ermöglicht werden.
Ökonomie	In Ergänzung zu Menschen und Technologien, die neue Beziehungen ermöglichen, führen ökonomische Veränderungen zu neuen Geschäfts- und Erlösmodellen. Sinkende Transaktionskosten ermöglichen in der Internetökonomie neue Produkte und Dienstleistungen, deren Kosten-Nutzen-Relation in der Vergangenheit nicht aufgegangen ist.

Tabelle 14: Triebkräfte für den Wandel: Mensch, Technologie und Ökonomie

Die Technologien des Web 2.0, die in Kapitel 3 beschrieben wurden, und die große Zahl an Nutzern, die sich über die Technologien miteinander verbinden, ermöglichen sehr schnelle Zyklen bei der Entwicklung von Prototypen und der Anpassung bei möglichen Fehlschlägen.[5] Shirky spricht diesbezüglich auch vom kostenlosen Scheitern: *Failure For Free*. Mit der Abnahme von Transaktionskosten sind auch die Kosten des Scheiterns gefallen. Wenn ein neues Angebot keine Nachfrager findet, kann man das Angebot vergleichsweise schnell und kostengünstig anpassen oder ein neues Angebot schaffen.[6]

In vergangenen Zeiten als die Kunden von Unternehmen sich noch nicht über das Internet miteinander verbunden hatten, änderte sich deren Verhalten nur sehr langsam. Unternehmen hatten genug Zeit, neue Strategien zu entwickeln und ihre Kunden anschließend für die eigenen Ideen zu begeistern. Das Gegenteil ist im Internet der Fall. Hier ändert sich das Verhalten von Konsumenten sofort, wenn eine bessere Alternative in Sicht ist.

Demgegenüber verändern sich die Gewohnheiten von Unternehmen noch immer besonders langsam. Bis heute sind die meisten Unternehmen auf Hierarchie und Kontrolle aufgebaut. Beides wird durch den *groundswell*-Trend untergraben. Unzufriedene Kunden, die ihre Meinung über ein Produkt kundtun wollen, lassen sich im

---

4 Li und Bernoff vertreten hier die Auffassung, dass früher ein „Gleichgewicht zwischen den auf die Masse ausgerichteten Ökonomien der Institutionen und dem Widerstand ihrer ‚Untertanen'" bestand. Dieser Sichtweise, das also ein Gleichgewicht zwischen Individuum und Unternehmen bestanden haben soll, kann nur schwer gefolgt werden, weshalb hier neutral der Begriff des Verhältnisses verwendet wird.
5 Vgl. Li, C., Bernoff, J. (2010), S. 18.
6 Vgl. Shirky, C. (2008), S. 233 ff.

Internet nicht kontrollieren. Die einzige Möglichkeit scheint zu sein, die große Energie der Konsumenten für das Unternehmen nutzbar zu machen. Dies kann vor allem dann gelingen, wenn nicht die Technologien im Vordergrund stehen, sondern die sozialen Beziehungen. Dies sind alltägliche Beziehungen, die die Anspruchsgruppen des Unternehmens zueinander eingehen aber auch die Beziehungen der Kunden untereinander und die Beziehungen von Unternehmen zu ihren Kunden. Die Technologien hingegen verändern sich zu schnell, um einen Überblick zu behalten.

POST-Methode

Im Gegensatz zur technologieorientierten Sichtweise, die sich bei den meisten Unternehmen beobachten lässt, schlagen Li und Bernoff einen vierstufigen Planungsprozess vor, um den *groundswell*-Trend für die eigenen Zwecke zu nutzen. Zunächst sollten die Zielgruppen betrachtet werden, die das Unternehmen erreichen will. Das ‚P' der POST Methode stammt diesbezüglich vom englischen Begriff *People*. Besonderes Augenmerk gilt der Art und Weise, wie die Zielgruppen Technologien bereits nutzen. In Anlehnung an sozio- oder psychografische Segmentierung von Zielgruppen, wird die Zielgruppe anhand ihres soziotechnografischen Profils definiert. Anschließend werden die eigentlichen Ziele des Unternehmens definiert, wobei hier fünf generische Zielsetzungen unterschieden werden, die vom eher passiven Zuhören bis zur aktiven Beteiligung der Kunden an der unternehmerischen Wertschöpfung reichen. Im Original wird von den Autoren der Begriff *Objectives* verwendet. Nach der Definition der Kundenprofile und der Ziele des Unternehmens werden im dritten Schritt *Strategy* die strategischen Eckpunkte festgelegt und erst am Ende des Planungsprozesses – im vierten Schritt *Technology* – die zur Zielerreichung geeignetsten Technologien definiert. Die vier Schritte im POST Planungsprozess werden nun nacheinander vorgestellt.

People – Ermittlung des soziotechnografischen Profils

Li und Bernoff klassifizieren das soziotechnografische Profil von Nutzern anhand ihres Involvements auf einer sinnbildlichen Leiter. Diese Profilbildung weist, wie Abbildung 32 zeigt, Ähnlichkeiten mit der im Marketing üblichen demografischen und psychografischen Profilbildung auf, orientiert sich aber vor allem an der Technologiennutzung.

Modell

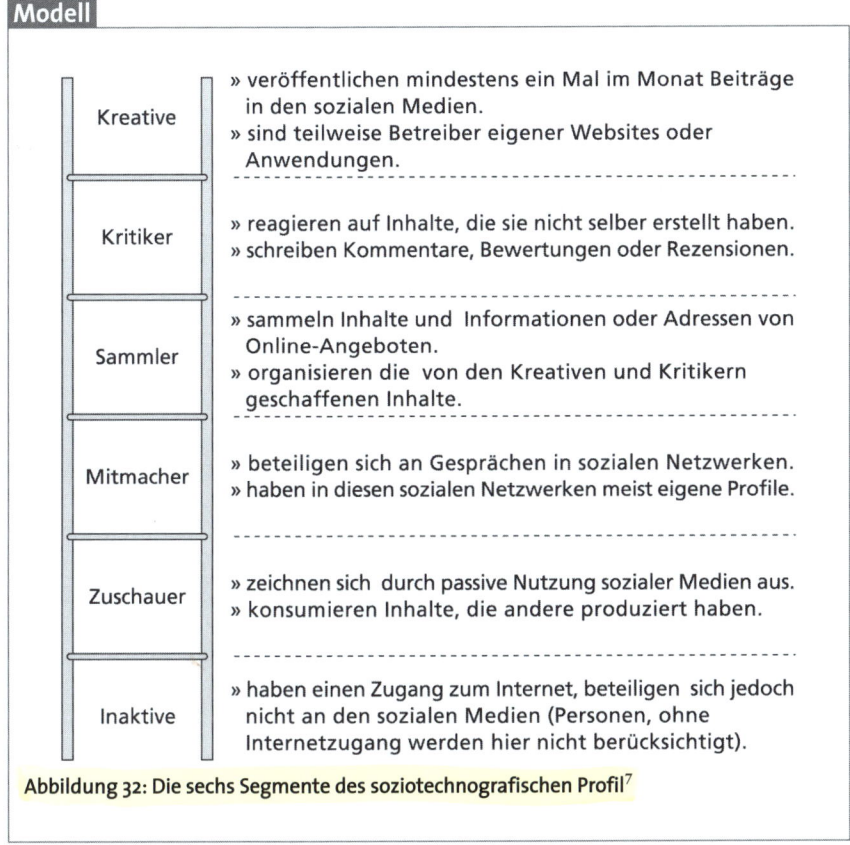

Kreative	» veröffentlichen mindestens ein Mal im Monat Beiträge in den sozialen Medien. » sind teilweise Betreiber eigener Websites oder Anwendungen.
Kritiker	» reagieren auf Inhalte, die sie nicht selber erstellt haben. » schreiben Kommentare, Bewertungen oder Rezensionen.
Sammler	» sammeln Inhalte und Informationen oder Adressen von Online-Angeboten. » organisieren die von den Kreativen und Kritikern geschaffenen Inhalte.
Mitmacher	» beteiligen sich an Gesprächen in sozialen Netzwerken. » haben in diesen sozialen Netzwerken meist eigene Profile.
Zuschauer	» zeichnen sich durch passive Nutzung sozialer Medien aus. » konsumieren Inhalte, die andere produziert haben.
Inaktive	» haben einen Zugang zum Internet, beteiligen sich jedoch nicht an den sozialen Medien (Personen, ohne Internetzugang werden hier nicht berücksichtigt).

Abbildung 32: Die sechs Segmente des soziotechnografischen Profil[7]

Die Sprossen der Leiter bezeichnen jeweils eines von sechs soziografischen Profilen:

„At the core of the Social Technographics Profile is a way to group people based on the groundswell activities in which they participate."[8]

Jede Sprosse bezieht sich auf Nutzer, die ein größeres Involvement zeigen als die Nutzer der vorangegangenen Sprosse. Am oberen Ende der Leiter befindet sich die Gruppe der Kreativen, der Schöpfer oder Urheber. Mitglieder dieser Gruppe führen eigene Websites, schreiben Artikel in Weblogs und veröffentlichen selbsterstellte Inhalte. Auf der Sprosse unterhalb befindet sich die Gruppe der Kritiker, die Reviews schreiben, Produkte bewerten, Blogartikel kommentieren, sich an Online-Foren beteiligen oder Wiki-Artikel bearbeiten. Eigene Beiträge erstellt diese Gruppe jedoch kaum. Bei der dritten Gruppe von Nutzern handelt es sich nach Li und Bernoff um sogenannte Sammler, die vorhandene Informationen über RSS Feeds sammeln, Inhalte

---

7 Eigene Abbildung in Anlehnung an Li, C., Bernoff, J. (2010).
8 Li, C., Bernoff, J.(2008), S. 41.

öffentlich organisieren oder sich an einfachen Bewertungen und Rankings beteiligen. Die letzte „aktive" Gruppe bilden sogenannte Mitmacher, die eigene Profile und Freundschaften in sozialen Netzwerken pflegen und diese Netzwerke regelmäßig besuchen. Auf der vorletzten Sprosse befinden sich die passiven Zuschauer, die Artikel, Bewertungen und andere Beiträge im Internet oder Videos ansehen. Abschließend lassen sich die Inaktiven auf der letzten Sprosse der Leiter verorten. Die zentrale Frage ist, wie sich die Personen der jeweiligen Zielgruppe in Zukunft beteiligen werden – und zwar auf Grundlage ihres in der Vergangenheit bereits beobachtbaren Verhaltens.

Zur Ermittlung des soziotechnografischen Profils empfehlen die Autoren, zunächst ganz einfach die Kunden auf der eigenen Website zu fragen, welche Technologien sie nutzen. Wer keine eigene Befragung durchführen oder diese mit vorhandenen Daten vorbereiten möchte, findet unter groundswell.forrester.com einen entsprechenden Online-Konfigurator. Mithilfe dieses Konfigurators kann das Profil der Zielgruppe anhand von Nationalität, Alter und Geschlecht bestimmt werden.[9] Abbildung 33 zeigt exemplarisch das soziotechnografische Profil deutscher Frauen im Alter zwischen 25 und 34. Ein Anteil von immerhin 10 Prozent wird der Gruppe der Kreativen zugeordnet, die eigene Inhalte produzieren und im Internet veröffentlichen. Von besonderem Interesse ist darüber hinaus die hohe Zahl an Mitmachern. 43 Prozent der deutschen Frauen zwischen 25 und 34 führen eigene Profile in sozialen Netzwerken. Fast die Hälfte dieser Zielgruppe scheint damit über soziale Netzwerke erreichbar zu sein.

Beispiel

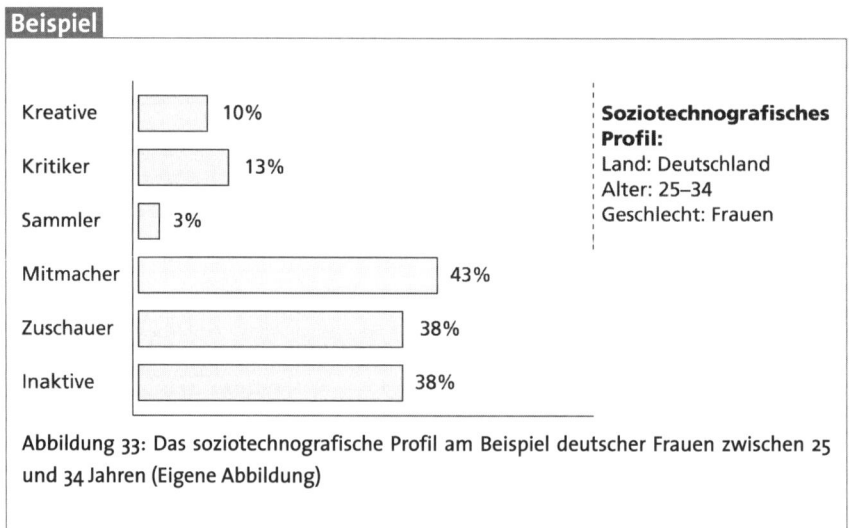

Abbildung 33: Das soziotechnografische Profil am Beispiel deutscher Frauen zwischen 25 und 34 Jahren (Eigene Abbildung)

---

9 Vgl. Li, C., Bernoff, J.(2010), S. 67.

Für die Gruppen auf jeder Sprosse finden sich bei Li und Bernoff gezielte Handlungs-empfehlungen für den Aufbau und die Pflege von individuellen Strategien. Da es in Deutschland einen größeren Anteil an Kritikern zu geben scheint, sei es hier beispiels-weise am sinnvollsten, Foren und Bewertungen anzubieten.

Zwar liefert das soziografische Profil von Li und Bernoff einen guten Ansatz für die Strategieentwicklung, es ist aber vor allem auf den amerikanischen Markt ausgerich-tet. Die Gruppe der Sammler beispielsweise scheint in Deutschland kaum ausgeprägt zu sein. Darüber hinaus stellt sich die Frage, ob die einzelnen Profile tatsächlich in Form einer Leiter hierarchisch aufeinander aufbauen. In der Vergangenheit wurden eine Reihe weiterer Klassifizierungsansätze entwickelt, die die Profilbildung ergänzen können. Bei diesen Ansätzen steht weniger eine statische Abgrenzung der einzelnen Profile im Vordergrund als vielmehr eine individuell unterschiedliche Zusammenset-zung bestimmter Aktivitätsdeterminanten.[10]

Objective – Definition der Unternehmensziele

Nachdem das soziotechnografische Profil ermittelt wurde, werden im zweiten Schritt der POST-Methode die Unternehmensziele definiert. Im Mittelpunkt steht dabei er-neut die Frage nach der angestrebten Beziehung zu den Kunden. Ist das Unternehmen beispielsweise mehr daran interessiert, sich auf neuen Wegen mitzuteilen und die Kunden als Multiplikatoren der eigenen Botschaft zu gewinnen? Oder soll etwa durch die Anregung der besten Kunden der Verkauf gesteigert werden? Als Leitfaden für die Entwicklung von Unternehmenszielen schlagen Li und Bernoff fünf generische Ziel-setzungen[11] vor, die auf den groundswell-Trend abgestimmt wurden: zuhören, mit-teilen, anregen, unterstützen und beteiligen.[12] Auch hier wird von einem hierarchi-schen Zusammenhang ausgegangen.

Unternehmen sollten ihrer Zielgruppe zunächst zuhören und verstehen, welche Ge-spräche in welcher Tonalität geführt werden. Diese Zielsetzung geht gewissermaßen auf die erste These des Cluetrain Manifests zurück, das in Kapitel 6 beschrieben wird: „Märkte sind Gespräche". Bevor das Unternehmen *aktiv* wird, sollte es sich ein Bild davon machen, wie sich die Zielgruppe in den sozialen Medien verhält, über welche Marken und Produkte sie sich austauscht und nicht zuletzt, wie über die eigenen Angebote gesprochen wird.

Erst im zweiten Schritt sollte sich das Unternehmen mitteilen – im besten Fall kann es an vorhandene Gespräche anknüpfen, offene Fragen beantworten und auf diese Weise einen Dialog mit den eigenen Kunden führen. Wichtig ist es, an diesen Gesprächen offen und ehrlich teilzunehmen und eine gleichberechtigte Position einzunehmen. Im

---

10 Siehe hierzu Send, H., Michelis, D. (2009), S. 36–48.
11 Vgl. Li, C., Bernoff, J.(2008), S. 68 f.
12 In der deutschen Übersetzung des Originalwerkes werden die fünf Zielsetzungen mit den Begriffen Zuhören, Sprechen, Energisierung, Unterstützung und Integration übersetzt. Für die Übersetzung in diesem Kapitel wurden eigene Begriffe gewählt, die nach Ansicht des Autors die inhaltliche Ausrichtung der jeweiligen Zielsetzungen präziser beschreiben. Die hier verwendeten Begriffe orientieren sich damit am englischen Original von Li und Bernoff.

Laufe des Dialoges wird man einen tieferen Einblick in die besprochen Themen und die beteiligten Personen erhalten.

Hier setzt die dritte Zielsetzung an. Besonders aktive Gesprächspartner sollen angeregt werden, die eigenen Botschaften weiter zu tragen oder anderweitig aktiv zu werden. Die Energie dieser besonders aktiven Kunden lässt sich auf diese Weise auch für die Zwecke des Unternehmens verwenden. So kann beispielsweise das Angebot eines frei verfügbaren Videos bei YouTube dazu führen, dass Mitglieder der Zielgruppe das Video an die eigenen Freunde weiterleiten, im Facebook-Profil veröffentlichen oder das Video bei Twitter bewerben. Ein gelungenes Beispiel über einen Videofilm, der auf diesem Wege innerhalb weniger Stunden über 17.000-mal gesehen wurde, beschreibt Kapitel 21 in diesem Buch.

Die vierte Zielsetzung hat einen etwas anderen Fokus. Durch den Einsatz entsprechender Technologien können es Unternehmen ihren Kunden erleichtern, sich gegenseitig zu unterstützen. Dadurch, dass die Kunden gegenseitig dabei helfen, ihre Fragen zu beantworten und Probleme zu lösen, wird das Unternehmen entlastet. Es kann Kosten sparen und seine Kunden dennoch zufriedenstellen. Häufig ist es zudem so, dass die Kunden, die das eigene Angebot nutzen, sich in Detailfragen sogar besser auskennen als die Service-Mitarbeiter. Das Niveau der Unterstützung kann also sogar noch zunehmen, wenn nicht Mitarbeiter verantwortlich sind, sondern die Kunden.

Die fünfte Zielsetzung ist die Beteiligung der Kunden an Aufgaben, die bisher unternehmensintern durchgeführt wurden. Wie bereits gezeigt wurde, haben sich Konsumenten durch die kollaborative Nutzung des Internets in zuvor unbekanntem Maße Gehör verschafft. Sie tauschen sich untereinander über Produkte des Unternehmens und die Alternativen der Konkurrenz aus, bewerten deren Leistungen, werben für ihre Lieblingsprodukte und sprechen Empfehlungen aus. Möglichkeiten der Kundenbeteiligung gehen jedoch über die Kommunikation über vorhandene Angebote hinaus. Eine wachsende Zahl von Unternehmen hat damit begonnen, ihre Kunden aktiv an zuvor unternehmensinternen Aktivitäten zu beteiligen. In diesen Fällen schlagen Kunden neue Produkte vor, lösen konkrete Probleme der Hersteller, tragen zur Verbesserung der Angebote bei, gestalten ganze Kommunikationskampagnen, engagieren sich als Vertriebspartner und werden dabei sogar an den Einnahmen des Unternehmens beteiligt.[13]

Generell gilt: Es sollte das Ziel ausgewählt werden, das am besten zu den bisherigen Zielsetzungen des Unternehmens und zum soziotechnografischen Profil der Zielgruppe passt. Zur Übersicht werden die fünf generischen Zielsetzungen in Tabelle 15 zusammengefasst.

---

13 Michelis, D. (2010), S. 177–197.

Zielsetzung	Inhalt	Einsatzbereich
Zuhören	Nutzung von sozialen Technologien, um die Kunden besser zu verstehen.	Für Anbieter besonders geeignet, die Einblicke in Themen und Inhalte gewinnen wollen, über die ihre Kunden austauschen.
Mitteilen	Nutzung von sozialen Technologien, um Nachrichten effizient zu verbreiten.	Für Anbieter besonders geeignet, die das Ziel haben, ihre Online-Kommunikation um interaktive Komponenten zu erweitern.
Anregen	Identifikation begeisterter Kunden, mithilfe derer virale Kommunikationseffekte angeregt werden können.	Besonders geeignet für Anbieter stark involvierten Kunden. Diese sollen angeregt werden, die eigenen Botschaften weiter zu tragen oder anderweitig aktiv zu werden.
Unterstützen	Einsatz sozialer Technologien, um die Kollaboration der Kunden untereinander zu fördern.	Besonders geeignet für Anbieter mit hohen Support-Kosten und Kunden, die eine hohe Affinität haben, sich gegenseitig zu helfen.
Beteiligen	Integration von Kunden in interne Prozesse bis hin zur gemeinsamen Gestaltung von Produkten.	Beteiligung ist die herausforderndste Zielsetzung. Sie ist am besten für Anbieter geeignet, die bereits mit den anderen vier Zielen erfolgreich waren.

Tabelle 15: Generische Unternehmensziele

Strategy – Entwicklung einer Strategie

Die Entwicklung einer Strategie als dritter Schritt der POST-Methode wird von Li und Bernoff leider nicht klar präsentiert.[14] Anstelle eines Leitfadens, der analog zur Entwicklung der Kundenprofile und der Definition der Unternehmensziele eine strukturierte Orientierung bietet, beschränkt sich dieser Bereich zunächst auf eine Reihe vager Fragestellungen:

„Wie sollen Ihre Beziehungen zu Ihren Kunden sich ändern? Sollen die Kunden Ihnen helfen, anderen in Ihrem Markt Botschaften zu vermitteln? Wollen Sie sie zu Freunden Ihres Unternehmens machen?"[15]

---

14 Der Strategiebegriff wird von Li und Bernoff nicht eindeutig geklärt. Vielmehr erfolgt die Darstellung der POST-Methode unter der Überschrift „Strategien für die Erschließung des Groundswells", was das sprachliche Problem aufzeigt: Innerhalb des Strategiekapitels wird im Rahmen des POST-Methode die Strategie als untergeordneter Bestandteil beschrieben. Sieht man jedoch von der sprachlichen Problematik ab, ließe sich die POST-Methode auch als POT-Strategie verstehen. Für die Entwicklung einer Gesamtstrategie werden dann Zielgruppe, Zielsetzung und die einzusetzenden Technologien bestimmt.

15 Li, C., Bernoff, J.(2010), S. 76.

Im weiteren Verlauf werden „allgemeine Ratschläge" gegeben, die bei „allen Projekten gelten" sollen. In der Tat können diese Ratschläge sehr hilfreich sein, weshalb eine Auswahl dieser Empfehlungen im Folgenden wiedergegeben wird.[16]

Praxistipp

Entwickeln Sie einen Plan, der klein anfängt, aber Platz für Wachstum bietet.

Grundlage dieser ersten Empfehlung ist die dynamische Entwicklung in den sozialen Medien. So würden Unternehmen, die ihre Strategie in einem großen Wurf entwickeln, feststellen, dass die Strategie schneller veraltet als dass sie umgesetzt werden kann. Es sollte daher zunächst ein grober Plan entworfen werden, der dann sukzessive realisiert und schrittweise weiterentwickelt wird. Zwar solle man von Anfang an ein Ziel vor Augen haben, dabei jedoch davon ausgehen, dass auf dem Weg unvorhergesehene Hindernisse überwunden werden müssen.

Praxistipp

Durchdenken Sie die Konsequenzen der Strategie sorgfältig.

Wird danach gestrebt, soziale Medien zu nutzen, um die Beziehung zu den eigenen Kunden zu verändern, kann dies auch tatsächlich eintreffen. Eine Konsequenz könnte also sein, dass das Unternehmen in einer neuen Form geführt werden muss, um die neue Qualität und Quantität von Beziehungen zu berücksichtigen. Eine weitere Konsequenz ist möglicherweise, dass die traditionellen Kommunikationsabteilungen im Unternehmen neue Aufgaben erhalten – die diese vielleicht gar nicht bewältigen können. Über die Kommunikationsabteilung hinaus kann auch der Vertrieb, der Support oder sogar die Rechtsabteilung betroffen sein. Wenn das Unternehmen sich dem *groundswell*-Trend gegenüber öffnet, kann dies unternehmensweit zu Veränderungen führen.

Praxistipp

Binden Sie Personen ein, die bereits strategische Verantwortung im Unternehmen übernehmen.

Die Verantwortung für die Nutzung der sozialen Medien sollte eine wichtige Person im Unternehmen übernehmen, die mit strategischen Aufgaben betraut ist. Sollte sich die Beziehung mit den Kunden langfristig ändern, ist es von großer Bedeutung, dass die Unternehmensführung oder Abteilungsleiter in den Prozess involviert werden. Der oder diejenige, die die Verantwortung übernimmt, sollte zudem die betroffenen Bereiche identifizieren und andere leitende Personen regelmäßig informieren.

---

16 Vgl. Li, C., Bernoff, J.(2010), S. 80 ff.

Technology – Auswahl der Technologie

Für die Auswahl der Technologie geben Li und Bernoff keine konkreten Empfehlungen, die sich auf Technologie als solche bezieht. In ihrer Klassifizierung orientieren sie sich hingegen daran, wie die jeweilige Technologieklasse genutzt werden kann und welche Bedeutung sie für Unternehmen mit sich bringt. Im Vordergrund steht das grundlegende Prinzip für die Nutzbarmachung des *groundswell*-Trends:

Praxistipp

„Konzentrieren Sie sich auf die Beziehungen, nicht auf die Technologien."[17]

Die Übersicht in Tabelle 16 folgt dem Prinzip, dass nicht die Technologien an sich im Vordergrund stehen, sondern die Art und Weise, wie diese Technologien mögliche Beziehungen zu den Kunden fördern – und welche Bedeutung die Beziehungen für das Unternehmen mit sich bringen.[18]

Funktion	Beschreibung
Teilhabe ermöglichen	Zu der ersten Gruppe von Technologien gehören Weblogs, YouTube oder andere Anwendungen, die auf Inhalten basieren, die von den Nutzern selbst produziert werden.
Netzwerke aufbauen	Die zweite Gruppe von Technologien sind soziale Netzwerke wie Facebook oder Xing. Durch die Verbindung des eigenen Profils mit einer potentiell großen Zahl von Mitgliedern, kann eine Vielzahl von neuen Beziehungen aufgebaut werden.
Kollaboration organisieren	Im Gegensatz zu vielen Individual-Anwendungen gibt es eine Reihe von Technologien, die darauf abzielen, die kollaborative Arbeit zu organisieren. Zu diesen Technologien gehören Wikis[19] oder spezielle Crowdsourcing[20] Anwendungen.
Diskussionen anregen	Diskussionen werden in den sozialen Medien des Internet häufig in Foren oder in Form von Bewertungen und Kommentaren geführt. Technologien, die diese Formen von Diskussion ermöglichen, gehören in diese Gruppe.
Inhalte verbreiten	In die fünfte Gruppe fallen Technologien, die dabei helfen, vorhandene Inhalte zu sortieren und zu verbreiten. Zu diesen Technologien gehören Anwendungen wie Digg.com, Del.icio.us oder Mr. Wong.

Tabelle 16: Klassifizierung von Technologien

---

17 Li, C., Bernoff, J.(2010), S. 24.
18 Auch an dieser Stelle wird der offiziellen Übersetzung des Originalwerkes von Li und Bernoff nicht gefolgt und anstelle dessen eigene Übersetzungen zur Klassifizierung verwendet.
19 Siehe hierzu Kapitel 12 in diesem Buch.
20 Siehe hierzu Kapitel 9 in diesem Buch.

Die Klassifizierung basiert auf insgesamt fünf Aspekten, die Li und Bernoff ausführlich darlegen. Es handelt sich um die Funktionsweise der Technologie, die Anzahl der Personen, die sie verwendet, die Rolle der Technologie als Bestandteil des *groundswell*-Trends, ihr Einfluss auf die Veränderung traditioneller Institutionen sowie die Nutzbarkeit der Technologie zur Erreichung der eigenen Ziele.

Fazit

Im Gegensatz zu den teilweise sehr allgemeinen und wenig konkreten Geschichten, mit denen Li und Bernoff sich den Herausforderungen der sozialen Medien für Unternehmen nähern, liefert ihre POST-Methode ein sehr konkretes Hilfsmittel zur Bewältigung dieser Herausforderungen. Insbesondere die Definition der eigenen Zielgruppe anhand des soziotechnografischen Profils, die fünf generischen Unternehmensziele und die Klassifizierung von Technologien in fünf Gruppen sind auch für unerfahrene Unternehmen hilfreiche Werkzeuge, um eigene Maßnahmen systematisch zu entwickeln. Wie der Einsatz der POST-Methode zu konkreten Ergebnissen führen kann, beschreibt Kapitel 28 im Praxisteil dieses Handbuchs.

Literatur

Li, C., Bernoff, J. (2008), Groundswell: Winning in a World Transformed by Social Technologies, Harvard Business Press, Boston, Massachusetts

Li, C., Bernoff, J. (2008), Marketing in the Groundswell – winning in a world transformed by social technologies, Harvard Business Press, Boston, Massachusetts

Li, C., Bernoff, J. (2010), Facebook, YouTube, Xing & Co – Gewinnen mit Social Technologies, Carl Hanser Verlag München

Michelis, D. (2010), Stationen auf dem Weg in eine Ökonomie der Beteiligung, in: D. Haunreiter (Hrsg.), Kommunikation in Wirtschaft, Recht und Gesellschaft. Stämpfli Verlag, Bern, S. 177–197

Shirky, C. (2008), Here Comes Everybody. The Power of Organizing without Organisations. London, S: 233ff

Send, H., Michelis, D. (2009), Contributing and Socialization – Biaxial Segmentation for Users Generating Content. IICS 2009, S. 36–48

Internetquellen

Groundswell Blog, forrester.typepad.com/groundswell

Profile-Generator: www.forrester.com/Groundswell/profile_tool.html

apitel 19 HERO-Konzept (Josh Bernoff, Ted Schadler)

n Stefan Stumpp und Daniel Michelis

„To succeed with empowered customers, you must empower your employees to solve customer problems."[1]

Unternehmen, die sich in den sozialen Medien engagieren wollen, stehen vor zwei Herausforderungen gleichzeitig. Sie müssen einerseits viel Zeit investieren und anderseits schnell lernen, sich mediengerecht zu verhalten. Das HERO-Konzept von Josh Bernoff und Ted Schadler ist ein kompakter Lösungsvorschlag für diese beiden Herausforderungen. Es beschreibt einen einfachen Weg, wie Unternehmen mithilfe sogenannter HERO-Mitarbeiter ihre Aktivität in den sozialen Medien effizient und zielgruppengerecht organisieren können.

Im englischen Original werden HERO-Mitarbeiter als *Highly Empowered and Resourceful Operatives*[2] definiert, was sich nur sehr schwer ins Deutsche übersetzen lässt. Das Begriffspaar *highly empowered* steht für eine hohe Eigenständigkeit der Mitarbeiter, die sich durch ein stark ausgeprägtes Maß an Eigeninitiative auszeichnen. Der Begriff *resourceful* beschreibt die handwerklichen Fähigkeiten der Mitarbeiter, mit denen sie sich eigenständig einen Zugang zu Technologien verschaffen, die ihnen den Arbeitsalltag erleichtern. Sie eigenen sich dabei das für die Nutzung der sozialen Medien notwendige Anwenderwissen an. Der Begriff *operative* bezieht sich letztlich darauf, dass HERO-Mitarbeiter meist im operativen Tagesgeschäft tätig sind.

Akteure

Josh Bernoff ist Vizepräsident der Abteilung Idea Development bei Forrester Research und Co-Autor des erfolgreichen Buches *groundswell*, das in 15 Sprachen übersetzt wurde. Ted Schadler ist Vizepräsident und Chefanalytiker der IT-Forschung von Forrester Research. Seit 2009 führt er quantitative Marktstudien zur Untersuchung der Auswirkung neuer Technologien auf die Produktivität von Mitarbeitern durch.

HERO-Konzept

Konsumenten haben mittlerweile großen Einfluss auf die öffentliche Wahrnehmung von Unternehmen. Sie haben sich in den vergangenen Jahren mithilfe sozialer Technologien untereinander vernetzt, informieren sich heute gegenseitig über Produkte und Dienstleistungen und vertrauen individuellen Meinungen und Bewertungen mehr als den offiziellen Informationen der Unternehmen. Demgegenüber stehen starre Unternehmen, die ihre Mitarbeiter bislang eher davon abhalten, sich in den sozialen Medien mit den Kunden austauschen. Um auf die neue Offenheit und Dynamik der

---

1 Bernoff, J., Schadler, T. (2010), S. 7.
2 Bernoff, J., Schadler, T. (2010), S. 10.

Kommunikation zu reagieren, sollten sie sich jedoch nicht verschließen, sondern sich aktiv mit ihren Kunden austauschen. Hier setzt das HERO-Konzept an:

Kernsätze

Durch die Integration von HERO-Mitarbeitern lassen sich flexible Kommunikationsstrukturen schaffen, die es Unternehmen ermöglichen, die neuen kommunikativen Anforderungen ihrer Kunden zu erfüllen. HERO-Mitarbeiter verstehen die Sprache des vernetzten Konsumenten, da sie mit der Nutzung sozialer Technologien bereits vertraut sind. Sie verfügen über das notwendige Erfahrungswissen, um in den sozialen Medien kompetent und unmittelbar auf die Anforderungen der Kunden zu reagieren.

Identifikation von HERO-Mitarbeitern

HERO-Mitarbeiter sind Wissensarbeiter, die im geeigneten unternehmenskulturellen Umfeld tätig sind und einen hohen Grad an Eigeninitiative aufweisen.[3] Sie haben eine hohe Affinität zu den sozialen Medien und weitreichende Entscheidungsbefugnisse. Sie sind kreativ und handeln sehr zielstrebig. Nicht zuletzt zeichnen sie sich durch großen Einfallsreichtum und einen energischen Arbeitsstil aus.

Für die Identifizierung von HERO-Mitarbeiter schlagen Bernoff und Schadler eine Klassifizierung nach Technologienutzung und Lösungsorientierung[4] vor.

Wie Abbildung 34 zeigt, lassen sich HERO-Mitarbeiter durch die regelmäßige Nutzung sozialer Technologien und durch ein hohes Maß an lösungsorientiertem Handeln identifizieren. Ihr Verhalten ist nicht immer vom Unternehmen autorisiert, wird aber auch nicht aktiv verhindert. Sie verwenden soziale Technologien nicht nur privat, sondern auch im beruflichen Alltag, um die eigene Arbeit effizienter zu gestalten, Prozessverbesserungen herbeizuführen oder innovative Problemlösungen zu erarbeiten. Analog zum soziotechnografischen Profil, das im Kapitel 18 ausführlich beschrieben wird, lassen sich diese Mitarbeiter in der Regel auch als Kreatoren oder Kritiker klassifizieren.[5]

---

3 Vgl. HBM (2010).
4 Im Original wird Technologienutzung mit dem englischen Begriff resourceful und Lösungsorientierung mit dem Begriff empowered umschrieben. Vgl. Bernoff, J., Schadler, T. (2010), S. 133 f.
5 Vgl. Li, C., Bernoff, J. (2010) und Kapitel 18 in diesem Buch.

Modell

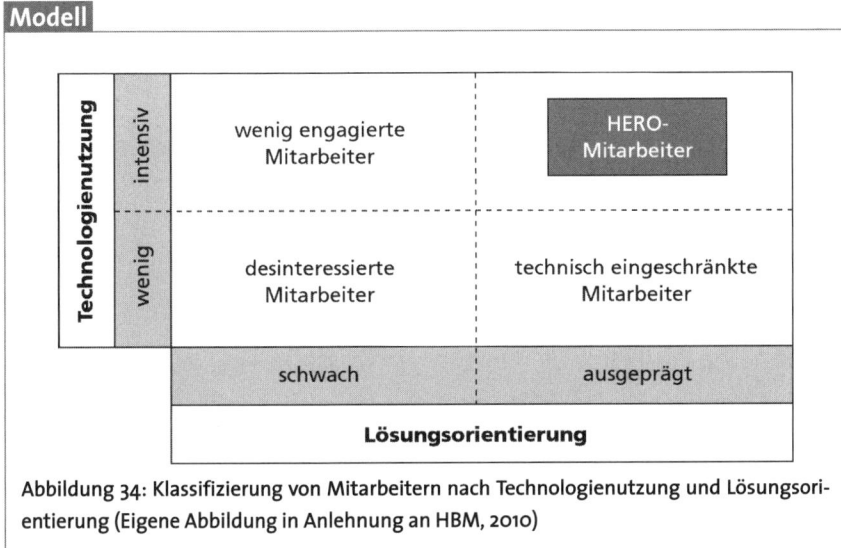

Abbildung 34: Klassifizierung von Mitarbeitern nach Technologienutzung und Lösungsorientierung (Eigene Abbildung in Anlehnung an HBM, 2010)

Akteure des HERO-Konzepts

Um eine offene Kommunikation im Unternehmen umzusetzen und das Potential der HERO-Mitarbeiter auszuschöpfen, ist eine enge Zusammenarbeit zwischen den Akteuren Management, Technologie und HERO-Mitarbeiter notwendig. Bernoff und Schadler nennen dieses Modell den HERO-*Pakt*. Durch die enge Zusammenarbeit der Geschäftsführung und der IT-Abteilung mit den HERO-Mitarbeitern kann relevantes Wissen besser geteilt, innovationsfähige Strukturen im Unternehmen etabliert und gleichzeitig mögliche Sicherheitsrisiken minimiert werden. Ohne die Unterstützung durch Management und IT, lässt sich das Potential der HERO-Mitarbeiter hingegen nicht voll ausschöpfen.

Die Beschäftigten der IT-Abteilung sind verantwortlich für die Unterstützung des HERO-Mitarbeiters im Umgang mit technologischen Gegebenheiten – unter anderem, um Fehlentscheidungen zu reduzieren. IT-Mitarbeiter sollten die notwendige Technologie bereitstellen und bei Erfolg im Unternehmen etablieren und erfolgreiche Projekte ausbauen. Die Geschäftsführung sollte neue Formen der Kommunikation zwischen Mitarbeiter und Kunden fördern, indem entsprechende Führungsstrukturen zur Unterstützung der HERO-Mitarbeiter geschaffen werden.

Die Nutzung sozialer Technologien sollte auf die Unternehmensstrategie abgestimmt sein. Die Geschäftsführung sollte daher neue Formen der Kommunikation zwischen Mitarbeiter und Kunden nicht nur fördern, indem entsprechende Führungsstrukturen zur Unterstützung der HERO-Mitarbeiter geschaffen werden, sondern darüber hinaus strategische Verhaltens- oder Kommunikationsrichtlinien vorgeben. Gleichzeitig sollte die Geschäftsführung eng mit den IT-Mitarbeitern zusammenarbeiten, um technologische und unternehmerische Risiken zu minimieren.

HERO-Mitarbeiter stehen in direktem Kundenkontakt und kennen die Bedürfnisse der Konsumenten meist sehr genau. Um diese Bedürfnisse zu befriedigen, sind sie diejenigen, die mit sozialen Technologien experimentieren und potentielle Risiken eingehen. Durch eine enge Zusammenarbeit mit der Geschäftsführung und die IT-Abteilung lassen sich diese Risiken für alle Beteiligten minimieren.[6]

IDEA-Prozess

Im Anschluss an die Identifikation der HERO-Mitarbeiter liefert der von Bernoff und Schadler beschriebene IDEA-Prozess[7] eine Anleitung, wie diese sich mit vernetzten Kunden in den sozialen Medien erfolgreich in Verbindung setzen können. Der IDEA-Prozess besteht aus vier Schritten:

Schritt 1: Identifizieren der Vermittler und Kenner

Im ersten Schritt gilt es zunächst diejenigen Kunden zu identifizieren, die einen besonders großen Einfluss auf andere haben. In der Regel sind diese Kunden durch eine besonders hohe Aktivität in den sozialen Medien gekennzeichnet, das heißt sie schreiben beispielsweise Rezensionen über Produkte, kommentieren die Beiträge anderer oder betreiben sogar eigene Websites. Bernoff und Schadler beziehen sich in diesem Zusammenhang auf die Theorie des Tipping Points von Malcom Gladwell. Dieser typologisiert in seinem Gesetz der Wenigen drei Personentypen, die von besonderen Einfluss auf den Erfolg von Kommunikationsprozessen nehmen: Vermittler, Kenner und Verkäufer. Vermittler sind sozial sehr gut vernetzt, Kenner bringen Menschen über ihr spezifisches Wissen zusammen und Verkäufer zeichnen sich durch Charisma und Überzeugungskraft aus.[8] Gladwells Gesetz der Wenigen lässt sich in die sozialen Medien übertragen: Vermittler verfügen hier über ein besonders großes Netzwerk, in dem sie sich Aufmerksamkeit verschaffen können. Sie haben daher einen besonders großen Einfluss auf die Verbreitung von Botschaften. Persönliche Empfehlungen von Vermittlern werden generell als glaubhaft empfunden, weshalb sie eine deutlich stärkere Wirkung haben als werbliche Aussagen der Unternehmen.[9] Kenner hingegen teilen ihr überdurchschnittliches Wissen in bestimmten Themengebieten online mit anderen. Das Nutzungsverhalten von Kennern ist in den sozialen Medien beispielsweise durch die Beteiligung an Diskussionen in Online-Foren oder durch das Verfassen eigener Rezensionen geprägt.[10]

---

6   Vgl. Bernoff, J., Schadler, T. (2010), S. 116.
7   Vgl. Bernoff, J., Schadler, T. (2010), S. 35.
8   Vgl. Gladwell, M. (2002) oder Kapitel 5 in diesem Buch.
9   Vgl. Li, C., Bernoff, J. (2009), S. 144.
10 Verkäufer bleiben bei Bernoff und Schadler in der Übertragung von Gladwells Gesetz der Wenigen auf die
    Sozialen Medien unberücksichtigt.
.

Schritt 2: Dialogführung in den Sozialen Medien

Nachdem Kenner und Vermittler identifiziert worden sind, folgt im zweiten Schritt eine offene Dialogführung. An die Stelle einseitiger Werbebotschaften oder sorgfältig sortierter Informationen tritt ein ehrlicher Austausch zwischen Mitarbeiter und Kunde. Das Ziel dieser offenen Dialogführung in den Sozialen Medien sind in erster Linie zufriedenere Kunden, die ihre positiven Erfahrungen mit dem Unternehmen mit anderen teilen. Diese Form der Dialogführung bezeichnen Bernoff und Schadler als neue Form der Kundenpflege. Während Kundenpflege für Unternehmen bislang in der Regel erst nach dem Kauf relevant erschien, ermöglichen die Sozialen Medien einen kontinuierlichen Dialog über die gesamte Beziehungsdauer mit dem Kunden. Im Ergebnis werden die Kunden nicht nur zufriedener sondern über Gespräche mit Dritten auch zu Botschaftern des Unternehmens, die die öffentliche Wahrnehmung des Unternehmens beeinflussen können.

Zum Verständnis der Beziehung zwischen Unternehmen und Kunden wird häufig auf eine Trichter-Metapher zurückgegriffen. Auf der breiten Seite des Trichters wirbt eine Vielzahl von Unternehmen um die Aufmerksamkeit von Konsumenten. Aus der Menge der möglichen Optionen werden alle nicht passenden herausgefiltert, sodass der Konsument am dünnen Ende des Filters eine endgültige Entscheidung treffen kann. In den vergangenen Jahren haben die sozialen Medien bereits dazu geführt, dass Unternehmen einen Einblick in die verschiedenen Phasen gewinnen können, der ihnen früher nicht möglich war – so können sie in Online-Foren beispielsweise Einflussfaktoren für die Präferenzbildung analysieren.[11]

Bernoff und Schadler erweitern den traditionellen Marketing-Trichter um ein ebenfalls trichterförmiges Sprachrohr, über das Vermittler und Kenner ihre positiven Erfahrungen mit dem Unternehmen in ihre sozialen Netzwerke tragen können. Dieser Doppeltrichter ist in Abbildung 35 dargestellt. Durch eine offene Dialogführung sollen Kunden nicht nur zufriedener werden, sondern als Sprachrohr des Unternehmens anderen Personen von ihrer Zufriedenheit berichten. Auf diesem Weg wird ein zusätzlicher Einfluss für zukünftige Entscheidungsprozesse erzeugt. Es entsteht ein kommunikativer Kreislauf, der sich im besten Fall bei jedem Durchlauf selbst verstärkt.[12]

---

11 Vgl. Li, C., Bernoff, J. (2008).
12 Vgl. Bernoff, J., Schadler, T. (2010), S. 54.

Modell

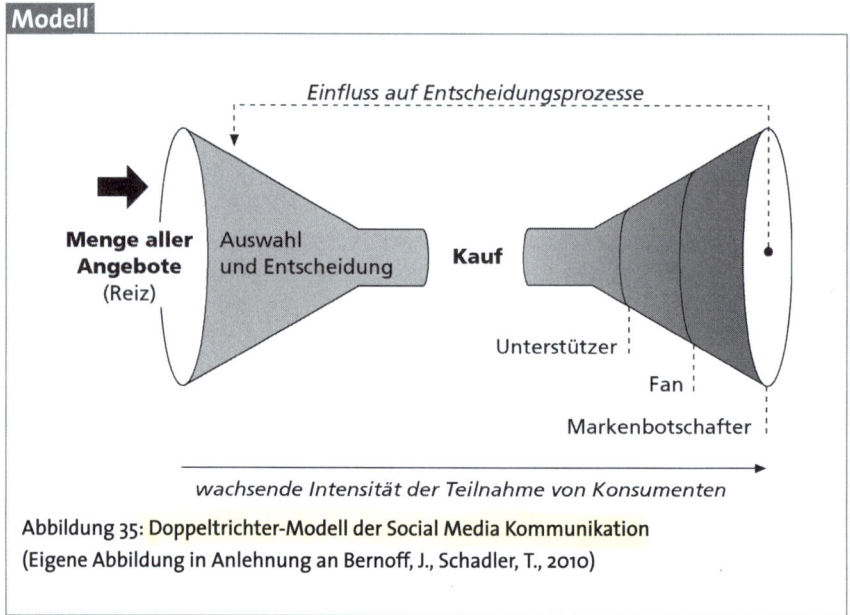

Einfluss auf Entscheidungsprozesse

Menge aller Angebote (Reiz)

Auswahl und Entscheidung

Kauf

Unterstützer

Fan

Markenbotschafter

wachsende Intensität der Teilnahme von Konsumenten

Abbildung 35: **Doppeltrichter-Modell der Social Media Kommunikation**
(Eigene Abbildung in Anlehnung an Bernoff, J., Schadler, T., 2010)

Schritt 3: Erreichbarkeit über mobile Technologien

Die Verbreitung internetfähiger Mobiltelefone hat zu einer permanenten Vernetzung von Konsumenten geführt, die Informationen von unterwegs nicht nur abrufen, sondern und vor Ort bereitstellen. Im dritten Schritt raten Bernoff und Schadler Unternehmen daher dazu, sorgfältig zu prüfen, ob das eigene Serviceangebot für die mobile Nutzung optimiert werden sollte. Bei dieser Optimierung sollten jedoch nicht die technologischen Möglichkeiten im Vordergrund stehen, sondern die potentiellen Nutzer der Technologie.[13] Zuerst ist es also notwendig, die mobile Internetnutzung der eigenen Zielgruppe zu analysieren. Anschließend müssen klare Unternehmensziele definiert werden, beispielsweise die Reduzierung von Kosten, die Erhöhung von Verkaufszahlen oder der Aufbau von Kundenloyalität sein. Zur Erreichung dieser Ziele sollte daraufhin eine langfristige Strategie und der konkrete Nutzen für den Kunden definiert werden. Erst auf Basis dieser strategischen Grundlage sollte die zu verwendende Technologie ausgewählt werden.

Schritt 4: Anregen von Multiplikatoren

Im vierten und letzten IDEA-Schritt sollen die Kunden, die in den sozialen Medien besonders aktiv sind, systematisch eingebunden und zur aktiven Unterstützung angeregt werden. Als Orientierung dient der in Tabelle 17 zusammengefasste HERO-Stufenplan für einen offenen Kundendialog:[14]

---

13 Siehe hierzu auch die POST-Methode in Kapitel 18 in diesem Buch.
14 Vgl. Bernoff, J., Schadler, T. (2010), S. 98 ff.

Themen analysieren	Zu Beginn ist es notwendig, relevante Themen und Inhalte zu erfassen, über die sich Kunden in den sozialen Medien austauschen. Darüber hinaus sollte das Verhalten der Kunden untersucht werden. Wo wird welches Thema kommuniziert? Welche Personen sind besonders aktiv und verfassen eigene Inhalte?
Stellung beziehen	Nachdem relevante Themen und Personen identifiziert wurden, sollten Mitarbeiter sich aktiv am Gespräch beteiligen. Sie können dafür eigene Beiträge erstellen oder auf Beiträge bereits aktiver Kunden reagieren.
Verbreitung erleichtern	Im nächsten Schritt sollten die Aktivitäten der Kunden aktiv unterstützt werden. Mitarbeiter sollten es den Kunden erleichtern, Informationen über das Unternehmen zu verbreiten. Dies kann beispielsweise über das Angebot von Bildern, Texten oder Videos geschehen, die mit wenig Aufwand über soziale Netzwerke verbreitet werden können.
Kunden vernetzen	Durch die Bereitstellung entsprechender Funktionen, sollte es den Kunden auch erleichtert werden, sich untereinander auszutauschen. Das Unternehmen sollte es ermöglichen, Produkte zu bewerten und diese Bewertungen anderen zur Verfügung zu stellen.
Vorschläge einbinden	Im Austausch mit dem Kunden können Mitarbeiter letztlich in Erfahrung bringen, welche speziellen Wünsche die Zielgruppe hat und wo es Verbesserungspotential gibt. Sie können auf diesem Weg von den Kunden lernen und dem Unternehmen helfen, die Vorschläge der Kunden umzusetzen.[15]

Tabelle 17: HERO-Stufenplan für den offenen Kundendialog

HERO-Management

Bernoff und Schadler betrachten die notwendigen Veränderungen im Unternehmen vor allem als Herausforderung des Managements. Allerdings werden die relevanten Entwicklungen und Veränderungen heute nicht mehr vom Management angeordnet und erst dann von den Mitarbeitern realisiert. Sie entstehen oftmals in den unteren Ebenen der Hierarchie und werden dort ohne Rücksprache mit der Unternehmensführung direkt umgesetzt – allen voran von HERO-Mitarbeitern.[16]

Dennoch kann das Management bei der Bewältigung der aktuellen Herausforderungen unterstützten, indem es die Arbeit der HERO-Mitarbeiter erleichtert. HERO-Mitarbeiter können sich dann besonders frei entfalten, wenn sie ermutigt und mit den notwendigen Ressourcen unterstützt werden und wenn ihre Eigeninitiative und Experimentfreudigkeit explizit gefördert wird. Führungskräfte sollten tolerieren, wenn ihren experimentierfreudigen Mitarbeiter dabei Fehler unterlaufen. Dies gilt auch dann, wenn HERO-Mitarbeiter nicht über die nötigen Befugnisse verfügen, um neue

---

15 Siehe hierzu auch Kapitel 10 in diesem Buch.
16 Vgl. Niemeier, J. (2010) und siehe hierzu auch Kapitel 8.

Projekte umzusetzen. Auch in solchen Fällen sollten die Führungskräfte den HERO-Mitarbeitern unterstützend zur Seite stehen. Letztlich ist es wichtig, Unternehmensstrategie und Unternehmensziele in alle Ebenen der Organisation zu kommunizieren, damit neue Projekte von den HERO-Mitarbeitern im Sinne des Unternehmens umgesetzt werden.

Ein nützliches Instrument, um das HERO-Konzept erfolgreich umzusetzen ist die Bildung eines Social-Media-Komitees. Dieses Komitee sollte abteilungsübergreifend aufgestellt sein und dafür sorgen, dass den HERO-Mitarbeitern die notwendigen Technologien und Ressourcen zur Verfügung stehen. Es ist dafür zuständig, über die nötigen Investitionen zu entscheiden und Verhaltensvorschriften für Mitarbeiter und Kunden zu formulieren. Darüber hinaus hat es zur Aufgabe, besonders gut gelungene Beispiele und erfolgreiche Projekte im gesamten Unternehmen bekannt zu machen.

Praxistipps
Stellen Sie notwendige Ressourcen bereit

Um in den sozialen Medien mit den Kunden zu kommunizieren, ist es notwendig, die dazu notwendigen Ressourcen bereitzustellen. Je größer die Zahl der betroffenen Kunden, desto höher sind auch die Anforderungen an Personal und Technik, um eine erfolgreiche Kommunikation zu gewährleisten. Bei komplexen Aufgaben mit vielen Beteiligten, sollte ein eigenes Team für die sozialen Medien aufgestellt werden.

Erhöhen Sie die Zufriedenheit Ihrer Kunden

Wird der Dialog in den sozialen Medien als reiner Kostenfaktor betrachtet, geht es in der Regel lediglich darum, Kundenanfragen so schnell wie möglich zu erledigen. Ziel sollte es jedoch sein, die Zufriedenheit der Kunden zu erhöhen. Nur ein zufriedener Kunde kann zum Markenbotschafter werden.

Entwickeln Sie einen Notfallplan

Unternehmen, die in den sozialen Medien besonders aktiv sind, bieten auch eine besonders große Angriffsfläche. Eigene Fehler oder Missverständnisse können in den sozialen Medien zu ungewohnt heftigen Reaktionen führen. Für diesen Fall sollte ein Notfallplan existieren. Wie reagiert das Unternehmen in solchen Fällen? Kann innerhalb kürzester Zeit zusätzliches Personal zur Verfügung stehen? Welche Maßnahmen müssen ergriffen werden? Man kann Überraschungen nicht vermeiden, aber man kann sich darauf vorbereiten.

Denken Sie voraus

Technologien unterliegen einem ständigen Wandel und entwickeln sich weiter. Deshalb sollte auch die eigene Strategie stets überdacht und angepasst werden. Idealerweise haben die HERO-Mitarbeiter neueste Trends, Entwicklungen und Technologien immer im Blick.

Belohnen Sie die guten Ideen

Die besten Ideen ihrer Mitarbeiter sollten im ganzen Unternehmen sichtbar gemacht und entsprechend belohnt werden. Dieses Vorgehen schafft Motivation und Anreiz für das Entwickeln neuer Projekte. Belohnungen müssen nicht immer monetärer Art sein. Auch die Anerkennung im Unternehmen kann einen Mitarbeiter motivieren und zum Weitermachen anregen.

Kommunizieren Sie über Abteilungsgrenzen hinweg

Eine offene Kommunikation mit dem Konsumenten erfordert zunächst eine schnelle und flexible Reaktionsfähigkeit innerhalb des Unternehmens. Auf Fragen oder Anregungen der Kunden sollte unmittelbar geantwortet werden. Eine schnelle Reaktion ist nur möglich, wenn eine entsprechende Dynamik im Unternehmen vorhanden ist. Daher ist eine intensive Zusammenarbeit und gegenseitige Unterstützung über Abteilungen hinweg notwendig.

Schaffen Sie eine inspirierende Atmosphäre

Die Stimmung am Arbeitsplatz trägt entscheidend zur Kreativität ihrer Beschäftigten bei. Schaffen Sie ansprechende Aufenthaltsorte und ausreichend Rückzugsräume, damit sich die Mitarbeiter sich nicht nur wohlfühlen, sondern sich mit Engagement für die gemeinsamen Ziele einsetzen.

Fazit

Mit ihrem HERO-Konzept geben Bernoff und Schadler keine normativen Beschreibungen und strikte Verhaltensmuster für den Umgang mit den sozialen Technologien. Sie sprechen vielmehr Empfehlungen aus und beschreiben eine Vielzahl von Fallstudien, die zeigen sollen, was Unternehmen in der Vergangenheit richtig und was sie falsch gemacht haben. Dies kann für ein besseres Verständnis der neuen kommunikativen Anforderungen an Konsumenten und Unternehmen sehr hilfreich sein.

Wenn es Unternehmen darum geht, eine schnelle und flexible Kommunikation zwischen Konsumenten und Unternehmen zu schaffen ist die Lösung bei den Mitarbeitern selbst zu finden. Ein Unternehmen, das sich vollständig nach außen öffnet, erlaubt seinen Mitarbeitern die Nutzung aller sozialen Technologien, um direkte, offene Beziehungen mit den Kunden aufzubauen. Denn auch in den sozialen Medien bevorzugen Menschen den Kontakt zu anderen Menschen – und nicht zu Unternehmen oder Markennamen.

Literatur

Bernoff, J., Schadler, T. (2010), Empowered: Unleash Your Employees, Energize Your Customers, and Transform Your Business, Harvard Business Press, Boston, Massachusetts

Bernoff, J., Schadler, T. (2011), Die neue Macht der Kunden, Hanser Verlag, München

Gladwell, M. (2002), Tipping Point: Wie kleine Dinge Großes bewirken können, München, Wilhelm Goldmann Verlag

HMB (2010), Service 2.0: Wer sind die Wissensmitarbeiter in Ihrem Unternehmen?, in: Harvard Business Manager. URL www.harvardbusinessmanager.de/fotostrecke/fotostrecke-60200-4.html

Li, C., Bernoff, J. (2008), Groundswell: Winning in a World Transformed by Social Technologies, Harvard Business Press, Boston, Massachusetts

Niemeier, J. (2010), Legalize it, don't Criticize it, in: Centrestage learning enabled business transformation, 05.09.2010, URL: www.centrestage.de/2010/09/05/legalize-it-dont-criticize-it

Teil 3
Praxis: Analysen, Berichte und Handlungsempfehlungen

Kapitel 20 Die sozialen Medien des Web 2.0: Strategische und operative Erfolgsfaktoren am Beispiel der Facebook-Kampagne des WWF

von Sascha Gysel, Daniel Michelis, Thomas Schildhauer

Im ersten Theoriekapitel dieses Handbuchs wurde der Begriff der sozialen Medien als Trend eingeführt, Internetauftritte derart zu gestalten, dass ihre Erscheinung durch die Partizipation der Nutzer geschaffen wird. Während der Grad der Partizipationsmöglichkeiten erheblich divergiert ist die Beteiligung der Nutzer wesentlicher Bestandteil der meisten Anwendungen in sozialen Netzwerken wie dem Videoportal YouTube, der Online-Enzyklopädie Wikipedia und den Community-Seiten von Facebook. Diese partizipativen Angebote werden bewusst als Alternativen zu den herkömmlichen, statischen Angeboten der traditionellen Massenmedien bevorzugt. Als Anwendungsbeispiel, für die Förderung einer gezielten Partizipation, fasst dieses Kapitel operative und strategische Empfehlungen für die Nutzung des derzeit erfolgreichsten sozialen Netzwerks Facebook zusammen. Am Beispiel des WWF Schweiz geht es dabei der Frage nach, wie nach dem ersten Schritt in das Netzwerk eine große Fangemeinde aufgebaut und diese langfristig gehalten werden kann.[1]

Facebook ist für eine Organisation wie WWF in vielerlei Hinsicht interessant. Durch die Eigenheiten von sozialen Netzwerken ist es möglich in kürzester Zeit viele Personen zu erreichen. Durch das geschickte Ausnützen dieser Eigenheiten können Kampagnen mit geringem finanziellen und personellen Aufwand, aber großer Wirkung durchgeführt werden. Das vorliegende Kapitel orientiert sich an den zwei Hauptaktivitäten beim Betreiben einer Facebook-Fanseite. Diese sind „Facebook-Fans gewinnen" und „Facebook-Fans halten". Beide Aktivitäten können durch das Beachten gewisser Eigenheiten sozialer Netzwerke und der Facebook-Plattform im speziellen, effizienter und effektiver geplant und durchgeführt werden. Da Facebook, wie auch andere soziale Netzwerke, in ihrer Architektur und Funktionalitäten einer laufenden Erweiterung und Veränderung unterworfen sind, wird in diesem Kapitel darauf verzichtet, eine detaillierte Anleitung zu geben, wie eine Fanseite erstellt oder verändert wird. Dazu finden sich im Internet viele Anleitungen und Leitfäden. Hier werden vielmehr die übergeordneten Erfolgsfaktoren herausgearbeitet, die ihre Gültigkeit in absehbarer Zeit nicht verlieren werden, und die Relevanz dieser Faktoren in der Praxis dargestellt.

---

1 Der diesem Kapitel zu Grunde liegende Text entstand in wesentlichen Teilen im Rahmen eines Seminars des Master-Studiengangs Informations-, Medien- und Technologiemanagement der Universität St. Gallen in der Schweiz. Die Non-Profit-Organisation WWF Schweiz fungierte dabei als Auftraggeber. Die Aufgabenstellung bestand darin, Erfolgsfaktoren für eine Facebook-Fanseite zu finden und konkrete Handlungsempfehlungen für WWF zu geben. Die beteiligten Studenten waren Andreas Slotosch, Dominik Friedel, Ingo-Sebastian Sauer, Jacob Santschi, Julian Weber und Sascha Gysel.

Möglichkeiten der Präsenz auf Facebook

Facebook bietet Unternehmen verschiedene Möglichkeiten, sich in seinem sozialen Netzwerk zu präsentieren. Die wesentlichen Präsenzmöglichkeiten werden im Folgenden vorgestellt:

Facebook-Seiten sind Unterseiten auf Facebook welche von Organisationen, Unternehmen, Bands, oder sonstigen Gruppen erstellt werden können. Diese Seiten, die umgangssprachlich auch Fanseiten oder Fanpages genannt werden, bilden den Kern eines Auftritts in Facebook. Sie können auf verschiedene Arten mit Inhalten wie Fotogalerien, Videos oder Facebook-Anwendungen angereichert werden. Nutzer können diese Seiten als „Gefällt mir" markieren (auch „liken" genannt aus dem Englischen „to like", etwas mögen). *Gefällt* einem Nutzer die Seite, werden alle Neuigkeiten der Facebook-Seite auf der Profilseite des Nutzers angezeigt und von Freunden des Nutzers beim Betrachten des Profils gesehen. Falls auch ihnen diese Seite gefällt, können sie diese ebenfalls *liken*. Dieser Mechanismus kann zu einer viralen Verbreitung von Facebook-Seiten unter den Nutzern führen.

Facebook-Gruppen sehen auf den ersten Blick ähnlich aus, wie Facebook-Fanseiten, bieten aber einen sehr unterschiedlichen Funktionsumfang. Gruppen eignen sich nur begrenzt für Marketingmaßnahmen, sie werden eher von Facebook-Nutzern erstellt, um auf ein bestimmtes Thema aufmerksam zu machen. Da diese Gruppen häufig zu bestimmten Marken und Produkten erstellt werden, sollten Unternehmung oder Organisation relevante Gruppen beobachten, da diese einen Hinweis auf Reputations-Probleme geben, oder sehr einflussreich werden können.

Facebook Community Pages sind Facebook-Seiten, welche gemeinsam von den Nutzern zu einem bestimmten Thema mit Inhalten befüllt werden. Die Themen sind vornehmlich allgemeiner Natur wie zum Beispiel Kochen. Gibt ein Nutzer in seinem Profil an, dass sein Hobby Kochen ist, wird dieses automatisch mit der Community-Seite zum Thema verlinkt. Die Informationen auf diesen Seiten stammen in der Regel ausschließlich von den Nutzern. Community Pages eignen sich daher nur begrenzt für Marketingmaßnahmen, da man als Organisation oder Unternehmung nur sehr beschränkt Einfluss auf den Inhalt nehmen kann.

Facebook-Anwendungen sind zum größten Teil Spiele, die innerhalb der Facebook-Plattform laufen. Der prominenteste Vertreter ist im Moment das Spiel Farmville der Unternehmung Zynga. Facebook-Anwendungen können nach einer Sicherheits-Freigabe des Nutzers auf gewisse persönliche Informationen des Profils zugreifen und diese verarbeiten. Erreichte Punkte oder sonstige besondere Vorkommnisse im Spiel werden dann als Statusmeldungen auf die Profilseite des Nutzers gesetzt. Diese Meldungen werden wiederum durch die Freunde des Nutzers gesehen, die das Spiel ebenfalls hinzufügen können. Erfolgreiche Anwendungen sind so aufgebaut, dass die Interaktion oder Zusammenarbeit mit anderen Nutzern innerhalb der Anwendung belohnt wird. Die Nutzer haben so einen Anreiz dafür zu sorgen, dass möglichst viele Facebook-Freunde sich ebenfalls für die Anwendung anmelden. Dies kann zu einer viralen Verbreitung führen. Seit Kurzem wurde die Sichtbarkeit von Meldungen zu Anwendungen in den Statusmeldungen stark eingeschränkt und sie sind, vor allem für Benutzer welche die Anwendung nicht aktiviert haben, nur noch über Umwege sichtbar. Der Grund dafür waren die vielen Spiele-Meldungen, die oft als störend empfunden wurden. Diese Maßnahme hat den viralen Effekt von Anwendungen innerhalb von Facebook gemindert.

Facebook-Werbeanzeigen sind Werbeanzeigen innerhalb der Facebook-Plattform, die in allen Bereichen der Plattform angezeigt werden. Diese Werbeanzeigen können mit grafischen Elementen bereichert und mit einer beliebigen Seite im Internet verlinkt werden. Ein großer Vorteil von Facebook-Anzeigen ist es, dass eine gewünschte Nutzergruppe spezifisch angesprochen werden kann. Dabei können verschiedene Kriterien wie Alter, Geschlecht, Wohnort, Land, Interessen, oder „Gefällt mir"-Themen definiert werden, um die Anzeige zu steuern.

Facebook OpenGraph ist eine Weiterentwicklung von Facebook Connect, über die gewisse Elemente aus Facebook auch außerhalb der Facebook-Plattform verwendet und durch Webseiten-Betreiber in die eigene Seite integriert werden können. Dadurch findet eine eigentliche „Verschmelzung" der eigenen Seite mit der Facebook-Plattform statt. Es ist, nach Autorisierung durch den Nutzer, auch der Zugriff auf gewisse Profildaten möglich. So kann zum Beispiel die Anmeldung an einer Internetseite durch die Benutzerkennung und das Passwort von Facebook realisiert werden (sogenanntes Single-Sign-On). Ein weiteres Beispiel ist die Möglichkeit der Integration der „Gefällt mir"-Funktion in die eigene Internetseite. Neuigkeiten der Internetseite außerhalb von Facebook, die auf diese Art *geliked* werden, erscheinen danach in den Neuigkeiten des Nutzers.

Wie bereits in den obenstehenden Beschreibungen erwähnt, sind die einzelnen Möglichkeiten für Unternehmungen oder Organisationen unterschiedlich gut geeignet. Als besonders interessant erweisen sich die Facebook-Fanseite, Facebook-Anwendungen, Facebook-Werbeanzeigen sowie Facebook OpenGraph. Die folgenden Teile dieses Kapitels konzentrieren auf den richtigen Einsatz einer Facebook-Fanseite als Kernelement einer Online-Marketing-Kampagne.

Facebook-Fans gewinnen

Eine Facebook-Fanseite lebt vom Aktivitätsniveau und der Anzahl der Nutzer. Aus diesem Grund ist eine der Hauptaktivitäten die Gewinnung von Fans für die Seite. Ein Facebook-Nutzer wird Fan einer Seite, indem er sie über die „Gefällt mir"-Funktion markiert. Mit dieser Markierung erscheinen alle Änderungen der Facebook-Fanseite als Neuigkeiten im Profil des entsprechenden Nutzers. Freunde dieses Nutzers sehen diese Neuigkeiten ebenfalls und werden so auf die Facebook-Seite aufmerksam und können diese bei Gefallen ebenfalls *liken*. Auf diese Weise kann sich die Facebook-Seite ohne eine direkte Einflussnahme von Seiten des Anbieters viral verbreiten. In der Praxis zeigt sich aber, dass die Anzahl der Fans einer Facebook-Seite, ohne eine eigentliche „Initialzündung" nur sehr langsam wächst. Es ist also wichtig, mit dem

Startschuss eines Facebook-Auftritts, eine Kampagne zu lancieren welche eine gewisse Fan-Basis schafft, auf welcher dann weiter aufgebaut werden kann.[2] Bei Kampagnen darf nicht nur die Quantität der Fans isoliert betrachtet werden, gleichzeitig ist auch auf qualitative Aspekte zu achten. Da der WWF als Organisation durch seine Zielsetzungen einen starken inhaltlichen Fokus hat, ist es wichtig nicht nur Fans zu gewinnen, welche sich durch die Kampagne einmal auf die Seite „verirren" und sie danach nie mehr besuchen. Es ist hingegen für den WWF wichtig, dass die Benutzer sich für die Thematik interessieren, die veröffentlichten Inhalte zur Kenntnis nehmen, sich beispielsweise über Diskussionen an der WWF-Fanseite beteiligen oder im Alltag für Aktionen mobilisiert werden können.

Der qualitative Aspekt der Fan-Gewinnung kann mehr oder weniger wichtig sein. So kann es zum Beispiel im Falle einer Produkte-Lancierung wichtig sein, lediglich im Kampagnenzeitraum die Aufmerksamkeit, möglichst vieler, Facebook-Benutzer zu gewinnen. Es kommt also auf die allgemeine Zielsetzung des Facebook-Auftrittes an.

Erfolgsfaktoren für die Gewinnung von Fans

Die wichtigsten Kriterien für die Gewinnung von Fans für eine Facebook-Fanseite werden im Folgenden kurz vorgestellt. Kampagnen sollten diese Aspekte beachten, um effizient und effektiv zu sein.

---

2 Vgl. Dunay, P., Krueger, R. (2009), S. 176.

Praxistipp

Authentizität: Damit eine Werbekampagne von der gewünschten Zielgruppe akzeptiert wird, ist eine authentische Botschaft nötig. Dem Konzept des authentischen Marketings liegen zwei Parameter zu Grunde:[3]

- *Ehrlichkeit:* Sie sollten sich selbst treu bleiben und die Seite als diejenigen betreiben, die sie auch vorgeben zu sein. Produkte sollen ihr Unternehmen repräsentieren und umgekehrt.

- *Persistenz:* Sie sollten kanalübergreifend einheitlich und konsistent auftreten und keine fundamentalen Änderungen an ihren Produkten oder ihrer Außenwirkung vornehmen.

Die Notwendigkeit, authentisch zu handeln, wird im Theorieteil dieses Handbuchs immer wieder betont.[4] Zum einen muss die eigene Euphorie nach außen gelebt werden, um wiederum Nutzer des Netzwerkes begeistern zu können. Zum anderen ist unter dem Begriff „normativer Druck" auf die Wahrnehmung der eigenen Handlungen durch die Mitglieder zu achten. Folglich muss eine Facebook-Seite die wahren Werte der Organisation zur Sicherung ihrer Glaubwürdigkeit kommunizieren und auf „Schönungen" und „vorgespielte Images" verzichten.[5]

Kein Werbecharakter: In unmittelbarem Zusammenhang mit der beschriebenen Authentizität wird davon abgeraten, dem Facebook-Auftritt einen zu hohen Werbecharakter zu verleihen.[6] Auch wenn es mit Sicherheit kaum ein Unternehmen gibt, das mit dem eigenen Web 2.0-Auftritt keine Werbe- beziehungsweise Profitziele verfolgt und sicherlich alle NGOs eine größere Spendengemeinde erreichen möchten, sollte die Facebook-Präsenz nicht den Eindruck einer plakativen Werbeplattform erwecken. Web 2.0 Benutzer reagieren darauf normalerweise mit Ablehnung des Angebots.

Zielgruppengerechtigkeit: Die Definition der Zielgruppe nach soziodemografischen und psychografischen Merkmalen übt einen starken Effekt auf zahlreiche nachfolgende Aktivitäten aus. Eine möglichst gute Kenntnis über die Zielgruppe ermöglicht eine persönlichere Ansprache der Empfänger einer Botschaft, was die potentielle Werbewirkung erhöht.

Viralität: Die Viralität einer Kampagne beschreibt inwiefern die Kampagne geeignet ist, sich von selbst weiterzuverbreiten.[7] Virale Kampagnen haben den Vorteil, dass sie zu sehr geringen Kosten umgesetzt werden und trotzdem eine breite Masse erreichen können. Allgemein ist die Viralität von Facebook-Anwendungen sehr hoch. Fügt ein Benutzer eine Anwendung hinzu oder wird er Fan einer Facebook-Fanseite, sehen dies automatisch alle Freunde. Diese können mit einem Klick ebenfalls Fan werden oder die Applikation hinzufügen.

---

3 Vgl. Berndt, R. (2009), S. 153.
4 Siehe hierzu Kapitel 6, 5 und 14 in diesem Buch.
5 Vgl. Roskos, M. (2009) und Sledgianowski, D., Songpol, K. (2009), S. 76.
6 Vgl. Kirkham, J. (2010), Shuaib, J. (2008) und Walmsley, A. (2010).
7 Vgl. hierzu auch Kapitel 5.

Aktivierung: Ein wichtiges Erfolgskriterium für Werbemaßnahmen in sozialen Netzwerken ist die Aktivierung der Nutzer. Den Benutzern muss ein Anreiz geboten werden, Fan zu werden und sich auch weiter zu beteiligen. Dies kann zum Beispiel durch das Ansprechen von Emotionen geschehen oder durch die Aussicht auf einen Gewinn in einem Wettbewerb.

Kosten: Gerade NGOs, aber auch andere Organisationen, haben ein stark limitiertes Budget für Werbemaßnahmen. Hier soll es das Ziel sein, durch einen intelligenten Einsatz der zu Verfügung stehenden Werbemittel einen größtmöglichen Effekt zu erzielen. Es bieten sich daher virale Kampagnen an, die sich, einmal gestartet, von selbst weiterverbreiten (siehe Kriterium Viralität).

Best Practice Beispiele

Im Folgenden werden anhand der zuvor beschriebenen Kriterien, drei Kampagnen zur Gewinnung von Facebook-Fans analysiert.[8] Ziel dabei ist es zum einen zu überprüfen, inwieweit die beschriebenen Kriterien auch in der Praxis bestätigt werden können, zum anderen sollen weitere Kriterien identifiziert werden, die die Bildung einer großen Fan-Basis positiv beeinflussen.

Alfa MiTo

Das Automodell „Alfa MiTo", welches seinen Namen den Städte Milano und Turin verdankt, wurde mit einer sehr effektiven und günstigen Facebook-Kampagne beworben. Im Mittelpunkt der Kampagne „Be crazy. Win an Alfa MiTo" stand die Frage: „Was würden Sie tun, um das Auto zu gewinnen?" Aus den eingereichten Ideen wurden von einer Jury die zehn besten ausgewählt, von denen anschließend durch eine Online-Abstimmung der Gewinner gekürt wurde.[9]

Die Facebook-Seite spielte während der ganzen Kampagne eine entscheidende Rolle. Jeder konnte über die Facebook-Seite, sobald er sich als Fan eingetragen hatte, Vorschläge an die Pinnwand schreiben. Diese Vorschläge konnten wiederum durch andere Fans kommentiert werden. Nach der Auswahl durch die Jury konnte abermals nur über die Facebook-Seite über die einzelnen Ideen abgestimmt werden. Dabei beteiligte sich eine große Anzahl Leute und das Projekt fand auch in den klassischen Medien großen Anklang. Verschiedene Zeitungen berichteten über die eingereichten Vorschläge, was wiederum zu einer höheren Resonanz führte. Die Kampagne verband ein reales Produkt, mit der Kreativität der User. Dabei stellte sich heraus, dass eine große Anzahl Leute sich davon begeistern ließ, ohne vorher bereits Alfa Romeo Sympathisanten gewesen zu sein.

---

8 Bei der Auswahl der Kampagnen wurden drei Faktoren berücksichtigt: Eine hohe Anzahl von Fans in relativ kurzer Zeit (1–3 Monaten), eine hohe Anzahl der Fans auch nach Abschluss der Initialkampagne sowie die Diversität der Kampagnenansätze.

9 Siehe Be crazy Win an Alfa MiTo (2010).

Anwendung

Die Kampagne von Alfa Romeo stellt vor allem die Kreativität der User in den Vordergrund; so wird der Werbecharakter gering gehalten. Die konkrete Möglichkeit ein Auto zu gewinnen, führte zu einer sehr starken Aktivierung der User. Zusätzlich wurde diese durch die Möglichkeit gesteigert sich einem relativ großen Publikum zu präsentieren. Durch die Abstimmung über die Ideen direkt über die Kommentarfunktion der Fanseite wurde die Viralität gesteigert. Die Zielgruppe stellten potentielle Käufer des Autos dar. Diese werden der kreativen und ungewöhnlichen Kampagne auf Facebook sehr gut angesprochen. Auch wenn bei dieser Kampagne ein Auto verlost wird, so sind die Kosten dennoch eher gering, da neben diesen Kosten nur noch die Betreuung der Seite und die Gestaltung der grafischen Elemente angefallen sind.

Nonja

Um die leichte Bedienung der Digitalkameras ST1000 und ST500 zu unterstreichen, lancierte SAMSUNG Austria eine außergewöhnliche Social Media Kampagne. Die Affendame Nonja, die auch gleichzeitig Namensgeberin der Kampagne war, fotografierte selbständig mit den erwähnten Kameramodellen aus ihrem Gehege heraus. Die so entstanden Fotos wurden anschließend auf Facebook veröffentlicht. Zusätzlich stellte SAMSUNG weiteren Content zur Kampagne auf Facebook online. So konnte man sich dort direkt Abzüge der Fotos als Poster bestellen, Wallpaper herunterladen und weiterempfehlen sowie Fotos kommentieren und auch eigene Fotos hochladen. Zudem informierte SAMSUNG auf zwei Seiten ausführlich über den Orang-Utan Nonja, um die emotionale Bindung der User zu verstärken. Ähnlich, wie auf einer herkömmlichen Webseite, wurden die beschriebenen Inhalte jeweils in einem eigenen individuellen Reiter im Facebook-Profil eingestellt. Innerhalb der Kampagnenlaufzeit konnten so über 80.000 Fans gewonnen werden.[10]

Ziel FB-Fans gewinnen!

---

10 Siehe Nonja (2010).

Anwendung

Die vorgestellte Kampagne Nonja hat nur einen sehr geringen Werbecharakter. Im Vordergrund steht ein Menschenaffe, der die besonderen Werte der vorgestellten Kamera transportiert. Trotzdem geht der Bezug zu Produkt und Marke nie verloren. Die Kampagne startete am 7. Dezember 2009 mit der Einrichtung der Fanseite auf Facebook und endete am 4. Februar 2010 mit einem letzten Eintrag auf der Seite. Somit war die Kampagne eher kurz- bis mittelfristig ausgerichtet und sollte nur die Produkteinführung der zwei Modelle begleiten. Trotzdem gab es auch nach Abschluss der Kampagne weitere Postings, Bilderbeiträge und Diskussionen auf der Fanseite. Mit einer Facebook Kampagne für ein Produkt, das Fotos auf Facebook veröffentlichen kann, wurde die Kampagne sehr zielgruppengerecht umgesetzt. Durch die sehr ungewöhnliche Kampagne wurde eine hohe Viralität erreicht. Diese wurde durch die bestehenden Funktionen, wie dem Empfehlen an Freunde sowie die Vielzahl an zusätzlichen Materialien auf der Fanseite unterstützt. Da Nonja nur mit einer Kamera ausgestattet werden und sonst lediglich die Fanseite erstellt und gewartet werden musste, konnten die Kosten sehr gering gehalten werden. Beurteilt man die Aktivierung der User, so ist diese relativ hoch ausgefallen. Bemerkenswert an der Kampagne ist sicher die gute Verknüpfung einer realen Aktion, also dem fotografierenden Affen, und der virtuellen Facebook-Fanseite.

Striker Beer

Das Premium-Bier Striker Beer wurde 2008 in der Schweiz eingeführt. Die Brauerei, die sich bisher vor allem über Events vermarktet hatte, begleitete den Start seiner neuen Dosenverpackung mit einer sehr erfolgreichen Social Media Kampagne. Auf der Fanseite der Kampagne konnten Facebook-Nutzer 24 Dosen Striker Beer zunächst für 10 Schweizer Franken (CHF) bestellen. Je mehr Nutzer Fan der Facebook-Seite wurden, desto günstiger wurde der Verkaufspreis – beim Erreichen von 1.000, 2.000, 5.000 und 10.000 Fans wurde er um jeweils 2 CHF gesenkt. Bereits nach drei Stunden war die freigegebene Biermenge bei einem Preis von 4 CHF und 5000 Fans ausverkauft. Trotzdem stieg die Anzahl der Fans weiter auf mittlerweile über 9.500 Fans an.[11]

---

11   Siehe Striker Beer (2010).

Anwendung

Der klare Fokus der Kampagne auf das Produkt führte zu einer sehr hohen Authentizität der Kampagne. Durch eine entsprechende grafische Kommunikation (ein Bierglas, das sich mit steigender Anzahl von Fans füllte), wurde der Werbecharakter reduziert und das Ganze eher als spielerisch empfunden. Strike Beer spricht vor allem eine junge und moderne Zielgruppe an, somit war die Kampagne sehr zielgruppengerecht. Die Möglichkeit, mit dem einfachen Beitritt zur Fanseite den Bierpreis zu reduzieren, sorgte für eine starke Aktivierung der Nutzer. Auch wurde so der virale Effekt stark unterstützt. Jeder User, der andere Mitglieder zur Seite einlud, profitierte durch einen sinkenden Preis direkt von einer größeren Anzahl Benutzer. Bereits bei einer Halbierung des Bierpreises war das vorgesehene Bierkontingent ausverkauft. Es ist davon auszugehen, dass für Striker Beer somit nur sehr geringe Kosten neben der Gestaltung und Betreuung der Kampagne angefallen sind. Durch die beschränkte Anzahl an verfügbarem Bier – der aktuelle Stand wurde immer wieder über die Fanseite kommuniziert – wurde die Kampagne beschleunigt, da eine Dringlichkeit für den User erzeugt wurde, möglichst rasch, möglichst viele Fans einzuladen.

Implikationen für WWF

Die anfangs aufgestellten Kriterien für die Gewinnung von Facebook-Fans wurden in allen untersuchten Kampagnen weitestgehend erfüllt. Die Beispiele haben gezeigt, dass auch mit sehr geringen Kosten eine sehr große Wirkung erzielt werden kann.

Neben den definierten Kriterien konnten weitere interessante Eigenschaften der Initialkampagnen identifiziert werden, die mit zum Erfolg einer solchen Kampagne beitragen können:

– Dringlichkeit der Kampagne: Fast alle Kampagnen schränken die Dauer einer Aktion klar ein. Somit wird für den User eine gewissen Dringlichkeit erzeugt, neue Fans einzuladen oder die Kampagne gegebenenfalls zu kommunizieren.

– Kommunikation in anderen Medien: Neben Facebook haben die meisten Kampagnen noch über weitere Medien kommuniziert und so für ein gutes „Seeding" der Kampagnen gesorgt.

Facebook-Fans halten

Grundlagen

Das Gewinnen der Fans für Facebook-Fanseite ist, je nach strategischem Ziel das mit der Seite verfolgt wird, nur ein erster Schritt. Ist es gewünscht Fans langfristig zu halten und zu bewirtschaften sollte eine Bindung der Fans zur Seite erreicht werden. Das Halten und Aktivieren der Fans wird maßgeblich von der Qualität und dem richtigen Einsatz der Möglichkeiten einer Facebook-Seite bestimmt.

Als Hilfestellung werden im Folgenden strategische und operative Erfolgsfaktoren beschrieben.[12] Die strategischen Faktoren haben vornehmlich planmäßigen sowie grundsätzlichen Charakter und gehören zur langfristigen Orientierung. Die operativen Faktoren sind eher von aktiven Handlungen der Organisationsverantwortlichen abhängig oder können kurzfristig umgesetzt werden. Einige der Kriterien können sowohl strategischen als auch operativen Charakter haben.

Strategische Erfolgsfaktoren

Die Kriterien **Authentizität** und **Werbecharakter** wurden bereits eingeführt und können analog verstanden werden. Zusätzlich bestimmen folgende Kriterien den langfristigen Erfolg:

Differenzierung: Jeder Facebook-Auftritt muss etwas Neues, etwas „Anderes" bieten. Da der zugrunde liegende Markt stark umkämpft ist, muss darauf geachtet werden, ob etwas Ähnliches bereits geboten wird, oder ob es einen originellen Charakter besitzt.[13]

Freiraum zur Selbstdarstellung: In der Literatur wird unterstrichen, dass den Nutzern unbedingt genügend Freiraum zur Selbstverwirklichung und -darstellung zur Verfügung gestellt werden muss.[14] Eine Präsenz ohne die Möglichkeit für Nutzer, Kommentare zu hinterlassen oder mit einer ausgeprägten Zensur kritischer Beiträge durch die Administration, hätte demnach keinen nachhaltigen Erfolg. Klassische Ein-Weg-Kommunikation hat im Web 2.0 keine Chance.

Langzeitorientierung: Der Initiator eines Facebook-Auftritts muss auch in der langen Frist hinter der Strategie stehen und sich nicht nur dem Aufbau, sondern auch der Weiterentwicklung widmen.[15] Einem Web 2.0-Projekt müsse Zeit gegeben werden, sich zu entwickeln, da es von *Pull*-Marketing lebt und gegen *Push*-Marketing resistent ist. Metzinger meint zur Langzeitorientierung:

> „Campaigning ist immer langfristig orientiert. Kurz- bis mittelfristige Campaign-Pushs erzielen dann einen maximalen Effekt, wenn sie auf langfristige Ziele ausgerichtet sind, die direkt mit der Unternehmensvision verknüpft ist."[16]

Markenunterstützungscharakter: Komplementär zur bereits erwähnten Authentizität, welche sich auf die Ehrlichkeit der Kommunikation bezieht, stellt der Markenunterstützungscharakter einer Facebook-Kampagne auf die Wichtigkeit eines werthaltigen Kernes (auch des Produktes) ab. Roskos bezeichnet ihn als wichtigstes Kriterium:

---

12 Aufgrund des jungen Alters dieser Thematik liefert die Fachliteratur jedoch bisher keinen Konsens zu einem diesbezüglichen „Best Practice" – erst recht nicht hinsichtlich des Auftritts als Facebook-Fanseite. Mit dem Ziel der Erreichung einer bestmöglichen Aussagekraft wurde im Folgenden die Schnittmenge aus Handlungsempfehlungen der Fachliteratur und fachkundiger Blog-Autoren übernommen.
13 Vgl. Walmsley, A. (2010).
14 Vgl. Owyang, J. (2008).
15 Vgl. Goldie, L. (2008), S. 12 und Owyang, J. (2008).
16 Metzinger, P. (2006), S. 17.

Kernsätze

„Um eine Fanpage auf Facebook zum Erfolg zu führen bedarf es einer Marke, eines Produktes, das auch das Potential in sich trägt, Viralität zu erzeugen."[17]

Demnach kann eine noch so „tolle und glanzvolle" Web 2.0-Strategie eine langweilige Marke kaum zum „hippen" Trendobjekt heraufbeschwören. Ein solides Markenimage und -management (außerhalb der digitalen Welt) ist trotz Facebook unerlässlich.

Medieninvolvement: Owyang hält den Einsatz von Medien wie Audio, Video und Demos abhängig von der Demographie und Gemeinschaft für eine vielversprechende Möglichkeit, Nutzer für sich zu gewinnen.[18] Mickey schlägt vor, den Facebook-Auftritt mit Videos und anderen Medien zu bereichern.[19] Zwar untergräbt dies leicht die Aufforderung, auf einen zu starken Werbecharakter zu verzichten, jedoch sollte beachtet werden, dass sich das Kriterium Werbecharakter hauptsächlich auf den äußeren Eindruck bezieht. Werbung, die für den Nutzer unterhaltsam ist und nicht offensichtlich als Werbung wahrgenommen wird, widerspricht dem Kriterium nicht. Eine einschlägige Unterhaltsamkeit kann so zur „Geheimwaffe" im Web 2.0 werden.

Mehrwert: Additiv zur „Differenzierung" sieht die große Mehrheit der Experten die Fähigkeit einer Facebook-Kampagne dem Nutzer Mehrwert zu stiften als essentiell an[20]. Dieser Mehrwert ist sehr breit zu verstehen, spielt im Web 2.0 aber eine wichtige Rolle. Beispiele könnten die Unterstützung einer guten Sache (z.B. Umweltschutz), die Chance auf einen Gewinn, oder auch die Möglichkeit der Selbstdarstellung sein.

Transparenz: Der letzte, aber nicht minder wichtige, strategische Erfolgsfaktor ist Transparenz. Im Hinblick auf „Authentizität", „Freiraum für Mitglieder zur Selbstdarstellung und -verwirklichung " als auch der „Vermeidung eines primären Werbecharakters" sollte eine Organisation der Nutzergruppe auch die Intentionen ihres Facebook-Auftritts offenbaren.[21]

Operative Erfolgsfaktoren

Interaktionsfördernd: Der erste Faktor, welcher vornehmlich von (auch kurzfristig wirksamen) Handlungen der Organisationsverantwortlichen abhängt, ist die proaktive Förderung von Interaktion. Sledgianowski und Songpol sehen die Interaktion zwischen den Nutzern in solchen Netzwerken als essentiell im Gesamtkonstrukt.[22] Owyang spricht davon, dass die aktive Steuerung und Einbeziehung der erreichten Nutzergemeinde im täglichen Betrieb der Seite höchst erfolgskritisch ist.[23]

---

17 Roskos, M. (2009).
18 Vgl. Oywang , J. (2008).
19 Vgl. Mickey, B. (2009).
20 Vgl. Walmsley, A. (2010), Sledgianowski, D., Songpol, K. (2009), S. 77 und Roskos, M. (2009).
21 Vgl. Anklam (2007), S. 223.
22 Vgl. Sledgianowski et al. (2009), S. 74–80.
23 Vgl. Owang (2008).

Offenheit und Trustbuilding: Im selben Kontext muss gemäß verschiedenen Autoren auch Offenheit und Vertrauen vermittelt werden.[24] Sie stellen fest, dass sich größeres interpersonelles und institutionelles Vertrauen der Mitglieder, positiv auf die Nutzung dieser auswirkt. Dieses Kriterium ist die operative Umsetzung der strategischen Erfolgskriterien Authentizität und Transparenz.

Von einer Zensur oder Löschung kritischer Beiträge zur Sache sollte unbedingt abgesehen werden. Dies würde der offenen Diskussionskultur, die in den sozialen Medien praktiziert wird, widersprechen. Zensurbemühungen werden von Web 2.0 Benutzern nicht gerne gesehen und können zum Boykott des Angebots oder sogar zu Gegenbewegungen führen. Bei persönlichen Angriffen unter den Benutzern oder anstößigen Kommentaren sind gewisse Maßnahmen aber natürlich unvermeidlich.

Permanente Profilaktualisierung: Ferner müssen die involvierten Medieninhalte und der geschaffene Mehrwert für den Nutzer regelmäßig aktualisiert werden. Mickey plädiert für drei bis vier Updates pro Woche, um den Mitgliedern permanent Informationen zu liefern und nicht den Eindruck zu erwecken, die Organisation verliere die Langzeitorientierung aus den Augen.[25] Oder wie es Roskos knapp aber prägnant beschreibt:

„Die Seite darf nicht schlafen."[26]

Darüber hinaus ist auch das Timing entscheidend, wann Neuigkeiten aufgeschaltet werden sollen. Untersuchungen haben gezeigt, dass zwischen 10 und 14 Uhr (also vor und nach der Mittagspause) und zwischen 17 und 21 Uhr (nach Feierabend) die meisten Interaktionen stattfinden.[27] Diese Zeiträume scheinen dafür geeignet, einen Beitrag einzustellen, der dann direkt oben auf der Neuigkeiten-Seite der Fans – also direkt in deren Blickfeld – erscheint.

Schnelle Kommunikationsreaktionszeit: Im Zusammenhang mit der Eigenschaft „Interaktionsfördernd" muss eine schnelle Kommunikationsreaktionszeit der Nutzergemeinde die Bereitschaft vermitteln, dass die Organisation hinter dem Projekt steht. Eine „Langzeitorientierung" ist folglich unvermeidlich von der Kommunikationsbereitschaft der Verantwortlichen abhängig. Roskos trifft auch hierfür eine kurze und prägnante Aussage:

„Ganz wichtig und oft vernachlässigt: Web 2.0 heißt Dialog und Kommunikation auf Augenhöhe."[28]

Eine Facebook-Gruppe darf also auf keinen Fall sich selbst überlassen werden. Konstruktive Kommunikation zur sanften Lenkung ist dabei der notwendige *Push*.

Übersichtlichkeit und Erscheinungsbild: Der Facebook-Auftritt soll zunächst durch interessante Inhalte Mehrwert generieren und dank Medieninvolvement unterhaltsam

---

24 Vgl. Anklam (2007), S. 223; Roskos (2009), Sledgianowski, D., Songpol, K. (2009), S. 76.
25 Vgl. Mickey, B. (2009).
26 Roskos, M. (2009).
27 Vgl. Lampe, B. (2010).
28 Roskos, M. (2009).

für den Nutzer sein. Im Sinne der Langzeitorientierung wird diesen Kriterien Kontinuität verliehen. Aber kann der Nutzer all dies wahrnehmen? Dieser Frage widmeten sich auch Sledgianowski und Songpol, und kamen zu dem Schluss, dass die wahrgenommene Benutzerfreundlichkeit einen signifikant positiven Effekt auf die Nutzung sozialer Netzwerke hat. Dieser Erfolgsfaktor muss selbstverständlich auch geplant werden, ist also auch strategischer Natur. Wichtig ist hierbei aber vor allem die tatsächliche Umsetzung. So ist nicht nur die Nutzerfreundlichkeit und das Erscheinungsbild wichtig, sondern auch die Übersichtlichkeit.

Die Berücksichtigung der vorgestellten Erfolgsfaktoren, zuerst der strategischen Kriterien in der Planung, dann der operativen Kriterien in der Umsetzung, garantiert *keinen* Großerfolg des Facebook-Auftrittes. Sie minimiert aber maßgeblich die Risiken, einen Fehlschlag zu erleiden.

Akteure

Der WWF (World Wide Fund for Nature) wurde 1961 in Zürich gegründet. Sein Ziel: Die weltweite Naturzerstörung stoppen und eine Zukunft gestalten, in der Mensch und Natur in Einklang leben. Dafür braucht es innovative Ideen und neue Partnerschaften. Der WWF ist überzeugt, dass es nur durch die enge Zusammenarbeit von Wirtschaft, Politik sowie Gesellschaft gelingt, Natur und Umwelt für die kommenden Generationen zu erhalten. In der Schweiz unterstützen rund 300.000 Mitglieder und Gönner die Arbeit von insgesamt 180 Mitarbeiterinnen und Mitarbeitern. WWF ist die größte Schweizer NGO im Bereich Umwelt.

Handlungsempfehlungen für WWF
Facebook-Fans gewinnen und halten

Anhand der aufgestellten Kriterien wurde eine exemplarische Initialkampagne kreiert. Kampagnenziel war es, eine möglichst diverse und große Fanbasis zu schaffen, die für weitere Aktionen von WWF aktiviert, gegebenenfalls als Mitglieder gewonnen und in Facebook über WWF-relevante Themen informiert werden kann. Die Kampagne beachtet alle genannten Kriterien, die im Kapitel „Facebook-Fans gewinnen" genannt wurden. Sie wird gemäß dem Vorschlag umgesetzt und kann deshalb hier noch nicht im Detail beschrieben werden. Aufhänger der Kampagne ist ein Anliegen von WWF anhand eines konkreten Schutzprojektes, mit dem sich viele Benutzer identifizieren können. Das Projekt wurde so aufgeteilt, dass die einzelnen Benutzer ihren eigenen Beitrag erkennen können. Lädt der Benutzer weitere Freunde ein, wird auch sein Beitrag zum Gesamtprojekt größer. Dies führt zu einem Anreiz möglichst viele weitere Freunde einzuladen. Der Fortschritt des einzelnen Benutzers wird über eine Rangliste kommuniziert, was diesen Anreiz noch verstärkt. Bei der Ausarbeitung war es wichtig, dass die Kampagne authentisch wirkt und keinen übermäßigen Werbecharakter besitzt. Außerdem wird sie zeitlich begrenzt, sodass eine gewisse Dringlichkeit entsteht.

Im Bereich „Facebook-Fans halten" wurden ebenfalls konkrete Empfehlungen abgegeben. Zunächst ist bei der Gestaltung der Fanseite auf die strategischen Erfolgsfaktoren zu achten. Hier spielt die *Authentizität* ebenfalls eine gewichtige Rolle. Für WWF heißt dies konkret, dass die primäre Tätigkeit, der Schutz der Umwelt, im Zentrum steht. Die *Authentizität* kann durch eine persönliche Note noch erhöht werden. Es könnten zum Beispiel regelmäßig WWF Mitarbeiter persönlich von Aktionen berichten und diese Beschreibungen mit Bildern illustrieren.

Dabei ist wichtig, dass den Usern genügend *Freiraum zur Selbstdarstellung* gelassen wird. Das bedeutet, dass die Fanseite so zu gestalten ist, dass Fans beispielsweise eigene Erfahrungsberichte oder Bilder eigener Tierrettungen einstellen und kommentieren können.

Ein weiterer wichtiger Erfolgsfaktor ist die *Vermeidung von Werbecharakter* auf der Fanseite. Dabei ist wichtig zu berücksichtigen, dass Banner oder andere Werbemaßnahmen so eingesetzt werden, dass die Benutzer nicht den Eindruck bekommen, WWF ziele direkt und ausschließlich auf finanzielle Interessen ab.

Wichtig ist auch der Grundsatz der *Transparenz*: Die WWF-Facebook-Fanseite muss bei all ihren Aktivitäten, Intentionen und Inhalten ein gewisses Maß an Transparenz gewährleisten. Dabei ist unerlässlich, dass Sinn und Zweck der Facebook-Seite zumindest kurz erläutert werden und dass bei allfälligen Kampagnen auch aufgezeigt wird, mit welchen Mitteln gearbeitet wird, also beispielsweise dass durch einen Baby-Tiger Aufmerksamkeit für die Generierung von Mitteln für ein bestimmtes Vorhaben geschaffen werden soll.

Weiter ist darauf zu achten, dass die vorgestellten operativen Erfolgsfaktoren im Gestaltungsprozess der Fanseite eingehalten werden.

Im Rahmen der *Interaktionsförderung* lohnt es sich, einen "Interaktionsadministrator" zu bestimmen, der *zeitnah* auf die Anliegen der Facebook-User eingeht, diese kompetent kommentiert und auch kritische Fragen beantwortet.

Um ein hohes Maß an Offenheit beziehungsweise Trustbuilding zu erreichen, ist es im Rahmen der operativen Gestaltungsebene sinnvoll, kommunizierte Werte, Versprechungen und auch Projektziele einzuhalten und deren Realisierung auch zu kommunizieren. Wenn beispielsweise versprochen wird, mit aller Macht gegen einen Öl-Konzern vorzugehen, der Teile der Weltmeere verschmutzt, dann muss diese Aktivität auch fortlaufend aktualisiert und dessen Fortschritt den Usern offengelegt werden. In diesem Zusammenhang ist es wichtig, solche Geschehnisse schnell zu kommunizieren, um der Nutzergemeinde die Bereitschaft zu vermitteln, dass die Organisation hinter dem Projekt steht. So sollte der Interaktionsadministrator als Moderator umgehend ein Diskussionsthema eröffnen, unter dem die Usergemeinschaft Vorschläge zum weiteren Vorgehen gegen den Konzern und die schwerwiegende Ölverschmutzung diskutieren kann. Aus der laufenden Interaktion mit den Usern sind Handlungsmöglichkeiten abzuleiten, zu planen, umzusetzen und wieder an die Benutzer zu kommunizieren.

Abschließend lässt sich sagen, dass eine Facebook-Seite ein ideales Instrument dafür ist, den WWF und sein Vorhaben auf Facebook ins Gespräch zu bringen. Facebook gibt dem WWF ein nützliches Instrument in die Hand, mit den Fans zu kommunizieren und zu interagieren, wobei die Fans gleichzeitig auch untereinander über den WWF sprechen können und werden. Eine Facebook-Seite ist nicht gleich wie eine Website zu behandeln, welche den Nutzer meist nur eindimensional informiert. Die interaktive Kommunikation in sozialen Netzwerken folgt eigenen Regeln und Erfolgsfaktoren, die bei der Planung und Einrichtung der Facebook-Seite unbedingt beachtet werden müssen. Hierbei ist wichtig, dass die Seite auf einem durchdachten Inhalts- und Kommunikationskonzept basiert, die idealerweise in die übergreifende Social-Media-Strategie eingebettet wird.

Eine Facebook-Seite ist kein Selbstläufer und bedingt den Einsatz gewisser Ressourcen. Dies resultiert vor allem aus der Notwendigkeit einer sorgfältigen Konzeptionierung und der Einbettung in die Strategie, eines gut geplanten Aufbaus und Weiterentwicklung der Facebook-Seite sowie der langfristigen und zeitnahen Betreuung der Fan-Gemeinde. Die daraus resultierenden Vorteile werden, bei Beachtung der beschriebenen Erfolgsfaktoren, den Aufwand aber mehr als aufwiegen.

Literatur

Anklam, P. (2007), Net Work. A Practical Guide to Creating and Sustaining Networks at Work and in the World. Oxford: Butterworth Heinemann

Be crazy Win an Alfa MiTo (2010), Facebook, aufgerufen am 02.08.2010, URL: www.facebook.com/pages/Be-crazy-Win-an-Alfa-MiTo/65891258155

Berndt, R. (2009), Weltwirtschaft 2010. Trends und Strategien (Herausforderungen an das Management). Heidelberg: Springer Verlag

Dunay, P., Krueger, R. (2009), Facebook Marketing for DUMMIES. Hoboken: John Wiley & Sons.

Goldie, L. (2008), For Facebook success brands must stand out. Brands should operate caution before rushing to launch applications on Facebook. Standing out in a crowded marketplace is tough, but engaging users is even harder. New Media Age, May 2008, S. 12.

Kirkham, J. (2010), Has Facebook fatigue set in just as advertisers start signing up? New Media Age, March 2010, S. 15.

Lampe, B. (2010), Donnerstagabend ein Bild: Drei Kriterien für mehr Facebook-Fans. Kampagne 2.0 – modernes NGO campaigning. Zuletzt gefunden am 02.08.2010 unter: http://www.kampagne20.de/

Metzinger, P. (2006), Business Campaigning: Strategien für turbulente Märkte, knappe Budgets und große Wirkungen. Berlin: Springer

Mickey, B. (2009), Putting That Facebook Fan Page to Work. FEEDING STORY UNKSTO YOUR BRAND'S FACEBOOK PAGE IS A GOOD START, BUT THERE'S MUCH MORE YOU CAN DO. Audience Development, November/December 2009, S. 11–12

Nonja (2010), Facebook, aufgerufen am 02.08.2010, URL: www.facebook.com/pa-ges/Nonja/190010092116

Owyang, J. (2008), What makes a Successful Marketing Campaign on Social Net-works? Zuletzt gefunden am 02.08.2010 unter: www.web-strategist.com/blog/2008/02/19/what-makes-a-marketing-campaign-on-social-networks-successful/

Roskos, M. (2009), 10 Bausteine für eine erfolgreiche Facebook-Fanpage – 1.000 Facebook-Fans in 6 Wochen. Zuletzt gefunden am 02.08.2010 unter: www.soci-alnetworkstrategien.de/2009/10/10-bausteine-fur-eine-erfolgreiche-facebook-fan-page-1-000-facebook-fans-in-6-wochen/

Shuaib, J. (2008), Anatomy of a Successful Social Network. Zuletzt gefunden am 02.08.2010 unter http://jawadonweb.com/?page_id=892

Sledgianowski, D., Songpol, K. (2009), Using social network sites: The effects of playfulness, critical mass and trust in a hedonic context, Journal of Computer Information Systems, Summer 2009, S. 74–83.

Walmsley, A. (2010), The application of sense. Advertisers investing in the develop-ment of branded apps should not bypass the basics of planning. Marketing Maga-zine, February 2010.

Kapitel 21 Tipping Point: Anwendungsfall Mil Santos

von Ira Schiwek

Ein unbekannter Künstler eines kleinen Independent-Labels nimmt in Eigenregie einen Song und ein dazugehöriges low-budget Video auf und lädt es bei *YouTube* hoch. Nur kurze Zeit später zählt das Video 17.000 Klicks und der Song wird zum offiziellen Wahlkampfsong in Kolumbien. Wie es zu einer derart schnellen Verbreitung des Videos kommen konnte, soll in diesem Kapitel mithilfe der Theorie des Tipping Point analysiert werden. Es soll dabei vor allem der Frage nachgegangen werden, was den Tipping Point in diesem konkreten Fall ausgelöst hat. Das Szenario wird hierzu ausführlich beschrieben, anschließend analysiert und in die, in Kapitel 5 vorgestellte Theorie, eingeordnet.

Akteure

Der kolumbianische Musiker Mil Santos ist in jungen Jahren aus Kolumbien ausgewandert und lebt seit circa zehn Jahren in Berlin. Die vergangenen Jahre hat er mit dem Versuch verbracht, in der Musikbranche Fuß zu fassen. Hier hat er sich in der Latino-Szene zwar über die Jahre eine kleine Fangemeinde erspielen können, bis zu diesem Zeitpunkt wurden jedoch keine nennenswerten Erfolge erzielt. Seit ungefähr einem Jahr ist Mil Santos bei Dreaminc unter Vertrag, einem kleinen Independent-Label – kurz Indie-Label, das auch im Artist Development tätig ist. Dreaminc fungiert in Anlehnung an ein 360° Model nicht nur als klassisches Label, sondern kümmert sich auch um den Aufbau des Künstlers und um seine Platzierung auf dem Musikmarkt. Das Debutalbum von Mil Santos ist noch nicht erschienen und befindet sich noch in Planung. Bisher wurde eine EP[1] veröffentlicht, also eine CD mit 4 bis 5 Tracks – allerdings mit mäßigem Erfolg.

Zum Szenario

Mil Santos nahm mit seiner Bandkollegin Nica Tea in Eigenregie einen Song mit dem Titel *Antanas llegó* (deutsch: Antanas kam) und ein dazugehöriges low-budget Video auf, um seine Sympathie gegenüber dem Präsidentschaftskandidaten Antanas Mockus von der Mitte-Links Partei *Partido Verde* bei den Wahlen 2010 in Kolumbien auszudrücken. Vier Stunden nachdem er das Video bei *YouTube* hochgeladen hatte, war es bereits 17.000 mal gesehen worden.[2] Kurze Zeit später wurde der Song der offizielle Wahlkampagnen-Song[3] der *Partido Verde* und war im Wahlkampf in TV, Radio und Internet nicht mehr wegzudenken.[4] Mil Santos und seine Bandkollegin Nica Tea

---

1 CD mit 4–5 Tracks, größer als eine Single, kleiner als eine Longplay (LP).
2 Mil Santos Video (2010).
3 In den Medien heißt es, Mil Santos habe den offiziellen Wahlkampfsong geschrieben. Das dies kein geplantes Songwriting war, ist nirgends zu finden. Zum Beispiel Funkhaus Europa (2010).
4 Partido Verde Video (2010).

wurden daraufhin nach Kolumbien eingeladen und gebeten, zusammen mit dem Präsidentschaftskandidaten Antanas Mockus auf Wahlkampf-Tour zu gehen. Mil Santos wurde plötzlich von tausenden Kolumbianern gefeiert wie ein Superstar. Die Klicks des Videos lagen zu diesem Zeitpunkt bei etwa 144.000. Im Vergleich zu anderen *YouTube* Videos scheint dies wenig, jedoch war es für Mil Santos eine dramatische Steigerung und das binnen kürzester Zeit.

Begriffe

Entscheidend für das Fallbeispiel ist die *Nichtlinearität*. Nicht linear bedeutet, dass sich der Input unproportional beziehungsweise ungleichmäßig zum Output eines Sachverhaltes verhält. In diesem Fall steht der einfache Aufwand, dieses Video bei *YouTube* hochzuladen und nicht weiter zu promoten, in einem ungleichmäßigen Verhältnis zu dem hohen Grad an Aufmerksamkeit, der durch das Video letzten Endes generiert wurde. *Nichtlinearität* ist typisch für das Phänomen Tipping Point.

Reuters berichtet zum Geschehen wie folgt:

> „Santos wrote the track `out of frustration from being far from my country and unable to do anything`(...) He penned the track on a Friday, and the following day shot the video with Tea and the help of friends. They put it up on YouTube and, before the day was over, had more than 17,000 views. Two days later, Mockus' campaign called and asked for permission to use the song as its official theme. As with all tracks Mockus uses, the campaign obtained a gratis license to use the song in multiple ways, including in a TV ad that has helped put Mil Santos' music on the map." [5]

Wie kam es zu diesem Umschwung? Was hat den Tipping Point ausgelöst?

Analyse

Um das Szenario nachvollziehen zu können, sollen nun im Rahmen dieses Kapitels die Zwischenschritte des Geschehens aufgedeckt werden, um diese anschließend jeweils in das in Kapitel 5 erarbeitete Theoriemodell von Gladwell einzuordnen.

Schritt 1: Nach dem Song und Video aufgenommen waren, hat Mil Santos diese medial zugänglich gemacht. Das Video wurde bei *YouTube* hochgeladen und auf seiner *Facebook*-Seite verlinkt.

Schritt 2: Eine weitere Person, vermutlich aus der Berliner Latino Szene, hat dieses Video dort entdeckt und es an den Webmaster der *Partido Verde* Webseite in Kolumbien geschickt.

Schritt 3: Der Webmaster der *Partido Verde* hat das Video dann auf der Startseite der Parteiwebsite in ein dort vorhandenes spezielles News-Fenster eingebunden.

---

5 Reuters (2010).

Die Schritte 1 bis 3 sind innerhalb weniger Stunden erfolgt. Das Video hat so innerhalb von nur 4 Stunden 17.000 Klicks bei *YouTube* erreicht.

Schritt 4: Das Newsfenster auf der Website ist mit *Facebook* verbunden, sodass das Video anschließend auf der Fanpage der Partei angezeigt wurde. Gefiel einem Sympathisanten und *Facebook* Nutzer das Video, konnte er es mit einem Klick mit seinen Freunden teilen. Antanas Mockus war über die *Facebook* Fanpage der Partei zu diesem Zeitpunkt mit ca. 700.000 Fans in aktivem Kontakt.

Schritt 5: Die zuständige Person für den Bereich der Werbung und Öffentlichkeitsarbeit der *Partido Verde* hat daraufhin bei Dreaminc die Erlaubnis eingeholt, den Song auf Grund des positiven Feedbacks für die Parteiwerbung im TV, Radio und Internet zu verwenden.

Schritt 6: Wenig später kam von der Partei die Anfrage, ob Mil Santos und seine Bandkollegin Nica Tea zur Unterstützung des Wahlkampfs eine zweiwöchige Tour mit Antanas Mockus durch Kolumbien durchführen möchten.

Schritt 7: Über diese Wahlkampf-Tour haben wiederum zahlreiche TV-Sender und Zeitungen innerhalb und außerhalb Kolumbiens berichtet.

Einordnung in die Theorie
Das Gesetz der Wenigen

Das *Gesetz der Wenigen* besagt, wie schon im theoretischen Teil erwähnt, dass eine Handvoll Menschen mit besonderen Charakterzügen genügen, um einen Trend zu verbreiten. Diese Schlüsselfiguren oder auch Multiplikatoren können als *Vermittler*, *Kenner* und *Verkäufer* eingeordnet werden.

Das *Gesetz der Wenigen* greift in diesem Fall wie folgt: Das Video wurde im ersten Schritt bei der Videoplattform *YouTube* hochgeladen und durch diese verbreitet. Zusätzlich wurde das Video auf der *Facebook* Seite von Mil Santos verlinkt. *YouTube* und *Facebook* übernehmen die Rolle des *Vermittlers*. *Vermittler* zeichnen sich durch die zahlreichen *losen Verbindungen* aus, die sie in ihrem sozialen Umfeld pflegen. Nach Gladwell sind es „Leute mit der besonderen Gabe, die Welt zusammen zu bringen".[6] In diesem Fallbeispiel wird die Rolle des *Vermittlers* nicht durch eine menschliche Person, sondern durch eine weltweit von zahlreichen Usern genutzte Internetplattform ausgefüllt. An dieser Stelle des Geschehens wird deutlich, dass Gladwells Theorie hier um einen nicht-menschlichen Faktor als *Vermittler* erweitert werden kann.

Die Person, die das Video im Internet entdeckt und an den Webmaster der *Partido Verde* gesendet hatte, konnte im Nachhinein nicht mehr ausfindig gemacht werden. Die Person kann jedoch in ihrer Funktion innerhalb des Gesamtgeschehens als eine Mischform aus *Kenner* und *Verkäufer* eingeordnet werden.

Zur Erinnerung: *Kenner* sind nicht nur Experten in ihrem Bereich. Sie haben auch die soziale Fähigkeit, dieses Wissen auf eine verbindliche Art und Weise weiterzugeben

---

6 Gladwell, M. (2002), S. 52.

und somit Epidemien und Trends in Gang zu setzen. *Verkäufer* hingegen senden nach Gladwell das Wissen, was die *Kenner* erzeugt haben und *Vermittler* über ihr Netz verbreiten haben, vor allem an diejenigen aus, die noch nicht überzeugt sind. Sie verkaufen es im wortwörtlichen Sinne. Dabei haben *Verkäufer* die Fähigkeit, eine Botschaft auf eine ganz bestimmte verbindliche Art und Weise weiterzugeben. Der Präsidentschaftskandidat *Mockus* kann hier zumindest anteilig als *Verkäufer* eingeordnet werden. Er verkauft im Wahlkampf zwar vorwiegend die eigene politische Identität, jedoch verbreitet er in diesem Kontext ebenfalls das Video und den Song von Mil Santos an sein Netzwerk.

Kernsätze

Das perfekte Zusammenspiel von *Vermittlern, Kennern* und *Verkäufern* ist maßgebend für den Erfolg eines Trends. Wenn ein Trend entsteht, haben einige dieser Menschen den Trend zuvor erkannt und durch ihre Verbindungen in der Gesellschaft verbreitet.

Die Macht der Umstände

Die *Macht der Umstände* besagt, dass äußere Faktoren die Dynamik und Emotionen von Gruppen und auch einzelnen Personen beeinflussen und bestimmen. Trends hängen somit von Faktoren wie Zeit und Ort des Geschehens ab.[7]

Kernsätze

Somit ist nach Gladwell die Persönlichkeit weniger ausschlaggebend für ein Verhalten, als der **Kontext** in dem sich eine Person während der Handlung befindet.

Im Fallbeispiel greift die *Macht der Umstände* wie folgt: Der Präsidentschaftskandidat Antanas Mockus befand sich in Kolumbien erfolgreich mitten im Wahlkampf und zu diesem Zeitpunkt an siebter Stelle der weltweit wichtigsten Personen auf *Facebook*[8].

> „The use of music in Mockus' campaign, whose main themes are anti-corruption and social responsibility, goes hand in hand with the candidate's social-networking appeal. Mockus' *Facebook* page has more than 550,000 likes, while his party's page has close to 800,000 likes, remarkable tallies in a country of 40 million."[9]

Der Umstand, dass Antanas Mockus sich in Kolumbien mitten im Wahlkampf befindet und an siebter Stelle der weltweit wichtigsten Personen auf *Facebook* steht, ist im Kontext des Gesamtgeschehens betrachtet wohl mit der wichtigste, der Macht auf das Geschehen des Fallbeispiels ausübt. Die *Deutsche Welle* berichtete und geht davon aus, dass der Erfolg von Antanas Mockus im Wahlkampf, eng mit seiner erfolgreichen Aktivität bei *Facebook* verknüpft ist. Dabei wurde die Facebook Kampagne von den

---

7 Gladwell, M. (2002), S. 139.
8 Deutscher Welle (2010).
9 Reuters (2010).

Nutzern selbst angeschoben und nicht wie zu erwarten gewesen wäre, von Mockus politischen Beratern. Laut der *Deutschen Welle*, verbreitete sich die politische Botschaft vor allem auf Grund des freiwilligen Engagements der virtuellen Anhänger so weit.[10] Dennoch gehörte auch hier eine Portion **Glück** hinzu, denn der Song von Mil Santos war ein Song von mehr als 1000 die Antanas Mockus in dem Zeitraum erreichten.

„Since campaigning started in March, Alvarez says Mockus has received more than 1,000 original songs, many accompanied by original videos. Mockus' official campaign site features 22 of those songs, including "Antanas Llego" (Antanas Arrived), written by Mil Santos, a Colombian living in Germany who performs the tropical-flavored indie-pop track with German singer Nica Tea."[11]

Die Verankerung

Noch einmal zusammengefasst ist die **Verankerung** ein weiterer wichtiger Faktor: Wenn ein Trend sich entwickeln oder eine Botschaft erfolgreich verbreitet werden soll, muss sie sich in den Köpfen der Zielgruppe verankern oder wortwörtlich aus dem Englischen übersetzt „kleben bleiben".[12] Die Idee muss sich einprägen und die Person zum Handeln bringen.

Der Song von Mil Santos fand über *Facebook* den Zugang zur breiten Masse nach Kolumbien, wo er sich durch TV und Radio im Kreis der Sympathisanten von Antanas Mockus und der *Partido Verde* **verankerte**. Der Faktor, der ausschlaggebend für die Verankerung ist, ist oftmals sehr klein oder trivial. Die **Verankerung** fand im Fallbeispiel vor allem auch durch den Inhalt der Botschaft des Songs statt. Denn inhaltlich gibt er genau die Stimmung und Hoffnung wieder, die in Kolumbien durch viele tausend Menschen auf den Präsidentschaftskandidaten Antanas Mockus projiziert wurde.[13]

„It's difficult to gauge what impact the music has on voters, but the outpouring of original compositions points toward the galvanizing effect of these campaigns on the public."[14]

Kernsätze

Auch Gladwell weist in einem seiner Beispiele darauf hin, dass Botschaften sich eher verankern, wenn sie den Empfänger ansprechen und „herzerwärmend" sind.[15] Zudem verankern sich Botschaften besser, wenn der Gegenstand der Botschaft in Gruppen diskutiert wird.

---

10 Vgl. Deutsche Welle (2010).
11 Reuters (2010).
12 Gladwell, M. (2002), S. 92.
13 Die Botschaft des Songs kann wie folgt zusammen gefasst werden: Antanas kommt und bringt Hoffnung zusammen für eine neue Nation zu kämpfen, in der Werte wie Würde und Wahrheit zählen. Am Ende des Videos wird der Aufruf eingeblendet: Deine Stimme zählt.
14 Reuters (2010).
15 Gladwell, M. (2002), S. 200.

„It's easier to remember and appreciate something, after all, if you discuss it for two hours with your best friend. It becomes a social experience, an object of conversation." [16]

Und positiver Weise liegt die Bedingung des gemeinsamen, gesellschaftlichen Erlebens für die *Verankerung* in der Natur der Sache eines Wahlkampfes. Er betrifft immer eine Gemeinschaft von Menschen, er findet immer in einem gesamtgesellschaftlichen Kontext statt oder in anderen Worten direkt auf der gesellschaftlichen Bühne. Die Inhalte und Geschehnisse eines Wahlkampfes werden so zwangsläufig immer in Gruppen erlebt und diskutiert.

Fazit

Der Tipping Point wurde im Fallbeispiel ganz klar durch die Tatsache ausgelöst, dass der Song über seine Präsenz auf der Videoplattform *YouTube* auf die Webseite der *Partido Verde* gelangt ist. Das *Gesetz der Wenigen* greift hier in Form von *YouTube* als *Vermittler*, dem Unbekannten, der das Video an den Webmaster weitergeleitet hat und somit den Kontakt zur Partei herstellen konnte, als eine Mischform aus *Kenner* und *Verkäufer*. Hinzu kam die *Macht der Umstände*. Diese traten vor allem in Form der gesellschaftlichen Plattform auf, die der Wahlkampf in Kolumbien geliefert hat. Die drei Regeln von Epidemien greifen hier, wie von Gladwell in seiner Theorie des Tipping Points als Idealfall dargestellt, nahtlos ineinander über. Anhand dieses Fallbeispiels wird deutlich, dass die Grenze zwischen einer Botschaft oder einer Idee, die sich entweder epidemisch verbreitet oder untergeht, sehr schmal ist. Um diese schmale Grenze zu überschreiten gehörte das nahtlose ineinander Übergreifen der drei Regeln von Epidemien, das zumindest in diesem Fallbeispiel, durch eine Verkettung glücklicher Umstände ermöglicht wurde.

Literatur

Deutsche Welle (2010, June 8) www.dw-world.de/dw/article/0,,5625320,00.html

Ephorie (2010, June 7) www.ephorie.de/hindle_pareto-prinzip.htm

Funkhaus Europa (2010, June 9) www.funkhauseuropa.de/sendungen/ 5planeten/ 2010/Mil_Santos_Gruene_Welle.phtml

Gladwell, M. (2000), The Tipping Point: How Little Things Can Make a Big Difference, New York, Hachette Book Group USA

Gladwell, M. (2002), Tipping Point: Wie kleine Dinge Großes bewirken können, München, Wilhelm Goldmann Verlag

Mil Santos Video Antanas llegó (2010, June 9) www.youtube.com/watch? v=4wkGc0OGRN0

Owad (2010, June 7) http://owad.de/check.php4?wordid=2358&choice=5

---

16 Gladwell, M. (2000), S. 173.

Partido Verde (2010, June 9) www.partidoverde.org.co/

Partido Verde Video (2010, June 9) www.youtube.com/watch?v=HI1goBkjN9U

Reuters (2010, June 15). www.reuters.com/article/idUSTRE65B0CY20100612

Kapitel 22 Das Cluetrain Manifest: Anwendungsfall Publicis Conversation Reader®

von Ralf Löffler und Florian Maier

Kaum eine Aussage aus diesem Handbuch wurde häufiger zitiert als die erste These des Cluetrain Manifest: Märkte sind Gespräche. Levine et al. haben bereits früh erkannt, dass durch das Internet ein kraftvolles globales Gespräch begonnen hat, in dem relevantes Wissen schnell verbreitet wird. Durch die Schnelligkeit, mit der sich Konsumenten untereinander austauschen, sind die Märkte den Unternehmen voraus. Sie verfügen über Wissen über Marken und Produkte, das sie untereinander austauschen und auf dem nicht zuletzt ihre Kaufentscheidungen basieren. Eine der Hauptforderungen des *Cluetrain Manifest* ist vor diesem Hintergrund die folgende:

Praxistipp

Unternehmen müssen ihre Botschaften an die Gespräche ihrer Kunden anpassen. Sie müssen zunächst genau hinhören und sich dann in das Gespräch einbringen.[1]

In dieser Hinsicht ähnelt das Vorgehen, der POST Methode, die von Li und Bernoff entwickelt wurde. Auch hier lautet die Empfehlung, zunächst zuzuhören und erst anschließend den Dialog mit den eigenen Konsumenten einzugehen.[2] Wie diese Herausforderung gemeistert und wie der Prozess technologisch unterstützt werden kann, wird dieses Kapitel zeigen. Zunächst sollen jedoch ausgewählte Thesen des *Cluetrain Manifests* vorgestellt werden. These 11 beschreibt die Kooperation der Konsumenten untereinander: „Die Menschen in vernetzten Märkten haben erkannt, dass sie voneinander bessere Informationen und effektivere Unterstützung erhalten als von Seiten der Anbieter. Das ist das Ende der Unternehmensrhetorik über den Mehrwert ihrer auf Konsum getrimmten Güter." Diese neue Vernetzung erfordert, so These 18, eine entsprechende Reaktion von Unternehmen, um mögliche Potentiale der neuen Situation auszuschöpfen: „Unternehmen, die nicht begreifen, dass ihre Märkte von Mensch zu Mensch vernetzt sind, das Gespräch suchen und dabei immer intelligenter werden, verspielen vielversprechende Chancen." Bevor sich Unternehmen an diesen Gesprächen beteiligen, sollten sie also zunächst sehr gut zuhören. Erst wenn sie sich ein Bild darüber gemacht haben, worüber ihre Zielgruppen sich unterhalten, sollten sie damit beginnen, sich mitzuteilen. These 19 fasst dies zusammen: „Inzwischen können Unternehmen sich unmittelbar mit ihren Märkten austauschen. Wenn sie diese Chance nicht wahrnehmen, könnte es ihre letzte gewesen sein." Die große Chance, die sich derzeit bietet, formuliert These 60: „Die Märkte wollen mit den Unternehmen sprechen." Allerdings sind aus den passiven Konsumenten sehr aktive Akteure geworden,

---

1 Vgl. Levine, R. e al. (2000) oder Kapitel 6 in diesem Buch.
2 Vgl. Li, C., Bernoff, J. (2010) oder Kapitel 14 in diesem Buch.

was in der abschließenden These 95 präzise auf den Punkt gebracht wurde: „Wir sind aufgewacht und verbinden uns miteinander. Wir beobachten, aber wir warten nicht." Eine der wesentlichen Voraussetzungen, die nötig sind, um an diesem Gespräch teilnehmen, ist die Fähigkeit des Unternehmens, in der Sprache des vernetzten Marktes zu sprechen. Es folgt ein Vorschlag, wie dies gelingen kann.

The deer now has a gun – Konsumenten übernehmen die Macht

Das Kommunikationsverhalten ändert sich dramatisch. Das betrifft den alltäglichen und persönlichen Austausch zwischen Menschen gleichermaßen, wie den Umgang mit Produkten und Marken. In Zeiten des Web 2.0 hat jeder Einzelne die Möglichkeit, beliebig viele Inhalte über Marken zu produzieren, zu empfangen und zu verbreiten. Die technische Entwicklung geht mit großen Schritten weiter, das Internet wird mobil, die Geräte werden schneller und immer einfacher zu handhaben. Die Folge: Menschen sind permanent erreichbar, haben unbegrenzten Zugriff auf nahezu alle Informationen und können mit jedem in der Welt jederzeit kommunizieren, egal wo sie sich gerade befinden.

Die Konsumenten übernehmen die Macht: Der Anteil der Markeninhalte im Web, der von den Unternehmen direkt gesteuert wird, nimmt permanent ab, gleichzeitig nimmt der Anteil nutzergenerierter Inhalte deutlich zu. So sind schon heute 25 Prozent der Suchergebnisse bei Google zu den zwanzig internationalen Top-Marken von Nutzern generiert.[3] Zudem gelten die Markeninhalte, die vom Konsumenten kommen, auch als vertrauenswürdiger als jene der Markeninhaber selbst. Auf die Frage, welcher Werbeform Konsumenten vertrauen würden, landeten Empfehlungen von bekannten Personen mit 90 Prozent auf dem ersten Platz. Noch immer 70 Prozent gaben an, Kundenmeinungen zu vertrauen, die sie im Internet finden. Dies sind ebenso viele, wie diejenigen, die angegeben haben, den eigenen Websites der Marken zu vertrauen. Den Ergebnissen von Suchmaschinen hingegen vertrauten lediglich 41 und Bannerwerbung gerade mal 33 Prozent.[4]

Nogger Choc Vermisser

Das Beispiel Nogger Choc von Langnese aus dem Jahr 2008 zeigt sowohl den neu gewonnen Einfluss der Konsumenten als auch die neuen Möglichkeiten von Unternehmen mit den Konsumenten in den Dialog zu treten. Der Einfluss der Konsumenten reicht in diesem Fall bis in die Produktpolitik von Langnese hinein. Auf der Social Media Plattform StudiVZ wurde die Gruppe „Nogger Choc Vermisser" gegründet, die sich über die Einstellung der Eissorte Nogger Choc durch das Unternehmen beklagten. Als die StudiVZ-Gruppe die Mitgliederzahl von 16.000 überschritten hatte, lenkte das Unternehmen ein und nahm das Produkt wieder ins Sortiment auf.[5] Als Begründung wurde „das Engagement einer Web 2.0 Community" genannt. Langnese

---

3 Vgl. Wave4 (2010).
4 Vgl. Nielsen (2009).
5 Vgl. Mester, V. (2008).

wiederum nutzte die Wiedereinführung, um sich bei den Fans in einem Video für ihre Treue zu bedanken und gab damit der Beziehung zu den Konsumenten eine neue Dimension.

Abbildung 36: Nogger Choc Vermisser Gruppe in StudiVZ

From buzz to honey – Gespräche verstehen und nutzbar machen

Voraussetzung für eine erfolgreiche Markenführung ist es, zu verstehen, welche Themen die jeweilige Branche treiben und welche Gespräche über die jeweilige Marke und ihr Konkurrenzumfeld stattfinden. Hier bekommt das Web eine zentrale Bedeutung. Die Gespräche in den sozialen Medien des Web sind nicht nur ungeschönt, ehrlich und vor allem vielfältig, sie sind auch durch sogenannte Monitoring Tools jederzeit abrufbar und verwertbar. Jede zwischenmenschliche Kommunikation, in der Marken eine Rolle spielen, direkte Kommentare zu Marken, Kaufempfehlungen oder Erfahrungsberichte über Produkte bleiben als digitale Daten im Web erhalten und können dadurch einer Vielzahl von Analysen unterzogen werden.

Social Monitoring Tools – Grenzen und Möglichkeiten

Social Media Monitoring steht für das Beobachten von im Internet verfügbaren Informationen von Konsumenten, Produzenten oder Organisationen, wie sie beispielsweise in Foren, Blogs und Social Networks zu finden sind. Hierzu wurden in den letzten Jahren eine Vielzahl von Tools mit unterschiedlichen Schwerpunkten und Qualitäten entwickelt. Einige sind frei verfügbar (zum Beispiel Google-Blog-Search oder Technorati) die meisten jedoch bieten ihre Services entgeltlich an. Li und Bernoff raten explizit davon ab, selbst gestrickte Methoden für das Monitoring zu verwenden:

> „Wenn Sie wirklich nützliche Erkenntnisse gewinnen wollen, sollten Sie lieber eine Firma beauftragen, die professionelle Instrumente dafür anbietet. [...] Be-

auftragen Sie ein Unternehmen damit, sich für Sie das Internet anzuhören – Blogs, Diskussionsforen und alles andere. Lassen Sie sich dann eine Zusammenfassung über das liefern, was vor sich geht."[6]

Doch auch die Auswahl des richtigen Partners ist in diesem von Innovationen getriebenen und schnell wachsenden Markt nicht so einfach. Die unterschiedlichen Leistungsangebote, Pricing-Systeme und Technologien machen es nahezu unmöglich, den besten Anbieter für die gewünschten Zwecke zu identifizieren. Hinzu kommt bei vielen Anbietern ein teils gewolltes Verschleiern der tatsächlichen Möglichkeiten und eine komplizierte Preisgestaltung, die die wahren Preise und Folgekosten erst im Nachhinein offenbart (z.B. Kosten in Abhängigkeit des Ergebnisvolumens oder Extrakosten für weitere Key Words).[7]

Wichtig ist es, sich erst ganz genau über die Zielsetzung der Analysen Gedanken zu machen und erst dann das entsprechende Tool auszusuchen. So dürfen nicht die technischen Möglichkeiten die Analysen treiben, sondern die für das Marketing relevanten Fragestellungen. Liegt beispielsweise der Schwerpunkt in der internationalen Vergleichbarkeit, ist es entscheidend mehrere Sprachen analysieren zu können. Ist das Ziel hingegen, Social Media Marketing zu betreiben, wird die Identifizierung der einflussreichsten Quellen besonders wichtig. Die wichtigsten Kriterien zur Bestimmung des geeigneten Tools sind die Anzahl und Vielfältigkeit der Quellen (Blogs, Foren, News Groups, Social Media Networks, ...), die angebotenen Funktionen und deren Qualität (Sentimentanalysen, Segmentationsmöglichkeiten oder Influenzer-Identifizierung) sowie die Möglichkeit, das Monitoring Tool mit eigenen Datenquellen zu verbinden.

Praxistipp

Entscheidend jedoch ist es, den richtigen Partner zu finden. Das kann sowohl der Inhaber des Tools sein, als auch Agenturen, die auf Research und strategische Analysen spezialisiert sind und mit unterschiedlichen Tools arbeiten können.

Die Analysten sollten ein tiefes Konsumenten-, Markt- und Markenverständnis haben, nur dann können die Gespräche im Web zu einer reichen und nützlichen Quelle für die Unternehmen werden.

Listening to the Conversation – ein systematischer Ansatz

Die zentrale Herausforderung des Webmonitoring liegt darin, die Fülle an Informationen aus den sozialen Medien zu strukturieren, zu verdichten und damit für das Marketing nutzbar zu machen. Jede einzelne Stimme und jede noch so kleine Nische kann wahrgenommen werden. Allerdings ist es nicht ganz einfach, die relevanten Meinungen und Insights aus dem allgemeinen Summen herauszufiltern. Hier setzt der *Conversation Reader*® an: Eine kosteneffiziente Möglichkeit, den Gesprächen über

---

6 Li, C., Bernoff, J. (2010).
7 Vgl. Concannon, L. (2010).

Marke, Produkte und Marktumfeld zu folgen und zu analysieren. Der Schwerpunkt des Tools liegt in der Generierung von Insights, aus denen klare, anwendbare Empfehlungen für Marketing und Kommunikation formuliert werden. Der *Conversation Reader®* beinhaltet fünf Schritte, die im Idealfall als Prozess durchlaufen werden.

Modell

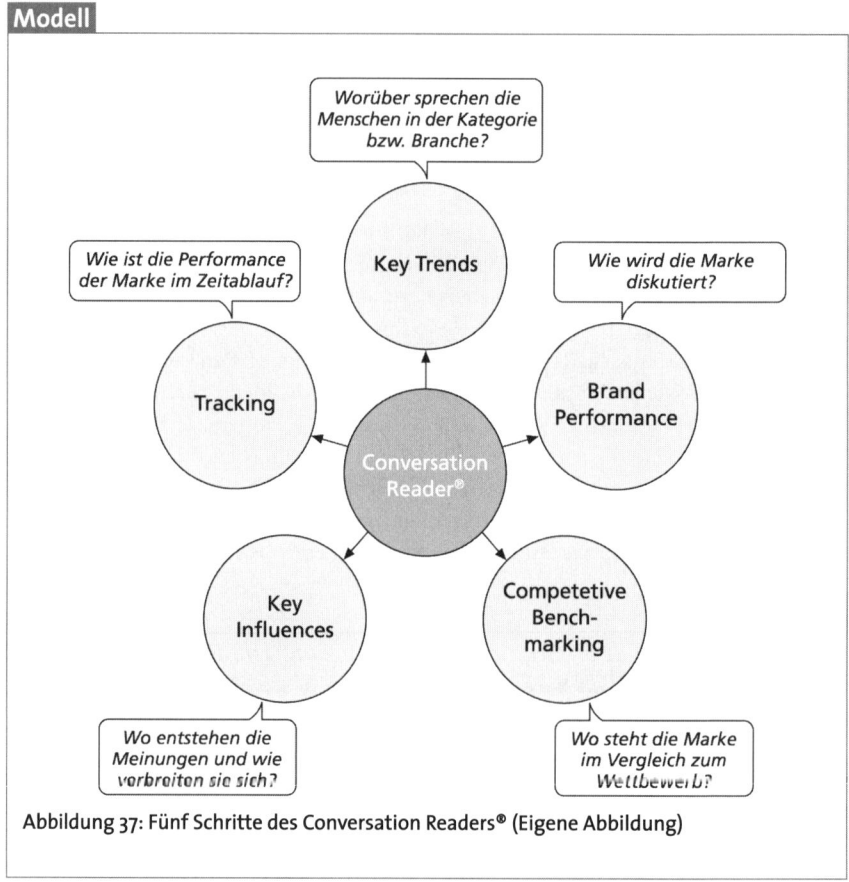

Abbildung 37: Fünf Schritte des Conversation Readers® (Eigene Abbildung)

1. Key Trends – Worüber sprechen die Menschen in der Kategorie / Branche?

Es wichtig zu verstehen, welche Themen und Trends die Gespräche in der Branche bestimmen, in der sich die Marke befindet. Sie bilden den relevanten Kontext für unseren Markenauftritt. Besonderes Augenmerk verdienen die sogenannten Up-coming Trends: Was sind die Themen von morgen? Welche Themen werden (in naher) Zukunft die Konsumentengespräche bestimmen?

Anwendung

Zentrale Fragestellungen zur den Key Trends
- Was sind die Gespräche in Ihrer Kategorie?
- Welche kategoriespezifischen Themen und Trends bestimmen die Gespräche?
- Wie sprechen die Konsumenten über diese Themen?
- Welche Themenfelder haben den größten Einfluss?
- Welche Suchwörter werden benutzt?
- Was sind die zukünftigen Trends?

2. Brand Performance – Wie wird die Marke diskutiert?

Hier kommt es darauf an, herauszuarbeiten mit welcher Intensität und mit welchen Inhalten die Marke diskutiert wird. Von zentraler Bedeutung ist die Analyse der Markenperformance in Bezug auf die Key Trends. Hier ergeben sich fast zwangsläufig Unterschiede zu den, vom Unternehmen intendierten Markenwahrnehmungen. Dies liegt einerseits an den Bedingungen im Web, wie etwa der Möglichkeit zu Anonymität oder der sehr offenen Diskussionsdynamik und andererseits an der, den sozialen Medien eigenen Sprache, die bei Twitter beispielsweise auf 140 Zeichen pro Botschaft beschränkt ist. Die berühmte Formel „dem Volk auf's Maul schauen" erlebt hier eine neue Dimension.

Anwendung

Zentrale Fragestellungen zur Brand Performance
- Wie wird die Marke/das Produkt allgemein diskutiert?
- Wie gut ist die Marke für das Web 2.0 aufgestellt?
- Was sind die Stärken unserer Marke, wo liegen die Schwächen?
- Wie wird die Marke in Bezug auf zukünftige Trends diskutiert?
- Wie wird die Marke in Bezug auf Ihre Ziele diskutiert?
- Inwiefern treffen die Gespräche den gewünschten Marken- und Produktcharakter?

3. Competitive Benchmarking – Wo steht die Marke im Vergleich zum Wettbewerb?

Webanalysen ermöglichen die Bewertung der Wettbewerber aus Sicht der Konsumenten. Auf dieser Grundlage lassen sich dann Stärken und Schwächen der Marken und Produkte identifizieren und zukünftige Marken- und Kommunikationsziele ableiten. Insbesondere in Bezug auf die Marketingaktivitäten der Konkurrenten ergeben sich hier neue Möglichkeiten. So lassen sich anhand der Gespräche sehr gut on- und offline Maßnahmen der Wettbewerber und die dahinterliegenden Strategien aufdecken.

Anwendung

Zentrale Fragestellungen zum Competitive Benchmarking

- Wie werden die Wettbewerber und ihre Produkte wahrgenommen?
- Wo sind die Stärken und Schwächen der Wettbewerber?
- Welche Aktionen und Strategien der Wettbewerber lassen sich identifizieren?
- Wo steht die Marke im Vergleich zum Wettbewerb?
- Welche Chancen ergeben sich für die Marke?

---

4. Key Influencers – Wo entstehen die Meinungen und wie verbreiten sie sich?

Der Netzwerkcharakter des Webs ermöglicht es, die Quellen und Verbreitungswege von Informationen und Markeninhalten zu identifizieren. Von welchen Webseiten, Blogs, Foren oder anderen Plattformen stammen die Informationen? Diese Analyse liefert wichtige Erkenntnisse zum Verständnis der Kommunikation und zur Gestaltung der Kommunikationsstrategie. Auch eigene Maßnahmen und die Reaktionen der Konsumenten hierauf lassen sich mit dem *Conversation Reader*® feststellen, wodurch eine Optimierung oder Korrektur der Aktivitäten ermöglicht wird.

Anwendung

Zentrale Fragestellungen zu den Key Influencers

- Welche Seiten sind am wichtigsten für die Marke, die Produkte und die Kategorie?
- Blogs, Foren, Ratgeber-Seiten, soziale Netzwerke?
- Wer sind die Key Influencer und wo sind sie aktiv? Positiv oder negativ?
- Wie stellen sich die Influencer Dynamics dar?
- Wie zugänglich sind die Influencer? Was sind ihre Motive?

---

5. Tracking – Wie ist die Performance der Marke im Zeitablauf?

Sobald ein Monitoringsystem für eine Marke installiert ist, lassen sich alle Daten und Erkenntnisse speichern und sind jederzeit verfügbar. Durch das permanente Beobachten des Marktes und der Gespräche, die dort stattfinden, kommen alle Vorteile des *Conversation Reader*® zur Geltung. Die Analyse der Veränderungen und Entwicklungen (auch in die Vergangenheit hinein), erlaubt die Ableitung von passgenauen Marketingstrategien. Bei Bedarf können im Falle gravierender Veränderungen Alerts ausgesandt und somit die Möglichkeit gegeben werden, schnellstmöglich auf Chancen und Risiken zu reagieren.

Anwendung

Zentrale Fragestellungen zum Tracking

- Welche Trends und Themen gewinnen und welche verlieren an Bedeutung?
- Wie entwickeln sich die Marke und der Wettbewerb im Zeitverlauf?
- Wie entwickeln sich Maßnahmen und Aktivitäten?
- Wie entwickeln sich die Influencer Dynamics im Zeitverlauf?
- Welche Key Performance Indikatoren können erstellt und gemessen werden?

Talking with the Groundswell – Schnittstellen zum Marketing

Um die Gespräche richtig zu verstehen und die richtigen Schlüsse daraus ziehen zu können, ist es notwendig, dass von Beginn an die Ziele der Monitoring Analyse genau definiert werden und die Analyse dementsprechend gestaltet wird. Wie oben bereits beschrieben, wird oftmals das untersucht, was technisch möglich ist und nicht das, was im Sinne einer strategischen Markenführung notwendig ist. Im Folgenden erläutern wir anhand des *Conversation Reader®* einen Ansatz, der nutzen- und kommunikationsorientiert den Schritt vom Zuhören zum Handeln erlaubt.

Modell

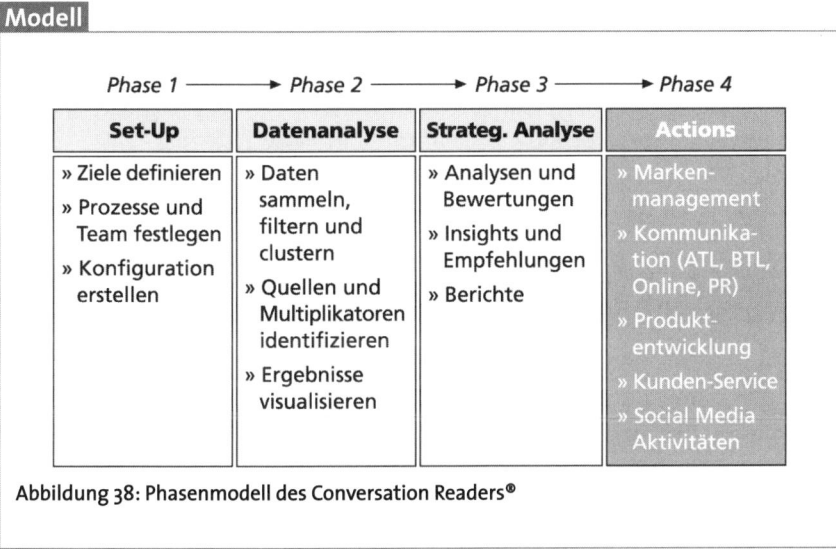

Abbildung 38: Phasenmodell des Conversation Readers®

Phase 1: Set-Up

In der Set-Up Phase werden möglichst in gemeinsamen Meetings die Ziele, die Themen und die wichtigsten Rahmenbedingungen diskutiert und festgelegt. Hierzu zählen unter anderem die Definition der Zielgruppen und konkreten Fragestellungen, die Festlegung der Quellen und Wettbewerber sowie die Prüfung der Integrationsmöglichkeiten bereits vorhandener Daten oder Datensysteme.

Desweiteren wird der Prozess und das Team festgelegt, inklusive Zeitrahmen, Verantwortlichkeiten und Mile-Stone-Meetings. Erst danach wird der richtige Partner ausgewählt und das System konfiguriert. Am Ende dieser Phase „steht" ein konfiguriertes System und der gemeinsam verabschiedete Fahrplan.

Phase 2: Datenanalyse

In dieser Phase findet die eigentliche Analyse statt. Hier werden die Daten über die erkannten Gespräche gesammelt, gefiltert und geclustert. Quellen werden identifiziert und Verbindungen und Dynamiken zwischen den Quellen aufgedeckt. Es handelt sich keineswegs um eine ausschließlich technische Phase, vielmehr wird zwischen Mensch und Maschine eine Art Ping-Pong gespielt. Hypothesen werden aufgestellt, verifiziert oder falsifiziert, plötzliche Eingebungen können sich als wahre Insights entpuppen. Es handelt sich auch nicht um eine rein quantitative Analyse, im Gegenteil, der Analyst und seine Kenntnisse und Fähigkeiten haben einen gewollten Einfluss auf das Ergebnis. Letztendlich entstehen die Insights beim Analysten und allen anderen Beobachtern und nicht aus dem System heraus. Am Ende dieser Phase stehen Visualisierungen der Ergebnisse und Handlungsempfehlungen.

Phase 3: Strategische Analyse

In dieser Phase werden die in Phase 2 gewonnen Erkenntnisse in einen größeren Kontext gestellt und zu handhabbaren Insights und Empfehlungen verdichtet. Phase 2 und 3 haben fließende Übergänge und sind eher in ihren Schwerpunkten zu differenzieren. Am Ende dieser Phase stehen in Abhängigkeit der vereinbarten Analysetiefe die Ergebnisse in Form von Reports, Dash Boards oder Präsentationen.

Abbildung 39 zeigt ein Beispiel für eine Dash Board Lösung. Die Grafik zeigt ausgewählte Ergebnisse für den deutschen Energiemarkt.

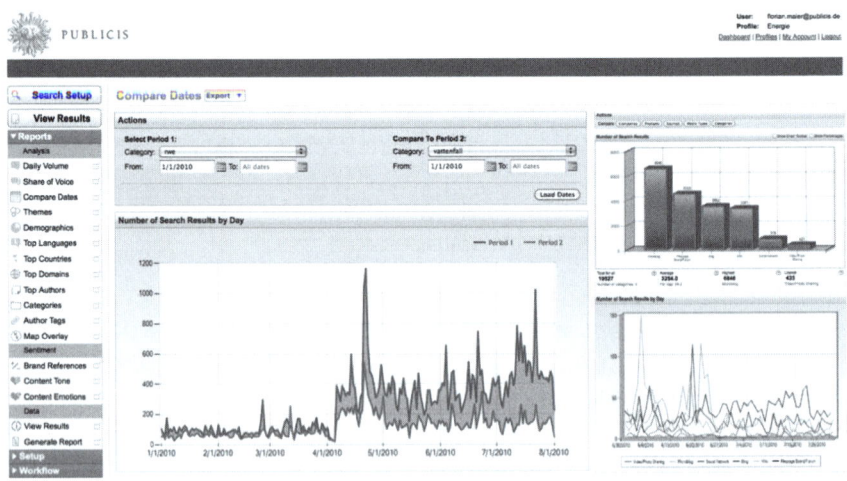

Abbildung 39: Visualisierung der Ergebnisse des Conversation Readers®

Actions

Die abzuleitenden Aktivitäten stehen im engen Zusammenhang mit den Insights und Empfehlungen. Dennoch ist es wichtig, zwischen der Analysephase und den Actions einen deutlichen Trennstrich zu ziehen. In der Praxis wird allzu oft das Pferd von hinten aufgezäumt und der Wunsch nach einer Social Media Strategie wird zum eigentlichen Treiber für das Monitoring. Oft sind aber andere Maßnahmen viel wirksamer. So ist die beste Antwort auf eine Produktdiskussion eine Verbesserung des Produktes und nicht ein Gegenhalten in der Diskussion. Auch eine Neujustierung der Kampagne ist erfolgversprechend, wenn der ausgelobte Benefit eben nicht die Gespräche trifft und treibt. Letztendlich werden sich diese Maßnahmen positiv auf die Gespräche und damit auf die Marke auswirken. Welcher Konsument hätte es nicht gern, die Früchte seiner Kritik zu sehen.

Daher sollte das ganze Spektrum an Marketing Aktivitäten in Betracht gezogen werden, vom Brand Management über Kommunikation bis hin zu Social Media Campaigning. Trotzdem ist der *Conversation Reader®* eine sehr hilfreiche Grundlage für die Entwicklung von Social Media Strategien, da hierdurch Zielgruppen, Themen und Diskussionsorte im Web identifiziert werden können.

The quick and the dead – Geschwindigkeit wird zum entscheidenden Faktor

Social Media wird in Zukunft über Erfolg und Misserfolg von Marken entscheiden. Berichte über Unwahrheiten und Beschönigungen der Produktleistungen in der Kommunikation sowie über tatsächliches oder vermeintliches Fehlverhalten seitens des Unternehmens werden mit Lust und Kreativität aufgedeckt und ungefiltert und unabhängig von ihrem Wahrheitsgehalt in Sekundenschnelle rund um den Erdball verbreitet. Meinungsführer wie Medien, angesagte Foren oder Blogger nehmen die skandalträchtigsten Informationen auf und verleihen ihnen zusätzlichen Schub. Unzählige Negativbeispiele aus der näheren Vergangenheit aber auch positive Beispiele machen den wachsenden Einfluss von Social Media deutlich. So nutzte Apple sehr effektiv die Auftritte von Steve Jobs auf YouTube, um das bereits gute Image weiter aufzupolieren und die neuen Produkte detailliert in ihren Funktionen und Benefits zu beschreiben. Und der Computerhersteller Dell, bekannt für seine kosten-effizienten Strategien, nutzt gar Social Media Networks als Verkaufsplattform und konnte bereits 3 Mio. US-Dollar Umsatz über seinen Twitter Account generieren.[8]

Für die Zukunft wird es entscheidend sein, real-time Handlungsfähigkeit herzustellen. Das gilt für Gegendarstellungen bei offensichtlichen Falschdarstellungen, für Optimierung von Produkten wie für Anpassungen oder Korrekturen von Botschaften. Unternehmen und Marken haben die Möglichkeit an den Gesprächen teilzunehmen und einen echten Beitrag zur Konversation zu leisten. Ein besseres Verständnis des Konsumenten und damit auch der Einsatz geeigneter Monitoring Tools sind notwendige Grundlage hierfür und werden zu einem Muss für alle Unternehmen.

---

8 Vgl. Honeytechblog (2010).

Literatur

Concannon, L. (2010), Stuck between an elephant and an 800lb gorilla, URL: http://reputationonline.co.uk/2010/05/04/social-media-monitoring-stuck-between-an-elephant-and-an-800lb-gorilla

Honeytechblog (2010), 10 Best Social Media Case Studies, URL: http://www.honeytechblog.com/10-best-scial-media-case-studies/

Horizont.net (2009), RWE-Imagefilm Energieriese, Horizont.net am 07.07.2009, URL: www.horizont.net/kreation/tv/pages/protected/show-2633.html

Kolbrück, O. (2009), Viral entlarvt das Märchen vom RWE-Riesen, off the record am 17. August 2009, URL: http://off-the-record.de/2009/08/17/greenpeace-entlarvt-das-maerchen-vom-rwe-riesen/

Levine, R., Locke, C., Searls, D., Weinberger, D. (2000), Das Cluetrain Manifest. 95 Thesen für die neue Unternehmenskultur im digitalen Zeitalter, Econ Verlag München

Li, C., Bernoff, J. (2010), Facebook, YouTube, Xing & Co – Gewinnen mit Social Technologies, Carl Hanser Verlag München

Mester, V. (2008), Langnese wird weich: Nogger Choc ist zurück, Hamburger Abendblatt vom 17.04.2008, URL: www.abendblatt.de/wirtschaft/article912718/Langnese-wird-weich-Nogger-Choc-ist-zurueck.html

Nielsen (2009), Global Online Consumer Survey, April 2009

Unilever (2010), Nogger Choc ist wieder da!, URL: www.unilever.de/ourbrands/cookingandeating/mehrartikel/nogger_choc_ist_wieder_da.asp

Wave4 (2010), Social Media Studie, Universal McCann

Winderl, D. (2009), RWE führt den Energieriesen ein, WuV.de vom 02.07.2009, URL: www.wuv.de/nachrichten/unternehmen/rwe_fuehrt_den_energieriesen_ein

Kapitel 23 Here Comes Everybody: Anwendungsfall WARSTEINER

von Ben Künkler und Thorsten Terlohr

Die Marketing-Maßnahmen der Marke WARSTEINER in den sozialen Medien waren zunächst zielgruppenspezifisch ausgerichtet. Unter dem Titel „WARSTEINER Unipartys" adressierte die Marke ein junges, vorwiegend studentisches Publikum. Die entsprechenden Sponsoring-Aktivitäten wurden online durch eine Website, ein Blog und Präsenzen bei MySpace und Facebook verlängert.[1]

Auf der Basis dieser ersten Erfahrungen wurde in Zusammenarbeit mit der Online-Agentur Saint Elmo's Interaction Berlin innerhalb des Unternehmens ein verbindliches Verständnis der sozialen Medien aufgebaut. Dazu gehörten zum Beispiel die Formulierung von Social Media Guidelines sowie die Definition von Verantwortlichkeiten und Schnittstellen. Nachdem diese grundlegenden Voraussetzungen für erfolgreiches Marketing in den sozialen Medien geschaffen waren, wurde eine Social-Media-Kampagne entwickelt, die alle Zielgruppen der Marke ansprechen und eine entsprechend große Zahl von Nutzern erreichen sollte.

Akteure

Saint Elmo's mit Standorten in München, Berlin und Hamburg realisiert ganzheitliche Cross-The-Line-Kommunikationslösungen. Etwa 120 Mitarbeiter arbeiten an integrierten Kampagnen für Kunden wie Andechser Molkerei, BMW, Bayerischer Rundfunk, General Electric, Kabel Deutschland, LG Electronics, Lufthansa City Center, Mars, Pfizer und Warsteiner.

Die Kampagne wurde im Juli 2010 gestartet. Das Thema war in Anlehnung an die Markenpositionierung formuliert: „Die Suche nach dem einzig Wahren". Im Mittelpunkt stand die in Abbildung 40 dargestellte Facebook-Seite, auf der die Nutzer sich mit Hilfe einer App darüber austauschen und darüber abstimmen konnten, was für sie in verschiedenen Bereichen „das einzig Wahre" ist.[2] Begleitet wurde die Diskussion von einem Blog, einem YouTube-Channel und Präsenzen bei Twitter und Flickr.

Die Themen der „Suche nach dem einzig Wahren" wechselten monatlich. Zunächst wurde nach dem „einzig wahren Festival" gesucht (Bamberg zaubert), später unter anderem nach der „einzig wahren Urlaubsinsel" (Juist), nach dem „einzig wahren Verein" (Titans Berlin Cheerleader) und nach der „einzig wahren Fernsehserie" (Tatort). Insgesamt gab es 17 verschiedene Themen.

---

1 Es handelt sich bei diesem Kapitel um die Anwendung der Theorieansätze von Clay Shirky, die in Kapitel 9 beschrieben wurden.
2 Siehe online unter www.facebook.com/Warsteiner.

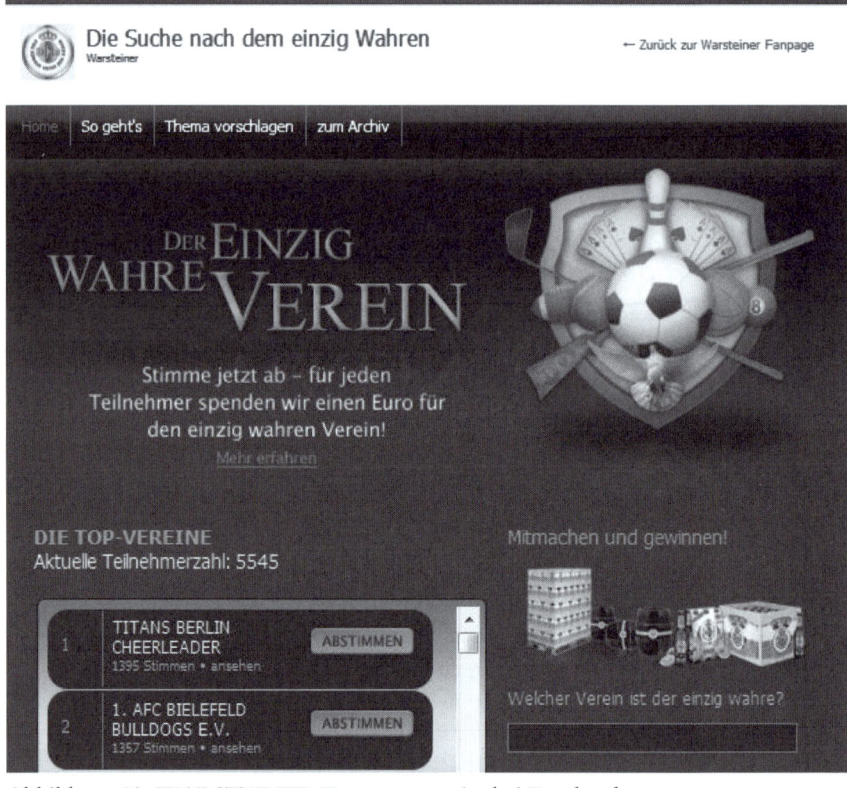

Abbildung 40: WARSTEINER Kampagnenseite bei Facebook

Vor allem die Facebook-Seite wurde im Laufe der Kampagne immer weiter ausgebaut. Unter anderem wurde eine Gewinnspiel-App mit dem Titel „Bier gewinnt!" eingeführt, bei der die Nutzer jeweils einmal monatlich (zwischen zwei „Suchaktionen") an einer Verlosung teilnehmen konnten. Insgesamt wurden so im Laufe von 16 Monaten 66.000 Fans gewonnen.[3]

Organisieren ohne Organisationen

Die sozialen Medien haben, wie in Kapitel 9 ausführlich beschrieben wurde, den unbestreitbaren Vorteil, dass sich mit ihrer Hilfe in sehr kurzer Zeit sehr große Gruppen aufbauen lassen. Im Vergleich zu Strukturen wie Kirchen oder Dorfgemeinschaften, die teilweise über Generationen gewachsen sind, ist die Mitgliedschaft in solchen Gruppen aber relativ unverbindlich: Die Mitglieder fühlen sich zu nichts verpflichtet und tun nur das, was sie tun wollen. Das bedeutet, dass sich solche Gruppen zumin-

---

3 Stand: November 2011.

dest im werblichen Kontext fast ausschließlich über Anreizsysteme steuern lassen. Sanktionen gibt es also praktisch nur im allgemeinen Rahmen der Kampagne – wer zum Beispiel gesetzeswidrige Inhalte veröffentlicht oder sich nicht an die Regeln der Plattform hält, muss damit rechnen, dass seine Beiträge oder sogar sein Profil gelöscht werden.

Im Rahmen der WARSTEINER-Kampagne war es deshalb das Ziel, jedes Angebot mit einem oder mehreren konkreten Anreizen zu verknüpfen. Bei der „Suche nach dem einzig wahren Verein" zum Beispiel wurde unter allen Teilnehmern ein individueller Preis verlost und der Gewinner-Verein mit einem kollektiven Gewinn belohnt. Diese Kombination von Anreizen führte dazu, dass viele Vereinsmitglieder selbst Fan der WARSTEINER-Seite wurden und darüber hinaus auch ihre Freunde zum Mitmachen einluden.

Von WARSTEINER wurden also nur das Ziel und der allgemeine Rahmen der Gruppenaktivität definiert. Das wäre auch ohne Social Media möglich gewesen. Dank der neuen Technologien wurde die Kampagne aber zu einer Plattform. Die Gruppenmitglieder konnten sich auch untereinander verständigen und mit verhältnismäßig geringem Aufwand dezentrale „Sub-Kampagnen" für ihre Favoriten organisieren. Es war vor allem diese virale Verbreitung innerhalb bestehender, sozialer Strukturen, die für den beeindruckenden Zuwachs bei den Fans der WARSTEINER-Seite sorgte.

Unternehmen und Organisationen hatten zwar auch schon vorher die Möglichkeit, ihre Botschaften zu verbreiten. Durch das Internet und insbesondere durch die sozialen Medien ist jedoch die Möglichkeit entstanden, dass auch die einzelnen Mitglieder von Gruppen ihre Botschaften relativ mühelos und ortsunabhängig verbreiten können. Im günstigsten Fall werden sie dabei zu Botschaftern für die Gruppe, in der sie aufgrund persönlicher Bekanntschaften besonders glaubwürdig sind.

Einbruch von Transaktionskosten

Auch mit Hilfe der sozialen Medien ist es einer Marke natürlich nicht möglich, mit jedem einzelnen Kunden in einen Dialog einzutreten. Die damit verbundenen Transaktionskosten wären zu hoch. Wie in Kapitel 9 beschrieben wurde, können diese Kosten durch soziale Medien aber deutlich reduziert werden.[4] Wenn ein Kunde zum Beispiel eine Frage an WARSTEINER hat, kann er sich auf der Pinnwand der Facebook-Seite zu Wort melden. Der Aufwand dafür wird von den Nutzern als deutlich geringer wahrgenommen als etwa der Aufwand, eine E-Mail zu schreiben – und genauso einfach und schnell kann die Marke auf das Feedback reagieren.

Ein zweiter Vorteil dieser öffentlichen One-to-one-Kommunikation besteht darin, dass andere Nutzer die gleiche Frage nicht noch einmal zu stellen brauchen, sondern sofort die Antwort sehen können. Das gilt natürlich besonders dann, wenn es um aktuelle Fragen geht, die viele Nutzer zur gleichen Zeit beschäftigen, etwa beim Start eines neuen Gewinnspiels.

---

4 Siehe insbesondere zum Begriff der Transaktionskosten Kapitel 9 in diesem Buch.

Warsteiner
Welcher YouTube-Clip ist der einzig wahre? Stimmt jetzt ab und gewinnt mit etwas Glück einen HD-Camcorder von Panasonic - einfach auf unserer Seite links unter dem Profilbild auf "Die Suche" klicken! (red)

 **Der einzig wahre YouTube-Clip**
www.daseinzigwahre.de

Der 2. Dezember ist ein Tag, den unser ganzes Team schon mit Spannung erwartet. Der 2. Dezember ist nämlich der Tag, an dem unsere nächste Suchaktion zu

52.720 Impressionen · 0,06 % Feedback

Gefällt mir · Kommentieren · Teilen · Donnerstag um 18:58 ·

24 Personen gefällt das.

1 Mal geteilt

 abgestimmt! :-)
Donnerstag um 19:03 · Gefällt mir nicht mehr · 1

da bin ich zu blöd zu :(ich kann in dem Kommentar-Feld nix eintragen :(
Donnerstag um 19:03 · Gefällt mir

 Warsteiner Das Kommentarfeld in der rechts neben der Top-Liste wird erst aktiviert, nachdem du den Namen des Videos eingegeben hast. Das Kommentarfeld unten sollte eigentlich immer funktionieren. (red)
Donnerstag um 19:09 · Gefällt mir

ok, danke liebe Warsteiners :) d.h. ich kann nur für die vorgeschlagenen videos abstimmen?
Donnerstag um 19:11 · Gefällt mir

 Warsteiner Nein, du musst nur einen Namen eingeben. Wenn der Name in der Liste ist, wird deine Stimme für dieses Video gezählt. Wenn nicht, wird der Liste ein neues Video hinzugefügt. :-) (red)
Donnerstag um 19:15 · Gefällt mir

 ok,danke Warsteiner .....You-Tube -Clip
Freitag um 20:26 · Gefällt mir

Schreibe einen Kommentar ...

Abbildung 41: Öffentliche One-to-one-Kommunikation bei Facebook

Ein dritter Vorteil besteht darin, dass die Kommunikation der Fans untereinander genutzt werden kann, um Informationen zu verbreiten. Wenn zum Beispiel eine Frage zur Funktionsweise eines neuen Gewinnspiels mehrfach gestellt wird, kommt es vor, dass die Fans beim zweiten Mal nicht mehr auf die Antwort der Marke warten, sondern sich untereinander weiterhelfen. Es bilden sich also spontane Hierarchien von

Multiplikatoren aus, die die Transaktionskosten für die Marke senken. Diese Multiplikatoren stellen aber auch ein gewisses Risiko dar, weil die Marke keinerlei Kontrolle darüber hat, welche Informationen sie weiterverbreiten – schließlich werden gerade Kritik oder Berichte über Missgeschicke und Pannen von vielen Nutzern gerne „geteilt".

Austausch, Zusammenarbeit und kollektives Handeln

Ziel einer jeden Social-Media-Kampagne ist der Aufbau einer Community, die sich einerseits durch einen möglichst starken Zusammenhalt auszeichnet und andererseits durch die Fähigkeit, gemeinsame Ziele zu definieren und zu erreichen. Dieses Ziel lässt sich in der Regel nicht auf Anhieb erreichen. Die Gemeinschaft entwickelt sich vielmehr kontinuierlich weiter. Eine entscheidende Rolle kommt dabei der Redaktion zu, die die Marke repräsentiert und ihr im Idealfall ein Gesicht gibt. Wenn es der Redaktion gelingt, die Community überzeugend zu führen und gleichzeitig Anregungen aus dem unmittelbaren Dialog mit der Community produktiv aufzunehmen und umzusetzen, verstärken sich Verbindlichkeit und Handlungsfähigkeit wechselseitig und nehmen so immer mehr zu. Diese Entwicklung kann analog zu Kapitel 9 in drei Phasen aufgeteilt werden: Austausch, Zusammenarbeit und kollektives Handeln.

Austausch

In der ersten Phase geht es um den unverbindlichen Austausch von Inhalten. Die Fans von WARSTEINER zum Beispiel nutzen die Facebook-Seite, um dort mit der Marke und mit anderen Fans in Dialog zu treten, um sich zu informieren, Anregungen zu geben oder Kritik zu äußern.

Abbildung 42: Fanpost: selbstgemachtes Foto einer WARSTEINER-Flasche

Zusammenarbeit

Die Phase der Zusammenarbeit ist dadurch gekennzeichnet, dass mehrere Nutzer gemeinsam ein bestimmtes Ziel verfolgen. Bei der „Suche nach dem einzig wahren Verein" zum Beispiel bestand das Ziel darin, durch eine Diskussion und eine Abstimmung den „einzig wahren Verein" zu ermitteln. Während die Äußerungen in der Phase des Austausches zunächst einmal für sich stehen, sind die Stellungnahmen zur „Suche" also Bestandteil einer dialogischen Zusammenarbeit.

Abbildung 43: Zusammenarbeit: Die Suche nach dem einzig wahren Verein

Kollektive Handlung

Wenn die Zusammenarbeit zu einem konkreten Ergebnis führt, kann man von einer kollektiven Handlung sprechen. Eine Abstimmung wie bei der „Suche nach dem einzig Wahren" zum Beispiel ist eine kollektive Handlung. Jeder, der sich an einer solchen Abstimmung beteiligt, legt sich damit fest, dass er das Ergebnis der Abstimmung als verbindlich anerkennt. Natürlich gibt es bei Abstimmungen große Unterschiede in der Tragweite. Bei der „Suche nach dem einzig wahren Verein" war die Abstimmung aber nicht nur symbolisch: Die Warsteiner Brauerei hat dem Gewinner-Verein nicht nur eine Urkunde überreicht, sondern ihn darüber hinaus auch mit einem Euro für jede abgegebene Stimme unterstützt. Die Teilnehmer haben also durch ihr gemeinsames Handeln und die Anerkennung gemeinsamer Regeln im virtuellen Raum der sozialen Medien Veränderungen in der realen Welt bewirkt.

DAS
EINZIG
WAHRE
BLOG

Football – Cheerleading 1351:1393

24.06.2011   Von Warsteiner   3 Kommentare

Die Titans Berlin Cheerleader

Football-Spieler gegen Cheerleader – ein solches Match gibt es wohl nur bei der Suche nach dem einzig Wahren!

Abbildung 44: Das WARSTEINER Blog mit Gewinner-Verein

Wie weitreichend die Veränderungen sind, die durch kollektives Handeln erreicht werden können, hängt einerseits natürlich von den technologischen Rahmenbedingungen ab. Eine Weiterentwicklung der „Suche nach dem einzig Wahren" besteht zum Beispiel darin, dass die Teilnehmer selbst entscheiden, welches Thema die nächste Suchaktion haben soll – also welches Ziel die Teilnehmer gemeinsam erreichen wollen. Dieses Ziel wurde bei der „Suche nach dem einzig wahren YouTube-Clip" über eine Abstimmung auf der Facebook-Pinnwand ermittelt.

Der Erfolg des kollektiven Handelns hängt andererseits aber auch sehr stark davon ab, wie intensiv sich die Teilnehmer engagieren. Diese Aufwandsbereitschaft wird durch unterschiedliche Faktoren bestimmt. Wichtige Einflussgrößen sind etwa die Relevanz des Handlungsziels, aber auch das Vertrauen in die Rahmenbedingungen – das Versprechen einer Belohnung im Internet zum Beispiel ist nicht immer gleichermaßen glaubwürdig.

Der entscheidende Faktor ist aber vermutlich die Erwartung, dass sich andere an der kollektiven Handlung beteiligen. Wenn etwa der Trainer eines Vereins dazu aufruft, für den Verein abzustimmen, und die Vereinsmitglieder aus Erfahrung wissen, dass viele andere Mitglieder diesem Aufruf folgen werden, ist die Erfolgsaussicht sehr hoch. Social-Media-Kampagnen entstehen also nicht im luftleeren Raum – ihr Erfolg hängt wesentlich von den Erfahrungen der Teilnehmer ab.

Erst veröffentlichen, dann filtern

Eine Herausforderung bei der „Suche nach dem einzig Wahren" bestand darin, dass die Teilnehmer das Ergebnis bestimmen konnten. Die Marke hatte also keine Kontrolle darüber, welcher Kandidat bei der Abstimmung gewinnt und ob sich dieses Ergebnis mit der Markenidentität vereinbaren lässt. Die Kampagne wurde deshalb so angelegt, dass bei den „Suchaktionen" jeweils die Kandidaten gewinnen, die ihre Anhänger am besten mobilisieren können. Die Gewinner waren also die „Anführer" mit der größten Überzeugungskraft – und da der „Führungsanspruch" einer der wesentlichen Aspekte der Marke WARSTEINER ist, konnten die Ergebnisse der „Suche nach dem einzig Wahren" mühelos in das Markenbild integriert werden.

Grundsätzlich ermöglichen es die sozialen Medien jedem Nutzer, mit minimalem Aufwand Inhalte zu publizieren. Dadurch entsteht eine Informationsflut, die viele Nutzer überfordert und frustriert. Die Möglichkeit zu kollektivem Handeln besteht zwar in der Theorie. In der Praxis verbringen aber viele Nutzer viel Zeit mit den sozialen Medien, ohne dass ein greifbares Ergebnis zu erkennen wäre. Bei der Social-Media-Kampagne von WARSTEINER kam es deshalb auch eher selten vor, dass die Initiative von den Nutzern ausging. Eine Bereitschaft zu Beteiligung und Dialog ergab sich am ehesten dort, wo von glaubwürdigen, am besten persönlich bekannten Meinungsführern ein bestimmtes Engagement empfohlen wurde.

Kommunikation in sozialen Netzwerken

Wie beschrieben wurde, bringt es die dezentrale Struktur des Internets und speziell der sozialen Medien mit sich, dass die Nutzer aus einer unüberschaubaren Zahl von Angeboten auswählen können, deren Relevanz, Qualität und Nutzen sich auf den ersten Blick nicht ohne weiteres beurteilen lassen. Die Anzahl der Aufrufe und die Nutzerbewertungen eines YouTube-Clips beispielsweise geben keinen zuverlässigen Aufschluss darüber, ob das Video wirklich sehenswert ist. Viele Nutzer orientieren sich deshalb an den Empfehlungen von Meinungsführern. Das können anerkannte Institutionen wie die klassischen Medien sein, aber auch persönliche Bekannte.

Um selbst eine Reputation als vertrauenswürdige Meinungsführer aufzubauen, bietet es sich für Marken deshalb an, diese bestehenden sozialen Strukturen für sich zu nutzen. Entsprechende Kampagnen sollten deshalb so strukturiert sein, dass sie wenigen Multiplikatoren mit großem Einfluss oder viele Multiplikatoren mit jeweils geringem Einfluss einen Anlass bieten, die jeweiligen Inhalte zu verbreiten.

Die „Suche nach dem einzig wahren Verein" zum Beispiel bot den Vereinen durch den kollektiven Preis einen starken Anreiz, ihre Mitglieder zum Mitmachen einzuladen. Bei dieser Kampagne wurden also verhältnismäßig wenige Multiplikatoren angesprochen, die jeweils Hunderte andere Menschen erreichten. Bei der „Bier gewinnt!"-Verlosung dagegen kann jeder Teilnehmer seine eigenen Gewinnchancen erhöhen, indem er bis zu 25 Freunde zum Mitmachen einlädt. Bei diesem Gewinnspiel werden also viele Multiplikatoren angesprochen, die jeweils relativ wenige andere Nutzer erreichen.

Um nachhaltig Vertrauen aufzubauen, sollte die Qualität des Angebots allerdings immer den Anreizen für die Multiplikatoren entsprechen. Wenn die Multiplikatoren aufgrund von Anreizen Inhalte verbreiten, die nicht den Erwartungen der anderen Nutzer entsprechen, werden sie auf Dauer unglaubwürdig – ebenso wie die Marke selbst.

Versprechen, Technologie, Übereinkunft

Für die Marke WARSTEINER bilden die sozialen Medien innerhalb des Marketingmix eine ideale ergänzende Plattform, um unmittelbares Feedback der Konsumenten zu erhalten. Das Versprechen an die Nutzer besteht also darin, dass sie in einen schnellen, direkten Dialog mit Mitarbeitern des Unternehmens treten können und „aus erster Hand" Wissenswertes und Neuigkeiten über ihre Lieblingsmarke erfahren. Umgekehrt erfährt die Marke, was ihren Fan bewegt, was ihm besonders gut gefällt oder was er verbessern möchte.

Darüber hinaus können die Nutzer Teil einer Community werden, die durch die Leidenschaft für das einzig Wahre zusammengehalten wird, spannende Informationen und Aktionen rund um dieses Thema anbietet und sich immer neue, markenrelevante Ziele setzt, die gemeinsam erreicht werden.

Facebook bietet für diesen Ansatz derzeit die optimale Technologie. Etwa ein Viertel der deutschen Bevölkerung verfügt über einen Facebook-Account, Facebook bietet sehr gute Möglichkeiten der Kommunikationen zwischen Marke und Konsumenten einerseits und zwischen den Konsumenten andererseits, und es ist auch möglich, kampagnenspezifische Apps zu entwickeln und in die Marken-Seite zu integrieren. Die Seiten bei Facebook bieten darüber hinaus die Möglichkeit, Gruppen von ganz unterschiedlicher Größe zu organisieren, von einigen wenigen Mitgliedern bis hin zu Millionen.

Aus dem Versprechen und der überzeugenden technologischen Umsetzung entwickelt sich langfristig eine Übereinkunft, eine wachsende Verbindlichkeit in der Community – und eine entsprechende Erwartungshaltung gegenüber der Marke.

Fazit

Die sozialen Medien sind für Marken eine große Herausforderung, weil sie sich von klassischen Medien noch stärker unterscheiden, als es auf den ersten Blick scheint: Im Social Web geht es nicht um die Verbreitung von Werbebotschaften, sondern um den schnellen, direkten Austausch mit der Marke und darüber hinaus auch um die Mitgliedschaft in Communities.

Für den Aufbau der Community spielen organisatorische Fragen eine entscheidende Rolle: Zunächst geht es darum, unter Rückgriff auf bestehende soziale Strukturen und mit einem überzeugenden Versprechen die Nutzer zu motivieren, sich für ein gemeinsames Ziel zu engagieren. Es muss eine Technologie zur Verfügung gestellt werden, die es ermöglicht, dieses Ziel zu erreichen. Durch den gemeinsamen Erfolg entstehen dann Vertrauen und Verbindlichkeit.

Eine solche Community, die sich durch ein hohes Maß an Verbindlichkeit und durch eine große Handlungsfähigkeit auszeichnet, ist schließlich für Unternehmen auch ein relevanter Mehrwert, den sie ihren Kunden anbieten können.

Kapitel 24 Crowdsourcing: Anwendungsfall Jovoto

von Conradin Mach-Sonnenberg

Über Crowdsourcing wird zunehmend viel geschrieben, spekuliert und diskutiert. Während die Innovations- und Marketingabteilungen großer Unternehmen langsam begreifen, dass Crowdsourcing keine vorübergehende Erscheinung ist, sondern bald zum Standardrepertoire der Ideen-Generierung gehören wird und sich auch einige mutige Mittelständler an erste Crowdsourcing-Projekte wagen (vielleicht kann man damit ja Geld sparen), versuchen erste Plattformen wie crowdsourcing.org oder Foren wie crowdsourcingblog.com (relativ hilflos) Licht ins Dunkel und Ordnung ins Crowdsourcing-Dickicht zu bringen. Um das Potential von Crowdsourcing für die Unternehmen aber auch für die Kreativen zu verstehen und abzuschätzen, ob man sich der Begeisterung über die neuen Möglichkeiten anschließen will, muss man Crowdsourcing selbst betreiben und dessen Effekt erleben. Wie das geht und welche Erfahrungen dabei gesammelt wurden, wird auf den folgenden Seiten am Beispiel jovoto beschrieben.

Akteure

jovoto ist eine globale Kreativ-Plattform für kollaborative Ideenfindung, die heute weltweit mehr als 30.000 talentierten Kreativen mit einer Vielzahl von Unternehmen zusammenbringt. jovoto wurde 2006 in Zusammenarbeit mit der Universität der Künste in Berlin gegründet und hat heute einen zweiten Standort in New York. Das Geschäftsmodell basiert zu 100 Prozent auf der Idee des Crowdsourcing. Unternehmen und Organisationen haben die Möglichkeit, ihre Probleme gegen ein angemessenes Preisgeld und faire Copyright-Bedingungen von den Mitgliedern der Kreativ-Community lösen zu lassen.

Professionell geführte Projekte

Wie in Kapitel 10 beschrieben wurde, kann zwischen Crowdsourcing als selbstorganisierte Aktivität und professionell geführten Prozessen unterschieden werden, wie sie bei jovoto durchführt werden.

Modell

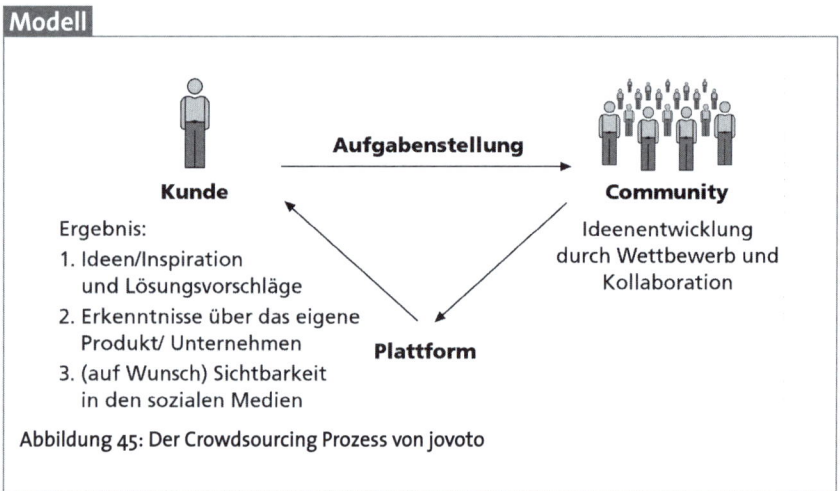

Abbildung 45: Der Crowdsourcing Prozess von jovoto

Wie Abbildung 45 zeigt, erinnern sowohl Prozess als auch Ergebnisse eines Creative Crowdsourcing Projektes an den klassischen Prozesskreislauf, wie er seit Jahrzehnten in Werbe- und Designagenturen aber auch in Innovationsabteilungen stattfindet. Es bestehen aber, wie Tabelle 18 zeigt, Unterscheide in wesentlichen Punkten:

Prozess	Klassischer Prozess	Crowdsourcing Prozess
Aufgabe	Die Aufgabenstellung muss nur Professionals verständlich sein.	Die Aufgabenstellung muss allgemein verständlich und motivierend sein.
Motivation	Die Motivation der Teilnehmer erfolgt vorwiegend extrinsisch (Gehalt, Karrierechancen).	Die Motivation der Teilnehmer erfolgt intrinsisch (Spaß an der Aufgabe) und extrinsisch. (Preisgelder).
Team	Festes Team von wenigen Menschen.	Community von beliebig vielen Menschen.
Ideenfindung	Kooperativer Prozess innerhalb des Teams.	Gleichzeitig kooperativer und kompetitiver Prozess innerhalb der Community.
Ergebnis	Klassisches Ergebnis	Crowdsourcing Ergebnis
Ideen	In der Regel ein bis drei Ideen, die dem Kunden präsentiert werden.	In der Regel mehr als hundert durch die Community bereits bewertete Ideen.
Insights	Nur Schluss-Stand ist einsehbar.	Sämtliche Diskussionen zur Aufgabe sind transparent und einseh- und auswertbar.

Kampagne	Arbeit unter Ausschluss der Öffentlichkeit.	Arbeit unter Miteinbeziehung der Öffentlichkeit möglich.

Tabelle 18: Besonderheiten von Prozess und Ergebnis im Crowdsourcing

Bei den Creative Crowdsourcing Projekten auf jovoto handelt es sich, wie die folgenden Beispiele zeigen, in der Regel um die Entwicklung von Produktnamen, Designvorschlägen für Logos und Verpackungen oder um die Konzeption neuer Dienstleistungen.

Beispiel Design: Deutsche Bahn

Für die Deutsche Bahn sollte die Community, wie Abbildung 46 zeigt, ein neues Design entwickeln. Die Aufgabe lautete wie folgt: „Die Deutsche Bahn AG hat einen spannenden Auftrag für Euch! Es geht um eine gute Sache und richtig viel Geld..." Das Ergebnis waren 112 Ideen, 388 Idee-Variationen, 1056 Kommentare und 1750 Votes.

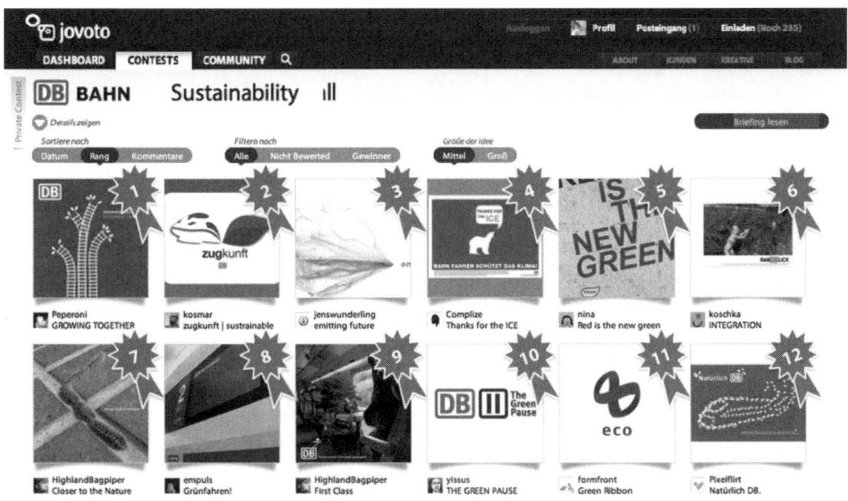

Abbildung 46: Vorschläge der Community für die Deutsche Bahn

Beispiel Produktgestaltung: koelnmesse / garden unique

Für die koelnmesse und garden unique wurde ein Produkt der besonderen Art entwickelt. Die Aufgabe lautete: „Gestalte den Balkon Deiner Träume für die Welt-Leitmesse der Gartenbranche!" Das Ergebnis waren 154 Ideen, von denen eine Auswahl in Abbildung 47 abgebildet ist, 1461 Idee-Variationen, 4766 Kommentare und 12908 Votes.

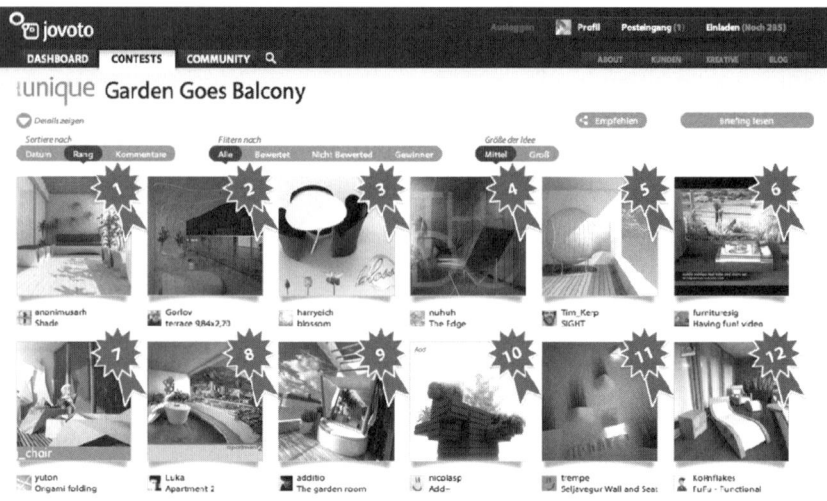

Abbildung 47: Vorschläge der Community für koelnmesse / garden unique

Beispiel Architektur: 300$ Haus

Ein weiterer Aufgabenbereich, der in Abbildung 48 dargestellt ist, ist die Architektur: „Entwerfe ein günstiges Haus, das auch Menschen mit sehr niedrigem Einkommen bauen können." Das Ergebnis waren 300 Ideen, 2792 Idee-Variationen, 7443 Kommentare und 22953 Votes.

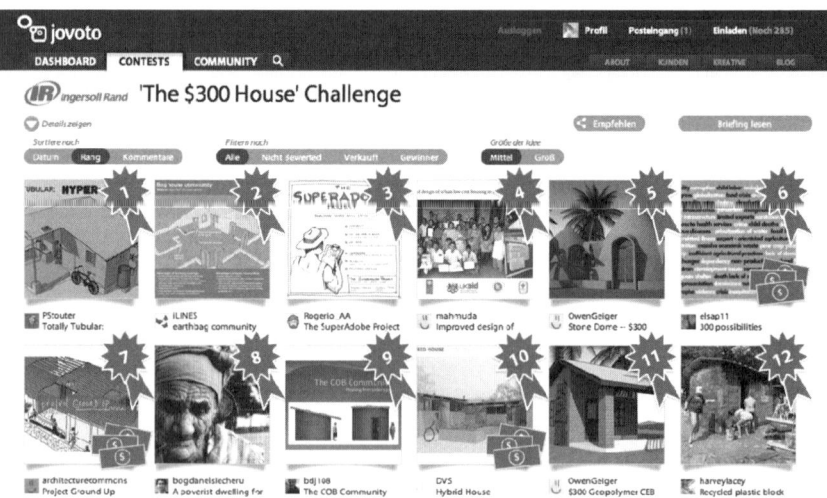

Abbildung 48: Vorschläge der Community für ein 300$ Haus

Beispiel Service-Innovation: Telekom/Lindner Hotel Ressorts

Für die Telekom und Lindner Hotel Ressorts sollte die Community neue Dienstleistungen entwickeln. Die Aufgabe hierzu lautet: Entwickle spannende Services, welche die Besucher der neuen „me and all hotels" verbinden. Da der Contest noch läuft ist das Ergebnis noch offen. Erste Vorschläge zur Lösung dieser Aufgabenstellung zeigt Abbildung 49.

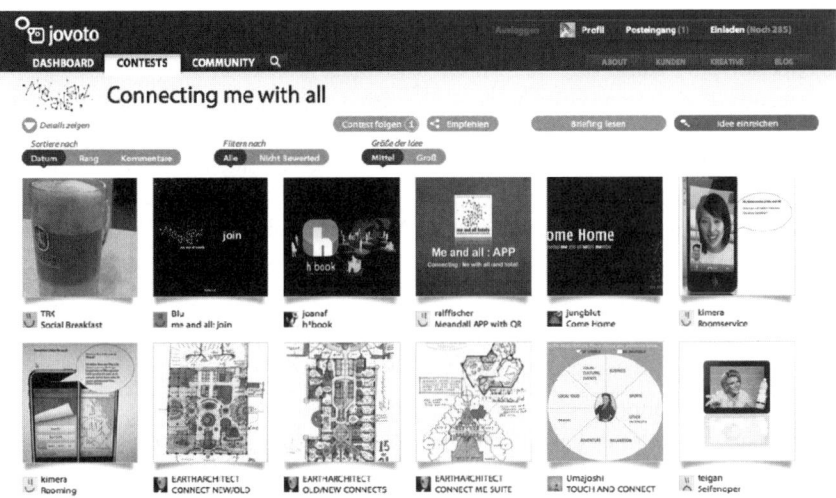

Abbildung 49: Vorschläge der Community für Telekom und Lindner Hotel Ressorts

Akteure: Amateure, unentdeckte Talente und Profis

Kunden, die zum ersten Mal mit Crowdsourcing in Berührung kommen, fragen sich am Anfang häufig: Wer ist denn diese Crowd? Wer sind diese 100 oder 5.000 oder 100.000 Menschen, die in einen Crowdsourcing Prozess involviert sind? Die Antwort auf diese Frage hat aus der Perspektive von jovoto verschiedene Dimensionen, die im Folgenden beschrieben werden

Prosumer versus Kreative

Der Begriff Prosument wurde in Kapitel 10 zwar ausführlich beschrieben, es wurde dabei aber nicht darauf eingegangen, ab wann ein Prosument wirklich ein produzierender Konsument ist. Reicht es, dass er seine Meinung zu einem Produkt sagt oder muss er ein neues Produkt entwerfen, um diesem schillernden Namen gerecht zu werden? Die Arbeit bei jovoto wirft nicht nur diese Frage auf, sondern zeigt vor allem, dass der Prosument vom Kreativen deutlich zu unterscheiden ist, der an Crowdsourcing Projekten teilnimmt. Um Prosumenten handelt es sich in der Regel dann, wenn Unternehmen sich öffnen und ihre Kunden zur Mitgestaltung an einem Produkt auffordern, wie dies zum Beispiel beim dem „Social Media Burger" von McDonalds der

Fall war.[1] Jovoto wird hingegen als Intermediär tätig, der Unternehmen mit Kreativen zusammen bringt. Während Prosumenten selbst von dem jeweiligen Produkt betroffen sind, ist dies bei den Kreativen auf der Plattform oft nicht der Fall. Die Arbeit mit den Kreativen bringt jedoch den Vorteil mit sich, dass diese vielfältigere Ideen und professionellere Ergebnisse erzeugen als der kreativ ungeschulte Konsument. Der Nachteil ist, dass die das Produkt, das sie gestalten sollen, teilweise nicht aus eigener Erfahrung kennen und sie daher die Sicht der effektiven Zielgruppe nur eingeschränkt verstehen. Ein Beispiel dafür ist das Verpackungsdesign für After Eight. Die Zielgruppe für die traditionsreichen Minze-Schokolade-Täfelchen liegt im mittleren bis gehobenen Alters-Segment, während die Kreativ-Community aus vorwiegend jungen Mitgliedern besteht. Die Lösung dieses Dilemmas ist das „Zielgruppen-Voting", bei dem eine relevante Anzahl von Individuen auf Basis klassischer Methoden der Marktforschung aus der Zielgruppe rekrutiert wird, um die Arbeitsergebnisse der Kreativen aus Zielgruppen-Sicht zu beurteilen. Zusätzlich zum eigenen Ranking der Community erhält der Auftraggeber so auch ein Ranking seiner Konsumenten.

Internationalität der Teilnehmer

Insgesamt erfolgt die geographische Verbreitung einer Plattform wie jovoto in der Regel organisch. Das Unternehmen wurde 2005 in Berlin gegründet und hat 2008 seinen zweiten Standort in New York eröffnet. Diese unternehmenseigene Entwicklung zeigt sich auch mit Blick auf die internationale Zusammensetzung der jovoto-Community, wie in Abbildung 50 sehr gut zu erkennen ist.

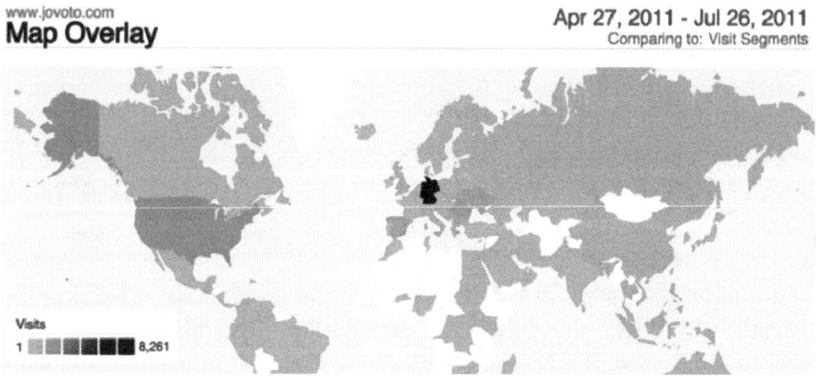

Abbildung 50: Geographische Verteilung der Akteure bei einem öffentlichen Contest auf jovoto

Während es einerseits als großer Vorteil gesehen wird, das die offene Struktur von Crowdsourcing zu einer hohen Internationalität der Kreativen führt und dadurch

---

1 Siehe unter www.mcdonalds.de/mein_burger.

vielfältige Perspektiven und unterschiedliche kulturelle Einflüsse in die Arbeit einflie-ßen, wird von Kundenseite immer wieder nach einer Möglichkeiten der regionalen Einschränkung gefragt, um regionale Besonderheiten zu berücksichtigen.

Teilnahmequote

Die Erfahrung von jovoto zeigt, dass nur ein Prozentsatz der Community den Pro-jektaufrufen folgt und zwar die Menschen, die sich entweder nur für das Thema interessieren, über das Thema mitdiskutieren oder eben einen kreativen Beitrag bei-steuern wollen. Wie hoch dieser Prozentsatz ist, hängt jedoch von der Art des Aufrufs und der ausgeschriebenen Vergütung ab. Bei jovoto gibt es die generelle Unterschei-dung in öffentliche und private Projekte.

Public Contest

Die Teilnahme an offenen Crowdsourcing Projekten bei jovoto nutzen viele Unter-nehmen oder Organisationen nicht nur, um Problemlösungen von der Community erarbeiten zu lassen, sondern um darüber hinaus auch von einer erweiterten Öffent-lichkeit zu profitieren. Die Vielzahl von Individuen, die sich an einem Projekt beteiligt, wird also auch dazu genutzt, das Unternehmen, das Produkt und die Aufgabenstellung in Szene zu setzen. Im Rahmen eines öffentlichen Projekts können Medienwerte ge-neriert werden, die den Wert der eigentlichen Problemlösung bei weitem übersteigen.

Private Contest

Unternehmen oder Organisationen, die ausschließlich am Ergebnis des Crowdsour-cing Projekts interessiert sind, haben die Möglichkeit den gesamten Prozess geheim zu halten. Der offene Charakter von Crowdsourcing, das heißt eben das Auslagerung von Aufgaben an eine Vielzahl von Nutzern, widerspricht zunächst dem privaten Ansatz. Ein Prozess, an dem potenziell tausende von Menschen teilnehmen können, lässt sich nur schwer geheim halten. Durch ein zusätzliches „NDA-Feature" (Non Disclosure Agreement) wird ein privates Projekt für den Teilnehmer erst dann sichtbar, wenn dieser eine Verschwiegenheitsvereinbarung unterzeichnet hat. So ist die Sicherheit in einem geschlossenen Crowdsourcing Projekt vergleichbar mit anderen Formen der Zusammenarbeit mit freiberuflichen Grafikern, Produktgestaltern oder Programmie-rern.

Kollaborationsgrad

Wie in Kapitel 10 beschrieben wurde, lassen sich insgesamt vier verschiedene Formen der Zusammenarbeit beim Crowdsourcing unterteilen. Bei jovoto lassen sich Beispiele für alle diese Formen finden.

Teilen

Im Gegensatz zu anderen Crowdsourcing-Plattformen sind die kreativen Arbeitser-gebnisse der einzelnen Teilnehmenden vom ersten Moment an für alle sichtbar. Ob-wohl dies anfänglich sowohl für Kreative als auch für Kunden sehr irritierend sein kann, ermöglicht die Offenheit, auch unfertige Arbeiten und Ideen zu teilen, inhaltliche Diskussion über Zwischenstände zu führen, was meist zu einem weit besseren Ergebnis führt.

Kooperation

Mit Blick auf jovoto wäre der passendere Begriff wahrscheinlich Inspiration. Der offene Einblick in die „Werkstatt" auf der Plattform ermöglicht es Teilnehmern, sich von Zwischenständen anderer Kreativer inspirieren zu lassen und daraus eigene neue Ideen zu generieren. Insbesondere bei den besonders guten Ideen wird der Entstehungsprozess von konstruktiven Kommentaren und Verbesserungsvorschlägen der Community begleitet.

Kollaboration

Die Zusammenarbeit in Form einer Kollaboration lässt sich bei jovoto vor allem in zwei Fällen beobachten. Immer wieder kommt es dazu, dass zwei Kreative eine sehr ähnliche Idee haben und daraufhin beschließen, diese zusammen weiterzuentwickeln. Desweiteren finden sich häufig Kreative mit verschiedenen Fähigkeiten zusammen. Hat der eine beispielsweise eine gute Idee und der andere die Fähigkeit, diese dreidimensional darzustellen, schließen sie sich zusammen, um gemeinsam ein Werk zu schaffen.

Kollektiv

Im Rahmen der beiden Basis-Formen von Projekten auf jovoto, dem Private Contest und Public Contest kann man nicht von einem Kollektiv im eigentlichen Sinne von Kapitel 10 sprechen. Es gibt jedoch eine Sonderform, die sogenannten jovoto.Labs, bei denen ausgewählte Kreative, die in der Vergangenheit besonders gute Leistungen gezeigt haben, für ein spezielles Projekt zusammen gerufen werden. Für einen begrenzten Zeitraum arbeiten sie auf fest bezahlter Basis als Team zusammen und sind somit auch als Kollektiv für das Ergebnis verantwortlich.

Grenzen von Crowdsourcing

Wie bereits oben beschrieben, ist der Begriff des Prosumenten im Crowdsourcing nicht unbedingt zutreffend. Einerseits sind die Kreativen nicht immer auch Konsumenten der jeweiligen Angebote, sie sind darüber hinaus – zumindest bei jovoto – in der Regel keine Produzenten. Die jovoto Community stößt an ihre Grenzen, wenn es um die Umsetzung von Produkten geht. Die vielen Kreativen, die unzählig viele Ideen und Impulse liefern, können in den wenigsten Fällen ein physisches Produkt – wie eine fertige Verpackung oder einen aufwändig produzierten Film – herstellen. Dies ist auch der Grund, weshalb jovoto stets in enger Kooperation mit zwei Seiten arbeitet: Mit der Kreativ-Community einerseits und mit professionellen Unternehmen, die aus neuen Ideen neue Produkte entwickeln anderseits.

Kapitel 25 The Future of Ideas: Anwendungsfall CreativeCommons

von Sebastian Volkmann

In seinem Buch „The Future of Ideas", das in Kapitel 11 ausführlich beschrieben wird, warnte Lessig vor der Gefahr, dass überschießende geistige Eigentumsrechte den Fortschritt gefährden könnten. Ideen würden sich nicht so verbreiten können, wie dies gewünscht wird. Ein zu starkes Urheberrecht wird dabei von ihm als eine der Ursachen identifiziert.[1]

Stellt beispielsweise ein Island-Urlauber ein Foto von dem Ausbruch des Eyjafjallajökull-Vulkans auf seine Homepage ein, sind andere Internetnutzer nicht berechtigt, dieses Foto herunterzuladen und weiterzugeben.[2] Fotografien unterliegen nämlich dem Urheberschutz.[3] Möglicherweise hat der Fotograf jedoch nichts dagegen einzuwenden, dass sein Foto von anderen genutzt und weiterverbreitet wird. Denkbar wäre, dass sich Online und Offline Medien zur Berichterstattung dieses Bildes bedienen wollten. Sie müssten zunächst die Erlaubnis des Fotografen einholen. In diesem Fall ist das Urheberrecht sowohl für den Urlauber als auch für die Medien hinderlich. Um diesem Problem Abhilfe zu schaffen gründete Lessig, zusammen mit seinen Mitstreitern Abelson und Eldred, die private Non-Profit Organisation *CreativeCommons*. Diese hat es sich zur Aufgabe gemacht, die Verbreitung von kreativen Werken zu fördern und dafür eine rechtlich sichere Basis zu schaffen. Kernstück der Organisation ist die Formulierung entsprechender Lizenzen, mit denen Urheber digitale Medieninhalte zu bestimmten Bedingungen zur Verfügung stellen können.

Urheberrecht und CreativeCommons
Urheberrecht – ein Überblick

Um die Lizenzen und ihre Wirkung besser einschätzen zu können, ist es sinnvoll, sich zunächst einen Überblick über das Urheberrecht zu verschaffen.[4] Durch das Urheberrecht werden Werke der Literatur, Wissenschaft und Kunst geschützt. Dazu zählen unter anderem öffentliche Reden, Computerprogramme, Musik, Tanz, künstlerische Fotografien und Filme. Hinzu kommen dem Urheberrecht verwandte Schutzrechte, zum Beispiel einfache Fotografien und der Schutz für Tonträgerhersteller.

---

1 Vgl. Lawrence, L. (2001).
2 Die Einrichtung eines Links, welcher auf die Seite mit dem Foto verweist, bleibt freilich rechtlich zulässig.
3 Juristisch korrekt müsste man bei einem solchen Foto nicht von einem Urheberrecht, sondern von einem Leistungsschutzrecht im Sinne von § 72 UrhG sprechen. Leistungsschutzrechte sind dem Urheberrecht verwandte Schutzrechte. Dies hat aber auf die Aussagekraft des Beispiels keinen Einfluss.
4 Zwar hat jedes Land seine eigenen Urheberrechtsvorschriften, doch wird durch internationale Verträge gewährleistet, dass in den meisten Staaten ein ähnlich hoher Schutzstandard existiert. Obwohl sich die folgenden Ausführungen auf das deutsche Recht beziehen, sind grundsätzliche Aussagen über den Urheberrechtsschutz auch international gültig.

Kernsätze

Mit dem Akt der Schöpfung erhält der Schöpfer ausschließliche Rechte an seinem Werk. Diese werden ihm durch Gesetze gewährt, ohne dass es der Beachtung bestimmter Formalitäten bedarf. Auch die weit verbreitete Auffassung, dass nur Werke geschützt sind, die mit einem ©-Symbol versehen sind, ist ein Trugschluss. Es ist keine Kennzeichnung, Anmeldung oder Registrierung notwendig. Der Urheber muss sich nicht einmal bewusst darüber sein, dass er ein geschütztes Werk erschaffen hat.

Inhaltlich umfasst das Urheberrecht sowohl persönliche als auch materielle Aspekte. Auf der einen Seite schützt das Gesetz den Urheber in seinen geistigen und persönlichen Beziehungen zum Werk. So hat der Urheber das Recht zu bestimmen, ob und wann sein Werk veröffentlicht wird. Weiterhin hat er einen Anspruch, als Autor genannt zu werden. Ferner kann der Urheber eine Entstellung seines Werkes verbieten. Diese Rechte werden auch unter dem Begriff Urheberpersönlichkeitsrecht zusammengefasst. Auf der anderen Seite weist das Gesetz exklusiv dem Urheber umfassende Verwertungsrechte zu. Ohne seine Zustimmung sind Dritte nicht befugt, das Werk in irgendeiner Form zu verwerten. Zu den Verwertungsarten gehören zum Beispiel die Vervielfältigung, die Verbreitung, das Vortragen, das Aufführen oder auch das Wiedergeben des Werkes.[5]

Greift ein Dritter in diese Rechte ein, so kann ihn der Urheber auf Unterlassung und Schadensersatz in Anspruch nehmen. Darüber hinaus werden diese Verstöße auch strafrechtlich sanktioniert. Das Gesetz sieht eine Freiheitsstrafe bis zu drei Jahren, bei gewerbsmäßigem Handeln sogar bis zu fünf Jahren oder eine Geldstrafe vor.

Wirksamer Schutz kommt dem Urheber nicht nur durch den weiten sachlichen Umfang des Urheberrechts zu, auch die zeitliche Dimension bevorteilt den Urheber. Nach deutschem Recht erlischt das Urheberrecht 70 Jahre nach dem Tod des Urhebers. Dazu zählen auch Computerprogramme und Lichtbildwerke. Für die sogenannten verwandten Schutzrechte der ausübenden Künstler, Tonträgerhersteller, Sendeunternehmen und Lichtbildner gilt eine Dauer von 50 Jahren. Die ausschließlichen Rechte an Datenbanken erlöschen nach 15 Jahren.

Diese Grundsätze gelten selbstverständlich auch im Internet. Nach Lessig führt dies jedoch zu folgenden Besonderheiten: Erstens bietet das Internet für den Inhaber des Urheberrechts scheinbar grenzenlose Möglichkeiten, etwaige Rechtsverletzungen aufzudecken und zu verfolgen. Zweitens schafft das Internet die Voraussetzungen für eine optimale Verbreitung von Werken und damit auch von Ideen und Wissen. Jedoch werden diesem Informationsfluss durch das Urheberrecht schnell Grenzen gesetzt. Für den Urheber, der sein Werk im Netz schnell verbreitet haben möchte, ist das Urhe-

---

5 Das Urheberrecht wird jedoch nicht schrankenlos gewährt. So ist es zulässig, Vervielfältigungsstücke eines Werkes zum privaten Gebrauch anzufertigen. Dies wird wiederum dadurch eingeschränkt, dass Bücher oder Zeitschriften nicht vollständig kopiert werden dürfen, sondern nur Ausschnitte daraus.

berrecht in der bisherigen Form unbrauchbar.[6] Wie das Vulkan-Beispiel eingangs schon zeigte, hat das restriktive Urheberrecht in der Informationsgesellschaft die Wirkung, den Fluss von Informationen zu bremsen. Damit können sich auch bestimmte Ideen nicht so entfalten, wie es der Urheber möglicherweise gern hätte. An diesem Punkt setzt die Idee der CreativeCommons Lizenzen an.

CreativeCommons

Es wird davon ausgegangen, dass die Urheberrechte in sachlicher und zeitlicher Hinsicht zu weitreichend sind. Durch eine Erklärung gibt der Urheber bekannt, welche Nutzungen seines Werkes er zulassen möchte. So kann er beispielsweise erklären, dass die bloße Weitergabe seines Werkes zulässig sein soll, sobald der Dritte den Urheber benennt. Durch diese Erklärung kann der Urheber für die gewünschte Verbreitung seines Werkes sorgen, ohne dass er die Chance aufgibt, die Früchte einer späteren kommerziellen Nutzung aus der Hand zu geben. Die Kenntlichmachung, welche Nutzungsarten zulässig sein sollen, erfolgt durch Symbole und Abkürzungen. Diese verweisen auf entsprechende Klauseln in Lizenzverträgen. Vergleichbar sind die Idee und die Lizenzen mit den Open Source Lizenzen (GPL).[7] Im Gegensatz zu diesen sind sie aber nicht auf einzelne Werktypen (zum Beispiel Software) zugeschnitten, sondern gelten vielmehr für beliebige Werke kreativen Schaffens.

Die Formulierung und Aktualisierung dieser Klauseln ist Aufgabe der CreativeCommons Organisation. Diese hat ihren Ursprung in den USA. Daher sind die Lizenzverträge, die auf der Seite creativecommons.org verfügbar sind auch dem US-amerikanischen Recht angepasst. Im Laufe der Zeit haben sich Ableger dieser Organisation in verschiedenen Ländern gegründet, die die Lizenztypen auf das jeweils nationale Recht angepasst haben. In diesem Fall wird von portierten Lizenzen gesprochen. Creative-Commons Deutschland[8] kümmert sich um die Anpassung der Lizenzen an das deutsche Recht. Mittlerweile liegen die portierten Lizenzen in der Version 3.0 vor.

CreativeCommons Lizenzen aus juristischer Sicht
Lizenzen und Verwertungsgesellschaften

CreativeCommons Regelungen sind keine Gesetze, die das Urheberrechtsgesetz ergänzen oder ändern sollen. Formal betrachtet sind es standardisierte Lizenzverträge, die von der CreativeCommons Organisation zur Verfügung gestellt werden.

Generell räumt ein Lizenzgeber durch einen Lizenzvertrag dem Lizenznehmer bestimmte Nutzungsrechte an einem von ihm gehaltenen Recht (dem Lizenzgegenstand) ein. Dabei kann der Lizenznehmer den Lizenzgegenstand unter bestimmten Bedingungen nutzen, oft gegen Zahlung einer Lizenzgebühr. Der Lizenzgeber bleibt jedoch weiterhin Inhaber des lizenzierten Rechts. Grob lassen sich die Lizenzverträge in einfache (nicht-ausschließliche) und ausschließliche Lizenzen unterteilen. Bei der Ein-

---

6 Lessig, L. (2001).
7 Redeker, H. (2007), S. 28–30; ausführlicher Jaeger, T. (2006).
8 Organisatorisches Fundament bilden die Europäische EDV-Akademie des Rechts (http://www.eear.eu/) und das Institut für Rechtsinformatik der Universität des Saarlandes (http://rechtsinformatik.jura.uni-sb.de/).

räumung einer einfachen Lizenz werden dem Lizenznehmer bestimmte Rechte einge-
räumt. Der Lizenzgeber ist jedoch berechtigt, den Lizenzgegenstand auch weiterhin
selbst zu nutzen und auch anderen Interessenten eine Lizenz einzuräumen. Bei der
ausschließlichen Lizenz ist nur der Lizenznehmer berechtigt, den Lizenzgegenstand zu
verwerten. Obwohl der Lizenzgeber Inhaber des Urheberrechts bleibt, ist ihm die
Verwertung in diesem Fall untersagt. Freilich liegen die Lizenzgebühren bei ausschließlichen Lizenzen wesentlich höher als bei einfachen Lizenzen.

Die CreativeCommons Standardlizenzverträge können zwischen dem Autor und einer
dritten Person verwendet werden, um dem Verwender bestimmte Rechte einzuräumen. Lizenzverträge waren schon immer das geeignete Mittel, wenn ein Autor seine
Werke einer breiten Öffentlichkeit zugänglich machen will. In der Regel treten jedoch
Komponisten, Textdichter und Musikverleger ihre Rechte an eine Verwertungsge-
sellschaft ab, in Deutschland ist das die GEMA.[9] Eine Verpflichtung hierzu besteht
jedoch nicht. Jeder Künstler kann die Verwertung seiner Werke eigenverantwortlich
in die Hand nehmen. Mit Hilfe individueller Lizenzverträge kann er mit jedem Interessenten einen Vertrag schließen und diesem gewisse Rechte an der Nutzung seines
Werkes einräumen. So ist eine Band beispielsweise nicht verpflichtet, die Rechte an
ihren Songs der GEMA abzutreten. Ihr steht es daher frei, die Songs zu verwerten oder
aber frei im Internet anzubieten.

Zustandekommen des Lizenzvertrags

Aus juristischer Sicht stellt sich bei jedem Vertrag die Frage, ob dieser überhaupt
wirksam zustande gekommen ist. Um dies rechtlich nachverfolgen zu können, erfolgt
ein kurzer Exkurs ins Vertragsrecht. Verträge kommen durch zwei übereinstimmende
Willenserklärungen, Angebot und Annahme, zustande. Grundsätzlich sind Verträge
formfrei gültig, das heißt sie müssen nicht unbedingt schriftlich geschlossen werden.
Es reicht aus, wenn die inhaltlich identischen Willenserklärungen durch schlüssiges
Handeln ausgedrückt werden. Damit eine Willenserklärung ein wirksames Angebot
im juristischen Sinne darstellen kann, ist Bestimmtheit erforderlich. Vertragsgegen-
stand und Vertragspartner müssen bestimmbar sein. Richtet sich eine Erklärung nur
an die Allgemeinheit, ist darin noch kein rechtlich wirksames Angebot zu sehen.
Anderes kann gelten, wenn der Anbietende deutlich macht, dass er sich gegenüber
jedermann binden möchte.

Bezogen auf die CreativeCommons Lizenzen gelten eben diese Grundsätze. Damit
Werke frei genutzt werden können, muss ein entsprechender CreativeCommons Lizenzvertrag zwischen dem Urheber und dem Nutzer abgeschlossen werden. Der Inhalt
ist dabei durch den jeweiligen Standardlizenzvertrag vorgegeben. Dieser Inhalt erlangt
zwischen beiden nur dann Gültigkeit, wenn zwei übereinstimmende Willenserklärungen vorliegen. Das Angebot geht dabei von dem Urheber aus, der ein bestimmtes Werk
online verfügbar macht. Indem er auf die Geltung des Lizenzvertrags hinweist, bietet

---

9 http://www.gema.de. Daneben gibt es in Deutschland 11 weitere Verwertungsgesellschaften, vgl. Rehbinder,
M. (2008), S. 317.

er Interessierten den Abschluss des Lizenzvertrags an. Um nicht den gesamten Lizenzvertrag zum Beispiel neben einem online eingestellten Bild aufzuführen, kann ein von der CreativeCommons Organisation zur Verfügung gestellten Icon (siehe 4.2) benutzt werden. Dieses verweist dann auf den entsprechenden Lizenzvertrag.

Dass dies ein rechtlich verbindliches Angebot ist und nicht nur eine unverbindliche Erklärung an die Allgemeinheit, wird in der Einleitung des Lizenzvertrags deutlich:

> „Durch die Ausübung eines durch diese Lizenz gewährten Rechts an dem Schutzgegenstand erklären Sie sich mit den Lizenzbedingungen rechtsverbindlich einverstanden."[10]

Diese Formulierung kann nur so verstanden werden, dass der Verweis auf den Lizenzvertrag bereits das Angebot darstellt und durch die Nutzung des Schutzgegenstands wirksam angenommen wird. Eine ausdrückliche oder sogar schriftliche Bestätigung durch den Nutzer bedarf es nicht, denn Willenserklärungen sind auch durch schlüssiges Handeln möglich.

Konsequenz daraus ist, dass für den Verwender der CreativeCommons Lizenzverträge ein hohes Maß an Rechtssicherheit besteht. Ohne dass er über jeden Vertragsschluss im Einzelnen informiert ist, kann er davon ausgehen, dass jeder, der seine eingestellten Inhalte nutzt, dies nur im Rahmen der Lizenzbedingungen tun kann. Anders ausgedrückt, gilt der vom Urheber gewünschte Lizenzvertrag automatisch, wenn er nur entsprechend auf ihn hinweist und ein Nutzer den digitalen Inhalt verwendet.

Praxistipp

Möchten Sie einen CreativeCommons Lizenzvertrag zur Verbreitung Ihrer digitalen Inhalte nutzen, reicht es aus, wenn Sie auf die Geltung des Lizenzvertrags durch die Verwendung des entsprechenden Icons hinweisen. Verwendet dann ein Nutzer die Inhalte, ist der Lizenzvertrag zwischen Ihnen und dem Nutzer zustande gekommen. Ein Kontakt zwischen Nutzer und Ihnen ist nicht erforderlich.

CreativeCommons Lizenzen und Allgemeine Geschäftsbedingungen

Bei der rechtlichen Charakterisierung der Lizenzen fällt noch eine weitere Besonderheit auf: sie sind Allgemeine Geschäftsbedingungen (AGB) und unterliegen damit strengeren rechtlichen Maßstäben. Alle Vertragsbedingungen, die ein Verwender einseitig vorgibt und mehrmals verwenden möchte, sind AGB im Sinne des § 307 BGB. Der Verweis auf einen Lizenzvertrag impliziert regelmäßig die mehrmalige Verwendung der Lizenzbedingungen. Auch werden die Klauseln vom Urheber einseitig gestellt, das heißt er lässt keine Verhandlungsbereitschaft erkennen. Bei diesen AGB ist davon auszugehen, dass nicht jeder Nutzer die einzelnen Klauseln liest. Daher stellt

---

10 Lizenzvertrag „Namensnennung" http://creativecommons.org/licenses/by/3.0/de/legalcode.

das Gesetz strengere Anforderungen an ein Zustandekommen eines Vertrags und dessen inhaltliche Ausgestaltung.[11]

AGB werden nur dann Bestandteil eines Vertrags, wenn der Verwender ausdrücklich auf diese hingewiesen hat und der Nutzer die Möglichkeit hat, von diesen Kenntnis zu nehmen. Der Hinweis auf die Lizenzverträge durch Einfügen eines entsprechenden Icons ist dabei ausreichend. Wichtig ist jedoch, diesem Icon auch einen Link beizufügen, der auf die Lizenzverträge verweist. Üblicherweise erfolgt der Verweis nicht direkt auf den Langtext der Lizenzverträge, sondern auf einen so genannten „CommonsDeed". Dieser ist eine Art Kurzfassung der Lizenz, der in verständlicher Form die zulässigen Nutzungen und Einschränkungen auflistet. In der Fußzeile des Commons-Deeds findet sich dann ein Link auf den kompletten Text des Lizenzvertrags.

Praxistipp

Beabsichtigen Sie, Ihre digitalen Inhalte unter Verwendung einer CreativeCommons Lizenz zu veröffentlichen, verwenden Sie stets die dazugehörigen Icons. Diese müssen deutlich sichtbar überall dort angebracht sein, wo ein Nutzer Zugriff auf den Inhalt hat. Ferner platzieren Sie neben dem Icon einen Link auf den entsprechenden CommonsDeed. Eine einfache Anweisung zum Einbinden der Icons und CommonsDeeds findet sich unter creativecommons.org/choose.

CreativeCommons Lizenzen in der Rechtsprechung

Urheberrechtsstreitigkeiten im Zusammenhang mit CreativeCommons Lizenzen wurden bisher überaus zurückhaltend geführt. Spezielle Probleme, die die Wirksamkeit der Lizenzen, zum Beispiel wegen falscher Formulierungen, berühren, sind nicht bekannt. Die wenigen Fälle sollen daher an dieser Stelle nicht weiter vertieft werden. Zur Lektüre kann der Beitrag von Reto Mantz empfohlen werden.[12]

Inhaltliche Ausgestaltung der CC-Lizenzen
Gemeinsame Bestimmungen

Mittlerweile liegen die ins deutsche Recht portierten Standardlizenzen in der Version 3.0 vor. Sie unterscheiden sich hinsichtlich der vom Urheber gewährten Nutzungen. Gemeinsam ist ihnen ein einheitliches Grundgerüst, was im Folgenden skizziert werden soll.

Was kann lizenziert werden?

Lizenzfähig sind literarische, künstlerische und wissenschaftliche Inhalte – unabhängig von der Art ihrer Fixierung. Der Lizenzvertrag verwendet hierfür den Terminus „Schutzgegenstand". Bewusst hat man darauf verzichtet, den aus dem Urheberrecht bekannten Begriff „Werk" zu verwenden, da die Lizenzverträge einen weitaus grö-

---

11 Es würde den Rahmen dieses Beitrags sprengen, auf Fragen zur inhaltlichen Wirksamkeit der Lizenzen im Lichte des AGB-Rechts einzugehen. Einzelheiten finden sich aber bei Paul, J. (2008), Teil 7.4 Rn. 129–134.
12 Mantz, R. (2008), S. 20.

ßeren Anwendungsbereich haben. Der Lizenzvertrag soll auch dem Urheberrecht verwandte Schutzrechte umfassen (zum Beispiel Fotos, Schutz ausübender Künstler, Schutz des Tonträgerherstellers) sowie Inhalte, die nur über eine geringe Schöpfungshöhe verfügen und somit als Werk nicht in Betracht kommen würden. Letztere sind als so genannte „kleine Münze" schutzfähig, beispielsweise der Tagesschau-Jingle.

Wer sind die Vertragspartner?

Der Lizenzvertrag kommt zwischen dem Lizenzgeber und dem Nutzer zustande. Beide Vertragspartner können sowohl natürliche als auch juristische Personen (Unternehmen) sein. Nicht erforderlich ist, dass der Lizenzgeber zugleich auch Urheber des Inhalts ist.

Bei unveränderter Weitergabe des Werkes durch den Nutzer an einen Dritten stellt sich die Frage, wer Vertragspartner wird. Denkbar wäre, dass der Rechteinhaber den Nutzer ermächtigt, selbst als Lizenzgeber aufzutreten und Unterlizenzen an den Dritten zu vergeben. Dies ist jedoch gemäß den Lizenzbestimmungen untersagt. Der Lizenzvertrag kommt mit dem Dritten und dem Rechteinhaber zustande. Der Nutzer tritt nur als Bote auf, indem er auf die Urheberschaft (durch Namensnennung) und die Lizenzbedingungen (durch einen Link) hinweist.

Welche besonderen Regelungen gelten für Datenbanken?

Auf den ersten Blick etwas seltsam mutet die Regelung der Rechte an Datenbanken durch die Lizenzbestimmungen an. Einerseits werden sie ausdrücklich als Schutzgegenstand, also als lizenzfähige Inhalte, definiert. In einer weiteren Bestimmung wird jedoch geregelt, dass der Lizenzgeber auf alle Rechte verzichtet, die aus dem Schutz von Datenbanken herrühren. Dies ist wohl darauf zurückzuführen, dass das US-amerikanische Recht die Schutzfähigkeit von Datenbanken ablehnt. Damit ein Nutzer von lizenzierten Inhalten diese nicht in geschützte Datenbanken einstellt und die eigentlich frei nutzbaren Inhalte dadurch doch wieder geschützt werden, ist eine entsprechende Regelung in die Lizenzen aufgenommen worden.

Haftung

Auch bei Lizenzverträgen stellt sich die Frage nach der Haftung des Anbieters, also des Rechteinhabers. Praktisch relevant sind vor allem Situationen, in denen der Lizenzgeber nicht Inhaber oder nicht alleiniger Inhaber des lizenzierten Gegenstands ist. Beispielsweise stellt jemand ein Foto unter einer CreativeCommons Lizenz online zur Verfügung, obwohl er weder der Urheber des Bildes ist noch von diesem zum Upload ermächtigt wurde. Probleme können sich auch bei mehreren Rechteinhabern eines digitalen Inhalts ergeben, zum Beispiel stellt der Drummer einer Band einen Song unter einer entsprechenden Lizenz online zur Verfügung.[13]

In der Einleitung der Lizenz wird dem Nutzer zwar zugesichert, dass der Lizenzgeber über den zur Verfügung gestellten Inhalt verfügen darf. Durch die Lizenzverträge

---

13 In diesem Fall wäre die Zustimmung aller Bandmitglieder notwendig.

erreicht der Lizenzgeber aber eine sehr weite Haftungsfreistellung. Bei Verletzung des Lebens, des Körpers und der Gesundheit haftet der Lizenzgeber nur, wenn ihm wenigstens Fahrlässigkeit nachgewiesen werden kann. Für die praktisch überwiegenden Fälle der sonstigen Schäden haftet der Lizenzgeber nur, wenn ihm grobe Fahrlässigkeit oder Vorsatz vorgeworfen werden kann.

Eine noch weiter gehende Haftungsbeschränkung sehen die nicht ins deutsche Recht portierten Lizenzverträge aus den USA vor, wo der Lizenzgeber unter keinen Umständen haftet. Eine solche Klausel ist jedoch nach deutschem Recht unzulässig. Die deutschen Lizenzverträge gewähren dem Lizenzgeber bereits den größtmöglichen Haftungsausschluss.

Namensnennung

Die „Namensnennung" („cc-by") ist die einfachste Form der Lizenzverträge. Der Nutzer wird ermächtigt, den lizenzierten Inhalt zu vervielfältigen, verbreiten und öffentlich zugänglich zu machen. Ferner ist das Erstellen von Abwandlungen und Bearbeitungen des Inhalts zulässig. Damit stellt die cc-by die Lizenzoption mit den am weitesten gehenden Rechten für Nutzer dar.

Abbildung 51: Namensnennung

Bei der Verwendung des Inhalts hat der Nutzer lediglich darauf zu achten, dass er den Namen des Rechteinhabers in der von ihm festgelegten Weise nennt. Verbreitet der Nutzer den Inhalt, muss er jeden auf die Lizenzbedingungen hinweisen. Idealerweise erfolgt dies mit einem Link, der gut sichtbar in der Nähe des Inhalts platziert wird.

Weitergabe unter gleichen Bedingungen

Die Option „Weitergabe unter gleichen Bedingungen" („cc-sa") folgt dem Muster der Lizenz Namensnennung. Auch hier darf der Nutzer den Inhalt vervielfältigen, verbreiten und öffentlich zugänglich machen. Ferner muss er wiederum auf den Urheber mit Nennung dessen Namens hinweisen.

Abbildung 52: Weitergabe unter gleichen Bedingungen

Eine Besonderheit besteht jedoch für den Fall, dass der Nutzer den lizenzierten Inhalt bearbeitet, abwandelt oder in sonstiger Weise als Grundlage für sein Schaffen verwendet. Hier bestimmt die Lizenz, dass die so neu geschaffenen Inhalte nur unter gleichen oder vergleichbaren Lizenzbedingungen lizenziert werden dürfen. Das bedeutet zunächst, dass der Nutzer bei Verwendung lizenzierten Inhalts überhaupt erst einmal dazu verpflichtet wird, seine neu geschaffenen Inhalte weiter zu lizenzieren. Stellt ein Sänger beispielsweise einen vom ihm geschaffenen Song online unter einer „by-sa"-Lizenz zur Verfügung, darf ein Nutzer diesen zwar bearbeiten. Er muss aber den bearbeiteten Song ebenfalls unter einer by-sa Lizenz anbieten. Nicht möglich wird es ihm sein, eine kommerzielle Nutzung seines bearbeiteten Songs auszuschließen (durch Lizenztyp „by-nc-sa", siehe 4.6), da immer nur Lizenztypen gleichen Inhalts verwendet werden dürfen. Zulässig ist jedoch die Verwendung gleicher Lizenztypen unterschiedlichen nationalen Ursprungs. Beispielsweise kann ein Song, der unter der dem spanischen Recht angepassten „by-sa" Lizenz veröffentlicht wird, von einem Nutzer bearbeitet und dann zum Beispiel unter der deutschen „by-sa" Lizenz weiterlizenziert werden.

Nicht-Kommerziell

Diese Option („cc-nc") ist wohl die beliebteste der Lizenzmuster. Auf der anderen Seite ist es aber auch die juristisch komplizierteste. Die Lizenz wird hierbei nur unter der Bedingung gewährt, dass der Nutzer den Inhalt nicht für kommerzielle Zwecke nutzt.

Abbildung 53: Nicht-Kommerziell (Quelle: CreativeCommons)

Wie jedoch der Begriff der kommerziellen Nutzung zu definieren ist, kann durchaus strittig sein. Dem Wortlaut nach soll die Rechteeinräumung nur für Handlungen gelten, „die nicht vorrangig auf einen geschäftlichen Vorteil oder eine geldwerte Vergütung gerichtet sind.". Als Beispiel nennt der Lizenzvertrag das File-Sharing, bei dem man Dateien aus einem Netzwerk herunterladen kann, wenn man zugleich eigene Dateien dem Netzwerk zur Verfügung stellt. Sofern keine tatsächliche Zahlung oder Vergütung für das Tauschen beziehungsweise Herunterladen geleistet wird, gelten File-Sharing Angebote als nicht-kommerziell und damit von diesem Lizenztyp gedeckt.

Keine Bearbeitungen

Die Option „keine Bearbeitungen" („cc-nd") ist der restriktivste Lizenztyp. Hierbei gewährt der Rechteinhaber die Lizenz nur unter der Bedingung, dass an dem Inhalt keine Veränderungen, Bearbeitungen oder Ergänzungen vorgenommen werden.

Abbildung 54: Keine Bearbeitungen (Quelle: CreativeCommons)

Erlaubt bleiben jedoch Abwandlungen, die für bestimmte, nach diesem Lizenztyp zulässige Nutzungen, technisch erforderlich sind. Demnach ist es möglich, die digitalen Inhalte in ein anderes Dateiformat zu konvertieren.

Kombinationsmöglichkeiten

Soeben wurden verschiedene Optionen vorgestellt. Diese können, je nach Wunsch des Rechteinhabers kombiniert werden, sodass folgende sechs Lizenzen verfügbar sind:

Abbildung 55: Namensnennung (Quelle: CreativeCommons)

Abbildung 56: Namensnennung – keine Bearbeitung (Quelle: CreativeCommons)

Abbildung 57: Namensnennung – nicht kommerziell (Quelle: CreativeCommons)

Abbildung 58: Namensnennung – nicht kommerziell – keine Bearbeitung (Quelle: CreativeCommons)

Abbildung 59: Namensnennung – nicht kommerziell – Weitergabe unter gleichen Bedingungen (Quelle: CreativeCommons)

Abbildung 60: Namensnennung – Weitergabe unter gleichen Bedingungen (Quelle: CreativeCommons)

Beispiel: geograph

Geograph Deutschland ist ein Online-Projekt, welches sich zum Ziel gesetzt hat, repräsentative Fotos von jedem Quadratkilometer in Deutschland zu sammeln. Vorbild ist ein gleichnamiges Projekt in Großbritannien, welches bislang eine Abdeckung von fast 80 Prozent aufweisen kann. Nach der kostenfreien Registrierung können Nutzer eigene Fotos hochladen, die Landschafts- oder Städtebilder der jeweiligen Planquadrate zeigen.

Vor dem Upload muss jeder Nutzer den Lizenzbedingungen von geograph zustimmen. Eine dieser Bedingungen ist, dass der Nutzer die Fotos unter der CreativeCommons Lizenz „Namensnennung – Weitergabe unter gleichen Bedingungen" („cc-by-sa") zur Verfügung stellt. Zwar verweist geograph auf die englische Ausgabe der Lizenz in der Version 2.0, doch ist diese inhaltlich mit oben vorgestellten deutschen 3.0 Version vergleichbar. Anders als bei Google Street View ist eine kommerzielle Verwendung der bereitgestellten Fotos ohne Weiteres möglich. Will zum Beispiel eine Zeitung eines der Fotos nutzen, muss sie nicht erst um Erlaubnis fragen oder gar eine Gebühr zahlen. Bedingung ist, dass sie den Urheber nennt und auf die Lizenzbedingungen hinweist. Durch das Hochladen der Bilder und das Akzeptieren der Bedingungen ist es dem Fotografen jedoch nicht mehr möglich, sich gegen Bearbeitungen seines Bildes zur Wehr zu setzen.

Literatur
Bücher, Zeitschriften, Kommentare

Dreier, Thomas: CreativeCommons, Science Commons - Ein Paradigmenwechsel im Urheberrecht?, in Ohly/ Bodewig/ Dreier/ Götting/ Haedicke/ Lehmann: Perspektiven des Geistigen Eigentums und Wettbewerbsrecht, Festschrift für Gerhard Schricker zum 70. Geburtstag, S. 283–298 (2005), Verlag C.H. Beck

Jaeger, Till/ Metzger, Axel: Open Source Software: rechtliche Rahmenbedingungen der Freien Software, 2. Auflage (2006), Verlag C.H. Beck

Lessig, Lawrence: The Future of Ideas: the fate of the commons in a connected world (2001), Random House

Mantz, Reto: CreativeCommons-Lizenzen im Spiegel internationaler Gerichtsverfahren, GRUR Int. 2008, 20–24

Philapitsch, Florian: Die CreativeCommons Lizenzen, Medien und Recht 2008, S. 82–91

Paul, Jörg-Alexander in: Hoeren/ Sieber, Handbuch Multimedia-Recht (2008), Verlag C.H. Beck (Teil 7.4 Rechteerwerb durch Lizenzverträge und Haftungsfragen)

Redeker, Helmut: IT-Recht, 4. Auflage (2007), Verlag C.H. Beck

Rehbinder, Manfred: Urheberrecht, 15. Auflage (2008), Verlag C.H. Beck

Sonstige Quellen

http://de.creativecommons.org/ – offizielle deutsche Website der CreativeCommons

http://creativecommons.org/ – offizielle Website der Creative Commons Corporation

http://geo.hlipp.de/ – Website zum Beispielsfall

http://www.geograph.org.uk/ – Website zum Beispielsfall

Kapitel 26 Open Leadership: Anwendungsfall Berliner Stadtreinigung

von Anna Riedel und Steffen Albrecht

In ihrem Open Leadership Ansatz beschreibt Charlene Li, wie ein offener Führungsstil für Unternehmen von großem Vorteil sein kann. Auf den folgenden Seiten wird dieser Ansatz, der in Kapitel 15 ausführlich beschrieben wurde, auf das Innovationsmanagement der Berliner Stadtreinigung (BSR) angewendet.

Akteure

> Die BSR ist als Anstalt des öffentlichen Rechts das größte kommunale Entsorgungsunternehmen in Deutschland. Zu den originären Aufgaben der BSR gehören das Sammeln, Recyceln, Verwerten und Beseitigen von häuslichen Abfällen sowie die Reinigung und der Winterdienst aller öffentlicher Straßen und Plätze. Pro Jahr werden etwa 22 Millionen Mülltonnenleerungen vorgenommen und rund 1,1 Millionen Tonnen Müll entsorgt. Für die Verbrennung des Hausmülls wird ein Müllheizkraftwerk betrieben, das sowohl Strom als auch Fernwärme für Berliner Haushalte produziert, und für die Müllaufbereitung mehrere Abfallverwertungsanlagen zur Herstellung von Ersatzbrennstoffen. Die BSR beschäftigt rund 5.000 Personen, die im Jahr 2009 einen Umsatz von rund 485 Millionen Euro und einen Überschuss von 22 Millionen Euro erwirtschafteten.[1]

Im Open Leadership Ansatz wurden sechs Typen der Informationspolitik beschrieben, die als Leitfaden für die Analyse in diesem Kapitel dienen sollen. Die unterschiedlichen Typen der Informationspolitik beziehen sich dabei nicht nur auf unternehmensinterne Informationen sondern auch auf die Verwendung von Informationen, die von außen in die Unternehmung eindringen können.[2] Gegenstand der Analyse ist das Ideenmanagement der BSR, das sich aus drei Bestandteilen zusammensetzt: dem betrieblichen Vorschlagswesen (BVW), den kontinuierlichen Verbesserungsprozessen (KVP) und dem Innovationsmanagement. Um einige noch aufzuzeigende Schwachstellen der ersten beiden Komponenten zu minimieren ist im Rahmen des Innovationsmanagements ein *BSR Innovation Jam* geplant, der im Folgenden auf die in Tabelle 12 dargestellten Typen der offenen Informationspolitik hin überprüft wird.

---

1 Vgl. BSR (2009), S. 44.
2 Vgl. Li, C. (2010), S. 22 ff.

Erklären und Motivieren	Das Ziel dieser Form der Informationspolitik ist es, Entscheidungen und Strategien der Geschäftsführung zu erklären. Die Adressaten sollen das Verhalten der Geschäftsführung nicht nur verstehen, sondern von deren Entscheidungen und Strategien überzeugt werden und diese bestenfalls als Motivation für das eigene Verhalten sehen.
Berichterstattung	Ziel der regelmäßigen Berichterstattung zwischen der Geschäftsführung und Mitarbeitern ist es, sich gegenseitig auf dem neuesten Stand der alltäglichen Arbeit zu halten.
Externer Austausch	Der Austausch von Informationen betrifft interne und externe Informationen, die Mitarbeiter und Führungskräfte mit externen Anspruchsgruppen des Unternehmens austauschen. Die generelle Zielsetzung ist die Gewinnung erfolgsrelevanter Informationen durch den Aufbau und die Pflege von externen Beziehungen.
Beteiligung anregen	Mitarbeiter, Kunden und Partner werden aufgefordert, ihre Meinung, eigene Ideen oder Informationen anderer Art einzubringen. Die so gesammelten Informationen ermöglichen dem Unternehmen, die eigenen Leistungen aus unterschiedlichen Perspektiven einzuschätzen.
Problemlösung auslagern	Über den Informationsaustausch mit Kunden und Partnern lassen sich auch Vorschläge und Ideen gewinnen, um die eigenen Leistungen zu verbessern, neue Angebote zu entwickeln oder spezifische Probleme gemeinsam zu lösen.
Schnittstellen schaffen	Offene Schnittstellen ermöglichen externen Akteuren, an standardisierte Prozesse des Unternehmens anzuknüpfen und diese Prozesse durch zusätzliche Komponenten zu erweitern. Sie ermöglichen darüber hinaus einen automatischen Austausch von Informationen, der häufig Grundlage für gänzlich neue Dienste wird.

Tabelle 19: Typen der Informationspolitik im Open Leadership Ansatz

Ideenmanagement der BSR

Das BVW der BSR und die KVP sind in der Geschäftseinheit Organisation und Informationstechnologie angesiedelt, während das Innovationsmanagement dem Vorstandsbüro zugeordnet ist. Zielgruppe sind sowohl operative als auch administrative Mitarbeiter, die Vorschläge zu beispielsweise effizienzsteigernden Maßnahmen, zur Verbesserung von Arbeitsgeräten oder zu Energiespartipps an den Arbeitsplätzen in das Ideenmanagement einbringen können.

Betriebliches Vorschlagswesen: Idee Orange

Das BVW der BSR, das unter dem Namen *Idee Orange* läuft, fordert, wie Abbildung 61 exemplarisch zeigt, alle Mitarbeiter dazu auf, innovative Ideen mit oder ohne Lösungsvorschlag über ein Eingabeformular einzureichen.

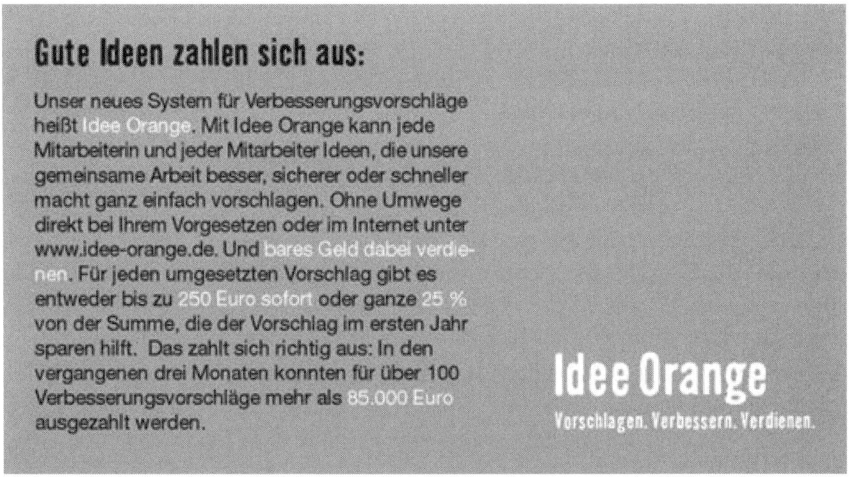

Gute Ideen zahlen sich aus:

Unser neues System für Verbesserungsvorschläge heißt Idee Orange. Mit Idee Orange kann jede Mitarbeiterin und jeder Mitarbeiter Ideen, die unsere gemeinsame Arbeit besser, sicherer oder schneller macht ganz einfach vorschlagen. Ohne Umwege direkt bei Ihrem Vorgesetzten oder im Internet unter www.idee-orange.de. Und bares Geld dabei verdienen. Für jeden umgesetzten Vorschlag gibt es entweder bis zu 250 Euro sofort oder ganze 25 % von der Summe, die der Vorschlag im ersten Jahr sparen hilft. Das zahlt sich richtig aus: In den vergangenen drei Monaten konnten für über 100 Verbesserungsvorschläge mehr als 85.000 Euro ausgezahlt werden.

Idee Orange
Vorschlagen. Verbessern. Verdienen.

Abbildung 61: Idee Orange – das Ideenmanagement der BSR

Innovative Ideen können naturgemäß einen geringen oder einen sehr hohen Innovationsgrad innehaben, für dessen Realisierung eine intensive Vorarbeit zum Beispiel in Form von Machbarkeitsstudien benötigt wird. Aktuelle Beispiele für umgesetzte Ideen sind mit hohem Innovationsgrad sind ein Müllfahrzeug mit einer durch einen Wasserstoffzellenantrieb betriebenen Ladeanlage oder ein elektronischer Zugang per Codekarte zu den Hausmüllbehältern.

Die Beteiligungs- und die Ablehnungsquote im BVW für die Jahre 2008 bis 2010 sind in Tabelle 20 dargestellt.

Jahr	2008	2009	2010
Beteiligungsquote	0,4%	0,9%	1,1%
Ablehnungsquote	47,4%	72,3%	54%

Tabelle 20: Beteiligungs- und Ablehnungsquote bei Idee Orange

Die Einreichung von Verbesserungsvorschlägen ist in Papierform oder über das Intranet möglich, wobei die Variante Papierform inzwischen eine Ausnahme darstellt. Neben der Beschreibung der eigentlichen Idee, kann der Einreicher entscheiden, ob ihm eine Geld- oder Freizeitprämie gutgeschrieben werden soll.

Schwachstellen im betrieblichen Vorschlagswesen

Die niedrige Beteiligungsquote und der hohe Anteil an abgelehnten Verbesserungsvorschlägen lassen erahnen, dass es erhebliches Optimierungspotential im Ideenmanagement der BSR gibt.

Zum einen sind Vorschläge von anderen Mitarbeitern nur teilweise einsehbar, sofern das Formular nicht optimal ausgefüllt wurde. Die Wahrscheinlichkeit, dass es durch das Fehlen dieser wichtigen Informationen zu Doppelvorschlägen kommt, das heißt Vorschlägen mit gleichem oder ähnlichem Inhalt, wird größer und führt damit zu unnötigem Verwaltungsaufwand. Mitarbeiter können darüber hinaus nicht auf bestehende Lösungsvorschläge aufbauen und kollaborativ an Ideen arbeiten. Weder die Beurteilungen der eingereichten Ideen durch Fachgutachter aus den entsprechenden Abteilungen noch die Prämien, die als Anreiz und Vergleichsbasis für neue Verbesserungsvorschläge dienen könnten, werden regelmäßig veröffentlicht. Dies gilt auch für die einzelnen Bearbeitungsschritte, Fristen und relevante Statistiken von Idee Orange, wie beispielsweise die durchschnittliche Bearbeitungszeit, die nicht veröffentlicht werden. Zusammenfassend kann von einer mangelnden Transparenz in den verschiedenen Stufen der Ideenentwicklung und -bewertung gesprochen werden.

Zum anderen wird das BVW nicht aktiv durch das Topmanagement unterstützt. Das Ideenmanagement wurde nicht zu einem Kernthema des Unternehmens gemacht und auch nicht mit den entsprechenden Ressourcen gefördert. Fachgutachten zu den eingereichten Verbesserungsvorschlägen werden oft nicht fristgerecht eingereicht und sind in ihrer Qualität nicht immer ausreichend. Die langen Bearbeitungszeiten für Verbesserungsvorschläge und die nicht ausreichenden Begründungen bei abgelehnten Vorschlägen demotivieren die Ideengeber und sind möglicherweise eine Ursache für die geringe Beteiligung.

Darüber hinaus sind die Vorgaben für die Annahme und Prämierung eines Verbesserungsvorschlages relativ starr, was dazu führt, dass die wenigen eingereichten Ideen häufig abgelehnt werden. Das BVW verfügt zudem über keinen explizit ernannten Ideenmanager, der den Prozess betreut und es wird kaum für das Projekt Idee Orange geworben, weswegen die vorhandenen Möglichkeiten bei den Mitarbeitern nicht ausreichend bekannt sind.

Das BVW weist in sehr vielen Bereichen Schwächen auf, die in der Gesamtsumme als Ursache für den unterdurchschnittlichen Erfolg zu sehen sind.

Kontinuierliche Verbesserungsprozesse

Neben dem BVW beinhaltet das Ideenmanagement der BSR die KVP. Im Bereich der Müllabfuhr werden regelmäßig KVP als sogenannte Fahrerkonferenzen durchgeführt, die etwa ein bis zwei Mal im Jahr stattfinden. Dabei geht es hauptsächlich um die Verbesserungen und Optimierung der neuen Fahrzeuge, deren Technik und zukünftige Weiterentwicklungen. Die KVP laufen getrennt vom BVW und es gibt keine Automatismen mit denen Verbesserungsvorschläge in den KVP überführt werden können. Die Übernahme eines abgelehnten Verbesserungsvorschlags in einen KVP findet nur selten statt.

Schwachstellen in den kontinuierlichen Verbesserungsprozessen

Prämien oder eine Dienstvereinbarung zum KVP sind bei der BSR bisher nicht vorgesehen. Die Veröffentlichung erfolgreicher Vorschläge von Mitarbeitern findet nur in den betroffenen Bereichen statt. In der Firmenzeitung „intern" wird einzelfallbezogen über Ergebnisse berichtet, ohne auf den Zusammenhang und die Funktionsweise der KVP hinzuweisen.

Die KVP müssen sich also noch immer im Unternehmen etablieren, um das Potential für die BSR – vor allem auch die Zusammenarbeit mit dem BVW – bewerten zu können. Ansonsten gelten für die KVP die gleichen Regeln wie beim BVW. Beide sollten als Chance für die Integration und Motivation von Mitarbeitern und die Verbesserung von Prozessen wahrgenommen und gefördert werden. Nur wenn die Mitarbeiter aktiv umworben und für die Teilnahme motiviert werden, lassen sich KVP und BVW erfolgreich im Unternehmen umsetzen.

Innovationsmanagement: BSR Innovation Jam

Die dritte Komponente im Ideenmanagement der BSR stellt das Innovationsmanagement dar, in dessen Rahmen der Innovation Jam geplant ist. Ein abteilungsübergreifendes Innovationsteam trifft sich regelmäßig, um den BSR Innovation Jam[3] zu planen, durchzuführen und zu bewerten. Hierzu werden Mitarbeiter dazu aufgerufen, auf einer Social Media Kommunikationsplattform Ideen einzustellen, zu bewerten und zu diskutieren. Der Innovation Jam selbst ist für nur fünf Tage angelegt, damit durch die kurze Dauer ein stärkerer Anreiz zu einer Teilnahme geschaffen werden kann. Er findet zu einem konkreten Motto beziehungsweise einer konkreten Fragestellung statt, mit der die Ideenvielfalt zwar eingegrenzt ist, die Ergebnisse aber eben auch spezifischer werden.[4]

Das Bereitstellen einer Social Media Kommunikationsplattform hat diverse positive Aspekte. Sie ermöglicht den offenen Austausch von Verbesserungsvorschlägen, die im besten Fall schon vor der Umsetzung weiter verbessert und optimiert werden können. Die Diskussionen über einzelne Vorschläge können vom Fachgutachter der BSR eingesehen werden und damit in den Bewertungsprozess einfließen. Die vorgeschlagenen Verbesserungen können sich zwar positiv auswirken, gleichzeitig jedoch auch negative Effekte haben, die oft erst nach der Umsetzung zu erkennen sind. Mit dem Einsatz von Social Media ergibt sich die Chance, dass negative Auswirkungen frühzeitig von anderen Mitarbeitern erkannt werden. Auf diese Weise können sich zusätzlich zu den Ideengebern weitere Mitarbeiter direkt in den Verbesserungsprozess einbringen, was das Ideenmanagement insgesamt interessanter und greifbarer macht und im günstigsten Fall auch unnötige Kosten vermeidet.

Während des Innovation Jams sollen Moderatoren die Ideengenerierung unterstützen und bei Fragen zur Verfügung stehen. Die Moderatoren garantieren einen reibungslosen Ablauf, sodass keine Ideen verloren gehen oder Teilnehmer aufgrund von technischen Hürden frustriert aufgeben. Sollten ähnliche Vorschläge eingereicht werden, sorgen sie außerdem dafür, dass diese Ideen einander zugeordnet werden, damit keine Dopplungen entstehen.

---

3 In Anlehnung an den von IBM geprägten Begriff Innovation Jam.
4 BWV und KVP bleiben in ihren Abläufen parallel zum Innovation Jam bestehen.

Open Leadership am Beispiel des Ideenmanagements der BSR

Der Open Leadership Ansatz beschreibt eine Reihe von Vorteilen, die sich aus der Einführung offener Strukturen im Unternehmen ergeben. So trägt ein offener Führungsstil und insbesondere die gemeinsame Ideengenerierung mit Kunden und Partnern maßgeblich zur Steigerung der Innovationsfähigkeit bei.

Informationspolitik

Der Grad der Offenheit ist jedoch individuell und jedes Unternehmen muss seine eigene Situation zunächst analysieren, um darauf hin eine passende Strategie zu entwickeln. Der Open Leadership Ansatz beinhaltet für eine solche Strategieentwicklung sechs Typen einer offenen Informationspolitik, die im Folgenden für die Konzeption des BSR Innovation Jams angewandt werden sollen:

1. Erklären und Motivieren

Der ersten Komponente wird insbesondere durch die begleitenden Kommunikationsmaßnahmen Rechnung getragen, an denen es im BVW und in den KVP mangelt. Für eine möglichst große Beteiligung und einen nachhaltigen Erfolg sollte der Innovation Jam über möglichst viele Kommunikationskanäle bekannt gemacht werden. Hierfür sind vorbereitende und begleitende Maßnahmen in den internen Kommunikationskanälen und -formaten der BSR geplant. Mit der Firmenzeitung „intern", die in einer Auflagenstärke von 5.500 Exemplaren monatlich erscheint, und dem Intranet sind zwei Medien vorhanden, mit denen die komplette Belegschaft erreicht werden kann. Die Firmenzeitung „intern" ist insbesondere deshalb wichtig, da ein großer Teil der operativen Mitarbeiter im Außendienst arbeitet und so keinen regelmäßigen Zugriff auf das Intranet hat. Zur Motivation der Mitarbeiter wird vor und während des Innovation Jams ein Informationsstand vor der Kantine oder in anderen hoch frequentierten Bereichen aufgebaut werden, um über die Veranstaltung zu informieren und auf Fragen oder Kritik direkt eingehen zu können. Letztlich wird das Intranet als Dreh- und Angelpunkt des Innovation Jams eine zentrale Rolle spielen, da hier alle Verbesserungsvorschläge eingereicht und kommentiert werden können.

2. Berichterstattung

Die Komponente Berichterstattung wird durch die Verwendung einer Online-Plattform erfüllt. So können Massenmails verhindert werden, Mitarbeiter können direkt zusammenarbeiten und neue Mitarbeiter sind im Falle einer wiederholten Durchführung des Innovation Jams schnell auf den aktuellen Stand. Im Gegensatz zu Idee Orange und dem KVP sind alle Ideen über den gesamten Prozess hinweg einsehbar. Im Anschluss an den Innovation Jam ist neben der Ergebniskommunikation die Darstellung der Ideenentwicklung von besonderer Relevanz. Hierbei wird den gewinnenden Teilnehmern ermöglicht, den Werdegang ihrer Ideen nachzuverfolgen. Dies soll zudem die Fachgutachter dazu anregen, Fristen einzuhalten und Prämien fair und verhältnismäßig zu verteilen.

3. Externer Austausch

Der Teilnehmerkreis soll über die Mitarbeiter der BSR hinausgehen und einer ausgewählten Teilöffentlichkeit die Teilnahme ermöglichen. Zu diesem externen Kreis gehören beispielsweise Familienmitglieder von Mitarbeitern und externe Berater des projektbegleitenden Instituts für Electronic Business. So öffnet sich die BSR bereits jetzt – zumindest teilweise – nach außen. Die Komponente externer Austausch findet bislang allerdings nur in beschränktem Maß Anwendung. Sie ist aber im Unterschied zu Idee Orange zum ersten Mal in diesem Zusammenhang beachtet worden und weiterhin ausbaufähig.

4. Beteiligung anregen

Wie gezeigt wurde, war die Beteiligungsquote an Idee Orange sehr gering. Um aus den Fehlern der Vergangenheit zu lernen, werden zur Vorbereitung des Innovation Jams Informationsstände aufgestellt, um die Pläne des BSR-Ideenmanagements bekannt zu machen. Darüber hinaus werden sogenannte PC-Inseln aufgestellt, die insbesondere von operativen Mitarbeitern genutzt werden können, die selbst nicht über einen Computer am Arbeitsplatz verfügen und dennoch Ideen einreichen wollen.

Außerdem soll über ein sogenanntes Single Sign On den Mitarbeitern, die bereits über ein Firmenlogin verfügen, ein möglichst einfacher Zugriff ermöglicht und somit die Beteiligung gesteigert werden. Ein Single Sign On beinhaltet eine einmalige Authentifizierung mit den bestehenden Login-Daten, um den Mitarbeitern Zugriff auf die Kommunikationsplattform zu gewährleisten und folglich keine zusätzlichen Benutzernamen und Passwörter notwendig werden.

5. Problemlösung auslagern

Die Auslagerung von Problemlösungen ist in einem offenen Innovationsprozess quasi immanent, wenngleich der Kreis der Ideengeber bei der BSR noch auf interne Mitarbeiter beschränkt bleibt. Auf diese Weise kann ein offener Innovationsprozess zwar eine höhere Beteiligungsquote als bei Idee Orange schaffen, externe Ideen, die neue Innovationen anregen könnten, fließen allerdings nicht mit in die Ideengenerierung ein. Eine weitere Öffnung in diesem Sinne wäre hier jedoch wünschenswert.

6. Offene Schnittstellen

Offene Schnittstellen sind von der BSR in diesem Zusammenhang noch nicht berücksichtigt worden. Es wäre jedoch denkbar, den Mitarbeitern Schnittstellen zur Verfügung zu stellen, über die sie ihre Inhalte auch auf externen Plattformen teilen können.

Entscheidungsfindung

Neben der offenen Informationspolitik ist zudem die Entscheidungsfindung als zweiter Bereich im Rahmen des Open Leadership von großer Relevanz, der im vorliegenden Anwendungsfall nicht ausführlich betrachtet werden konnte. Bezüglich des Innovation Jams empfiehlt sich die in Kapitel 15 beschrieben demokratische Entscheidung, die auf Basis einer Mehrheitsfindung innerhalb einer Gruppe getroffen wird, da die Bewertung der Ideen durch alle Teilnehmer bereits in der Kommunikationsplattform integriert ist.

Fazit

Zwar ist die BSR dabei, die Regeln und Komponenten des Open Leadership Ansatzes in das Ideenmanagement zu integrieren, dennoch bleibt die erfolgreiche Implementierung eine Herausforderung, die weiterhin auf die Unterstützung des Topmanagements angewiesen ist. Somit ist ein guter Start in Richtung Offenheit gelungen, der zukunfts- und ausbaufähig erscheint. Für die BSR ist der geplante Innovation Jam darüber hinaus sowohl intern als auch extern ein strategisches Signal, dass die Themen Ideen und Innovationen als Teil einer offeneren Unternehmensführung ernsthaft betrieben und vor allem real gelebt werden.

Literaturverzeichnis

BSR (2009): Geschäftsbericht 2009, http://www.bsr.de/assets/downloads/Geschaeftsbericht_2009.pdf.

Li, Charlene (2010): Open Leadership: how social technology can transform the way you lead. 1. Auflage. Jossey-Bass, San Francisco.

Kapitel 27 Long Tail: Anwendungsbeispiel freies Theater

von Robert Christott

Das folgende Kapitel untersucht, inwiefern die Theorie des Long Tails von Chris Anderson auf die freie Theaterszene angewendet werden kann und inwieweit sich daraus für den Non-Profit-Kultursektor Chancen bieten, sich gegen die Blockbuster-Industrie durchzusetzen.

„If the 20th-century entertainment industry was about hits, the 21st will be equally about misses."[1]

Das Streben nach Einzigartigkeit, die Suche nach außergewöhnlichen Erlebnissen und die Zelebrierung individueller Stile und Typen ist eine Antwort unserer Zeit auf Massenkonsum und Kommerzialisierung sämtlicher Lebensbereiche. So erlebt auch das Nischendasein der Kunst fernab des Kommerz eine Renaissance. Mit Chris Andersons Buch „The Long Tail", das in Kapitel 16 ausführlich beschrieben wurde, liegt eine Sammlung von Handlungsanweisungen vor, wie das Spartenprogramm ganz verschiedener künstlerischer und kultureller Teilbereiche durch eine gezielte Ausnutzung ihres Nischendaseins gegenüber einem sich zunehmend differenzierenden Publikum auch wirtschaftlich gerechtfertigt sein kann. Andersons Long Tail These basiert auf der Annahme, dass die Zukunft der Unterhaltungsindustrie nicht wie bisher im Verkauf einiger weniger Hits an den Spitzen der Bestsellerlisten liegt, sondern in den Millionen von Nischenprodukten, die parallel zu den Bestsellern entstehen und die zusammengenommen einen weit größeren Markt als den der Hits darstellen.

Long Tail in der freien Theaterarbeit

Die Long Tail Theorie zielt in erster Linie auf die Optimierung erwerbswirtschaftlicher Unternehmensbereiche ab. Aber auch für Non-Profit-Organisationen (NPO) hält Andersons These nützliche Ableitungen bereit, wie im folgenden Abschnitt anhand der freien Theaterszene demonstriert werden soll.

Grundlagen der freien Theaterarbeit

In Deutschland beschreibt freies Theater

„[...] jene Theatergruppen, die [...] in der Entfaltung schauspielerischer und dramaturgischer Kreativität und Phantasie so andere Vorstellungen [haben], als es der Umgangsweise der etablierten Bühnen mit dem Medium Theater entspricht."[2]

Diese Beschreibung des Journalisten Rainer Harjes von 1983 trifft nach wie vor den Kern der Theaterarbeit, die weder von Bund, Ländern oder Kommunen getragen wird,

---

1 Anderson, C. (2004), S. 15.
2 Harjes (1983), S. 9.

oder in Form von Privattheatern überwiegend kommerziell ausgerichtet ist. Auch im Jahr 2010 geht es hier in der künstlerischen Arbeit darum, solche Ausdrucksweisen zu erproben und zu suchen, die unerwartete und außergewöhnliche Positionen und Perspektiven vertreten. Dabei ist diese Eigenart kein Selbstzweck, sondern Konsequenz aus der Suche nach neuen Formen darstellerischer Theorie und Praxis, für die in tradierten hierarchischen Strukturen von zum Beispiel Stadt- oder Musicaltheatern kein Platz ist. Ökonomie und die Bedienung des Publikumsgeschmacks sind keine Maßstäbe für die künstlerische Arbeit. Dadurch ist freie Theaterarbeit aber oftmals auch mit erheblichen finanziellen und damit qualitativen Einbußen für die Kunst und die Künstler verbunden.

Finanzierung künstlerischer Freiräume

Für die freie Szene im Theater gilt in Zeiten knapper Kassen oftmals genau das, was in anderen freien Berufen auch gilt: Der Kunde ist König. „Frei" heißt hier lediglich „nicht von der öffentlichen Hand getragen", und die künstlerischen Inhalte richten sich nach dem, was sich entweder an ein möglichst großes Publikum oder potentielle Sponsoren gut verkaufen lässt. Es wird oftmals die Chance vergeben, sich im besten Sinne als eigenartig zu profilieren. Dabei könnte sich das freie Theater gerade wegen seiner finanziellen Situation gegen die Kommerzialisierung stemmen:

> „Wer im freien Theater wahrhaft künstlerisch arbeiten will, muss es aus Überzeugung und aus inhaltlicher Notwendigkeit tun. [...] Die Warenförmigkeit des Theaters kann hier noch unterlaufen werden. [...] Aufgrund der vergleichsweise geringen Mittel und der fehlenden Abonnementstruktur ist der Rechtfertigungsdruck geringer."[3]

Was verbindet also die Theorie des *Long Tail* mit der Arbeit freier Theater? Die Konzentration auf die Nische.

Die Nische als Chance

In der Ausweitung der von Hits gesteuerten Unterhaltungsindustrie sieht Chris Anderson Auswirkungen auf die generelle Kultur einer Gesellschaft. Der Anspruch, immer mehr dieser Hits zu produzieren, übertrage sich auf die Gesellschaft und verstelle ihren Blick auf die vielfältigen Facetten künstlerischer Ausdrucksweisen.

> „Economically, this is the same as saying: If there can only be a few rich, let them at least be super-rich."[4]

Der Wandel entlang des Long Tail hin zu den Nischen führe laut Anderson zu einer Verstärkung der Kaufkraft nach tatsächlichen Interessen anstatt nach dem Konsens der Werbeindustrie. Er beschreibt das Phänomen der „Nischenkultur" als Trend von einer „Oder"-Ära (Mainstream-Kultur gegen Subkulturen) hin zu einer „Und"-Ära, in der die Nischenkultur an Bedeutung gewinnt:

---

3 Schlötcke, S. (2008).
4 Anderson (2006), S. 38 ff.

„Mass culture will simply get less mass. And niche culture will get less obscure."[5]

Praktische Anwendung des Long Tail im freien Theater

Chris Anderson kürzt seine Theorie des Long Tail auf den Trend von den Hits hin zu den Nischen zusammen. Die Gemeinsamkeiten zwischen der freien Theaterarbeit und der Theorie des Long Tail im Aspekt der Förderung von Nischen treten deutlich hervor. Doch viele Vorteile des Internet stoßen im Theater schnell an ihre Grenzen.

Teures Theater

Ein zentraler Aspekt von Chris Andersons Theorie des Long Tail ist die *Demokratisierung der Produktionswerkzeuge* durch das Internet. Damit sind computergestützte Anwendungen gemeint, die es jedem internetfähigen User ermöglichen, eigene Inhalte, also digitalisierbare Produkte wie Videoclips, Musiktitel oder Textbeiträge zu produzieren und via Internet anderen Usern gegen Bezahlung zugänglich zu machen. Was die Produktion von Theater im eigentlichen Sinne angeht ist diese Möglichkeit natürlich so gut wie überhaupt nicht gegeben. Theater ist ein in höchstem Maße personalintensiver Betrieb. Auch wenn gerade die freie Szene über sehr begrenzte personelle Möglichkeiten verfügt – das Ensemble auf der Bühne lässt sich nicht digitalisieren.

Günstiges Theater

Wenn nicht auf der Bühne, so lassen sich doch einige notwendige Elemente des Kulturmanagement durch das Internet schnell und vor allem kostensparend erledigen. Auf das Online-Kulturmarketing lassen sich dann im Bereich des (freien) Theaters auch Andersons drei Mechanismen anwenden:

Demokratisierung von Produktionsmitteln	Computer und das Internet eröffnen jedem Theatermacher Möglichkeiten, auf Online-Gruppen zuzugreifen, eigene Präsentationen und Websites kostengünstig im Netz zu produzieren und Werbemittel wie Rundschreiben nahezu kostenlos und in professioneller Qualität digital zu erstellen.
Demokratisierung von Vertriebsmitteln	Durch entsprechende Kanäle im Netz kann jede freie Gruppe die digitalen Werbemaßnahmen kostenlos und in unendlicher Stückzahl weltweit verbreiten.
Verbindung von Angebot und Nachfrage	Zum Publikum vor Ort können online weltweit Kontakte hinzugefügt werden. Über eine unbegrenzte Verbreitung der Inhalte kann ein großer Stamm potentieller Nachfrager aufgebaut werden.

Tabelle 21: Mechanismen des Long Tail am Beispiel freies Theater

---

5 Ebd. S. 180 ff.

Die Nischen füllen

Um Nischen erfolgreich zu bewerben, braucht man Zugang zu entsprechenden Zielgruppen, die bei Nischenproduktionen aller Voraussicht nach sehr klein sind. Um die Interessen potentieller Besucher zu bündeln, ist daher die Gruppenbildung im Internet von entscheidender Bedeutung. Clay Shirky, Professor für interaktive Kommunikation an der New York University, beschreibt die Vorteile der modernen Technik für die Bündelung von zielgruppen-spezifischem Interesse:

> „One obvious lesson is that new technology enables new kinds of group-forming. The tools [...] are quite simple – the phone [...], email, a webpage, a discussion forum - [...] The tools are simply a way of channeling existing motivation."[6]

Internetgestützte Distribution von Inhalten für individuelle Interessengruppen nennt Shirky „an architecture of participation."[7] Die Streuung von Inhalten freier Künstler durch ihre Internet-Fangemeinde, ermöglicht dieser eine Teilhabe am künstlerischen Leistungsprozess. Die Kosten dafür sind marginal. Interessenten partizipieren unabhängig von Ort und Zeit an der künstlerischen Arbeit und verbreiten diese aus eigener Motivation heraus, um ein Teil der Gruppe zu werden:

> „To put it in economic terms, the costs incurred by creating a new group or joining an existing one have fallen in recent years [...] ‚Cost' here is used in the economist´s sense of anything expended – money, [...] time, effort, or attention. One of the few uncontentious tenets of economics is that people respond to incentives."[8]

Gerade die Informationspools im Web 2.0, bei dem die Nutzer die Inhalte selbst generieren, erlauben ein erhöhtes Maß an Partizipation.[9] Die Möglichkeit, in einem Blog einen Eintrag zu kommentieren, somit seine Sicht der Dinge hinzuzufügen und weltweit zu veröffentlichen, macht aus diesem Format praktisch doppelten „user generated content". Das Motivation – der oben von Shirky beschriebene Anreiz zur Partizipation – liegt für Chris Anderson im Aspekt der Reputation. Anders als im kommerziell ausgerichteten „Kopf" des *Long Tail* geht es im Nischenbereich nicht so sehr um direkt ökonomischen Gewinn, sondern vielmehr um Ansehen bei der beteiligten *community* im Netz. Dieses Ansehen ist jedoch nicht weniger wert als bares Geld, denn es kann im besten Falle zu einem Job, einem größeren Publikumsstamm oder lukrativen Angeboten in der Zukunft führen.[10]

Informationspools

Die Distributionskanäle, mit denen die oben genannte Partizipation ermöglicht wird, sind die Kommunikationsmittel des Web 2.0, zum Beispiel soziale Netzwerke wie

---

6 Shirky (2008), S. 17 und siehe hierzu Kapitel 9 in diesem Buch.
7 Vgl. ebd. S. 17.
8 Ebd. S. 18.
9 Siehe hierzu Kapitel 3 in diesem Buch.
10 Vgl. Anderson (2006), S. 73 ff.

Facebook, Twitter und MySpace, Blogs oder Podcasts. Deren Nutzer gehen durch die oben genannte Partizipation vielleicht nicht öfter ins Theater – aber gezielter.

„Seit es die Möglichkeit gibt, sich schnell und umfassend im Web zu informieren, ist das Publikum wählerisch geworden."[11]

Fazit

Während Anderson nach Wegen sucht, kommerzielle Produkte möglichst effizient zu verkaufen, versuchen freie Theater ihre Produktionen möglichst breitgefächert „an den Mann zu bringen". Der Kern der *Long Tail*-These bietet diesbezüglich das Potential, außergewöhnliche künstlerische Ausdrucksweisen auf dem freien Markt auch wirtschaftlich überlebensfähig zu machen: In Zeiten der zunehmenden Diversifikation von Zielgruppen und immer schärfer getrennten Interessengemeinschaften auch im künstlerischen Bereich ist die Behauptung einer bestimmten Nische von strategischem Vorteil. Durch die Möglichkeiten, sich einer immer stärker an den Ergebnissen der Suchmaschinen im Internet orientierten Zielgruppe passgenau präsentieren zu können, ist die Chance der komplementären Publikumserschließung gegeben, ohne sich nur am Geschmack der Nachfrager orientieren zu müssen: „Match people with the stuff that suits them best." – Jedes Publikum bekommt die Show, die es verdient.

Literatur

Anderson, C. (2004), The Long Tail, WIRED Magazine, Issue 12.10, URL: www.wired.com/wired/archive/12.10/tail.html

Anderson, C. (2006), The Long Tail, Why the Future of Business is selling less of more, New York

Harjes, R. (1983) Handbuch des freien Theaters – Lebensraum durch Lebenstraum, Köln

Klein, A. (2007), Der exzellente Kulturbetrieb, Wiesbaden

Shirky, C. (2008), Here Comes Everybody, How Change Happens When People Come Together, New York

Schlötcke, S. (2008), DiskursContainer Texte, URL: 79287.homepagemodules.de/ t5f2-Sven-Schloetcke-DiskursContainer-Texte.html

Frank, S.A. (2008), Web-2.0-Anwendungen für das online-Kulturmarketing, URL: ic.publicone.com/?p=185

Rieth, C., Theater-Podcasts – Hip oder Hype?, URL: www.theatermanagement-ak-tuell.de/artikel44.html

Michelis, D. (2009), Die Meganische als Wettbewerbsstrategie im Internet, URL: www.digitale-unternehmung.de/2009/07/die-mega-nische-als wettbewerbsstrate-gie-im-internet

---

11 Rieth, C.

Kapitel 28 POST-Methode:
Anwendungsfall MÄRZ München AG

von Nicole Krake, Florian Resatsch, Manuela Schnitzenbaumer, Daniel Michelis

Die Entwicklung der sozialen Medien im Internet wird von Li und Bernoff sinnbildlich als Groundswell beschrieben, frei übersetzt als anhaltender Seegang, durch den Unternehmen in den vergangenen Jahren in unruhiges Fahrwasser geraten sind. In ihrem Buch beschreiben die Autoren eine Methodik zum konkreten Vorgehen, mit denen Unternehmen die bislang oft stürmische Fahrt durch die sozialen Medien erfolgreich meistern können. Als besondere Herausforderung sehen sie den Trend, dass Menschen damit begonnen haben, Dinge die sie benötigen, untereinander auszutauschen, anstatt mit Institutionen wie traditionellen Unternehmen.[1] Eine ausführliche Darstellung der Groundswell Methode von Li und Bernoff findet sich in Kapitel 18. Die Frage ist, wie Unternehmen diesen Trend positiv im Sinne ihrer Geschäftstätigkeit fördern und die Entwicklungen der sozialen Medien für ihre Kunden und Produkte nutzen können. Diese sozialen Medien definieren wir in Anlehnung an Kapitel 3 als partizipative Medien, die den Austausch unter Konsumenten sowie zwischen Konsumenten und Unternehmen über das Internet und neuerdings auch über mobile Technologien ermöglichen. Die Teilhabe an diesen Medien scheint beinahe unumgänglich geworden zu sein. Für viele Menschen schafft sie mittlerweile gar soziale und gesellschaftliche Orientierung.[2] Während sich diese Entwicklung bereits seit längerem beobachten lässt, erfährt die wachsende Nutzergemeinschaft sozialer Medien derzeit auch große wirtschaftliche Bedeutung. Konsumenten, die sich in der realen Welt an Produkten und Marken orientieren, übertragen diese Gewohnheit ins Netz. Sie sprechen auf Facebook über ihre Vorlieben, geben bei Amazon positive Empfehlungen oder raten bei Twitter aufgrund schlechter Erfahrungen von bestimmten Dingen ab. Immer mehr Unternehmen versuchen, sich dies zunutze zu machen. Um erste Erfahrungen zu sammeln, tauchen sie selbst in die sozialen Medien ein, hören ihren Kunden dort zu und lassen sich auf direkte Interaktion mit den Kunden ein. Dabei geht es immer weniger darum, dem Kunden den Weg zum Produkt zu ebnen, als vielmehr diesen gemeinsam zu gestalten.

Dieses Kapitel beschreibt einen solchen Versuch, den die MÄRZ München AG, ein Strickwarenhersteller aus München, seit 2009 unternimmt.

---

1 Vgl. Li, C., Bernoff, J. (2008), S. 9.
2 Vgl. Li, C., Bernoff, J. (2008), S. 10 ff.

Akteure

Das Unternehmen existiert bereits seit 90 Jahren. Gegründet im Jahre 1920 von Wolfgang und Thea März, baute sich das Unternehmen MÄRZ in Eigenarbeit innerhalb von vielen Jahren eine charakteristische Firmenphilosophie auf, die noch bis heute Bestand hat: „Qualität ist der Respekt vor dem Kunden." Die auf Oberbekleidung spezialisierte Firma legt besonderes Augenmerk auf eine hochwertige Verarbeitung ihrer Produkte. Sämtliche Strickwaren werden seit jeher in eigenen Produktionsstätten und aus hochwertigen Materialien hergestellt.

Aufgrund seiner traditionellen Verbundenheit besitzt das Unternehmen einen festen Kundenstamm in der Generation der über Fünfzigjährigen, der sogenannten Generation 50+. Zur Verjüngung des Kundenstamms zielt MÄRZ darauf ab, auch Kunden unterhalb der klassischen Altersgruppe zu gewinnen. Neben der Generation 50+ sollen über die sozialen Medien daher vor allem die Generation 40+ und 30+ angesprochen werden. Ausgangsbasis für die Entwicklung einer entsprechenden Online-Strategie war die POST-Methode von Li und Bernoff, die in Kapitel 18 ausführlich beschrieben wurde.

Die Herausforderungen und Ergebnisse bei der Anwendung der POST-Methode werden im Folgenden genauer dargelegt. Im Vordergrund steht dabei die Analyse der Zielgruppen (P = People) und die Zielsetzungen (O = Objectives), die MÄRZ strategisch erreichen möchte sowie die Strategie zur Erreichung der Ziele (S = Strategy). Nach der einleitenden Vorstellung der Zielgruppenanalyse werden im zweiten Abschnitt die Technologien (T= Technologies) vorgestellt, mit denen MÄRZ die angestrebten Zielsetzungen erreichen will. Abschließend werden im vierten Abschnitt die Ergebnisse zusammengefasst.

Anwendung der POST-Methode

Analog zur POST Methode wurde zu Beginn der Analyse das soziotechnografische Profil der Zielgruppe erhoben. Zwar umfasste die Analyse noch weitere Bereiche, wie die Gestaltung des Online-Shops oder die Auffindbarkeit von MÄRZ in den gängigen Suchmaschinen. Auf Basis der Ergebnisse dieser Analyse wurden umfangreiche Maßnahmen der Suchmaschinenoptimierung (SEO) und des Suchmaschinenmarketings (SEM) durchgeführt. Diese Maßnahmen stehen aber nicht im Fokus des vorliegenden Handbuchs und werden daher hier nicht weiter beschrieben. Der Fokus der folgenden Darstellung liegt auf der Anwendung der POST-Methode für die Nutzung der sozialen Medien des Internets.

1. People – Analyse der Zielgruppen

Der Startpunkt der Analyse sollte nach Li und Bernoff das soziotechnografische Profil der Zielgruppe sein. Das Nutzungsverhalten der Zielgruppe im Internet soll analysiert werden, um dieses in die Entwicklung konkreter Maßnahmen einfließen zu lassen. Die generelle Regel heißt: Die Zielgruppe soll in den sozialen Medien angesprochen werden, die sie bereits nutzt. Es sollen darüber hinaus nur solche Aktivitäten von den Mitgliedern der Zielgruppe erwartet werden, die zum vorhandenen Aktivitätsniveau passen. Im konkreten Fall des Unternehmens MÄRZ wurde zunächst das Nutzungsverhalten der wichtigsten Kundengruppen analysiert.

Beispiel

	Gesamt	14-19 J.	20-29 J.	30-39 J.	40-49 J.	50-59 J.	60 +
Wikipedia	65	94	77	70	62	50	39
Videoportale	52	93	79	55	45	27	12
private Netzwerke	34	81	67	29	14	12	7
Fotosammlungen	25	42	41	20	19	19	14
berufliche Netzwerke	9	6	16	13	8	7	1
Weblogs	8	12	16	10	5	4	1
Lesezeichensammlungen	4	9	6	4	2	2	2

Tabelle 22: Nutzung der sozialen Medien im Web 2.0 (Quelle: ARD/ZDF Onlinestudie 2009)

Der eingangs beschriebene Kundenstamm, die Generation 50+, deckt ihren Informationsbedarf schon heute häufig im Internet. So zeigen die Ergebnisse der ARD/ZDF-Onlinestudie 2009 in Tabelle 22, dass Wikipedia bei den über Fünfzigjährigen das meist genutzte Angebot im Web 2.0 ist. 50 Prozent der 50-59 jährigen und 39 Prozent der über Sechzigjährigen nutzen die Wikipedia zumindest ab und zu. An zweiter Stelle stehen Videoportale, die von 27 Prozent der Zielgruppe 50-59 jährigen und 12 Prozent der Zielgruppe 60+ genutzt werden. Als relevant wurden im Rahmen der Analyse neben Wikipedia und Videoportalen als drittes Fotosammlungen betrachtet, die immerhin von 19 Prozent beziehungsweise 14 Prozent der Zielgruppe genutzt werden.

Wie die Zielgruppenanalyse darüber hinaus zeigen konnte, ist momentan fast ein Viertel der Internetnutzer 50 Jahre oder älter.[3] Die auch als Super-Grannys und Greyhopper bezeichnete Zielgruppe der über Fünfzigjährigen legt Wert auf Hintergründe und Zusammenhänge. Sie zeichnet sich nicht nur durch eine große Neugier für Unbekanntes und Neues aus, sondern auch durch ein starkes Mitteilungsbedürfnis, was sie somit zu wertvollen Ratgebern macht. Im Zuge der Entwicklung einer Social Media Strategie sollten zudem auch potentielle Kunden aus den Zielgruppen der über Dreißig- und über Vierzigjährigen angesprochen werden. Wie Tabelle 22 zeigt, nutzen die sogenannten Generationen 30+ sowie 40+ das Web 2.0 sehr viel stärker. Insbe-

---

3 Vgl. van Eimeren, B., Frees, B. (2009).

sondere nutzt ein wachsender Anteil der Zielgruppe private Netzwerke wie beispielsweise Facebook oder wer-kennt-wen.de

Objectives – Entwicklung der Zielsetzung

Aufbauend auf die Analyse der Zielgruppen wurden die Zielsetzungen entwickelt, die MÄRZ mit der Nutzung der sozialen Medien erreichen möchte. Li und Bernoff schlagen die in Tabelle 23 dargestellte Liste von fünf generischen Zielsetzungen[4] vor.

Li und Bernoff raten bei der Entwicklung der eigenen Zielsetzungen dazu, oben in der Liste zu beginnen und erst schrittweise zu den folgenden Zielsetzungen überzugehen. In der Regel bietet sich jedem Unternehmen eine große Fülle an möglichen Aktivitäten, doch nicht alle erweisen sich als tragbar, finanzierbar und umsetzbar. Dies galt auch für MÄRZ. Basierend auf den Analyseergebnissen setzte sich MÄRZ das Ziel, zunächst zuzuhören, worüber sich die relevanten Zielgruppen im Internet unterhalten um sich anschließend gezielt mitzuteilen. Generell wollte das Unternehmen zunächst eigene Erfahrungen sammeln, bevor die dritte Zielsetzung angestrebt wurde – das Anregen besonders aktiver Mitglieder der Zielgruppen. Von den generischen Zielsetzungen in Tabelle 23 wurden konkrete Social Media Maßnahmen abgeleitet, die im Folgenden beschrieben werden.

Generische Zielsetzung	Kurzbeschreibung
Zuhören	Nutzung von sozialen Technologien, um die Kunden besser zu verstehen. *Zuhören* ist besonders geeignet für Unternehmen, die Insights ihrer Kunden für Marketing und Produktentwicklung nutzen wollen.
Mitteilen	Nutzung von sozialen Technologien, um Nachrichten effizient zu verbreiten. *Mitteilen* ist besonders geeignet für Unternehmen, die bereit sind, ihre bisherigen Online-Marketing-Aktivitäten um interaktive Komponenten zu erweitern.
Anregen	Identifikation begeisterter Kunden, mithilfe derer virale Kommunikationseffekte angeregt werden können. *Anregen* ist besonders geeignet für Unternehmen und Produkte mit Markenfans und begeisterten Kunden.
Unterstützung	Einsatz sozialer Technologien, um die Kollaboration der Kunden untereinander zu fördern. *Unterstützung* ist besonders geeignet für Unternehmen mit hohen Support- Kosten und Kunden, die eine hohe Affinität haben, sich gegenseitig zu helfen.

---

4 Vgl. Li, C., Bernoff, J. (2008), S. 79 ff.

Beteiligung	Integration von Kunden in die zentralen Unternehmensprozesse, bis hin zur gemeinsamen Gestaltung von Produkten. *Beteiligung* ist die herausforderndste Zielsetzung. Sie ist am besten für Unternehmen geeignet, die bereits mit einer der anderen vier Ziele erfolgreich waren.

Tabelle 23: Generische Zielsetzungen der POST-Methode (In Anlehnung an Li, C., Bernoff, J., 2008)

Bei der Umsetzung der jeweiligen Maßnahmen sollen zwei besonders emotionale Ausschnitte der MÄRZ Historie berücksichtigt werden: Zum einen das Engagement von MÄRZ als Ausstatter der Nanga Parbat Erstbesteigung 1953 und zum anderen das ungemein große Wissen über die Pflege und Werterhaltung von Strickwaren. In den folgenden Abschnitten soll jeweils auf die konkrete Anwendung der ausgewählten Zielsetzungen eingegangen werden.

Zuhören

„Listening to the Groundswell" bedeutet, den eigenen Konsumenten online zuzuhören. Dafür empfiehlt es sich zunächst, in einschlägigen Blogs und Foren nach dem Firmennamen und den eigenen Produkttitel zu suchen, um zu sehen, was die Konsumenten über das Unternehmen und dessen Produkte berichten. Eine Alternative hierzu wäre der Aufbau einer eigenen Community, in der Fragen direkt an die Kunden getragen werden, um dann in eine offene Interaktion zu treten.[5] Um zu verstehen, ob und wie sich die Zielgruppe online bereits über die Produkte von MÄRZ austauscht, wurde in relevanten Blogs und Foren nach Konversationen über das Unternehmen MÄRZ und sein Produkte gesucht. Die Analyse der über Fünfzigjährigen zeigte zwar auf, dass die Zielgruppe ausgewählte Seiten im Internet besucht, es wurde aber auch deutlich, dass die Anzahl aktiver Beiträge sehr gering ist. Da im Internet kaum eigene Inhalte veröffentlicht oder Beiträge anderer kommentiert werden, lieferte die Suche zunächst kaum Ergebnisse. Bei genauerer Betrachtung zeigte sich jedoch, dass der Kundenstamm sehr wohl ein hohes Aktivitätsniveau zeigte. Zufriedene Käufer von MÄRZ Produkten schreiben regelmäßig Briefe an das Unternehmen, um sich zu bedanken, neue Produkte zu kommentieren oder Fragen zu Produktdetails zu stellen.

Nachdem das Unternehmen richtig zugehört hatte, wurde beispielsweise deutlich, dass es eine rege Nachfrage an Informationen zur Pflege und Werterhaltung seiner Strickwaren gibt. Viele Kunden kontaktieren MÄRZ regelmäßig auf telefonischem oder schriftlichem Weg mit Fragen und hilfreichen Kommentaren zu den Produkten. Dieser rege Austausch findet seit vielen Jahren statt. Dadurch, dass zum Austausch nicht das Internet sondern traditionelle Medien genutzt werden, sind die Inhalte anderen Interessenten bislang nicht zugänglich. Das sehr große Produktwissen, das in den Briefen der Kunden gesammelt vorliegt, wurde nicht weiter verbreitet. Auf Basis

---

5 Vgl. Li, C., Bernoff, J. (2008), S. 79 ff.

der ersten Erkenntnisse wurde in einer zweiten Analysephase gezielt nach Netzwerken, Foren, Blogs und Ratgeberseiten zum Thema Wollpflege und Werterhaltung gesucht. Ziel dieser zweiten Suche war es, Orte zu finden, an denen die Themen der MÄRZ Kunden bereits online besprochen werden, um an diese Gespräche langfristig anzuknüpfen. Die Suche stieß auf bekannte Seiten wie wer-weiß-was.de oder fragmutti.de. Doch sämtliche Seiten behandelten die relevanten Themen nur auszugsweise und nicht in dessen ganzen Fülle. Während zwar ein eindeutiges Interesse von Seiten des Kundenstamms beobachtet werden kann, konnten im Internet kaum Aktivitäten beobachtet werden. Auf Basis der Analyseergebnisse wurde die Entscheidung getroffen, keine Technologie einzusetzen, um dauerhaft die Gespräche den Gesprächen im Netz zuzuhören. In Kapitel 22 wird ausführlich beschrieben, wie Technologien für ein strategisches Monitoring dieser Gespräche genutzt werden kann. Für das Unternehmen MÄRZ spielt dies jedoch zurzeit keine Rolle.

Mitteilen

„Talking with the groundswell" bedeutet nicht nur, sich seinen Konsumenten mitzuteilen, sondern vielmehr mit ihnen in eine Interaktion zu treten. Die sozialen Medien haben die Erwartungshaltung der Kunden geändert. Der Kunde erwartet angehört und ernst genommen zu werden. Anstelle einer einseitigen Unternehmenskommunikation sollten Unternehmen einen authentischen Dialog mit ihren Kunden eingehen. Besonders effektiv gestaltet sich dies in den ohnehin auf Dialog ausgerichteten Medien wie Blogs, Foren und sozialen Netzwerken. Wie beschrieben, kommunizieren Konsumenten dort generell bereits viel über bestimmte Produkte und Marken. Für viele Unternehmen existiert dort bereits eine Kommunikationsbasis, die auch für die eigenen Zwecke genutzt werden kann. Im besten Fall können Unternehmen unmittelbar, an der Interaktion teilnehmen.[6]

Im Falle MÄRZ herrschte keine solche Basis. Das Unternehmen setzte sich dennoch oder gerade deshalb zum Ziel, das Gespräch mit den Kunden im Internet von Grund auf beginnen. Die verwendeten Technologien werden im Abschnitt 2.3 ausführlich beschrieben. Zunächst soll jedoch noch eine weitere Zielsetzung beschrieben werden, die sich MÄRZ langfristig gestellt hat.

Anregen

Eines der Grundprinzipien von Social Media ist, die Konsumenten über ein Produkt oder eine Marke in eine Interaktion treten zu lassen. Menschen sprechen gerne und viel über Produkte, die sie mögen oder auch weniger mögen. Per Mundpropaganda werden Empfehlungen positiver und negativer Art abgegeben.

Nach dem grundlegenden Aufbau einer Kommunikationsbasis und ersten Gesprächen mit der Online-Zielgruppe, setzte sich MÄRZ das Ziel, besonders aktive Kunden dazu anzuregen, ihre Erwartungen mit MÄRZ Produkten, Erwartungen oder Empfehlungen in den sozialen Medien des Internets zu veröffentlichen und somit an andere weiter

---

6 Vgl. Li, C., Bernoff, J. (2008). S. 101 ff.

zu geben. Die dritte Zielsetzung wurde bei der Entwicklung der Social Media Strategie nur vage formuliert. Zunächst sollten erste Erfahrungen gesammelt werden, um die eigenen Ziele zu einem späteren Zeitpunkt zu präzisieren. Der Übergang vom reinen Mitteilen zum Anregen wird im folgenden Abschnitt zu den eingesetzten Technologien beschrieben.

Unterstützen

Die oben beschriebenen Analyseergebnisse haben gezeigt, dass es bislang keine Community gibt, in der die Themen der MÄRZ Kunden online besprochen werden. Zwar werden bereits einzelne Aspekte oder verwandte Themen behandelt, die Themen, die für Kunden von MÄRZ von besonderer Relevanz sind, wurden dort jedoch nur auszugsweise besprochen. Vor dem Hintergrund dieser Analyseergebnisse wurde von MÄRZ die zusätzliche Zielsetzung geäußert, eine Community aufzubauen, in der der Kundenstamm der über Fünfzigjährigen ihre Erfahrungen niederschreiben können, damit so ein Wissenspool zum Thema Pflege und Werterhaltung von Wollprodukten entsteht. Die Erfahrungen der Generation 50+ mit dem Umgang von MÄRZ Produkten sollen die jüngeren Zielgruppen 30+ und 40+ unterstützen, die oftmals nicht wissen, wie sie hochwertige Wollpullover am besten pflegen. Während erfahrene Kunden der Generation 50+ ihr Wissen teilen und Anerkennung für die eigenen Beiträge erhalten, können unerfahrenere Kunden, die vor allem in den jüngeren Zielgruppen vermutet werden, wertvolle Unterstützung erhalten.

Technologies – Auswahl geeigneter Anwendungen

Im Anschluss an die Analyse der Zielgruppe und der Entwicklung der Zielsetzungen werden seit 2009 sukzessiv konkrete Maßnahmen umgesetzt. Wichtig ist, zu beachten, dass nicht alle Aktivitäten auf einmal umgesetzt werden können. Vor allem Unternehmen, die wie MÄRZ noch keine Erfahrungen in den sozialen Medien gesammelt haben, benötigen Zeit und Mut zum Ausprobieren. Wird zu viel auf einmal gemacht, kann das schnell zu einer Überforderung für Unternehmen und Kunden führen. Die einzelnen Technologien, die MÄRZ seit 2009 eingesetzt hat, werden im Folgenden beschrieben.

Wikipedia

Die Nutzung der Wikipedia hat sich direkt aus der anfänglichen Zielgruppenanalyse ergeben. Die Stammkunden von MÄRZ, die Generation 50+, ist sehr informationsorientiert und nutzt im Internet für die Suche nach Informationen vor allem auch die Wikipedia. Auf Basis dieser Erkenntnisse plante MÄRZ, Informationen über das Unternehmen und die Produkte auf der Wikipedia einer breiten Leserschaft zur Verfügung zu stellen. Es wurde ein Artikel erstellt und inhaltlich sowie sprachlich an die Richtlinien der Wikipedia angepasst. Anschließend wurde der Artikel zwar veröffentlicht, kurz darauf jedoch von der Wikipedia Community wieder gelöscht. Was war passiert? Der Artikel über die MÄRZ München AG würde auf die sogenannte Löschliste der Wikipedia gesetzt. Es wurde dann sieben Tage lang innerhalb der

Community darüber diskutiert, ob der Eintrag relevant genug sei in die Wikipedia aufgenommen zu werden. Es wurde entschieden, dass das Unternehmen MÄRZ zu klein sei und damit durch die Wikipedia Relevanzkriterien fiel.[7] Ein positives Resultat gab es dennoch. Der Artikel wurde automatisch in das Unternehmenswiki[8] überführt und ist dort für jeden Interessenten einsehbar. Das Beispiel der Wikipedia zeigt deutlich, dass es oft nicht einfach ist, den richtigen Kanal zu wählen. In diesem Fall lag das Scheitern an Vorgaben seitens des Kommunikationskanals, denen MÄRZ nicht entsprach. Die erste Lektion die MÄRZ gelernt hatte:

Praxistipp

Social Media Kanäle müssen ausprobiert werden. Nur, wer ein wenig Mut und Offenheit zeigt, kann den richtigen Kommunikationsweg für seine Kunden etablieren.

Videoportale: Youtube.com und Vimeo

Im Bereich der Videoportale konzentrierte sich MÄRZ auf YouTube[9] und Vimeo.[10] In beiden Portalen wurden ein MÄRZ Channel eingerichtet und mit den gleichen Videos befüllt. Mit dem Verbreiten von Videos sollte das Unternehmen nach außen geöffnet und interaktive Einblicke hinter die Kulissen ermöglicht werden. Insgesamt wurden bisher vier Videos veröffentlicht. Wenn man beide Portale miteinander vergleicht, so schneidet YouTube von den Zugriffszahlen besser ab. Auf YouTube wurden die MÄRZ Videos bereits über 2000-mal angesehen. Die Zugriffszahlen auf Vimeo sind geringer, was eventuell daran liegen kann, dass es ein rein englischsprachiges Portal ist. Alle Videos wurden mit Beschreibungstexten versehen und gängigen Kategorien zugeordnet.

Praxistipp

Es stellte sich als ratsam heraus, SEO-optimierte Beschreibungen und Titel zu verwenden, damit die Veröffentlichungen auch über die Suchmaschinen gut gefunden werden. Die Verlinkung von den Videoportalen zum Online-Shop trug erkennbar dazu bei, die Platzierung des Online-Shops in den Suchergebnissen zu verbessern.

Fotosammlung: flickr

Neben der Wikipedia und Videoportalen ergab die Analyse, dass eine zunehmende Anzahl der über Fünfzigjährigen Fotosammlungen im Internet aufsucht. Die dritte Technologie, die zur Ansprache der Stammkunden zum Einsatz kam, war daher flickr als eine der verbreitetsten Anwendungen für die Organisation von Fotosammlungen im Internet. Als Strickwarenhersteller verfügt MÄRZ über eine große Menge firmen-

---

7   Vgl. Relevanzkriterien, Wikipedia (2010).
8   Vgl. MÄRZ München AG, Unternehmens-Wiki (2010).
9   Vgl. MÄRZ München AG, Youtube (2010).
10 Vgl. MÄRZ München AG, Vimeo (2010).

interner Fotos, die bislang nur zu einem kleinen Teil auf der Unternehmensseite zu sehen waren. Mit der Nutzung von flickr sollte dies geändert werden. Mit der Veröffentlichung ausgewählter und thematisch gebündelter Archiv-Bilder sollten unternehmerische Meilensteine mit den Kunden geteilt werden.[11]

Die ausgewählten Bilder wurden nach und nach veröffentlicht. Sie entstammen aus den verschiedensten Firmenbereichen: Historische Fotos, Andenken aus der Zeit als Ausstatter der Nanga Parbat Erstbesteigung, Retro Fashion aus den 50er – 90er Jahren, aktuelle Kampagnen sowie Bilder und Meilensteine aus dem Sportbereich und Sportsponsoring. Erstmals in der Firmengeschichte bietet MÄRZ über flickr einen breitgefächerten Einblick in seine Geschichte. Mittlerweile wurde die Bildergalerie beinahe 400 mal angesehen. Einzelne Bilder wurden zudem von verschiedenen Nutzern als Favorit markiert. Während das Unternehmen sich offen zeigt und Einblicke hinter die Kulissen gewährt, haben die Konsumenten auf unterschiedliche Art und Weise teil an der Veröffentlichung und kommunikativen Verbreitung.

Trotz der aktiven Kommunikation mit der Generation 50+ wollte MÄRZ jüngere Zielgruppen nicht außer Acht lassen. Da bei der Zielgruppe der 30- bis 50jährigen neben den bisher eingesetzten Technologien ein starkes Engagement bei der Nutzung privater Netzwerke beobachtet werden konnte, entschied sich MÄRZ für ein eigenes Engagement im sozialen Netzwerk von Facebook.

Soziale Netzwerke: Facebook

Das internationale Netzwerk ist eine gute Anlaufstelle um Kundeninteraktion zu betreiben und hat einen regen Zuwachs an Usern der Generationen 30+ und 40+. Ideal also für die Verjüngung der Marke MÄRZ. Somit wurde die MÄRZ Gruppe gegründet.[12] Diese wurde von MÄRZ mit vielen Fotos und Videos, regelmäßigen Verlinkungen zum Online Shop in verschiedenen Posts sowie zur Plattform *Der Nanga Parbat* und YouTube & Flickr bestückt.

---

11   Vgl. MÄRZ München AG, Flickr (2010).
12   Vgl. MÄRZ München AG, Facebook (2010).

Abbildung 62: Startseite von MÄRZ im sozialen Netzwerk von Facebook

Die in Abbildung 62 dargestellte Startseite der Gruppe ist offen für Nachrichten und Kommentare aller Mitglieder, sodass eine Interaktion von vornherein gewährleistet ist. Die Gruppenfunktionen stellten sich in Ihrem Umfang als sehr eingeschränkt dar, daher wurde eine sogenannte Facebook Fanpage[13] eingerichtet. Fanpages sind weitaus interaktiver und damit besser geeignet für Unternehmen, die hier mit Kunden in ein Gespräch treten wollen. Facebook hält für die Fanpages eine große Anzahl an Anwendungen bereit, die zur Seite hinzugefügt werden können. So kann MÄRZ der Seite zum Beispiel einen individuellen Look zu geben, eine Newsletter-Anmeldung integrieren und auf eine externe Website verweisen. MÄRZ veröffentlichte auf der Fanpage zudem Videos und Fotoalben, in denen regelmäßig die neuesten Kollektionen und Angebote präsentiert wurden. Trotz der regelmäßigen Pflege der Inhalte und der Orientierung am Kunden blieb die Fan-Anzahl anfangs gering. Ein Grund dafür war die fehlende Kommunikation der Seite durch das Unternehmen. Die Fanpage verlinkte zwar immer zum Online Shop, doch andersrum fehlte im Shop der Hinweis auf die Facebook-Seite. Nachdem Facebook also bereits als Sprachrohr des Unternehmens

---

13 Vgl. MÄRZ München AG, Facebook Fanpage (2010).

genutzt wurde und MÄRZ sich vorhandenen und potentiellen Kunden mitteilen konnte, sollte durch die Anregung der vorhandenen Facebook-Fans eine deutlich größere Fangemeinde aufgebaut werden.

Von reiner Mitteilung zu aktiver Anregung

Um die Marke MÄRZ unter den Facebook-Nutzern zu verbreiten und weitere Fans für die Fanpage zu gewinnen, wurde ein einfaches Gewinnspiel in Form des folgenden Posts entwickelt:

> „Liebe MÄRZ-Fans, Ein großes Dankeschön für Eure Treue!! Nun wollen wir MÄRZ noch bekannter machen. Doch dazu brauchen wir Eure Hilfe: "Sagt's weiter!" Sucht Euch auf dieser Seite einen Post aus und shared ihn unter Euren Freunden. Diejenigen, die uns ihre Hilfe in einem Kommentar oder Pinnwand-Post mitteilen, nehmen automatisch an einer tollen Verlosung von MÄRZ teil! Also...seid gespannt...und sagt's Euren Freunden!"

MÄRZ rief seine Fans dazu auf, eine beliebige Nachricht auf der Fanpage unter den eigenen Freunden zu verbreiten. Diejenigen, die MÄRZ ihre Teilnahme mitteilten, nahmen an einer Verlosung für einen Gutschein teil. Der Aufruf wirkte und erhöhte innerhalb eines Tages sichtbar die Fan-Anzahl um mehr als das 5-fache.

Praxistipp

Das Wichtigste an der „Anregung" der Zielgruppe ist es, alle Maßnahmen sehr gezielt auf den Kunden auszurichten und diesen zu motivieren, die Botschaften des Unternehmens weiter zu tragen. Nutzer von Sozialen Medien wollen ausprobieren, rumspielen und rumklicken können. Der Konsument möchte das Gefühl haben, dass er sich aktiv an einer Marke beteiligen und durch seine Schritte in den Netzwerken wie Facebook gestalterischen Einfluss nehmen kann. Das erhöht auf der einen Seite den Spaßfaktor der Konsumenten und auf der anderen Seite hat es positive Auswirkungen auf die Bekanntheit und Kundenbindung einer Marke.

Weblog: der-nanga-parbat.de

Wie bereits beschrieben, sollte die Social Media Strategie von MÄRZ zwei wichtige Meilensteine der eigenen Geschichte berücksichtigen. Das Engagement von MÄRZ als Ausstatter der Nanga Parbat Erstbesteigung 1953 und das große Wissen über Pflege und Werterhaltung von Strickwaren sollten über das Internet kommuniziert werden. Zusätzlich zu den bisher eingesetzten Technologien wurde ein Weblog eingerichtet, in dem ein seither ein Ausschnitt der Firmengeschichte erzählt wird: 1953 stattete MÄRZ das Expeditionsteam bei der Erstbesteigung des Nanga Parbat, einer der beeindruckendsten Achttausender im Himalaya, mit Pullovern aus. Die mit der Besteigung verbundenen Geschichten sollten auf einer informativen und interaktiven Plattform neu erlebt werden. Neben vielen informativen Texten, wird dem Leser eine Fülle an historischen Bildern präsentiert. Doch nun wollte MÄRZ seinen Kunden nicht einfach einen fertigen Blog präsentieren. Um die interaktive Note herauszuarbeiten, wurden externe Autoren gewonnen, die selbst Bergsteiger sind und vielleicht sogar selbst einmal den Nanga Parbat erzwungen haben. Daneben können auch interessierte Leser, die Spaß am Schreiben haben, ihre Zuschriften an MÄRZ richten. Um auch echte Bergsteiger vom Portal zu begeistern bot MÄRZ verschiedenen Bergsteigerblogs einen Linktausch an und begann somit sukzessiv, eine Linkliste mit Empfehlungen aufzubauen, um die Besucherzahl auf der Seite zu erhöhen. Generell werden die Inhalte der Website monatlich erneuert und gepflegt. Nutzer können dazu Kommentare schreiben, Bewertungen abgeben und ein Profil anlegen, wodurch eine Art Gemeinschaftsgefühl erzeugt wird

Trotz des Community-Charakters von *Der Nanga Parbat* verzeichnete MÄRZ eine geringe Teilnahme. Was war passiert? Die Plattform ist mit allen bestehenden MÄRZ Social Media Kanälen verknüpft, auf YouTube und Vimeo wurden sogar eigens Videos zum Thema geschalten. Doch es fehlten eine dauerhafte Bewerbung und Einbindung im Online Shop des Unternehmens. Auch hier gilt, dass die verschiedenen Kanäle gut zusammen integriert werden müssen.

Community: Wir lieben Wolle

Noch nicht umgesetzt wurde die Community „Wir Lieben Wolle". Die Idee der Community entstand auf Basis der Analyseergebnisse. Die Suche nach einer existierenden Community, in der die Themen der MÄRZ Kunden online besprochen werden, war negativ verlaufen. Einzelne Aspekte oder verwandte Themen konnten zwar auf Seiten wie wer-weiß-was.de oder frag-mutti.de gefunden werden – die für Kunden von MÄRZ relevanten Themen wurden dort jedoch nur auszugsweise besprochen. Um dem eindeutigen Interesse des Kundenstamms am Dialog zu Themen wie Pflege und Werterhaltung zu begegnen, soll mit dem Titel „Wir lieben Wolle" eine eigene Community gegründet werden. In die Arbeit von *Wir lieben Wolle* fließt einerseits das Produktwissen des Unternehmens selbst sowie das fundierte Erfahrungswissen der Generation 50+. MÄRZ möchte mit diesen gebündelten Informationen den Zielgruppen der Webseite, die Generationen 30+ und 40+ helfen, indem sie hilfreiche Tipps zum Umgang mit Wollprodukten zur Verfügung stellen. Neben der informativen Komponente soll die Plattform in Zukunft auch die Nutzer über eine Kommentarfunktion am Wissensaustausch teilhaben lassen. Mit „Wir Lieben Wolle" besetzt MÄRZ eine thematische Nische. Damit einhergehend öffnet sich das Unternehmen nach außen, wird präsenter und lädt seine Konsumenten aktiv zum Zuhören und Mitteilen ein. Zudem lässt sich der Bekanntheitsgrad steigern und schrittweise auch die Zielgruppe um 30+ und 40+ erreichen.

Um die Erfahrungen zusammenzufassen, beschreibt das nächste Kapitel die Maßnahmen und wie MÄRZ durch die Anwendung der POST-Methode Erfolge in der Nutzung der sozialen Medien erzielte.

Zusammenfassung

Zusammenfassend hat sich gezeigt, dass die Anwendung konkreter Methoden hilft, im „Seegang" den Kurs zu bewahren. Das Projekt und die implementierten Groundswell-Strategien verhalfen MÄRZ zu einer neuen Offenheit gegenüber Partner und Kunden. Das Unternehmen, dessen Philosophie und Tradition sowie die Besonderheiten der MÄRZ Produkte werden verstärkt auf verschiedenen Kanälen nach außen getragen.

Die Anwendung der POST Methode half der Strukturierung des Projekts und der klaren Ausrichtung. Wie in Tabelle 24 gezeigt, sind die verfügbaren Medien auf die vier Zielsetzungen ausgerichtet eingesetzt worden.

Generische Zielsetzung	Kurzbeschreibung der Umsetzung
Zuhören	Blogs, Foren und vor allem Briefe, Anrufe und direkter Kundenkontakt
Mitteilen	Wikipedia, Youtube.com und Vimeo, flickr
Anregen	Soziale Netzwerke: Facebook Weblog: der-nanga-parbat.de
Unterstützen	Community: Wir lieben Wolle

Tabelle 24: Gegenüberstellung von Zielsetzungen und Technologien

Das Beispiel MÄRZ zeigt dennoch, dass – selbst mit der Verwendung von klaren methodischen Konzepten – die Nutzung von Social Media Zeit, Geduld und Mut zum Ausprobieren benötigt und sich nicht nur auf Internet- oder Medienunternehmen beschränkt. Social Media Kampagnen sollten gut durchdacht und geplant sein. Zielgruppe und Zielstellung sind zu definieren sowie die Strategie und die daraus resultierenden Maßnahmen. Dabei ist wichtig, nichts zu überstürzen. Man kann nicht alle Strategien und Aktivitäten auf einmal umsetzen. Es ist sicherer und einfacher, einen Fuß vor den anderen zu setzen, eine Strategie auszuprobieren und bei Erfolg zu erweitern. Das Beispiel MÄRZ zeigt, dass Social Media zur Weiterentwicklung der Marke hilfreich sein kann. Die Anwendung der im Buch Groundswell definierten Schritte hilft Unternehmen, Fehler zu vermeiden und frühzeitig die für Sie richtigen Kanäle und Maßnahmen selbst herauszufinden.

Literatur

Eimeren, B. van, Frees, B. (2009), Der Internetnutzer 2009 – multimedial und total vernetzt? Ergebnisse der ARD/ZDF-Onlinestudie 2009, in: media perspektiven 7/2009, S. 334–348

Li, C.; Bernoff, J. (2008), Groundswell : winning in a world transformed by social technologies. Harvard Business Press

MÄRZ München AG, in: Unternehmens-Wiki. Abgerufen am 25.05.2010, 2010,http://unternehmen.wikia.com/wiki/MÄRZ_München_AG

MÄRZ München AG, in: Youtube. Abgerufen am 25.05.2010, http://www.youtube.com/user/MaerzMuenchenAG

MÄRZ München AG, in: Vimeo. Abgerufen am 25.5.2010, http://vimeo.com/maerzmuenchenag

MÄRZ München AG, in: Facebook (Facebook-Gruppe). Abgerufen am 25.05.2010, http://www.facebook.com/posted.php?id=1131323885583

MÄRZ München AG, in: Facebook (Fanpage) Abgerufen am 25.05.2010, http://www.facebook.com/pages/MARZ-Munchen-AG/205742641053?ref=ts

MÄRZ München AG, in: Flickr. Abgerufen am 25.05.2010, http://www.flickr.com/photos/maerzmuenchenag/

Relevanzkriterien, in: Wikipedia. Abgerufen am 25.05.2010, http://de.wikipedia.org/wiki/Wikipedia:Relevanzkriterien

Stichwortverzeichnis